HISTOIRE

ABRÉGÉE

DES DROGUES SIMPLES.

II.

DE L'IMPRIMERIE DE FAIN, PLACE DE L'ODÉON.

HISTOIRE

ABRÉGÉE

DES DROGUES SIMPLES.

PAR N.-J.-B.-G. GUIBOURT,

PHARMACIEN, MEMBRE DE LA SOCIÉTÉ DES PHARMACIENS DE PARIS, EX-SOUS-CHEF DE LA PHARMACIE CENTRALE DES HÔPITAUX CIVILS.

TOME SECOND.

A PARIS,

CHEZ { L. COLAS, Imprimeur-Libraire, rue Dauphine, n°. 32.
MÉQUIGNON-MARVIS, Libraire, rue de l'École de Médecine, n°. 3, près celle de la Harpe.
L'AUTEUR, Pharmacien, rue de Richelieu, n°. 77.

1820.

HISTOIRE ABRÉGÉE

DES

DROGUES SIMPLES.

SUITE DU LIVRE SECOND.

DIVISION V. — *Des feuilles et sommités.*

Des Absinthes.

VOYEZ aux *Armoises* (526).

Des Aconits.

515. Il y en quatre espèces principales à connaître : l'*aconit tue-loup*, l'*aconit napel*, l'*aconit salutifère* ou *anthore*, l'*aconit cammarum*; plantes de la polyandrie trigynie de Linné, de la classe des dicotylédones polypétales hypogynes de Jussieu, et de la famille des renonculacées.

Car. gén. : Calice o; corolle à 5 pétales irréguliers dont le supérieur est en forme de casque; 2 nectaires pédunculés; 3 ou 5 siliques. — *Car. spéc. de l'Aconitum Lycoctonum* L. : 3 Capsules; feuilles palmées, multifides, velues. — De l'*A. Napellus* L. : 3 Capsules; lanières des feuilles linéaires, plus larges supérieurement, marquées d'une ligne.—De l'*A. Anthora* L. : 5 Capsules; fleurs pentagynes; lanières des feuilles linéaires. — De l'*A. Cammarum* L. : 5 Capsules; fleurs sous-pentagynes; lanières des feuilles cunéiformes, incisées, aiguës; casque de la corolle allongé en pointe; (Murray ajoute : fleurs d'un bleu plus pâle, casque beaucoup plus long, grappe plus courte que dans l'aconit napel.)

Tous les aconits sont plus ou moins dangereux, et leurs préparations ne doivent être employées qu'avec la plus grande circonspection : celui même que l'on nomme *salutifère*, et qui fournit la racine d'*anthore*, indiquée comme contre-poison des autres espèces, est à craindre, et il vaut infiniment mieux, lorsque quelqu'un se trouve empoisonné par un aconit, avoir recours aux moyens évacuans, adoucissans et antiphlogistiques, conseillés par M. Orfila dans son traité des poisons. L'aconit tue-loup n'est plus employé; le napel et le *cammarum* le sont encore assez souvent en extrait. C'est ce dernier qui a été employé par Storck.

De l'Aigremoine.
Agrimonia, æ. — Off.

516. *Agrimonia Eupatoria.* L. Dodécandrie digynie; dicotylédones polypétales périgynes, famille des rosacées.

Car. gén. : Calice à 5 dents, entouré de petits appendices en hameçon; corolle à 5 pétales; 10 ou 12 étamines; 2 styles; 2 graines au fond du calice. — *Car. spéc.* : Feuilles de la tige pinnées; foliole impaire pétiolée; fruits hérissés.

L'aigremoine croît le long des chemins et au bord des prés; elle s'élève à la hauteur d'un pied et demi à deux pieds; ses feuilles sont molles, velues, dentelées tout autour, d'un vert pale. Ses fleurs sont jaunes et occupent la moitié supérieure de la tige. Les feuilles sont légèrement astringentes et sont employées comme telles, surtout dans les gargarismes.

De l'Alléluia ou pain de Coucou.
Oxytriphyllum, i. — Off.

517. *Oxalis Acetosella* L. Décandrie pentagynie; dicotylédones polypétales hypogynes, famille des géraniées.

Car. gén. : Calice à 5 divisions profondes, corolle à 5 pétales réunis par les onglets; 10 étamines; 5 styles; capsule pentagone s'ouvrant sur les angles. — *Car. spéc.* : pas de tige; hampe uniflore; feuilles ternées; folioles obcordées poilues.

Cette plante est commune dans les montagnes de la Suisse. Elle est usitée fraîche, et sert concurremment avec les *rumex acetosa* et *acetosella* à l'extraction du *sel d'oseille* dont elle contient une grande quantité.

518. Autre espèce: *Oxalis corniculata.* Tige herbacée tombante; péduncules ombellifères.

De l'Alliaire.

Voyez *Érysimum-Alliaire* (581).

De l'Ancolie.

519. *Aquilegia vulgaris.* L. Polyandrie pentagynie; dicotylédones polypétales hypogynes, famille des renonculacées.

Car. gén. : Calice 0; 5 nectaires en cornets entre les pétales; 5 capsules distinctes. — *Car. spéc.* : Nectaires recourbés en dedans.

Cette plante s'élève à la hauteur d'un pied et demi. Ses feuilles ressemblent à celles de la grande chélidoine; leur couleur verte est inégalement mélangée de brun et de noir. Ses fleurs sont renversées et reconnaissables à leurs cinq cornets recourbés en dedans. Elle est peu usitée.

Des Anserines.

520. Nom générique *Chenopodium;* pentandrie digy-

nie; dicotylédones apétales à étamines périgynes, famille des chénopodées.

Car. gén. : Calice pentaphylle pentagone; pas de corolle; 1 semence lenticulaire.

Cinq espèces à connaître :

521. L'Anserine vermifuge, *Chen. anthelminticum.* L. — *Car. spéc.* : Feuilles ovales oblongues, dentées; grappes dépourvues de feuilles.

Peu employée, inodore.

522. Le Bon-Henry, *Chen. Bonus Henricus.* L. — *Car. spéc.* : Feuilles triangulaires, sagittées, très-entières; épis composés, sans feuilles, axillaires.

Cette plante ressemble un peu à l'épinard, ce qui l'a fait nommer *épinard sauvage.* On peut l'employer comme aliment. Elle est rafraîchissante et laxative. Est inodore.

523. Le thé du Mexique ou Ambroisie du Mexique, *Chen. ambroisioïdes* L. — *Car. spéc.* : Feuilles lancéolées dentées; grappes très-simples garnies de feuilles.

Cette plante s'élève à la hauteur de deux pieds; elle a une odeur très-forte et agréable; une saveur âcre et aromatique : elle est stomachique et tonique étant prise en infusion. Ses semences sont anthelmintiques.

524. Le Botrys, *Chen. Botrys* L.—*Car. spéc.* : Feuilles oblongues, sinuées; grappes nues, multifides.

Cette plante ne s'élève qu'à un demi-pied; elle a le toucher visqueux et une odeur agréable; elle croît dans les lieux humides; ses propriétés sont analogues à celles de la précédente, mais moins énergiques.

525. L'Anserine fétide ou la Vulvaire, *Chen. Vulvaria* L. — *Car. spéc.* : Feuilles très-entières, romboïdes-ovales; fleurs axillaires, conglomérées.

La vulvaire s'élève à un pied environ; elle croît dans les lieux incultes et dans les cimetières; elle a une odeur fétide, très-forte. Elle est antihystérique et antispasmodique.

MM. Chevalier et Lasseigne ont analysé la vulvaire, et ont cru y trouver du sous-carbonate d'ammoniaque tout formé, ce qui serait le premier exemple d'un fait des plus intéressans ; mais leurs expériences à ce sujet laissent encore quelque chose à désirer (*Journ. de Pharm.* 1817, p. 412).

Des Armoises et Absinthes.

526. Ce sont des plantes que Tournefort avait laissées séparées en deux genres différens, mais que Linné a réuni en un seul, sous le nom d'*Artemisia.* Ce genre appartient à la syngénésie polygamie superflue ; aux dicotylédones monopétales épigynes, à anthères réunies, et à la famille des corymbifères.

Car. génér. : Fleurons du centre hermaphrodites, de la circonférence, femelles ; réceptacle peu soyeux ou presque nu ; aigrette nulle ; calice imbriqué à écailles arrondies, soudées ; corolles de la circonférence nulles.

Espèces à connaître :

527. L'Armoise vulgaire, *Artemisia vulgaris* L. — *Car. spéc.* : Feuilles pinnatifides, planes, incisées, cotoneuses en dessous ; grappes simples, recourbées ; 5 fleurons à la circonférence.

Plante légèrement odorante, non amère, haute de quatre pieds environ. On emploie ses feuilles et ses sommités en infusion.

528. L'Absinthe maritime, *Art. maritima* L. — *Car. spéc.* : Feuilles multipartites, cotonneuses ; grappes inclinées ; 3 fleurons femelles à la circonférence.

Cette plante s'élève à la hauteur d'un pied et demi ; ses tiges et ses feuilles sont entièrement cotonneuses, ce qui la distingue de l'armoise commune et de l'armoise pontique. Elle a beaucoup de ressemblance avec la grande absinthe ; mais les divisions de ses feuilles sont beaucoup plus étroites et même linéaires. Elle est beaucoup moins amère, et son odeur plus agréable se rapproche de celle de la mélisse ou de l'aurone. Elle n'est pas assez employée.

529. L'Estragon, *Art. Dracunculus* L. — *Car. spéc.* : Feuilles lancéolées, glabres, très-entières.

On la cultive dans les jardins; ses fleurs sont extrêmement petites; elle a une odeur forte et une saveur âcre, aromatique; elle sert d'assaisonnement. Elle est tonique et antiseptique.

530. Le Génépi blanc, *Artemisia rupestris* L. — *Car. spéc.* : Feuilles pinnées; tiges montantes; fleurs globuleuses, inclinées; réceptacle aigretté.

Cette espèce, qui croît dans les Alpes, sort des fentes de rochers, et ne s'élève qu'à trois ou quatre pouces. Son odeur est agréable, et sa saveur n'est pas amère. Elle est sudorifique.

531. La grande Absinthe, *Art. Absinthium* L. — *Car. spéc.* : Feuilles composées, multifides; fleurs presque globuleuses, pendantes; receptacle soyeux.

Cette plante croît à la hauteur de deux ou trois pieds; ses feuilles sont molles, blanchâtres, d'une odeur très-forte, d'une amertume insupportable. Elle donne à la distillation une grande quantité d'huile volatile, verte et camphrée; elle est stomachique et anthelmintique, étant prise en extrait ou en teinture aqueuse, vineuse, ou alcoholique.

532. La petite Absinthe, *ou* Absinthe pontique, *Art. pontica* L. — *Car. spéc.* : Feuilles très-divisées, cotonneuses en dessous; fleurs presque arrondies, penchées; receptacle nu.

Cette espèce s'élève à la hauteur d'un pied et demi; ses feuilles sont très-petites, et très-divisées; elle est moins amère que la précédente, mais plus que l'absinthe maritime; elle a une odeur forte, différente de celle des deux autres, moins agréable que celle de l'absinthe maritime. On l'emploie souvent simultanément avec la grande absinthe.

533. L'Aurone mâle et la Citronelle, *Artemisia procera* Wild., et *Artemisia Abrotanum* L.; deux plantes très-aro-

C'est la dernière qui est la plus grande. — *Car. spéc.* : Sous-arbrisseau ; feuilles sétacées, très-subdivisées.

Saveur âcre et amère ; odeur fort analogue à celle du citron. Sont stimulantes, emménagogues et anthelmintiques.

La plante que l'on nomme *auronne femelle*, ou *santoline*, appartient à un autre genre.

534. L'Armoise Moxa, *Artemisia chinensis* L., dont la fibre cotonneuse des feuilles séchées et pilées forme le moxa des Chinois.

535. La Barbotine ou Semencine, qui est l'*Artemisia judaica* ou l'*Artemisia contra* L., et dont nous étudierons les fleurs plus tard. Ce sont ces fleurs, long-temps prises pour des semences, que l'on nomme communément *semen contrà*.

Du Basilic.

Basilicum, i. — Off.

536. *Ocymum Basilicum* L. Didynamie gymnospermie ; dicotylédones polypétales épigynes, famille des ombellifères.

Car. génér. : Lèvre supérieure du calice orbiculaire ; l'inférieure quadrifide ; corolle renversée, ayant une lèvre quadrifide et l'autre non divisée ; filets saillans au dehors. — *Car. spéc.* : Feuilles ovales, glabres ; calices ciliés.

Cette plante s'élève à la hauteur d'un demi-pied. Elle est très-touffue, a une odeur forte, aromatique, très-agréable. Elle est tonique, carminative ; on en retire une huile volatile par la distillation. Elle entre dans le sirop d'armoise composé, dans l'eau de menthe composée, etc.

Du Beccabunga.

Voyez aux *véroniques* (691).

De la Belladone.

Belladona, æ. —Off.

537. *Atropa Belladona* L. Pentandrie monogynie; dicotylédones monopétales hypogynes, famille des solanées.

Car. génér. : Calice à 5 divisions; corolle campaniforme quinquéfide; 5 étamines; 1 style; 1 baie globuleuse, biloculaire, polysperme. — *Car. spéc.* : Tige herbacée; feuilles ovales, entières.

La belladone pousse des tiges de trois à quatre pieds, grosses, rondes, rameuses, velues, d'une couleur rougeâtre. Ses feuilles sont vertes, larges et molles; ses fleurs sortent de l'aisselle des feuilles, et sont purpurines. La baïe est ronde, un peu aplatie, succulente, noire et luisante. Les semences sont très-nombreuses, petites et réniformes. Toute la plante est très-narcotique, et son extrait est usité comme tel en médecine. Les feuilles entrent dans la composition du baume tranquille et de l'onguent populéum.

M. Vauquelin a publié quelques essais analytiques sur la belladone. Il en résulte qu'elle contient une matière albumineuse; une autre matière animalisée, insoluble dans l'alcohol, soluble dans l'eau, précipitable par la noix de galle; une matière soluble dans l'alcohol, et jouissant à un assez haut degré des propriétés narcotiques de la belladone; de l'acide acétique libre; beaucoup de nitrate de potasse; du sulfate, de l'hydrochlorate et du sur-oxalate de potasse, de l'oxalate et du phosphate de chaux, du fer et de la silice (*Ann. Chim.* LXXII. 53).

De la Bétoine.

Betonica, æ. —Off.

538. *Betonica officinalis* L. Didynamie gymnospermie; dicotylédones monopétales hypogynes, famille des labiées.

Car. génér. : Calice à 5 dents; tube de la corolle légèrement arqué, plus long que le calice; lèvre supérieure planiuscule, redressée; l'inférieure à 3 lobes. — *Car. spéc.:* Épis interrompus; division du milieu de la lèvre inférieure échancrée.

Cette plante croît dans les prés et dans les lieux ombragés; elle pousse de sa racine beaucoup de feuilles pétiolées, larges, oblongues, crénelées sur les bords et rudes au toucher. Il s'élève du milieu une ou plusieurs tiges simples, portant de distance en distance quelques feuilles opposées et terminées par un épi. Elle est presque inodore: on l'emploie surtout en poudre comme sternutatoire.

Du Bon-Henry et du Botrys.

Voyez aux *Anserines* (522,524).

Du Bouillon blanc.

Voyez *Molène* (700).

De la Bourache.

539. *Borago officinalis* L. Pentandrie monogynie; dicotylédones monopétales hypogynes, famille des boraginées. *Car. gén.:* Calice à 5 divisions profondes; corolle en roue; tube très-court; limbe à 5 divisions profondes, ovoïdes, aiguës; 5 étamines; anthères hastées, rapprochées. — *Car. spéc.:* Toutes les feuilles alternes; calices ouverts; péduncules terminaux multiflores.

La bourache s'élève à un pied et demi. Sa tige est faible et penchée; elle est, ainsi que ses feuilles, toute garnie de poils rudes et piquans. Ses fleurs sont d'un bleu purpurin. Toute la plante a une odeur un peu vireuse, et est remplie d'un suc mucilagineux et nitré.

Elle est employée en infusion comme humectante et rafraîchissante. Fraîche, elle est très-usitée daus les sucs d'herbes. On en fait aussi une eau distillée, un extrait et un sirop.

De la Bugle.
Bugula, æ. — Off.

540. *Ajuga reptans* L. Didynamie gymnospermie; dicotylédones monopétales hypogynes, famille des labiées.

Car. gén. : Lèvre supérieure de la corolle très-petite; 4 étamines plus longues que la lèvre supérieure. — *Car. spéc.* : Glabre, à jets traçans.

La bugle a deux espèces de tiges : l'une qui porte les fleurs; l'autre grêle et traçante, produisant de distance en distance un pied pareil au premier. Ses feuilles sont larges, oblongues, légèrement dentées, d'un goût un peu amer et astringent. Elle est légèrement tonique.

De la Buglose.
Buglossum, i. — Off.

541. *Anchusa officinalis* L. Pentandrie monogynie; dicotylédones monopétales hypogynes, famille des boraginées.

Car. gén. : Voyez à l'orcanette. (311). — *Car spéc.* : Feuilles lancéolées; épis imbriqués et rejetés d'un seul côté.

Cette plante est très-velue et rude comme la bourache; elle contient de même un suc mucilagineux, et est douée de vertus analogues.

De la Busserole ou Raisin d'ours.
Uva-ursi. — Off.

542. *Arbutus Uva-Ursi* L. Décandrie monogynie; dicotylédones monopétales périgynes, famille des éricinées.

Car. gén. : Calice à 5 dents; corolle en grelot à 5 divisions; 10 étamines non saillantes; 1 style; baie à 5 loges. — *Car spécif.* : Tiges tombantes; feuilles très-entières.

Cet arbrisseau croît dans les pays montagneux, et surtout en Italie, en Espagne et dans le midi de la France. Il n'a guère que de neuf à douze pouces de hauteur; ses tiges sont rondes et rougeâtres ; ses feuilles épaisses, d'un beau vert, d'une odeur faible non désagréable, d'une saveur très-astringente ; ses fleurs sont disposées en petites grappes inclinées, blanches et légèrement purpurines au sommet. Ses fruits sont rouges, d'un goût âpre un peu acide, contenant trois ou cinq semences cornées. On nous apporte les feuilles d'uva-ursi sèches du midi ; elles sont usitées comme astringentes.

On doit à M. Braconnot une observation intéressante sur la busserole ; c'est qu'une partie des feuilles que l'on vend sous ce nom dans le commerce, n'en sont pas, et sont celles de l'airelle ponctuée, *Vaccinium Vitis idœa* L., petit arbrisseau de l'octandrie monogynie et de la famille des éricinées, très-abondant dans les Vosges (*Bulletin de Pharmacie.* III. 348). Voici à quoi on peut distinguer ces deux espèces de feuilles.

543. Les feuilles de busserole sèches sont encore d'un vert assez pur, épaisses, très-entières, obovées (1), sans nervures transversales saillantes, comme chagrinées sur les deux faces. En examinant la face inférieure à la loupe, on y distingue un réseau très-fin, rougeâtre, dû à la division extrême des nervures transversales. Cette face est encore verte et luisante, quoiqu'elle le soit moins que la supérieure. La saveur des feuilles d'uva-ursi sèches est très-astringente, leur odeur est assez forte, désagréable et analogue à celle de la bryone desséchée. En les triturant avec un peu d'eau dans un mortier de porcelaine, il en résulte une liqueur trouble jaunâtre qui, filtrée, forme sur-le-champ un beau précipité bleu par le sulfate de fer au médium ; la liqueur reste entièrement décolorée. Cet essai y indique la présence de beaucoup d'acide gallique et de tannin ; aussi ces feuilles sont-elles employées dans divers pays pour tanner les peaux.

---

(1) C'est-à-dire ovales, mais plus larges vers la partie supérieure qu'à la base qui est terminée en pointe.

544. Les feuilles d'airelle sont d'un vert brunâtre, moins épaisses que celles d'*uva-ursi*, moins entières (c'est-à-dire quelquefois légèrement dentées), à bords toujours repliés en dessous. Leurs nervures transversales sont très-apparentes et leur face inférieure qui, à part les nervures, est unie et blanchâtre, est de plus parsemée de points bruns très-remarquables auxquels l'arbuste doit son nom d'*airelle ponctuée*. Ces feuilles triturées avec de l'eau donnent une liqueur qui, filtrée et essayée par le sulfate de fer, devient d'un beau vert, reste d'abord transparente, forme ensuite un précipité vert et conserve la même couleur.

545. On pourrait encore risquer quelquefois de confondre les feuilles d'*uva-ursi* avec celles de buis, *Buxus sempervirens* L., de la monœcie tétrandrie et de la famille des euphorbiacées; mais les feuilles de buis sont ovales-oblongues, le plus souvent échancrées au sommet, et non chagrinées; leur face inférieure est marquée d'une nervure longitudinale; et de nervures transversales très-nombreuses, paralleles, non ramifiées et non saillantes, mais rendues très-apparentes par le duvet blanc très-court qui les recouvre. Ces feuilles triturées avec de l'eau donnent une liqueur dans laquelle le sulfate de fer ne forme qu'un précipité gris-verdâtre peu abondant.

Le nom d'*uva-ursi* a été donné à la busserole à cause de ce que ses fruits, qui ont quelque ressemblance avec le raisin, sont mangés par les ours; le nom de busserole veut dire *petit buis*.

De la Camphrée de Montpellier.

Camphorata, tæ. — Off.

546. *Camphorosma monspeliense* L. Tetrandrie monogynie; dicotylédones apétales à étamines périgynes, famille des chénopodées.

Car. gén. : Calice urcéolé à 4 divisions, dont deux plus grandes; 4 étamines; 1 style; 1 ou 3 stigmates; 1 capsule monosperme. — *Car. spécif.* : Feuilles velues.

Cette plante s'élève à la hauteur d'un pied et demi, et est ligneuse, velue, blanchâtre. Elle croît surtout aux environs de Montpellier, d'où on nous envoie ses sommités séchées sous la forme de très-petits épis d'un vert blanchâtre, d'une odeur forte et aromatique lorsqu'on les froisse entre les mains; d'une saveur âcre, légèrement amère.

Des Capillaires.

547. On a appliqué ce nom à des plantes de deux genres de la cryptogamie de Linné et de la famille des fougères de Jussieu. Ce sont : le *Capillaire de Canada*, le *Capillaire de Montpellier*, le *Capillaire commun*, le *Polytric*, le *Cétérach*, la *Sauve-vie* et la *Scolopendre*. Nous allons les examiner successivement.

548. Le Capillaire du Canada, *Adiantum pedatum* L. *Car. gén.* : Fructification en taches terminales sous le bord replié du feuillage. — *Car. spéc.* : Feuillage composé pédalé; folioles pinnées; foliolules gibbeuses, incisées, et portant la fructification à la partie antérieure.

Ce Capillaire nous vient du Canada. Ses pétioles sont fort longs, très-lisses, rouges, bruns ou noirâtres : ses folioles sont touffues, d'un beau vert, d'une odeur agréable, d'une saveur douce un peu styptique; on en fait, par infusion, un sirop qui est très-agréable et très-usité.

549. Le Capillaire de Montpellier, *Adiantum Capillus-Veneris* L. — *Car. spéc.* : Feuillage décomposé; folioles alternes, foliolules cunéiformes, lobées, pédicellées.

La principale différence de ce capillaire au précédent, consiste dans son feuillage non pédalé, et dans la forme de ses foliolules, qui sont cunéiformes et à 2 ou 3 lobes, tandis que celles du capillaire du Canada sont allongées et incisées d'un seul côté; du reste il est ordinairement moins touffu et ses pétioles sont plus courts. Il a une odeur moins agréable, et est moins employé. Il croît surtout aux environs de Montpellier, dans les lieux humides et pierreux.

550. Le Capillaire commun, *ou* Capillaire noir. *Asplenium Adiantum nigrum* L.

Car. gén.: Fructification en lignes éparses sur le disque du feuillage. — *Car. spéc.:* Feuillage sous-tripinné; feuilles alternes; foliolules lancéolées, incisées-dentées.

Ce capillaire croît sur les murailles, et dans les lieux humides au pied des arbres; il pousse des pétioles longs d'un pied, garnis, à leur partie supérieure, de folioles alternes profondément incisées, et diminuant graduellement de grandeur jusqu'au sommet. Il est peu usité.

551. Le Polytric des officines, *Asplenium Trichomanes* L. — *Car. spéc.:* Feuillage doublement pinné; folioles obovées crénelées, les inférieures plus petites.

Ce capillaire se distingue des autres par la petitesse de ses folioles, qui, sans être opposées, sont rangées, comme par paire, le long du pétiole, et qui sont presque rondes, légèrement crénelées, et très-chargées, sur l'une de leurs faces, d'écailles fauves qui couvrent la fructification. Il est peu employé dans la ville, mais les hôpitaux en consomment une assez grande quantité, comme succédané des espèces précédentes. Il a peu d'odeur.

552. Le Cétérach, la Daurade *ou* la Doradille. *Asplenium Ceterach* L. — *Car. spéc.:* Feuillage pinnatifide; lobes alternes, confluens, obtus.

Cette plante pousse des pétioles courts, qui forment, à leur partie supérieure, comme une seule feuille découpée alternativement d'un côté et de l'autre jusqu'à la côte du milieu; cette feuille est chargée, sur le dos, d'un nombre infini d'écailles qui en couvrent entièrement la fructification, et qui, lorsque la plante est sur terre, et que le soleil frappe dessus, la font paraître dorée, d'où lui sont venus ses deux derniers noms. Séchée, elle a une odeur agréable, et une saveur astringente semblable à celle de la racine de fougère, par conséquent assez désagréable. Le cétérach est fort vanté contre les maladies du poumon et les affections calculeuses de la vessie.

553. La Sauve-vie, *ou* Rue des murailles. *Asplenium Ruta muraria* L. — *Car. spéc.* : Feuillage alternativement décomposé; folioles cunéiformes crénelées.

Cette plante est fort peu employée.

554 La Scolopendre, *Asplenium Scolopendrium* L. *Scolopendrium officinarum* Swartz et Wild. — *Car. spéc.* L. : Feuillage simple cordé-lingulé, très-entier; stipe velu.

Cette plante pousse de sa racine des feuilles pétiolées très-entières, longues, vertes, luisantes. Ces feuilles présentent sur le dos deux rangs de lignes paralleles formées par la fructification. Elles ont une saveur douce et une odeur de capillaire faible et assez agréable.

La scolopendre se nomme aussi *langue de cerf*, à cause de la forme de ses feuilles qui a été comparée à celle de la langue d'un cerf.

De la Cataire.

555. *Nepeta Cataria* L. didynamie gymnospermie; dicotylédones monopétales hypogynes, famille des labiées.

Car. génér. : Lèvre supérieure de la corolle échancrée; les deux divisions latérales courtes et réfléchies, la moyenne grande, concave et crénelée. — *Car. spéc.* : Fleurs en épi; verticilles sous-pédicellés; feuilles pétiolées, cordées, dentées.

Cette plante a une odeur très-forte et une saveur âcre et amère. Elle est aphrodisiaque pour les chats qu'elle attire, et qui se vautrent dessus. Elle est nervale, emménagogue et anthelmintique. Elle entre dans le sirop d'armoise composé.

Des Centaurées.

556. *Centaureæ* L. Genre de la syngénésie polygamie frustranée; des dicotylédones monopétales épigynes, à authères réunies, de la famille des cinarocéphales de Jussieu.

Car. gén. : Réceptacle soyeux; aigrette simple; fleurons de la circonférence stériles, infundibuliformes, longs et irréguliers.

Plusieurs espèces sont à connaître :

557. La grande Centaurée, *Centaurea Centaurium* L. — *Car. spéc.* : Écailles du calice ni ciliées ni épineuses, ovales; feuilles pinnées; folioles dentées, décurrentes.

Cette plante s'élève à la hauteur de quatre ou cinq pieds; ses tiges sont rondes, droites et rameuses; ses feuilles comme il vient d'être dit; ses fleurons purpurins; sa racine grosse, droite, charnue, facile à rompre, noirâtre au dehors, rougeâtre en dedans, d'un goût doux, un peu âcre et astringent. Elle n'est plus usitée.

558. La Jacée des prés, *Centaurea Jacea* L. — *Car. spéc.* : Écailles du calice rudes, déchirées; feuilles lancéolées : les radicales sinuées dentées; celles des rameaux anguleuses.

559. Le Bluet, ou Barbeau, *Centaurea Cyanus* L. — *Car. spéc.* Écailles du calice dentées; feuilles linéaires très-entières; les inférieures dentées.

Cette plante a une très-jolie fleur bleue qui fait l'ornement des prairies. Elle est peu odorante et doit fournir peu de principes à la distillation. On en prépare cependant une eau distillée à laquelle on a attribué de si grandes propriétés contre diverses maladies des yeux, que la plante en a pris le nom de *Casse-lunette*.

560. Le Chardon-bénit, *Centaurea benedicta* L. — *Car. spec.* : Calice doublement épineux, laineux, involucré; feuilles demi-décurrentes, denticulées, épineuses.

Il s'élève à la hauteur de deux ou trois pieds; sa tige est grosse, rameuse et velue; elle est très-amère au goût. Sa poudre fait partie des pilules toniques de Bacher.

561. Le Chardon-étoilé ou la Chausse-trape, *Centaurea Calcitrapa* L. — *Car. spéc.* : Calice sous-doublement épineux, sessile; feuilles pinnatifides, linéaires, dentées; tige velue (épines du calice blanches).

C'est principalement la racine qui a été usitée. Elle est longue d'un pied, grosse comme le pouce, blanchâtre et amère. On l'employait sèche comme désobstruative.

562. Indépendamment des espèces dont il vient d'être

question, j'ai déja cité le *Centaurea behen* L. auquel on a attribué la racine nommée *behen blanc*. J'observerai de plus que toutes ces plantes que Linné a çru devoir réunir en un seul genre sous le nom de *Centaurea*, ont été depuis divisées ou rétablies en plusieurs par d'autres botanistes. Alors leurs noms se trouvent changés et sont :

Jacea Centaurea, pour la jacée ;
Cyanus segetum, pour le bluet ;
Cnicus benedictus, Gœrt., pour le chardon-bénit ;
Calcitrapa stellata, Lam., pour la chausse-trape ;
Rhaponticum Behen, pour le behen blanc.

Centaurée (de la petite).

563. *Erythræa Centaurium* Rich. *Gentiana Centaurium* L. *Chironia Centaurium* Wild. Pentandrie digynie ; dicotylédones monopétales hypogynes, famille des gentianées.

Car. gén. : Calice presque pentagone, appliqué, et à 5 dents ; corolle infundibuliforme à tube allongé ; ordinairement 2 stigmates ; 1 capsule à 1 loge et à 2 valves dont les bords rentrans paraissent former 2 loges. — *Car. spéc.* : Corolle quinquéfide ; tige dichotome ; pistil simple.

Cette plante s'élève à un demi-pied ; ses tiges sont anguleuses, garnies de quelques feuilles opposées. Les sommités des tiges se divisent en plusieurs petits rameaux très-serrés portant de petites fleurs rouges qui sont surtout usitées. On fait sécher ces fleurs en les réunissant par petits bouquets, les enveloppant de papier pour les préserver de l'action décolorante de la lumière, et les exposant dans une étuve. Elles sont très-amères comme le reste de la plante et fébrifuges.

Du Cerfeuil.

564. *Scandix Cerefolium* L. *Chærophyllum sativum* Lam. Pentandrie digynie ; dicotylédones polypétales épigynes, famille des ombellifères.

Car. gén. L. : Corolle radiée ; fruit subulé ; pétales échancrés, fleurons du disque souvent mâles. — *Car. spéc.* Semences blanches, ovales, subulées ; ombelles sessiles, latérales.

Plante potagère odorante, généralement connue et usitée. On la fait entrer dans beaucoup de sucs d'herbes et de boissons, et on en prépare une eau distillée.

Du Chardon-marie.

565. *Carduus marianus* L. *Silybum marianum* Gœrt. Syngénésie polygamie égale : dicotylédones monopétales épigynes, à anthères réunies ; famille des cinarocéphales.

Car. gén. : Calice ové, imbriqué, à écailles épineuses ; réceptacle velu. — *Car. spéc.* : Feuilles amplexicaules, hastées, pinnatifides, épineuses, calices aphylles ; épines cannelées, doublées.

Cette plante, peu usitée actuellement, s'élève à la hauteur de trois ou quatre pieds ; sa tige est grosse comme le doigt, rameuse, blanchâtre, lanugineuse ; ses feuilles sont longues, larges, pointues ; marquées de taches blanches comme du lait ; ses fleurons sont purpurins ; sa racine est longue, grosse, bonne à manger ; elle croît dans les lieux incultes et est cultivée dans les jardins.

Chélidoine (*de la grande*) ou *de l'Éclaire.*

566. *Chelidonium majus* L. Polyandrie monogynie ; dicotylédones polypétales hypogynes, famille des papavéracées.

Car. gén. : Calice diphylle caduc ; corolle tétrapétale ; style o ; silique uniloculaire, polysperme, linéaire. — *Car. spéc.* : Péduncules en ombelles.

Cette plante pousse à la hauteur d'un pied et demi des tiges grêles, nouées et rameuses ; ses feuilles ressemblent un peu à celles de l'ancolie, mais sont d'un vert jaunâtre ; ses fleurs sont jaunes ; sa racine ets grosse comme le doigt, garnie de radicules. Toute la plante est remplie d'un suc laiteux d'un jaune safrané, d'une odeur forte, d'une saveur âcre et amère. Ce suc est employé à l'extérieur contre diverses maladies cutanées ; non à l'intérieur, car il est vénéneux.

De la petite Chélidoine.

Voyez *ficaire* (222).

De la Chicorée sauvage.

567. *Cichorium Intibus* L. Syngénésie polygamie égale : dicotylédones monopétales épigynes, à anthères réunies ; famille des chicoracées.

Car. gén. : Réceptacle garni de paillettes courtes ; calice caliculé ; aigrette à 5 petites dents et à soie très-courte. — *Car. spéc.* : Fleurs accolées 2 à 2, sessiles ; feuilles runcinées.

Les feuilles de cette plante sont sujettes à varier quant à leur forme : pendant la belle saison elles sont longues et entières ; et, lorsque la température commence à se refroidir, elles sont découpées en plusieurs lobes jusque vers la côte du milieu. Elles sont amères et inodores. Pour l'usage de la pharmacie on les récolte lorsqu'elles sont parvenues à leur entier développement ; plus jeunes leur amertume est moins prononcée, et alors on les mange en salade ou cuites.

La racine de chicorée est aussi usitée en pharmacie ; elle est longue, blanche, grosse comme le doigt ; elle entre, ainsi que les feuilles, dans le sirop de chicorée ou de rhubarbe composé. Cette même racine, séchée et torréfiée, a été proposée, il y a déjà plusieurs années, comme succédanée du café ; et, depuis cette époque, on en consomme des quantités considérables pour cet usage. Les feuilles de chicorée donnent, à la distillation, une eau douée d'une amertume assez marquée : on en fait aussi un extrait par l'évaporation du suc.

C'est la même plante qui, élevée dans des caves, à l'abri de la lumière, s'étiole complétement, devient maigre et effilée, et prend le nom de *barbe*, usitée en salade.

Une autre espèce est l'endive, *Cichorium Endivia :* et une variété de celle-ci, est la chicorée crépue, *Cich. Endivia crispa*, toutes deux usitées dans l'art culinaire.

Des Choux.

568. *Brassicæ.* Tétradynamie siliqueuse ; dicotylédones polypétales hypogynes, famille des crucifères.

Car. gén. : Calice dressé à demi-fermé ; silique allongée non charnue ; semences globuleuses ; glandes entre les petites étamines et le pistil, et entre les plus grandes et le calice.

Espèces :

569. Le Chou commun, *Brassica oleracea* L. — *Car. spéc. :* Racine caulescente, cylindrique, charnue.

Plante potagère cultivée de temps immémorial, et ayant donné lieu à un grand nombre de variétés, dont les principales sont : le chou *vert*, le chou *pommé*, le chou à *fleur*, le chou *rouge.* Ce dernier est employé en pharmacie pour faire le sirop qui porte son nom.

570. Le Navet et la Navette, *Brassica Napus* L. — *Car. spéc. :* Racine caulescente fusiforme.

Le navet est la variété cultivée ; sa racine charnue, d'une saveur douce, un peu piquante et agréable, est très-usitée comme aliment, et aussi quelquefois comme médicament. La navette est une variété, ou une sous-espèce à racine oblongue, fibreuse, peu charnue, inusitée. On la cultive cependant en grand dans les champs, à cause de sa semence, de laquelle on extrait une huile bonne à brûler.

571. Le Colza, *Brassica arvensis* L. — *Car. spéc. :* Feuilles amplexicaules, spatulées, recourbées ; les plus élevées cordiformes, très-entières.

Cultivé en grand dans la Flandre et dans les Pays-Bas,

pour l'extraction de l'huile contenue dans ses semences, qui sert d'huile à brûler concurremment avec celle de navette.

572. Le Chou-rave, ou Turneps, *Brassica Rapa* L. — *Car. spéc.* : Racine caulescente orbiculaire, déprimée, charnue. C'est cette partie qui est usitée comme aliment et pour la nourriture des bestiaux.

573. La Roquette cultivée, *Brassica Eruca* L. — *Car. spéc.* : Feuilles lyrées, tige hérissée, silique glabre.

Cette plante a une odeur forte et désagréable, et une saveur âcre et piquante. Elle est stimulante et antiscorbutique.

574. La *roquette sauvage* appartient à un autre genre; c'est le *Bunias Erucago* L.

De la Ciguë aquatique.

575. *Cicuta virosa* L. *Cicutaria aquatica* Lam. Pentandrie digynie; dicotylédones polypétales hypogynes, famille des ombellifères.

Car. gén. : Ombelle hémisphérique; pas d'involucre; involucelles polyphylles; graines courtes, ovoïdes, un peu épaisses à la base, sillonnées. — *Car. spéc.* : Ombelles opposées aux feuilles; pétioles marginés, obtus.

Cette plante croît en France sur le bord des étangs et des eaux stagnantes. Elle a une odeur désagréable, et est remplie d'un suc qui est un poison pour l'homme et les animaux : elle est peu employée en médecine. Il en est de même d'une autre plante, nommée communément *petite ciguë*, et qui est l'*Æthusa Cynapium* L., des mêmes classes et ordres que la première, mais d'un autre genre, comme l'indique son nom scientifique.

De la grande Ciguë ou *Ciguë des anciens.*

576. *Conium maculatum* L. *Cicuta major* Lam. Mêmes classes et ordres que la précédente.

Car. gén. : Involucelle partagée par moitié, sub-tri phylle ; fruit globuleux à 5 stries, crénelé de chaqu côté. — *Car. spéc.* : Semences striées.

Cette plante s'élève à la hauteur de quatre ou cinq pieds ses tiges sont creuses, grosses, lisses et marquées de tache brunes ; ses feuilles ressemblent à celles du persil, mai elles sont d'un vert plus foncé, et leurs dernières division sont plus aiguës. Toute la plante a une odeur nauséeus que l'on rapporte à celle de la souris. Elle est narcotique, vénéneuse, et célèbre par la mort de Socrate et de Phocion, qui, condamnés à boire du suc de ciguë, périrent ainsi victimes de l'envie de leurs concitoyens.

La ciguë est néanmoins très-usitée en médecine. On l'emploie souvent, avec succès, dans les engorgemens des viscères abdominaux, et dans les affections squirreuses et cancéreuses. On l'administre alors en poudre, en teinture ou en extrait.

Du Cochléaria.

577. *Cochlearia officinalis* L. Tétradynamie siliculeuse ; dicotylédones polypétales hypogynes, famille des crucifères.

Car. gén. : Voyez au *raifort sauvage* (326). — *Car. spéc.* : Feuilles radicales en cœur arrondi ; feuilles caulinaires oblongues sous-sinuées.

Le cochléaria croît dans les lieux ombragés. Il est dans sa plus grande vigueur au commencement de sa floraison. Alors ses feuilles sont remplies d'un suc âcre et piquant, et elles exhalent, lorsqu'on les écrase, des parties volatiles très-irritantes. Il est éminemment antiscorbutique : il contient la même huile âcre, soufrée, qui existe dans le raifort, et s'emploie presque toujours simultanément avec lui.

Du Cresson de fontaine.
Nasturtium aquaticum. — Off.

578. *Sisymbrium Nasturtium* L. Tétradynamie siliqueuse ; crucifères.

Car. génér. : Silique s'ouvrant par des valves rectiuscules ; calice et corolle ouverts. — *Car. spéc.* : Siliques déclinées, feuilles pinnées, folioles sous-cordées.

Cette plante croît dans les lieux humides, au bord des fontaines, ou même au fond de leur lit. Elle contient beaucoup d'eau de végétation, est un peu odorante, et d'une saveur piquante qui n'est pas désagréable. Elle est diurétique et antiscorbutique ; elle entre dans la composition des sucs, du vin et du sirop antiscorbutique. On la mange en salade.

Du Dictame de Crête.
Dictamnus creticus. — Off.

579. *Origanum Dictamnus* L. Didynamie gymnospermie ; dicotylédones monopétales hypogynes, famille des labiées.

Le dictame de Crête est une petite plante qu'on nous apporte presque entière de Crête ou de Candie, comme l'indique son nom. Elle est disposée en petits paquets arrondis qui contiennent beaucoup de buchettes et d'impuretés. Il faut le choisir avec soin, et n'en employer que les feuilles et les fleurs. Les feuilles sont grandes comme l'ongle du pouce, arrondies et toutes couvertes d'un duvet cotonneux, épais et blanchâtre. Elles ont un goût âcre et aromatique, et une odeur agréable ; elles donnent environ un demi-gros d'huile volatile par livre. Les fleurs sont sous la forme d'épis garnis de bractées imbriquées, colorées en rouge.

Le dictame de Crête entre dans le *diascordium* et dans la confection de safran composée.

De la Digitale.

580. *Digitalis purpurea* L. Didynamie angiospermie ; dicotylédones monopétales hypogynes, famille des antirrhinées (scrofulaires).

Car. génér. : Calice à 5 divisions ; corolle en cloche, ventrue ; limbe court à 4 divisions obtuses, inégales, dont la supérieure est souvent échancrée ; 4 étamines ; 1 style ; capsule ovoïde, biloculaire.— *Car. spéc.* : Feuilles calicinales ovales, aiguës ; corolle obtuse ; lèvre supérieure entière. L'intérieur du ventre de la corolle est marqué de taches en forme d'yeux ; les feuilles sont rugueuses.

La digitale croît dans les lieux pierreux ou sablonneux, et se cultive aussi dans les jardins. Elle s'élève à la hauteur de deux ou trois pieds. Sa tige est anguleuse, velue, rougeâtre ; ses feuilles sont assez grandes, oblongues, aiguës, dentées, brunes-vertes en dessus, blanchâtres en dessous ; ses fleurs sont d'une couleur purpurine, attachées le long d'un seul côté de la tige, et pendantes. Toute la plante a une propriété émétique très-marquée. Les feuilles surtout sont employées soit en poudre, soit en teinture alcoholique ou éthérée.

De l'Érysimum ou *Vélar.*

581. *Erysimum officinale* L. Tétradynamie siliqueuse ; famille des crucifères.

Car. gén. : Silique en colonne exactement tétragone ; calice fermé. — *Car. spéc.* : Siliques pressées contre l'épi ; feuilles runcinées.

Cette plante est astringente et antiscorbutique. On l'emploie en infusion, et elle entre dans le sirop d'érysimum composé.

Elle porte aussi le nom d'*Herbe aux chantres*, parce qu'on lui attribuait autrefois la propriété de guérir l'enrouement.

Autre espèce :

582. L'alliaire, *Erysimum Alliaria* L. — *Car. spéc.* : Feuilles en cœur.

Cette plante croît le long des haies. Elle s'élève ordinairement à la hauteur d'un pied et demi à deux pieds. Ses feuilles et sa racine, qui est longue, menue et blanche, ont l'odeur de l'ail.

Des Euphorbes.

583. *Euphorbiæ* L. Il y a peu de genres dans le règne végétal qui justifient mieux que celui-ci l'idée que les végétaux, analogues par leur forme et leurs caractères botaniques, le sont également par leurs principes constituans et par leurs propriétés médicamenteuses. Il n'y a, en effet, pas une des espèces qui le composent qui ne soit remplie d'un suc laiteux, et douée de propriétés âcres et corrosives tellement intenses qu'on ne saurait les employer avec trop de prudence, et seulement à défaut de médicamens moins actifs, dont il soit plus facile de calculer les effets.

Les caractères de ce genre sont : un calice à 8 ou 10 divisions, dont 4 ou 5 droites ; les autres, alternes avec les premières, sont épaisses, horizontales, colorées ; 12 étamines ou plus ; 1 ovaire pédicellé ; 3 styles bifides ; 1 capsule triloculaire, tricoque.

Linné a divisé le genre euphorbe en sept sections, fondées sur la grandeur de la tige, la présence ou l'absence des aigrettes, et la ramification plus ou moins grande des pédunculesfl oraux.

Première section : sous-arbrisseaux aiguillonnés.

Espèces principales :

584. Les Euphorbes officinales, *Euphorbia antiquorum*, et *E. officinarum* L. — *Car. spéc.* de l'*Euphorbia antiquorum* : Aiguillonnée, presque nue, triangulaire, ar-

ticulée; rameaux étalés; — de l'*Euph. officinarum* : Aiguillonnée, nue, multangulaire; aiguillons géminés.

Ces deux espèces croissent dans la Libye. On en retire, par incision, un suc laiteux et vénéneux qui, desséché en larmes roussâtres, porte dans le commerce le nom d'*euphorbe* (voyez ce nom aux produits végétaux).

585. L'Euphorbe vireuse, *Euphorbia heptagona* L. affreux poison.

Deuxième section : sous-arbrisseaux non aiguillonnés (tige ni dichotome ni ombellifère).

Troisième section : euphorbes dichotomes (ombelles bifides ou nulles).

586. L'Euphorbe Peplis, *Euphorbia Peplis* L. — *Car. spéc.* : Dichotome; feuilles entières, à moitié en cœur; fleurs solitaires, axillaires; tiges tombantes.

587. L'Euphorbe faux-ipécacuanha, *Euphorbia Ipecacuanha* L. Sa racine est émétique.

Quatrième section : ombelle trifide.

588. L'Esule ronde, *Euphorbia Peplus* L.—*Car. spéc.*: Dichotome; involucelles ovées; feuilles très-entières, obovées, pétiolées.

Cinquième section : ombelle quadrifide.

589. L'Épurge, *Euphorbia Lathyris* L. —*Car. spéc.* : Dichotome; feuilles opposées, très-entières.

Toute cette plante est violemment purgative par haut et par bas; ses semences étaient autrefois nommées *grana regia minora*.

Sixième section : ombelle quinquefide.

590. Le Réveille-matin, *Euphorbia Helioscopia* L.— *Car. spéc.* : Ombelle quinquefide, trifide, dichotome; involucelles obovées; feuilles cunéiformes dentées.

Plante fort commune le long des haies.

Septième section : ombelle multifide.

591. L'Ésule, *Euphorbia Esula* L. — *Car. spéc.* : Ombelle multifide, bifide ; involucelles presqu'en cœur ; pétales presque fourchus ; rameaux stériles ; feuilles uniformes.

L'ésule croît dans les champs et sur les chemins ; elle pousse plusieurs tiges à la hauteur d'un pied, portant des feuilles semblables à celles du pin. Sa racine est petite et rougeâtre. C'est particulièrement de l'écorce de cette racine que l'on fait usage ; on nous l'apporte sèche de nos pays méridionaux ; c'est un purgatif hydragogue.

592. Le Tithymale, *Euphorbia Cyparissias* L. — *Car. spéc.* : Ombelle multifide, dichotome ; involucelles sous-cordées ; rameaux stériles ; feuilles sétacées. Purgative drastique, mais employée seulement quelquefois à l'extérieur, comme dépilatoire.

De la Ficaire ou petite Chélidoine.

593. *Ficaria ranunculoïdes* Cand., *Ranunculus Ficaria* L. Polyandrie polygynie ; dicotylédones polypétales hypogynes, famille des renonculacées.

Car. gén. : Calice triphylle ; corolle à 8-12 pétales ; graines comprimées, réunies en tête.

Cette plante pousse des feuilles cordées, anguleuses, pétiolées, d'entre lesquelles s'élèvent de petites tiges hautes de quatre pouces, ne portant chacune qu'une fleur jaune semblable à celle des renoncules. Ses racines sont composées de fibres auxquelles sont attachés des tubercules oblongs et grisâtres. Elle croît dans les marais. Elle est résolutive étant employée à l'extérieur.

De la Fumeterre.

594. *Fumaria officinalis* L. Diadelphie hexandrie ; dicotylédones polypétales hypogynes, famille des papavéracées.

Car. gén. : Calice diphylle ; corolle ridée, gibbeuse à sa base, nectarifère ; 2 filets portant chacun 3 anthères. — *Car. spéc.* : Péricarpes monospermes disposés en grappe ; tige diffuse.

Cette plante très-commune, s'élève à la hauteur d'un pied à un pied et demi. Ses tiges sont carrées ; ses feuilles très-divisées, d'une couleur un peu glauque ; les fleurs purpurines et fort petites. Toute la plante a une amertume prononcée et désagréable. Elle est employée comme stomachique et dépurative. Elle entre dans la composition du vin antiscorbutique.

Des Germandrées.

595. *Teucria* L. Didynamie gymnospermie ; dicotylédones monopétales hypogynes, famille des labiées.

Car. gén. : Lèvre supérieure de la corolle (nulle) divisée en deux parties jusqu'à la base, et ouverte à l'endroit des étamines.

Espèces :

596. L'Ivette ordinaire ou Chamœpitis. *Teucrium Chamæpitys.* — *Car. spéc.* ; Feuilles trifides, linéaires, très-entières ; fleurs sessiles, latérales, solitaires ; tige diffuse.

597. L'Ivette musquée, *Teucrium Iva* L. — *Car. spéc.* : Feuilles à 3 pointes, linéaires ; fleurs sessiles, latérales, solitaires.

Ces deux espèces sont si voisines, que plusieurs botanistes les ont considérées comme deux variétés l'une de l'autre. Cependant l'ivette musquée a les fleurs beaucoup plus grandes que le chamœpitys, et purpurines ; tandis que celui-ci les a jaunes. Toutes deux ont une odeur forte, résineuse et désagréable. Elles sont excitantes et sudorifiques.

598. Le Marum ou l'Herbe aux chats, *Teucrium Marum* L. — *Car. spéc.* : Feuilles très-entières, ovales, pointues, pétiolées, cotonneuses en dessous ; fleurs en grappe, latérales.

Cette petite plante croît dans le midi de la France, et surtout aux îles d'Hyères. Elle a une odeur forte, camphrée, et une saveur âcre et amère. Elle est aphrodisiaque pour les chats qui se vautrent dessus, d'où lui est venu le nom vulgaire énoncé plus haut.

599. La Germandrée, ou Petit-Chêne, ou Chamœdris, *Teucrium Chœmœdris* L. — *Car. spéc.* : Feuilles cunéiformes-ovales, incisées, crénelées, pétiolées; fleurs ternées; tiges tombantes, un peu velues.

Le chamœdris croît dans les lieux incultes et pierreux; il pousse des tiges à la hauteur d'un demi-pied, grêles, rougeâtres, lanugineuses; ses feuilles sont fermes, velues, dentelées, quelquefois rougeâtres, d'un goût amer un peu âcre et aromatique; ses fleurs sont purpurines et d'une odeur agréable.

Le chamœdris est excitant et stomachique.

600. Le Scordium, le Chamarras ou la Germandrée d'eau, *Teucrium Scordium* L. — *Car. spéc.* : Feuilles oblongues, sessiles, dentées en scie; fleurs géminées, axillaires, pédunculées; tige diffuse.

Le scordium ressemble assez au chamœdris à la première vue; mais, indépendamment de ses caractères spécifiques qui l'en font aisément distinguer, on peut encore le reconnaître à l'odeur alliacée qu'il développe lorsqu'on froisse ses feuilles entre les doigts. Il est stomachique et anti-septique; il entre dans la composition du diascordium, auquel il a donné son nom. Le nom même *scordium* est tiré du grec σκόροδον qui signifie *ail*.

601. La Scorodone ou Sauge des bois, *Teucrium Scorodonia* L. — *Car. spec.* : Feuilles cordées, dentées, pétiolées; grappes latérales et portées d'un seul côté; tige dressée.

Cette plante ressemble beaucoup au scordium, dont elle a également l'odeur, ce qui est cause qu'on la lui substitue souvent. C'est à tort cependant, car l'odeur alliacée du scordium est beaucoup plus marquée, et il jouit très-probablement de propriétés plus actives. On peut les distinguer l'un de l'autre par la disposition différente des feuilles et des fleurs, et par la grandeur de la plante ; car le scordium s'élève au plus à six ou huit pouces de hauteur, et la scorodone atteint jusqu'à deux ou trois pieds.

602. Le Pouliot des montagnes. On a désigné sous ce nom plusieurs plantes du genre *Teucrium*, dont les principales sont le pouliot des montagnes *jaune* et le pouliot des montagnes *blanc*. Le premier se rapporte au *Teucrium Polium* α L., et le second paraît appartenir à son *Teucrium creticum*. Il ne faut pas confondre ces plantes avec le véritable pouliot qui est une espèce de menthe, le *Mentha Pulegium*, L.

Le pouliot jaune est une petite plante fort velue ou cotonneuse, à fleurs jaunes rassemblées en tête, très-aromatique et amère, croissant sur les lieux élevés du Languedoc et de la Provence. Elle est sudorifique.

De la Gratiole ou Herbe à pauvre homme.

603. *Gratiola officinalis.* Diandrie monogynie dicotylédones monopétales hypogynes, ordre des anthirrinées.

Car. gén. : Calice heptaphylle, dont 2 divisions plus extérieures sont ouvertes ; corolle irrégulière renversée ; 4 étamines dont 2 stériles ; 1 style ; 2 stigmates ; capsule bivalve biloculaire. — *Car. spéc.* : Feuilles lancéolées dentées en scie ; fleurs pédunculées.

La gratiole croît dans les prés ; elle s'élève à environ un pied ; elle a une odeur nauséabonde et une saveur extrêmement amère ; elle est émétique et purgative drastique ; on ne doit l'employer qu'avec la plus grande prudence. Son nom d'*herbe à pauvre homme*, lui vient de l'usage qu'en font les pauvres gens, surtout ceux de la campagne, pour se purger, d'où il en résulte, même souvent, de fâcheux accidens.

La gratiole a été analysée par M. Vauquelin. Son suc

exprimé n'a rien fourni à la distillation; évaporé en consistance d'extrait et traité par l'alcohol, il a laissé, comme partie insoluble, de la gomme et du malate de chaux, tandis que l'alcohol a dissout une matière résinoïde d'une très-forte amertume, plus de muriate de soude, un acide végétal et un sel végétal à la base de potasse. La matière résineuse est peu soluble dans l'eau, mais s'y dissout facilement à l'aide des autres principes. Le marc de la gratiole exprimé et lavé, contenait du phosphate de chaux, un autre sel végétal à base de chaux, du fer probablement phosphaté, de la silice et du ligneux.

M. Vauquelin pense, d'après cette analyse, que c'est au principe amer résinoïde que la gratiole doit sa propriété purgative (*Ann. de Chimie*, LXXII. 191).

Du Guy.

604. *Viscum album* L. Diœcie tétrandrie; dicotylédones monopétales épigynes, à anthères distinctes, famille du caprifoliées.

Car. gén. : Fleurs mâles; Calice à 4 divisions, pas de corolle, 4 anthères sessiles sur le calice. *Fleurs femelles :* Calice tétraphylle, supère; style 0; corolle 0; baie monosperme; semence cordée. — *Car. spéc. :* Feuilles lancéolées obtuses, tige dichotome, épis axillaires.

Le guy est un sous-arbrisseau parasite qui croît sur un assez grand nombre d'arbres en France, et surtout en Italie. Celui qui vient sur le chêne est le plus estimé, mais il est rare. Pendant long-temps les tiges du guy ont été crues antispasmodiques. Elles sont moins grosses que le petit doigt, *dichotomes*, dures, ligneuses, pesantes, d'un vert brunâtre : les feuilles sont *lancéolées*, obtuses, épaisses, et ont la même couleur. Elles sont sans odeur, et ont une saveur mucilagineuse herbacée.

Le guy était un objet de grande vénération chez les Gaulois; son nom latin *viscum*, qui signifie *glu*, lui a été donné parce qu'il sert à faire de la glu.

De l'Hysope.

605. *Hyssopus officinalis* L. Didynamie gymnospermie; dicotylédones monopétales hypogynes, labiées.

Car. gén. : Corolle à 2 lèvres; la supérieure plane; la division moyenne de l'inférieure crénelée; étamines droites, écartées, plus longues que la corolle. — *Car. spéc.* : Épis latéraux; feuilles lancéolées.

Sous-arbrisseau, ou plante ligneuse à tiges dures, rameuses, garnies, dans toute leur longueur, de feuilles longues et étroites. Ses fleurs sont bleues, et naissent d'un seul côté de la tige. Toute la plante a une odeur aromatique agréable et une saveur âcre. Elle contient beaucoup d'huile volatile, surtout au temps de la floraison. On la cultive dans les jardins, et on fait sécher ses sommités fleuries pour l'usage de la pharmacie. On en prépare une eau distillée, une huile essentielle et un sirop. Elle entre dans beaucoup d'autres préparations.

De la Jusquiame.

606. On en emploie deux espèces, la noire et la blanche, *Hyosciamus niger*, et *Hyosc. albus* L. De la pentandrie monogynie; des dicotylédones monopétales hypogynes, et de la famille des solanées.

Car. gén. : Calice campaniforme à 5 dents; corolle infundibuliforme; limbe irrégulier à 5 divisions obtuses, les 2 inférieures écartées; 5 étamines inclinées; 1 style; 1 capsule operculée, biloculaire.

607. *Hyosciamus niger.* — *Car. spéc.* : Feuilles amplexicaules, sinuées; fleurs sessiles.

Cette plante s'élève à la hauteur d'un pied et demi; ses tiges sont grosses, dures, rameuses et très-velues, ainsi que ses feuilles; son fruit, qui est renfermé dans le calice de la fleur, accru, durci et devenu piquant, a la forme d'un pot renflé par le milieu; il est fermé par un couvercle, et divisé intérieurement en deux loges, qui renferment un grand nombre de semences menues et noires. Sa racine est longue, grosse, rude et brune au dehors, blanche en dedans : toute la plante a une odeur forte, désagréable, qui porte à la tête et assoupit. Elle contient un suc visqueux très-narcotique ; ses feuilles entrent dans la composition du baume tranquille et de l'onguent *populeum*.

608. *Hyosciamus albus* L. — *Car. spéc.* : Feuilles pétiolées, sinuées, obtuses ; fleurs sessiles.

Cette espèce diffère de la première en ce qu'elle est moins rameuse, plus petite, plus molle, plus velue, et que ses fleurs et ses semences sont blanchâtres. On en prépare un extrait narcotique qui est employé à l'intérieur.

De la Joubarbe.

609. *Sempervivum tectorum* L. Dodécandrie dodécagynie ; dicotylédones polypétales périgynes, famille des crassulées.

Car. gén. : Calice à 12 divisions, 12 pétales, 12 capsules polyspermes. — *Car. spéc.* : Feuilles ciliées ; rejetons étalés.

La joubarbe est une plante basse, dont les feuilles épaisses, charnues, oblongues, pointues et toujours vertes, sont attachées contre terre à la racine, et figurent à peu près une tête d'artichaud ; il s'élève de leur milieu une tige droite, d'un pied de haut, revêtue de feuilles plus étroites et plus pointues que celles d'en bas, et terminée par plusieurs rameaux qui portent des fleurs en rose et purpurines. Ses feuilles sont remplies d'un suc abondant en albumine et en sur-malate de chaux. Ce suc est astringent et employé comme cosmétique.

La joubarbe entre dans la composition de l'onguent *populeum*.

De la Laitue cultivée.

610. *Lactuca sativa*. Syngénésie polygamie égale ; dico-

tylédones monopétales épigynes à anthères réunies, ordre des chicoracées.

Car. gén. : Réceptacle nu ; calice imbriqué, allongé, cylindrique, membraneux sur les bords ; aigrette simple stipitée ; semences menues. — *Car. spéc.* : Feuilles arrondies ; celles de la tige en cœur ; tige corymbifère.

On connaît plusieurs variétés de laitue cultivée. Telles sont entre autres la laitue *romaine* et la laitue *pommée*, qui, toutes deux, se *pomment*, c'est-à-dire, que les jardiniers lient leurs feuilles par le haut lorsque la tige n'a pas encore paru, afin de leur faire prendre une forme globuleuse, de les étioler au centre et de les attendrir ; car c'est en cet état seulement qu'elles sont agréables à manger. La deuxième variété, la laitue pommée, est seule usitée en pharmacie ; elle est remplie d'un suc laiteux et doux, qui peut être employé comme cosmétique. On obtient, par la distillation de ses feuilles, une eau distillée qui passe pour calmante et narcotique.

Deux autres espèces de laitue sont employées : l'une est la Scarole, Scariole ou Escarolle, *Lactuca Scariola* L., dont les feuilles sont verticales et aiguillonées sur leur côte ; elle est usitée comme aliment. L'autre est la Laitue vireuse, *Lactuca virosa* L., dont les feuilles sont horizontales, aiguillonnées sur leur côte et dentées. Cette espèce est narcotique : on en prépare un extrait et une eau distillée.

Du Laurier.

611. *Laurus nobilis* L. Ennéandrie monogynie ; dicotylédones apétales à étamines périgynes, famille des laurinées.

Car. gén. : Calice o. ; corolle calicinale à 6 divisions ; 9 étamines ou plus ; anthères attachées sur le bord des filets ; 2 glandes à la base de chaque filet du rang intérieur ; 1 style ; 1 stigmate ; 3 tubercules autour de l'ovaire, terminés chacun par 2 soies ; 1 drupe monosperme. — *Car. spéc.* : Feuilles lancéolées, veineuses, de longue durée ; fleurs quadrifides.

Le laurier est un arbre de l'Europe méridionale, qui est aussi cultivé dans ce pays-ci, mais qui s'y élève peu. Sa tige est unie et sans nœuds; son écorce est peu épaisse et son bois est poreux. Ses feuilles sont longues comme la main, larges de deux ou trois doigts, lisses, pointues, persistantes, d'une texture sèche, d'une odeur agréable et d'une saveur âcre et aromatique. Ses fruits sont des drupes gros comme de petites cerises, noirs, odorans, huileux et aromatiques.

Les feuilles de laurier sont stimulantes, carminatives, et pédiculaires; elles entrent dans l'emplâtre de bétoine, et servent d'aromate dans les cuisines.

Ses fruits, que l'on désigne faussement sous le nom de baies de laurier, entrent dans le baume de Fioravanti, l'eau thériacale, et l'esprit carminatif de Sylvius. On en prépare une huile par expression et une autre par infusion.

Des feuilles du Laurus Cassia L.
Malabatrum. — Off.

612. Ces feuilles, produites par le même arbre qui fournit l'espèce de cannelle nommée *Cassia lignea* (410), sont grandes, larges, lancéolées, aromatiques, et reconnaissables par trois fortes nervures longitudinales qui se réunissent au-dessus de la base de la feuille. Telles que le commerce nous les présente, elles sont dépourvues d'odeur et de saveur, ce qui est dû à leur vétusté ordinaire; aussi ne sont-elles plus employées, si ce n'est encore quelquefois pour la thériaque.

Du Laurier-Cerise.

613. *Prunus Lauro-Cerasus* L. Icosandrie monogynie; dicotylédones polypétales périgynes, famille des rosacées.

Car. gén. : Calice infère à 5 divisions; corolle pentapétale; 20 étamines ou plus; 1 style; 1 noix lisse à suture saillante. — *Car. spéc.* : Fleurs en grappes; feuilles toujours vertes, ayant 2 glandes sur le dos.

Cet arbrisseau, toujours vert et très-agréable à la vue, est cultivé dans les jardins. Ses feuilles sont oblongues, vertes, luisantes, épaisses et belles. Elles ont une odeur d'amandes et une saveur astringente amère. Le fruit ressemble à une petite cerise.

On prépare avec les feuilles récentes du laurier-cerise une eau distillée fortement imprégnée d'acide prussique, et qui, par cette raison, doit être administrée avec prudence. On en retire aussi une petite quantité d'une huile volatile blanche, concrète et vénéneuse, contenant également de l'acide prussique ou ses élémens; malgré cela les feuilles de laurier-cerise sont assez souvent employées dans les ménages pour donner au lait une saveur d'amande agréable; mais alors on se contente d'en faire tremper pendant quelque temps une ou deux feuilles dans une pinte de lait, ce qui ne peut être dangereux.

Du Laurier-rose.

614. *Nerium Oleander* L. Pentandrie monogynie; dicotylédones monopétales hypogynes, famille des apocynées.

Car. gén. : Calice à 5 divisions; corolle infundibuliforme à 5 divisions; tube terminé par une couronne; 5 étamines; anthères hastées, terminées par un faisceau de soies; 1 style ou plutot 2 styles réunis par le stigmate; 2 ovaires; 2 follicules droites; semences plumeuses — *Car. spécif.* : Feuilles ternées, linéaires-lancéolées; corolles couronnées.

Le laurier rose est un très-bel arbrisseau que l'on cultive dans des caisses pour l'ornement des jardins. Ses feuilles sont vertes, longues, épaisses, d'une texture sèche, persistantes; ses fleurs sont odorantes, fort belles, disposées en rose, rouges ou blanches; ses feuilles passent pour vénéneuses.

De la Lavande.

615. *Lavandula Spica* L. Didynamie gymnospermie; dicotylédones monopétales hypogynes, famille des labiées.

Caract. génér. : Calice ové, légèrement denté, soutenu par une bractée; corolle renversée; étamines renfermées dans le tube; fleurs en épi à l'extrémité des rameaux. — *Car. spéc.* : Feuilles sessiles, lancéolées-linéaires, roulées en dehors par leurs bords; épis nus, interrompus.

On distingue deux variétés de lavande, la grande et la petite; celle-ci est cultivée dans les jardins sous forme de bordure, et a moins d'odeur que l'autre; la grande croît surtout en Italie et dans le midi de la France. On en retire par distillation une huile volatile qui porte dans le commerce le nom d'huile de *spic* ou, improprement, d'*aspic*; on fait une eau distillée avec les fleurs de l'une et l'autre espèce, et on les fait entrer dans l'alcoholat vulnéraire, dans celui de menthe composé, dans le vinaigre prophylactique, le baume tranquille, etc.

Du Lierre commun.

616. *Hedera Helix* L. Pentandrie monogynie; dicotylédones monopétales épigynes à anthères distinctes, famille des caprifoliées.

Car. gén. : Calice à 5 dents; corolle pentapétale; baie ronde pentasperme entourée par le calice; 5 fleurs en corymbe. — *Car. spéc.* : Feuilles ovées et lobées.

Le lierre est un arbrisseau sarmenteux qui s'attache et s'élève très-haut le long des arbres et des murailles, à l'aide des radicules dont ses tiges sont pourvues dans toute leur longueur. Ses feuilles sont grandes, larges, lobées, anguleuses, vertes, luisantes, raides et persistantes. Elles sont employées pour recouvrir les cautères. Elles ont aussi la propriété de détruire la vermine de la tête. Les plus gros lierres croissent dans le midi de la France et en Italie; on en retire une gomme résine par incision.

Du Lierre terrestre.

617. *Glecoma hederacea* L.; Didynamie gymnospermie; dicotylédones monopétales hypogynes, famille des labiées.

Car. gén. : Lèvre supérieure bifide, peu convexe; lèvre inférieure à 3 lobes; anthères rapprochées 2 à 2, et disposées en croix avant l'émission du pollen. — *Car. spéc.* : Feuilles réniformes, crénelées.

Cette plante est basse et rampante; elle aime les lieux humides et ombragés; elle a une odeur forte et une saveur amère un peu âcre. Elle est béchique, tonique et antiscorbutique.

De la Marjolaine.

Voyez *origan* (637).

Du Marum.

Voyez *germandrées* (598).

Du Marrube blanc.

618. *Marrubium vulgare* L. Mêmes classe et ordre que le précédent (617).

Car. gén. : Calice en coupe, raide, marqué de 10 stries; lèvre supérieure de la corolle bifide, linéaire, dressée. — *Car. spéc.* : Calice à 10 dents; dents soyeuses crochues.

Cette plante croît dans les lieux incultes et sur le bord des chemins. Elle est haute d'un pied, cotonneuse, blanchâtre, aromatique, d'une saveur âcre et amère. Ses feuilles sont presque rondes, ridées, dentelées et velues. Ses fleurs sont petites, blanches, verticillées.

Elle est incisive et apéritive.

La plante nommée *marrube noir* ou *ballote* appartient à un autre genre des mêmes classe et ordre; c'est le *Ballota nigra* L. Plante plus grande que la précédente, d'une odeur puante, à fleurs rouges.

Car. gen. : Calice en coupe à 5 dents, à 10 stries; lèvre supérieure de la corolle crénelée, concave. — *Car. spec.* : Feuilles en cœur, indivises, dentées; divisions du calice pointues.

De la Matricaire et de la Camomille commune.

619. *Matricaria Parthenium* L. et *Matricaria Chamomilla* L. Syngénésie polygamie superflue; dicotylédones monopétales épigynes, à anthères réunies, ordre des corymbifères de Jussieu.

Car. gén. : Réceptacle nu; pas d'aigrette; calice hémisphérique, imbriqué, à bords solides légèrement piquans. — *Car. spéc.* du *Matricaria Parthenium* : Feuilles composées, planes, folioles ovées, incisées; péduncules rameux. — *Car. spéc.* du *Matr. Chamomilla*: Réceptacle conique; rayons étalés; écailles du calice égales par le bord (quelques botanistes en font un genre particulier et nomment la plante *Chamœmelum vulgare*).

La matricaire s'élève à deux et trois pieds; ses tiges sont grosses, fermes, cannelées, rameuses; ses feuilles ont une couleur verte jaunâtre. Toute la plante a une odeur forte, désagréable. Elle est stomachique et emménagogue.

La camomille commune pousse des tiges menues à la hauteur d'un pied et demi. Ses feuilles sont très-divisées. Ses fleurs sont composées d'un disque jaune conique et d'un rayon blanc. Elles ont une odeur forte qui n'est pas désagréable. Leur saveur n'est pas amère comme celle de la camomille romaine, et c'est une des raisons qui la font préférer en Allemagne. Son usage commence à s'étendre en France.

De la Mauve (grande et petite).

620. Plantes de la monadelphie polyandrie; des dicotylédones polypétales hypogynes, famille des malvacées.

Car. gén. : Calice double; l'extérieur à 3 feuilles; l'intérieur à 5 divisions ; étamines réunies en un tube adhérent à la corolle ; plusieurs capsules en forme d'arilles disposées circulairement. — *Car. spéc.* de la grande mauve, *Malva silvestris* L. : Tige dressée herbacée ; feuilles à 7 lobes pointus ; péduncules et pétioles velus ; — *Car. spéc.* de la petite mauve, *Malva rotundifolia* L. : Tige couchée ; feuilles en cœur, orbiculaires, divisées en 5 lobes mal figurés ; péduncules fructifères déclinés.

La grande mauve est la plus usitée. Ses feuilles sont larges, molles, velues et très-mucilagineuses ; on en fait des décoctions émollientes et des cataplasmes ; ses fleurs sont d'un bleu purpurin passant au vert par les alcalis et au rouge par les acides ; on les fait sécher et on les prend en infusion dans les maladies de poitrine ; elles sont adoucissantes.

Du Mélilot.

621. *Trifolium Melilotus officinalis* L. Diadelphie décandrie ; dicotylédones polypétales périgynes, famille des légumineuses.

Car. gén. : Fleurs presqu'en tête ; légume à peine plus long que le calice, non déhiscent, tombant. — *Car. spéc.* : Légumes en grappes, nus, dispermes, rugueux, pointus ; tige droite.

Le mélilot est cultivé dans les jardins, il est herbacé et annuel ; ses feuilles sont ternées comme celles du trèfle, mais s'en distinguent en ce que la foliole du milieu est pédicellée ; ses fleurs sont jaunes, très-petites, disposées en longs épis ; elles ont une odeur agréable et une saveur mucilagineuse légèrement âcre et amère ; elles sont émollientes et résolutives.

De la Mélisse.

622. *Melissa officinalis* L. Didynamie gymnospermie ; dicotylédones monopétales hypogynes, famille des labiées.

Car. gén. : Calice scarieux, aplati en dessus, lèvre supérieure un peu en pointe ; lèvre supérieure de la corolle un peu voûtée, bifide ; lèvre inférieure à lobe mitoyen en cœur. — *Car. spéc.* : Grappes axillaires, verticillées, pédicelles simples.

La mélisse est cultivée dans les jardins ; elle s'élève à la hauteur de deux pieds environ ; ses feuilles sont larges, oblongues, d'un vert peu foncé, crépues et un peu velues ; elles ont une odeur de citron fort agréable.

On en fait une eau distillée, un alcoholat simple et composé ; on en retire l'huile volatile par la distillation ; on l'emploie aussi sèche en infusion.

Autre espèce :

623. Le Calament des montagnes, *Melissa Calamintha* L. — *Car. spéc.* : Pédoncules axillaires dichotomes de la longueur des feuilles ; tige dressée.

Les feuilles de cette plante sont presque rondes, un peu pointues, chargées d'utricules blanchâtres, d'une odeur agréable ; elle est stomachique et expectorante.

Du Ményanthe ou Trèfle d'eau.

624. *Menyanthes trifoliata* L. Pentandrie monogynie ; dicotylédones monopétales hypogynes, genre agrégé aux primulacées.

Car. gén. : Calice persistant à 5 divisions ; corolle à 5 découpures ciliées ; 5 étamines ; 1 style ; stigmate bifide ; capsule polysperme uniloculaire. — *Car. spécif.* : Feuilles ternées.

Cette plante croît dans les lieux aquatiques ; ses feuilles sont grandes, d'un vert foncé, lisses et douces au toucher ; elles ont une grande amertume et sont employées dans quelques pays en place de houblon pour la fabrication de la bière ; on en prépare un suc, un extrait et un sirop.

Des Menthes.

Menthæ. Didynamie gymnospermie ; dicotylédones monopétales hypogynes, famille des labiées.

Car. gén. : Corolle presque régulière, quadrifide, échancrée par le plus large lobe; étamines dressées, écartées.

Espèces :

625. La Menthe sauvage, *Mentha silvestris* L. — *Car. spéc.* : Épis oblongs, feuilles oblongues, dentées en scie, cotonneuses, sessiles; étamines plus longues que la corolle.

626. La Menthe verte, *Mentha viridis* L. — *Car. spéc.* : Épis oblongs, feuilles lancéolées, nues, dentées en scie, sessiles; étamines plus longues que la corolle.

627. La Menthe crépue, *Mentha crispa* L. — *Car. spéc.* : Fleurs en tête; feuilles en cœur, dentées-ondulées, sessiles; étamines égales à la corolle.

628. La Menthe aquatique, *Menthastrum, Mentha aquatica* L. — *Car. spéc.* : Fleurs en tête; feuilles ovées, dentées en scie, pétiolées; étamines plus longues que la corolle.

629. La Menthe poivrée, *Mentha piperita* L. — *Car. spéc.* : Fleurs en tête, feuilles ovées, dentées en scie, pétiolées; étamines plus courtes que la corolle.

630. La Menthe-Pouliot ou Pouliot, *Mentha Pulegium* L. — *Car. spéc.* : Fleurs verticillées, feuilles ovées, obtuses, un peu crénelées; tiges arrondies, rampantes, étamines plus longues que la corolle.

631. La Menthe-Baume ou Baume des jardins, *Mentha gentilis* L. — *Car. spéc.* : Fleurs verticillées, feuilles ovées, aiguës, dentées en scie; étamines plus courtes que la corolle.

Toutes ces espèces de menthe ont une odeur plus ou moins forte et agréable; elles sont toutes stomachiques et échauffantes. Les deux espèces qui sont le plus employées en pharmacie sont, la menthe crépue dont le nom indique la forme des feuilles, et la menthe poivrée dont l'odeur et la saveur sont extrêmement fortes; celle-ci est tellement chargée d'huile essentielle, qu'elle en incommode les yeux à une distance assez considérable; aussi en retire-t-on une eau distillée très-odorante et très-active ; son huile essentielle entre dans la composition des pastilles qui portent son nom ; les feuilles et les fleurs font partie d'un grand nombre d'autres préparations de pharmacie.

De la Mercuriale.

632. *Mercurialis annua* L. Diœcie ennéandrie ; dicotylédones diclines irrégulières, ordre des euphorbiacées.

Car. génér. : Fleurs mâles : Calice à 3 divisions ; corolle o. ; 9 ou 12 étamines ; anthères globuleuses, didymes ; *Fleurs femelles :* Calice et corolle *id.* ; 2 styles ; capsule à 2 lobes hémisphériques, biloculaire, monosperme. — *Car. spéc. :* Tige divisée ; feuilles glabres, fleurs en épis.

Cette plante a une odeur désagréable et nauséeuse. Elle est mucilagineuse, émolliente et laxative : on en fait un mellite et un sirop.

Du Millepertuis.

633. *Hypericum perforatum* L. Polyadelphie polyandrie ; dicotylédones polypétales hypogynes, famille des hypéricées.

Car. génér. : Calice à 5 divisions profondes ; 5 pétales ; beaucoup d'étamines réunies par la base en 5 faisceaux ; ordinairement 3 ou 5 styles. — *Car. spéc. :* Fleurs trigynes ; tiges à 2 tranchans ; feuilles obtuses, marquées de points transparens ; anthères marquées d'un point noir ; stigmate rouge de sang.

Le millepertuis s'élève à la hauteur d'un pied et demi. Ses tiges sont fermes, rougeâtres, rameuses ; ses feuilles sont oblongues, nerveuses et marquées d'une infinité de petites vésicules transparentes ; ses fleurs naissent en bouquet à l'extrémité des tiges ; elles sont rosacées, jaunes et odorantes : son fruit est une très-petite capsule triangulaire oblongue, empreinte d'un suc rouge, divisée en trois loges, et remplie de semences très-menues, brunes, d'une odeur et d'une saveur résineuses : sa racine est dure et ligneuse.

Les sommités d'hypéricum entrent dans la thériaque, le baume du commandeur, l'huile d'hypéricum. Elles contiennent deux principes colorans : l'un qui est jaune, soluble dans l'eau, et dont le siége est dans les pétales ; l'autre qui est rouge, de nature résineuse, soluble dans l'alcohol et dans l'huile, qui réside surtout dans le stigmate et dans le fruit.

De la Molène ou Bouillon blanc.

634. *Verbascum Thapsus* L. Pentandrie monogynie ; dicotylédones monopétales hypogynes, famille des solanées.

Car. génér. : Calice quinquefide ; corolle en roue, à 5 divisions arrondies, dont les deux supérieures sont plus courtes ; 5 étamines ; 1 style ; capsule biloculaire, bivalve. — *Car. spéc.* : Feuilles décurrentes, cotonneuses sur les deux faces ; tige simple.

Cette plante croît jusqu'à la hauteur de neuf à dix pieds, mais n'en a ordinairement que quatre à cinq. Sa tige est grosse, ronde, dure, lanugineuse ; ses feuilles sont grandes, molles, cotonneuses, blanches, alternes sur la tige ; ses fleurs sont jaunes, et naissent en longs épis serrés à l'extrémité de la tige. On emploie les feuilles et les fleurs : les premières sont émollientes, étant employées en décoction ou en cataplasme ; les secondes sont odorantes, balsamiques et pectorales. On les emploie sèches en infusion dans l'eau.

De la Morelle.

635. *Solanum nigrum* L. Pentandrie monogynie ; dicotylédones monopétales hypogynes, famille des solanées.

Car. génér. : (voyez *Racine de pomme-de-terre*) (321). — *Car. spéc.* : Tige sans aiguillons, herbacée ; feuilles ovées, dentées, anguleuses ; grappes distiques, penchées.

La morelle est une plante fort commune qui s'élève à la hauteur d'un pied à un pied et demi. Ses feuilles ont une couleur verte foncée, et une odeur vireuse. Elles varient quant à leur forme. Ses fleurs sont petites, blanches, et sont remplacées par de petites baies rondes, vertes d'abord, puis noires. Toute la plante est narcotique.

On en prépare un extrait avec le suc; on la fait sécher, et on l'emploie en décoction à l'extérieur. Enfin elle entre dans la composition du baume tranquille et de l'onguent *populeum*.

De l'Oranger.

636. *Citrus Aurantium* L. Polyadelphie icosandrie; dicotylédones polypétales hypogynes, famille des hespérides ou des aurantiées.

Car. génér. : Calice quinquefide; corolle à 5 pétales elliptiques; 20 anthères réunies par leurs filets aplatis en plusieurs faisceaux; baie à 9 loges. — *Car. spéc.* : Pétioles ailés; feuilles acuminées.

L'oranger est un très-bel arbre originaire de la Chine, que l'on dit avoir été apporté pour la première fois en Portugal, par Jean de Castro, vers l'an 1520. De là il s'est répandu dans tout le midi de l'Europe, où ses fruits mûrissent facilement; mais, à la latitude où nous vivons, on ne peut le cultiver que dans des caisses que l'on renferme l'hiver dans des serres. Néanmoins il y fleurit très-bien, et même y porte souvent des fruits.

Toutes les parties de l'oranger sont utiles. Ses feuilles, qui sont douées d'une amertume douce et d'une odeur agréable, sont usitées en infusion comme stomachiques; ses fleurs, qui sont blanches, belles et odorantes, servent à faire une eau distillée très-suave, et devenue d'un usage général. On en retire également, par la distillation, une huile volatile qui porte le nom de *néroli*. Cette eau et cette huile servent à faire un sirop et des pastilles; la fleur elle-même est pralinée ou séchée, et alors s'emploie en infusion théiforme.

Dans les pays où les orangers sont communs, on ramasse toutes les petites oranges qui tombent de l'arbre après la floraison, et on en retire, par la distillation, une huile volatile qui porte dans le commerce le nom de *petit-grain*. Les mêmes fruits, recueillis avant qu'ils n'aient atteint la grosseur d'une cerise, prennent le nom d'*orangettes*, et servent à faire une teinture amère très-aromatique et très-stomachique. Mais leur plus grand usage en France est de servir à fabriquer des pois à cautères, étant arrondis au tour.

Enfin, les oranges non encore parvenues à leur dernier point de maturité, sont enfermées dans des caisses et distribuées par toute l'Europe. Ce fruit, un des plus beaux et des plus agréables que l'on connaisse, est recouvert d'une écorce jaune, qui fournit encore, par expression ou distillation, une grande quantité d'huile volatile. Cette huile porte le nom d'*essence de Portugal*, ce premier berceau des orangers en Europe étant encore le pays qui fournit les oranges les plus estimées. La chair de l'orange est acide et sucrée, ordinairement blanche, mais quelquefois rouge.

De l'Origan et de la Marjolaine.

637. *Origanum vulgare*, et *Origanum Majorana* L. Didynamie gymnospermie; dicotylédones monopétales hypogynes, famille des labiées.

Car. gén.: Cône tétragone en épi, réunissant les calices. — *Car. spéc.* de l'*Or. vulgare:* Épis arrondis, paniculés, ramassés; bractées ovales, plus longues que le calice; — de l'*Or. Majorana:* Feuilles ovées obtuses; épis arrondis, compactes, pubescens.

Ces deux plantes sont très-aromatiques, et donnent beaucoup d'huile essentielle. L'huile de marjolaine contient beaucoup de camphre, suivant M. Proust.

De la Pariétaire.

638. *Parietaria officinalis* L. Polygamie monoécie; dicotylédones diclynes irrégulières, famille des urticées.

Car. gén. Fleurs hermaphrodites : Calice quadrifide; pas de corolle; 4 étamines élastiques; 1 style; 1 semence supère allongée. *Fleurs femelles :* Mêmes caractères, si ce n'est que les étamines manquent. — *Car. spéc. :* Feuilles lancéolées ovées; péduncules dichotomes; calices diphylles; fleurs femelles tétragones, en pyramides.

La pariétaire s'élève à la hauteur d'un pied et demi à deux pieds; ses feuilles sont oblongues, pointues, velues, rudes, et s'attachent facilement aux habits. Elle croît contre les murailles, et contient du nitre; elle est mucilagineuse et apéritive.

Du Pêcher.

639. *Amygdalus Persica* L. Icosandrie monogynie; dicotylédones polypétales périgynes, ordre des rosacées.

Car. génér. : Calice quinquefide; corolle pentapétale; 20 étamines ou plus; 1 drupe, contenant une noix poreuse. — *Car. spéc. :* Toutes les dentelures des feuilles aiguës; fleurs sessiles, solitaires.

Cet arbre est originaire de Perse, comme l'indique son nom. Il exige beaucoup de soin pour sa culture et une belle exposition. Ses feuilles sont amères, purgatives, et ont une odeur d'amande amère; ses fleurs sont d'un rouge incarnat, très-agréable, légèrement odorantes, et d'un goût semblable d'amande amère. Ses fruits tiennent leur rang parmi les plus beaux et les meilleurs de nos climats. Leur amande est chargée d'acide prussique, de même que celle de l'amandier amer; et la boîte osseuse qui la renferme, imprégnée de la même odeur, sert à faire une liqueur de table très-agréable.

Les fleurs de pêcher sont employées comme purgatives, et servent à faire le sirop qui porte leur nom.

De la Pensée.

640. *Viola tricolor* L. Syngénésie monogamie; dicotylédones polypétales hypogynes, genre agrégé à la famille des cistinées.

Car. gén. : Calice à 5 feuilles inégales; corolle à 5 pétales ovales inégaux, 2 supérieurs, 2 latéraux, l'inférieur plus grand terminé par un éperon; 5 étamines très-petites; anthères réunies ou rapprochées; 1 style, 1 stigmate; capsule polysperme uniloculaire, trivalve. — *Car. spéc.* : Tige triangulaire, diffuse; feuilles oblongues, incisées; stipules pinnatifides.

On distingue deux variétés de pensée : l'une, dite *pensée sauvage*, est telle qu'elle croît naturellement, et est usitée, feuilles et fleurs mêlées, comme détersive et sudorifique; l'autre, dite *pensée des jardins*, se distingue par l'ampleur et la beauté de sa fleur, qui alors est employée seule, à cause de la riche couleur bleue dont elle est peinte et qu'elle communique à l'eau. La fleur de la première variété est aussi employée seule, et même se trouve très-abondamment dans le commerce de l'herboristerie, où elle remplace la fleur de violette (Voyez cet article).

Du Plantain.

641. *Plantago* L. Tétrandrie monogynie; dicotylédones apétales hypogynes, famille des plantaginées.

Car. gén. : Calice quadrifide; corolle quadrifide; limbe réfléchi; étamines très-longues; capsule biloculaire s'ouvrant circulairement.

On connaît en pharmacie trois espèces de plantain, que l'on emploie indifféremment. Ce sont les *Plantago major*, *media* et *lanceolata* L. (Plantains grand, moyen et petit). — *Car. spéc.* du *plantago major* : Feuilles ovées glabres; hampe cylindrique; épis composés de fleurs imbriquées. — du *plantago media* : Feuilles ovées-lancéolées, pubescentes; épi cylindrique; hampe arrondie. — Du *plantago lanceolata* : feuilles lancéolées; épis presque ovés, nus; hampe anguleuse.

Ces trois plantes croissent abondamment dans les jardins, les champs et les prairies. Leurs feuilles, marquées de fortes nervures longitudinales, ne diffèrent guère que par leur largeur; elles sont inodores; leurs fleurs sont très-petites, roses et odorantes. L'eau distillée de la plante entière est très-usitée dans les collyres; les feuilles entrent dans la composition du sirop de grande consoude composé.

Du Pissenlit.

642. *Taraxacum Dens-Leonis* Desf. *Leontodon Taraxacum* L. Syngénésie polygamie égale; dicotylédones monopétales épigynes à anthères réunies, famille des chicoracées.

Car. génér. : Calice caliculé; aigrette plumeuse, portée sur un pivot; fleurs sur une hampe. — *Car. spéc.* : Ecailles inférieures du calice réfléchies; feuilles runcinées, denticulées, lisses.

Cette plante croît sans culture. On mange en salade sa racine et ses jeunes feuilles; on la fait entrer dans les sucs d'herbes; sa racine et ses feuilles entrent également dans le sirop de chicorée.

Du Pourpier.

643. *Portulaca oleracea* L. Dodécandrie monogynie; dicotylédones polypétales périgynes, famille des portulacées.

Car. génér. : Calice bifide; corolle à 5 pétales; 15 ou 16 étamines; capsule uniloculaire s'ouvrant circulairement, ou trivalve. — *Car. spéc.* : Feuilles cunéiformes; fleurs sessiles; capsule s'ouvrant circulairement.

Le pourpier est cultivé dans les potagers pour l'usage des cuisines. C'est une plante épaisse, succulente et douée de propriétés rafraîchissantes : on en prépare une eau distillée.

De la Pulmonaire.

644. *Pulmonaria officinalis.* Pentandrie monogynie; dicotylédones monopétales hypogynes, famille des borraginées.

Car. génér. : Calice prismatique, pentagone, à 5 dents; corolle infundibuliforme; tube ouvert, renfermant les 5 étamines. — *Car. spéc. :* feuilles radicales ovées-cordées, rudes.

Cette plante s'élève à la hauteur d'un pied environ; elle pousse une ou plusieurs tiges anguleuses et velues comme celles de la buglosse. Ses feuilles sont larges, lanugineuses, et marquées le plus souvent de taches blanches; ses fleurs sont purpurines ou violettes. Toute la plante est mucilagineuse, adoucissante, et employée dans les maladies du poumon. Son nom de pulmonaire lui vient, soit de cet usage, soit de ce que les taches de ses feuilles leur donnent quelque ressemblance extérieure avec le poumon.

Des Renoncules.

645. *Ranunculus* L. Polyandrie polygynie; dicotylédones polypétales hypogynes, famille des renonculacées.

Car. génér. : Calice pentaphylle, corolle à 5 pétales arrondis, et ayant une petite écaille à la base de l'onglet; pas de style; graines comprimées en tête.

646. La Renoncule-Flamme ou petite Douve. *Ranunculus Flammula* L. — *Car. spéc. :* Feuilles ovées-lancéolées, pétiolées; tige réclinée.

647. La grande Douve, *Ran. Lingua* L. — *Car. spéc. :* Feuilles lancéolées; tige droite.

648. La Renoncule scélérate, *Ranunc. sceleratus* L. —

Car. spéc. : Feuilles inférieures palmées ; les supérieures digitées ; fruits oblongs.

649. La Renoncule des jardins, *Ran. asiaticus* L. — *Car. spéc.* : Feuilles ternées et biternées ; folioles trifides, incisées ; tige rameuse par le bas.

650. La Renoncule bulbeuse, *Ran. bulbosus* L. — *Car. spéc.* : Calice renversé ; péduncules sillonnés ; tige droite, multiflore ; feuilles composées.

651. La Renoncule âcre, ou Bouton d'or, *Ran. acris* L. — *Car. spéc.* : Calice ouvert ; péduncules cylindriques ; feuilles tripartites-multifides, les supérieures linéaires.

Toutes les plantes de ce genre sont âcres et vénéneuses ; néanmoins elles sont recherchées à cause de l'élégance et de l'éclat de leurs fleurs. L'espèce la plus commune, le *Ranunculus acris*, fait l'ornement des prairies ; comme le *Ran. asiaticus* est celui des parterres. Le *Ran. sceleratus* est une des plantes les plus vénéneuses de nos marais.

De la Ronce.

652. *Rubus fruticosus* L. Icosandrie polygynie ; dicotylédones polypétales périgynes, famille des rosacées.

Car. génér. : Calice quinquefide ; corolle à 5 pétales ; baie composée de grains monospermes. — *Car. spéc.* : Feuilles quinées, digitées et ternées ; tige et pétioles aiguillonnés.

Cet arbrisseau, très-commun dans les haies, est généralement connu. Ses feuilles sont astringentes, et son fruit est d'une acidité agréable.

Du Romarin.

653. *Rosmarinus officinalis* L. Diandrie monogynie ; dicotylédones monopétales hypogynes, famille des labiées.

Car. génér. et spéc. : Lèvre supérieure bifide ; 2 étamines ; filets arqués ; une dent latérale.

Le romarin est un petit arbrisseau à feuilles étroites,

rudes, d'un vert foncé en dessus, blanches en-dessous; à fleurs bleues, labiées. Il a une odeur forte et aromatique, due à une huile volatile camphrée. Il est cultivé dans nos jardins; mais il croît sans culture dans le midi de l'Europe. C'est à la grande quantité de cette plante, répandue dans les environs de Narbonne, que le miel de ce pays doit sa saveur aromatique.

Le romarin est stimulant, stomachique et emménagogue.

On l'emploie infusé ou distillé dans l'eau, le vin et l'alcohol; on en retire l'huile volatile, et on en fait un mellite.

De la Rue.

654. *Ruta graveolens* L. Décandrie monogynie; dicotylédones polypétales hypogynes, ordre des rutacées.

Car. gén. : Calice à 4 divisions; corolle à 4 pétales concaves; 8 étamines; 8 pores nectarifères à la base de l'ovaire; 1 style; 1 capsule polysperme à 4 lobes et à 4 loges : (la fleur terminale a une cinquième partie de plus). — *Car. spéc.* : Feuilles décomposées.

La rue se cultive dans les jardins, où elle s'élève jusqu'à 4 ou 5 pieds; elle répand une odeur forte, aromatique et désagréable; elle contient une huile volatile. Elle est sudorifique, anthelmintique et emménagogue. On l'emploie verte ou sèche; on en retire l'huile volatile; on en fait une eau distillée, une huile et un vinaigre, par macération, etc.

Du Rhus radicans.

Voyez *Sumachs vénéneux* (673).

De la Sabine.

655. *Juniperus Sabina* L. Diœcie monadelphie; dicotylédones diclines irrégulières, famille des conifères.

Car. gén. : Fl. M., disposées en petits chatons ovoïdes

ou sphériques; écailles en forme de bouclier; anthères sessiles placées inférieurement sous les écailles; Fl. F. : Chatons globuleux; calice à 3 divisions; 3 pétales; 3 styles; baie trisperme, non égale aux 3 tubercules du calice. — *Car. spéc.* : Feuilles opposées, dressées, décurrentes; oppositions en godet.

La sabine est un arbrisseau dont il y a deux variétés; une grande et une petite. La petite a les feuilles semblables à celles du tamarisc, et la grande à celles du cyprès. Toutes deux sont toujours vertes, résineuses, d'une odeur très-forte et désagréable; mais la première est la plus active. Elle est emménagogue, anthelmintique, corrosive et dépilatoire. Elle peut devenir poison étant prise à trop forte dose à l'intérieur.

De la Sanicle.

656. *Sanicula europœa* L. Pentandrie digynie; dicotylédones polypétales épigynes, famille des ombellifères.

Car. gén. : Ombelle d'un petit nombre de rayons ramassés; fleurs presque en tête; celles du centre avortent; 2 graines oblongues, convexes, hérissées de pointes et surmontées d'un calice pentaphylle. — *Car. spéc.* : Feuilles radicales simples; tous les fleurons sessiles.

La sanicle pousse de sa racine des feuilles presque rondes, dures, divisées en cinq parties, dentées, d'un beau vert et luisantes. Sa tige s'élève à la hauteur d'un pied environ; sa racine est grosse par le haut, fibreuse par le bas, brune au dehors, blanche en dedans. Elle croît dans les lieux ombragés : elle n'est pas aromatique comme les autres ombellifères; elle est seulement amère et astringente.

De la Saponaire.

657. *Saponaria officinalis* L. Décandrie digynie; dicotylédones polypétales hypogynes, famille des caryophyllées.

Car. gén. : Calice simple en tube, cylindrique ou anguleux, monophylle, à 5 petites dents; corolle à 5 pétales portés sur des onglets longs et étroits; 10 étamines; 2 styles; capsule allongée s'ouvrant par le sommet en 5 valves; 1 seule loge. — *Car. spéc.*: Calice cylindrique; feuilles ovées, lancéolées.

Cette plante a bien le port d'une caryophyllée, et se distingue des œillets par son calice non calyculé. Elle croît près des ruisseaux, et se cultive aussi dans les jardins: ses feuilles ont une saveur nitreuse et amère; elles donnent à l'eau, ainsi que le reste de la plante, l'apparence mousseuse de l'eau de savon; ses racines sont longues, menues, noueuses comme la tige, et ont une saveur légèrement piquante et amère: les unes et les autres sont employées comme fondantes et dépuratives.

De la Sauge officinale.

658. *Salvia officinalis* L. Diandrie monogynie; dicotylédones monopétales hypogynes, famille des labiées.

Car. gén.: Lèvre supérieure de la corolle falciforme et comprimée; 2 étamines; filets portés et articulés latéralement sur un pédicelle. — *Car. spéc.*: Feuilles lancéolées, ovées, entières, crénelées; fleurs en épis; calices aigus.

On connaît trois variétés de sauge: l'une est la *grande sauge*, dont les tiges sont rameuses, ligneuses, velues; garnies de feuilles oblongues, larges, obtuses, épaisses, ridées, blanchâtres et cotonneuses; ces feuilles sont peu succulentes, d'une odeur forte, agréable, d'un goût aromatique, amer, et un peu âcre.

La seconde variété est celle que l'on nomme *petite sauge*, ou *sauge de Provence*, qui diffère de la première par ses feuilles moins larges et plus petites, plus blanches, d'une odeur et d'un goût encore plus fort et plus aromatique; de plus les feuilles sont ordinairement accompagnées de stipules à leur base. Cette sauge est la plus estimée.

La troisième variété est celle que l'on nomme *sauge*

de Catalogne, dont les feuilles sont encore plus petites que celles de la précédente ; de propriétés semblables.

La sauge est stimulante, stomachique, et résolutive à l'extérieur. Elle fournit à la distillation une eau distillée très-aromatique et beaucoup d'huile volatile. Elle entre dans beaucoup de médicamens composés.

Autre espèce :

659. La sauge-Sclarée, l'Orvale, ou Toute-bonne. *Salvia Sclarea* L. — *Car spéc.* : Feuilles rugueuses, cordées-oblongues, velues, dentées ; bractées colorées, plus longues que le calice, concaves, pointues.

Cette plante s'élève à la hauteur de deux pieds. Ses feuilles sont grandes, larges, blanchâtres, bosselées, rudes et ridées ; elle a une odeur forte et un goût amer. Elle est antihystérique.

De la Scabieuse.

660. *Scabiosa Succisa* L. Tétrandrie monogynie ; dicotylédones monopétales épigynes à anthères distinctes, ordre des dipsacées.

Car. gén. : Calice commun polyphylle ; calice propre double, supère ; réceptacle garni de paillettes ; semences nues ; corolles à 4 ou 5 divisions souvent irrégulières ; 4 ou 5 étamines ; 1 style ; 1 stigmate. — *Car. spécifique* : Corolles quadrifides égales ; tige simple ; rameaux rapprochés ; feuilles lancéolées-ovées.

La racine de scabieuse est blanche, cylindrique, tronquée par le bas et terminée par des radicules descendantes. Ses feuilles sont oblongues, pointues, entières et seulement crénelées sur le bord. Ses fleurs sont ordinairement bleues ou purpurines. La racine, les fleurs et surtout les feuilles de scabieuse sont employées en décoction dans les maladies cutanées ; on en prépare aussi une eau distillée.

Autre espèce également usitée :

La Scabieuse des prés, *Scabiosa arvensis* L. Elle diffère de la précédente par sa tige velue, ses feuilles pinnatifides incisées, et ses fleurs à corolles inégales rayonnantes.

Du Schœnanthe ou Jonc odorant.

661. *Andropogon Schœnanthus* L. Polygamie monoécie; monocotylédones à étamines hypogynes, famille des graminées.

Suivant Lemery, le schœnanthe est si commun dans l'Arabie Heureuse et au pied du mont Liban, qu'on le fait servir de fourrage et de litière aux chameaux. Il est formé d'une racine blanche, chevelue, flexueuse, assez longue, et d'une tige haute d'environ un pied, entourée par le bas d'une touffe de feuilles paléacées qui a la forme d'un épi, et terminée supérieurement par une panicule chargée de fleurs petites, veloutées et rougeâtres.

Toute la plante est douée de propriétés très-actives. Les feuilles ont une odeur forte, surtout lorsqu'on les froisse entre les mains, et elles jouissent d'une saveur âcre, aromatique, résineuse, très-amère et très-désagréable. La racine offre les mêmes propriétés, mais dans un degré inférieur; enfin, les fleurs, qui sont la partie de la plante que l'on devrait faire entrer dans la thériaque, doivent avoir une saveur encore plus prononcée et plus camphrée que les feuilles; mais celles que j'ai pu me procurer ont peu d'odeur, et n'ont qu'une saveur faible, sans doute en raison de leur vétusté; aussi leur substitue-t-on la touffe radicale des feuilles qui, comme je viens de le dire, jouit encore de propriétés assez énergiques.

M. Vauquelin ayant analysé la racine de schœnanthe en a retiré : 1°. une matière résineuse d'un rouge brun foncé, ayant une saveur âcre et une odeur absolument semblable à celle de la myrrhe; il croit en effet que ce n'est autre chose que de la résine de myrrhe; 2°. une matière colorante soluble dans l'eau; 3°. un acide libre; 4°. un sel calcaire; 5°. de l'oxide de fer en assez grande quantité; 6°. une grande quantité de matière ligneuse (*Ann. Chim.* LXXII. 302).

De la feuille et de la follicule de Séné.
Folium et folliculus sennæ. — Off.

662. Le séné provient d'un arbrisseau qui a été nommé par Linné *Cassia Senna*, et qui appartient à la décandrie monogynie, et aux dicotylédones polypétales périgynes, ordre des légumineuses. On en connaît deux variétés, qui sont plutôt deux espèces distinctes, dont l'une à *feuilles aiguës* croît naturellement dans la haute Égypte, dans la Nubie, l'Abyssinie, l'Arabie et la Syrie, et dont l'autre à *feuilles arrondies* est originaire des mêmes pays, mais est cultivée en Italie et en Espagne. Les feuilles de cette variété passent pour moins actives que celles de la première et sont moins estimées. Du reste ces deux arbrisseaux sont hauts de deux à trois pieds ; à tige courte, dure et ligneuse ; à rameaux droits et minces ; à feuilles alternes, pinnées, d'une odeur qui n'est pas trop désagréable et d'une saveur un peu âcre et amère. Leurs fleurs sont inodores et d'un jaune citrin ; leurs fruits sont des légumes, ou des gousses tout-à-fait aplaties, formées de deux membranes oblongues, réniformes, minces, appliquées l'une contre l'autre, contenant vers leur centre quelques semences semblables à celles du raisin.

663. On distingue dans le commerce trois sortes de séné : celui de la *palte*, celui de *Tripoli* et le séné *moka*. Le séné de la palte, ainsi appelé d'un impôt nommé *palte* auquel il a été assujetti par le grand seigneur, vient de la haute Égypte et est le plus estimé. Il est presqu'entièrement composé de feuilles de la variété *à feuilles aiguës* ; mais ordinairement cependant il contient plus ou moins de feuilles de l'autre variété, qu'on y mêle, soit en Égypte, soit à Marseille ; et il contient de plus une certaine quantité de feuilles d'une autre plante nommée *arguel*, qui est une espèce de *cynanchum* et qui appartient à la pentandrie digynie et à la famille des apocynées. On doit choisir le séné de la palte entier, privé autant que possible de ces

deux dernières espèces de feuilles, mais surtout de la dernière; et afin qu'on puisse bien les reconnaître, voici les caractères de chacune.

664. Le vrai séné de la palte est en feuilles longues d'environ un pouce, larges de quatre lignes, ayant une forme *lancéolaire*, c'est-à-dire allongée et terminée insensiblement en pointe à ses deux extrémités. Il a une couleur verte, pâle et jaunâtre; une odeur nauséeuse; une saveur un peu âcre, amère et mucilagineuse. Les feuilles sont un peu épaisses, raides, marquées d'une principale nervure longitudinale, saillante d'un côté, et de nervures transversales, dirigées aussi dans le sens de la longueur des feuilles.

665. Le séné à *larges feuilles* ou *séné d'Italie* est en feuilles longues d'un pouce, larges de six à dix lignes, ayant une forme elliptique *obcordée* ou *obovée* (1). Il est marqué de nervures comme l'autre et est d'une couleur verte un peu plus prononcée. Sa saveur et son odeur m'ont paru semblables.

666. L'arguel est en feuilles d'une forme variable, mais le plus souvent lancéolaire, et de diverses grandeurs. Il est plus épais que le séné, peu ou pas marqué de nervures transversales, et chagriné à sa surface, ce qui donne à sa couleur verte un reflet blanchâtre. Il a une saveur beaucoup plus amère que le séné et laissant un arrière goût sucré; il jouit d'une odeur pareille mais plus forte. Il paraît être fortement purgatif et avoir la propriété de causer des tranchées.

667. Le séné de Tripoli et le séné moka paraissent dus à la variété de séné à *feuilles aiguës*, ne différant de la variété d'Égypte qu'en raison du pays. Le séné tripoli vient du Levant, et le séné moka d'Arabie.

668. Le séné tripoli est ordinairement plus brisé que le séné palte, mais lorsqu'on compare les feuilles entières des

---

(1) Ces deux derniers termes signifient qu'une feuille a la forme d'un cœur ou d'un œuf dont la pointe est tournée vers le pétiole.

deux sortes on y remarque peu de différence. Cependant les feuilles du séné tripoli paraissent en général plus petites, moins aiguës, et sont peut-être un peu moins épaisses. On ne trouve dans cette sorte ni follicule palte, ni séné à larges feuilles, ni arguel. Malgré cette dernière circonstance, il est un peu moins estimé que le séné de la palte.

669. Le séné moka est en feuilles ordinairement longues d'un pouce, très-étroites, et presque subulées (c'est-à-dire en alène); il y en a des feuilles qui ont près de deux pouces de long. Il a une odeur analogue à celle du séné palte, mais une saveur qui n'est presque que mucilagineuse; il est peu purgatif, très-peu estimé, et doit être rejeté de la pharmacie.

670. Le fruit du séné est un légume ou une gousse de même que ceux des autres légumineuses, et néanmoins l'usage a consacré dans le commerce et dans la pharmacie le nom de *follicules* qu'on lui donne. On en distingue trois sortes qui portent, comme les feuilles, les noms de *follicules de la Palte*, *follicules de Tripoli*, *follicules de Moka*.

Les follicules de la palte sont les plus estimées. Elles sont grandes, larges, d'un vert sombre, lisses et aplaties. Les follicules tripoli sont petites, peu ou pas contournées, et d'un vert qui tire sur le fauve. Les follicules moka, qui sont les moins estimées et que l'on doit entièrement rejeter, sont noirâtres, étroites, très-contournées ou d'une forme demi-circulaire, et présentent une aspérité membraneuse au-dessus de chaque semence.

Les follicules de séné sont moins purgatives que les feuilles et sont moins employées.

De la Scolopendre.

Voyez aux *Capillaires* (554).

Du Stramonium ou de la Pomme épineuse.

671. *Datura Stramonium* L. Pentandrie monogynie;

dicotylédones monopétales hypogynes, famille des solanées.

Car. gén. : Calice tubuleux, anguleux, tombant; corolle infundibuliforme à 5 plis; capsule à 4 valves; semences réniformes. — *Car. spéc.* : Péricarpes ovés, épineux, dressés; feuilles ovées, glabres.

Cette plante s'élève à la hauteur de quatre à cinq pieds; sa tige est grosse et rameuse; ses feuilles sont anguleuses, dentelées, d'une odeur fétide. On en prépare un extrait et un huile par infusion; elles entrent aussi dans le baume tranquille; elles sont narcotiques et vénéneuses.

Des Sumachs.

Rhus, roïs. — Off.

672. Ce genre appartient à la pentandrie trigynie de Linné, aux dicotylédones polypétales périgynes de Jussieu et à la famille des térébinthacées.

Car. gén. : Calice à 5 divisions; corolle pentapétale; 5 étamines; 3 styles; 1 drupe sphérique; 1 noyau osseux.

Espèces :

672 *bis*. Roure des corroyeurs ou Sumach. *Rhus coriaria* L. — *Car. spéc.* : Feuilles pinnées, obtusiuscules, dentées en scie, ovales, velues en dessous.

Cet arbrisseau est originaire d'Asie, mais il est devenu commun dans tout le midi de l'Europe, surtout en Espagne, dans le territoire de Salamanque, où il s'en fait un commerce considérable. Son écorce, ses feuilles et ses fleurs contiennent beaucoup de principe astrigent et tannant, et à cause de cela sont employées en médecine et dans le tannage des cuirs. Ses fruits sont également astringens et acidules.

673. Sumachs vénéneux. *Rhus radicans* et *Rhus Toxicodendron*. — *Car. spéc.* du *R. radicans* : Feuilles ternées; folioles pétiolées, ovées, nues, très-entières; tige radicante; — du *R. Toxicodendron* : Feuilles ternées; folioles pétiolées, anguleuses, pubescentes; tige radicante.

Ces deux espèces sont si voisines qu'on les confond ordinairement : toutes deux sont dioïques, grimpantes, et originaires de l'Amérique septentrionale. Leurs feuilles, leurs fleurs, et le suc qui suinte de leur tige, fournissent dans l'état récent des émanations dangereuses, et l'attouchement des feuilles suffit pour produire des démangeaisons cuisantes et des ampoules. Leur suc récent est un violent poison à l'intérieur ; néanmoins on en retire par l'évaporation un extrait qui a été employé en médecine contre les dartres, la paralysie et les maladies convulsives.

674. D'autres espèces de sumach sont : le *Rhus copallinum* qui fournit le copal occidental ; le *Rhus Vernix* du Japon, qui est vénéneux, et dont le suc blanc exposé à l'air noircit et forme un beau vernis ; le *Rhus Cotinus* ou fustet, dont le bois sert à la teinture en jaune (381).

675. Un arbrisseau analogue aux sumachs est le Redoul, *Coriaria myrtifolia*, lequel sert au tannage et à la teinture, et dont les fruits doux et beaux causent des convulsions, le délire et même la mort, aux hommes et aux animaux.

Du Tabac ou de la Nicotiane.

676. *Nicotiana Tabacum* et *Nicotiana rustica* L. Plantes de la pentandrie monogynie ; des dicotylédones monopétales hypogynes et de la famille des solanées.

Car. génér. : Calice en tube à 5 divisions ; corolle infundibuliforme à 5 plis ; 5 étamines inclinées ; 1 stigmate en tête ; 1 capsule ovoïde, bivalve, biloculaire, contenant des graines nombreuses. — *Car. spéc.* du *N. Tabacum* : Feuilles lancéolées - ovées, sessiles, décurrentes ; fleurs aiguës. — du *N. rustica* : Feuilles pétiolées, ovées, très-entières ; fleurs obtuses.

La première de ces plantes est le véritable tabac originaire de l'Amérique méridionale, puis cultivé dans l'Amérique septentrionale, et ensuite en Angleterre, en Hollande et en France. Depuis on lui a préféré la seconde espèce, parce qu'elle est beaucoup plus productive quoique plus petite. Du reste, ces deux plantes jouissent des mêmes propriétés. Leurs feuilles récentes sont âcres, émétiques et drastiques à l'intérieur; rubéfiantes et détersives à l'extérieur. Séchées à la manière ordinaire, elles perdent une partie de leurs propriétés et n'acquièrent pas ce montant et cette haute qualité sternutatoire que l'on trouve dans le tabac.

Pour développer en elles ces propriétés, on les met en tas, on les arrose légèrement avec de l'eau salée et de la mélasse délayée, et on les remue de temps à autre pendant un temps plus ou moins long; par ce moyen elles éprouvent une fermentation particulière, qui n'est pas celle qu'elles subiraient si on les abandonnait seules à elles-mêmes, et il en résulte la formation ou l'exaltation d'un principe volatil, âcre et irritant, qui donne au tabac ses propriétés.

Les semences de tabac ont été apportées en France en l'année 1560, par *Niçot*, ambassadeur près la cour de Portugal; de là est venu à la plante le nom de *Nicotiane*. On l'a aussi nommée *herbe à la reine*, à cause de *Catherine de Médicis*, à qui l'ambassadeur fit présent des semences.

M. Vauquelin a fait l'analyse des feuilles de nicotiane, et en a retiré de l'albumine, du sur-malate de chaux, de l'acide acétique, du nitrate et du muriate de potasse, du nitrate d'ammoniaque, une matière rouge soluble dans l'eau et dans l'alcohol, enfin un principe âcre, volatil, incolore, soluble dans l'eau et dans l'alcohol, auquel on doit attribuer les propriétés énivrantes et vireuses du tabac (*Ann. de Chimie* LXXI. 139).

De la Tanaisie.

677. *Tanacetum vulgare* L. Syngénésie polygamie superflue; dicotylédones monopétales épigynes à anthères réunies, ordre des corymbifères.

Car. gén. : Calice imbriqué hémisphérique; réceptacle

nu; fleurons de la circonférence femelles, languissans, trifides; aigrette nulle (fleurons hermaphrodites du centre quinquefides; quelquefois tous les fleurons sont hermaphrodites, ou aucun ne l'est). — *Car. spéc.* : Feuilles bipinnées, incisées, dentées (le rayon ne paraît que dans les étés chauds).

La tanaisie s'élève à la hauteur de deux pieds; ses feuilles, profondément découpées et dentelées, sont d'un vert jaunâtre; ses fleurs sont rassemblées en bouquets arrondis, et sont d'un jaune doré. Toute la plante a une odeur très-forte et une saveur très-amère. Elle est stimulante, carminative et anthelmintique.

On en retire une huile volatile jaune, et on en prépare une eau distillée, un extrait, etc.

Du Thé.

Thea, æ. — Off.

678. On trouve dans le commerce un grand nombre de sortes de thés, que l'on rapporte toutes à deux arbres du Japon et de la Chine, qui ont été nommées par Linné *Thea Bohea* et *Thea vidiris;* de la polyandrie monogymie; des dicotylédones polypétales hypogynes, et de la famille des aurantiées. On suppose alors que les différences que l'on remarque entre les sortes de thé proviennent en partie de l'âge auquel on a cueilli les feuilles, et du mode de leur dessiccation. Il serait possible cependant que le genre *thea* comprît plus de deux espèces. On fait la récolte des feuilles plusieurs fois par an, et on les fait sécher sur des plaques de fer chaudes, où elles se crispent et se roulent comme on le voit dans le thé du commerce. Il paraît aussi que les feuilles des thés de choix sont roulées une à une dans la main. Je ne donnerai ici les caractères que de six sortes de thés du commerce; il y en a un beaucoup plus grand nombre.

679. Le *thé heyswen* est en feuilles roulées longitudina-

lement, d'un vert sombre un peu noirâtre et bleuâtre, d'une odeur agréable, d'une saveur astringente. Lorsqu'on le fait infuser dans l'eau, les feuilles se développent, acquièrent de un à deux pouces de longueur, de six à neuf lignes de largeur, et une teinte plus verte. Ces feuilles sont ovées-lancéolées, glabres d'un côté, légèrement pubescentes de l'autre, dentées de petites dents aiguës sur leurs bords; plusieurs feuilles sont brisées. La liqueur est jaune, transparente, a une saveur amère, rougit le tournesol, ne précipite ni le nitrate de baryte ni l'oxalate d'ammoniaque; forme, avec le nitrate de plomb, un précipité blanchâtre; avec le nitrate d'argent un précipité noir, ou blanc passant au noir, par la réduction de l'argent; réduit de même la dissolution d'or et celle de protonitrate de mercure; ce qui indique dans ce thé un principe assez avide d'oxigène.

680. Le *thé schulang*. Ce thé ressemble entièrement, par ses caractères physiques et par les propriétés de son infusion, au thé heyswen; sa seule différence consiste en une odeur infiniment plus suave, qui passe également dans son infusion, et en rend l'usage très-agréable; aussi est-ce le thé le plus recherché.

681. Le *thé perlé* diffère, extérieurement, du thé heyswen, par sa forme ramassée, comme arrondie, et par sa couleur plus brune, et néanmoins cendrée; son odeur est plus agréable. Lorsqu'on le fait infuser dans l'eau, il s'en pénètre et se développe plus difficilement. Alors on reconnaît que sa forme arrondie provient de ce que les feuilles de thé entières, après avoir été roulées longitudinalement, sont en outre repliées et tordues sur elles-mêmes; opération qui a dû se faire à la main, et à laquelle ce thé doit d'être moins accessible à l'humidité, et de conserver plus long-temps son parfum et ses autres propriétés. Les feuilles de thé perlé développées, sont entièrement semblables à celles du thé heyswen, seulement elles sont un peu plus petites. L'infusion est un plus foncée et légè-

rement trouble; du reste elle jouit des mêmes propriétés.

682. Le *Thé Poudre à canon*. Ce thé paraît roulé encore plus fin que le thé perlé; cependant il provient de feuilles plus grandes et semblables à celles du thé heyswen; mais ces feuilles ont toutes été coupées transversalement en trois ou quatre parts avant d'être roulées, ce qui est la seule cause de la petitesse de son grain. Son infusion ressemble entièrement à celle du thé perlé.

683. Le *Thé noir*, *Thé Bouy*, *Thé Saot-chaon*. Cette sorte est d'un brun noirâtre, d'une odeur moins agréable que le thé heyswen, d'une saveur moins astringente, beaucoup plus léger, plus grêle, et, comme lui, seulement roulé dans sa longueur.

Ce thé, infusé dans l'eau, se développe facilement; ses feuilles sont elliptiques ou lancéolaires, dentées, brunes, plus épaisses que le thé heyswen, comme membraneuses et élastiques, mêlées de pétioles. L'infusion a une odeur désagréable, une saveur moins amère que celle du thé heyswen, une couleur orangée-brune. Cette infusion rougit le tournesol, ne précipite pas le nitrate de baryte, et réduit la dissolution d'or; précipite en fauve le nitrate de plomb; précipite de même, sans les réduire, les nitrates d'argent et de mercure, ce qui indique l'absence presque totale du principe avide d'oxigène contenu dans les précédentes sortes.

684. Le *Thé Pékao*. Ce thé me paraît n'être que la sorte précédente plus choisie. Il a la même couleur brune, la même forme, la même saveur; seulement son odeur est plus agréable, et il est mêlé de petits filets argentés, qui ne sont autre chose que les dernières feuilles de la branche non encore développées, et plus pubescentes que les autres: son infusion est entièrement semblable à celle du thé bouy.

685. Ce que je viens d'exposer sur ces six sortes de thé, ne contredit en aucune façon l'opinion qu'elles ne pro-

viennent que de deux espèces végétales ; en effet, le thé schulang ressemble tellement au thé heyswen (lequel est produit par le *Thea viridis*), hors son odeur plus suave, qu'on serait tenté de croire que cette odeur lui a été communiquée artificiellement (1).

Le thé poudre à canon n'est que du thé vert haché et roulé. Le thé perlé ne me semble différer du thé heyswen, que parce que ses feuilles sont un peu plus petites, ce qui peut tenir à ce qu'on les a récoltées dans un âge moins avancé, ou à un simple accident de culture.

L'infusion de ces quatre sortes exerce une même action réductive sur les dissolutions d'or, d'argent et de mercure.

686. Le thé bouy et le thé pékao, entièrement différens des autres, et semblables entre eux, sont produits par le *thea bohea* ; leur couleur brune, et l'absence du principe avide d'oxigène, peuvent être dues à la différence d'espèce ; peut-être aussi résultent-elles d'une sorte de fermentation que l'on ferait subir aux feuilles récoltées, avant de les soumettre à la dessiccation ; car une pareille opération aurait, en effet, pour résultats, la coloration en brun des feuilles et l'altération du principe oxigénable : ce qui me semble appuyer cette opinion, c'est que le thé bouy n'est pas toujours entièrement privé de la propriété de réduire les dissolutions d'argent et de mercure.

C'est en 1666 qu'on a commencé à faire usage du thé en Europe ; depuis il est devenu très-usité, surtout en Angleterre : son infusion est stimulante, stomachique, très-bonne pour les indigestions et pour arrêter le vomissement.

---

(1) J'ai lu depuis dans un traité sur les différentes sortes de thé par M. Virey, qu'effectivement le thé Schulang n'était que du thé vert choisi, aromatisé avec la fleur de l'*Olea fragrans* L., *Lanhoa* des Chinois.

M. Virey ne regarde le *Thea Bohea* L. que comme une variété du *Thea viridis* et distingue, d'après Loureiro, trois autres espèces de *Thea*, dont une seule paraît fournir ses feuilles au commerce (Voyez *Journ. de Pharm.* 1815. *p.* 84 *et* 85).

Du Thym et du Serpolet.

687. *Thymus vulgaris* et *Thymus Serpillum* L. Didynamie gymnospermie ; dicotylédones monopétales hypogynes, famille des labiées.

Car. gén. : Calice bilabié dont l'ouverture est fermée par des soies. — *Car. spéc.* du *T. vulgaris* : Tige dressée ; feuilles roulées en dehors, ovées ; fleurs en épis verticillés. — *Car. spéc.* du *T. Serpillum* : Fleurs en tête ; tiges rampantes ; feuilles planes, obtuses, ciliées à la base.

Le thym a la tige plus ligneuse que le serpolet ; ses feuilles sont plus petites, blanchâtres, d'une odeur plus forte. Tous deux sont stomachiques et emménagogues. On en retire par la distillation une huile volatile et une eau distillée. Le thym est aussi très-usité comme aromate dans l'art culinaire.

De la Vermiculaire brûlante.

688. *Sedum acre* L. Décandrie pentagynie ; dicotylédones polypétales périgynes, famille des crassulées.

Car. gén. : Calice à 5 divisions profondes ; corolle à 5 pétales ; 10 étamines ; 5 styles ; 5 glandes à la base des ovaires ; 5 capsules en étoile. — *Car. spéc.* : Feuilles sous-ovées, adnées-sessiles, gibbeuses, érectiuscules, alternes ; cime trifide.

Cette plante, fort petite, a les feuilles pointues, épaisses, succulentes, couchées le long de la tige, et les fleurs jaunes rosacées disposées à son extrémité supérieure. Elle est inodore et jouit d'un goût âcre brûlant.

Elle est vomitive et résolutive.

Autres espèces :

689. La petite Joubarbe ou Trique-madame, *Sedum album* L. — *Car. spéc.* : Feuilles oblongues obtuses, cylindriques, sessiles, ouvertes ; cime rameuse.

Cette espèce diffère de la précédente par ses tiges plus

longues, dures et ligneuses, par la division de sa tige, par la couleur de ses fleurs qui sont blanches, et par ses propriétés; car au lieu d'être âcre et brûlante, elle n'est qu'humectante et rafraîchissante.

690. L'Orpin ou Reprise, *Sedum Telephium* L. — *Car. spéc :* Feuilles planiuscules dentées; corymbe feuillu; tige droite.

Cette plante croît dans les lieux incultes et ombrageux. Ses tiges sont droites, rondes, garnies de feuilles épaisses, succulentes, d'un vert glauque, quelquefois rouges sur leurs bords; ses fleurs sont très-nombreuses, petites, blanches ou purpurines. Elle est humectante et rafraîchissante. Le peuple l'emploie souvent avec succès pour opérer la cicatrisation de plaies plus ou moins considérables.

Des Véroniques.

691. *Veronica* L. Genre de la diandrie monogynie; des dicotylédones monopétales hypogynes, famille des polygalées.

Car. gén. : Calice à 4 ou 5 divisions aiguës persistantes; corolle en roue, à 4 divisions dont l'inférieure est plus petite; 2 étamines; 1 style; 1 capsule biloculaire. Ce genre renferme un grand nombre de plantes très-jolies, mais je ne citerai que les deux espèces employées en pharmacie.

692. La Véronique officinale dite Véronique mâle, *Veronica officinalis* L. — *Car. spéc. :* Épis latéraux pédunculés; feuilles opposées; tiges tombantes.

Cette plante a une odeur faible agréable; ses feuilles, qui sont dentelées et velues, ont une saveur amère un peu astringente. Lorsqu'elles sont séchées avec soin, elles peuvent remplacer le thé, au moins quant à l'effet médical. Elle croît dans les lieux pierreux.

693. Le Beccabunga, *Veronica Beccabunga* L. — *Car. spéc.* : Feuilles ovées planes; tige rampante.

Cette plante croît dans les lieux aquatiques; ses tiges

sont molles, transparentes, nouées; ses feuilles sont épaisses; du reste elle a le port d'une véronique. Elle a une saveur une peu âcre et elle est antiscorbutique. On ne l'emploie que récente.

De la Verveine.

694. *Verbena officinalis* L. Diandrie monogynie; dicotylédones monopétales hypogynes, ordre des gattiliers.

Car. gén. : Calice petit, à 3 dents dont une tronquée; corolle infundibuliforme irrégulière; 2 ou 4 étamines; 1 style; 1 stigmate; 4 graines nues ou recouvertes d'un péricarpe. — *Car. spéc.* : Fleurs à 4 étamines; épis filiformes, paniculés, feuilles multifides laciniées; tige solitaire; fleurs d'un blanc rougeâtre.

Cette plante a le port d'une labiée; elle est odorante et amère.

On l'emploie comme vulnéraire et résolutive. Elle est un peu rubéfiante à l'extérieur.

De la Vulvaire.

Voyez *Ansérine fétide* (525).

DIVISION VI. — *Des Fleurs.*

De la fleur d'Arnica.
Flos arnicæ. — Off.

695. *Arnica montana* L. Syngénésie polygamie superflue; dicotylédones monopétales épigynes à anthères réunies; ordre des corymbifères.

Car. gén. : Réceptacle nu; calice à 2 rangs de folioles étroites, aigues; demi-fleurons nombreux à la circonférence ayant 5 filets sans anthères; graines nues à la périphérie; celles du centre aigrettées. *Car. spéc.* : Feuilles ovées entières; celles de la tige géminées opposées.

L'arnica croît en Allemagne, en Suisse et dans les Vosges. Il pousse de sa racine plusieurs feuilles larges et d'entre lesquelles s'élève une tige haute d'un pied, qui porte d'autres feuilles plus petites et qui se termine par une belle fleur jaune radiée. La racine, la feuille et la fleur de l'arnica sont usitées, et en France c'est la fleur qui l'est le plus. La racine est brune à l'extérieur, blanchâtre à l'intérieur, menue, très-fibreuse, d'une odeur forte et âcre, d'une saveur également âcre, aromatique, non désagréable. Elle est excitante, antiseptique, résolutive, et quelquefois vomitive. La feuille est employée en poudre comme sternutatoire; quant à la fleur, qu'il est facile de reconnaître à ses demi-fleurons d'un jaune doré et aux semences noires couronnées d'une aigrette gris-de-lin qu'elle renferme toujours, elle a une odeur forte, agréable, et jouit à un très-haut degré de la propriété sternutatoire; il suffit même pour éprouver de violens éternuemens de remuer les fleurs avec les mains, ce qui est dû à des parties soyeuses extrêmement fines qui s'introduisent dans les narines et les irritent fortement.

La fleur d'arnica prise en infusion est excitante, sudorifique et utile dans les affections rhumatismales et la paralysie. Elle est émétique à trop haute dose, ce qu'il faut éviter. M. Mercier, médecin de Rochefort, avait cru devoir attribuer ce dernier effet à des larves d'insectes qui se trouvent souvent dans la fleur d'arnica; mais d'après une observation rapportée par MM. Chevallier et Lassaigne, il paraît certain que la fleur d'arnica jouit par elle-même de la propriété vomitive.

Ces mêmes chimistes ont analysé la fleur d'arnica et en ont retiré une résine jaune ayant l'odeur de l'arnica; une matière amère nauséabonde à laquelle ils attribuent la propriété vomitive; de l'acide gallique; une matière colorante jaune; de l'albumine; de la gomme; des muriate et phosphate de potasse; un sel à base de chaux; des traces de sulfates et de silice. (*Journ. de Pharm.* V. 248.)

De la fleur de Camomille vulgaire.

Voyez *Matricaire* (619).

De la fleur de Camomille romaine.
Flos anthemidis nobilis. — Off.

696. *Anthemis nobilis* L. Mêmes classes et ordres que la précédente.

Caract. gén. : Réceptacle garni de paillettes ; pas d'aigrette ; calice hémisphérique imbriqué ; demi-fleurons en plus grand nombre que cinq et beaucoup plus longs que le calice. — *Car. spéc.* : Feuilles pinnées composées, linéaires aiguës, un peu velues.

La camomille romaine est une plante très-touffue et rampante, dont les feuilles semblent divisées à l'infini. Ses fleurs sont blanches, ordinairement doublées par la culture, d'une odeur très-forte et d'une grande amertume. Ses feuilles sont aussi très-odorantes, mais on ne fait sécher que les fleurs. La dessiccation demande à en être faite promptement, si l'on veut leur conserver leur blancheur ; on les emploie alors en infusion comme stomachiques et carminatives.

La plante récente et fleurie est employée à faire l'eau distillée et l'huile volatile de camomille ; cette huile est ordinairement bleue, mais sa couleur se détruit promptement.

Autre espèce :

697. La Camomille puante ou Maroute, *Anthemis Cotula* L. — *Car. spéc.* : Réceptacle conique, paillettes sétacées, semences nues.

Cette espèce est plus grande et plus forte que la précédente ; ses feuilles sont plus épaisses, son odeur est très-désagréable ; elle croît naturellement dans les champs ; elle est antihystérique.

De la fleur de Carthame, Safran bâtard ou Safranum.
Flos carthami. — Off.

698. *Carthamus tinctorius* L. Syngénésie polygamie égale; dicotylédones monopétales épigynes à anthères réunies, ordre des cynarocéphales.

Le carthame est une plante annuelle de l'Égypte, cultivée en France et en Allemagne à cause de sa fleur qui est usitée dans la teinture. Il a tout-à-fait le port d'un chardon, mais on le reconnaît facilement à ses fleurons allongés et d'un beau rouge orangé qui sortent de son calice globuleux; ses fleurons, que l'on fait sécher seuls, sont composés d'un tube rouge divisé supérieurement en cinq parties, et contenant encore les organes sexuels; ils ont une odeur assez forte qui n'est pas désagréable, et une certaine ressemblance extérieure avec le safran, ce qui est cause qu'on le mêle quelquefois à ce dernier dans le commerce, fraude facile à découvrir comme nous le dirons plus tard (708).

Le carthame contient deux matières colorantes; l'une jaune, soluble dans l'eau, en est séparée et rejetée comme inutile. L'autre rouge, qui ne se dissout qu'à l'aide d'un alcali, en est extraite par ce moyen, et est ensuite précipitée par un acide végétal, ou sur la soie qu'elle teint en rose, ou sous forme de laque nommée communément *rouge végétal*, et dont les dames se servent pour se peindre le visage.

Les semences de carthame sont blanches, oblongues, lisses et quadrangulaires; elles sont émulsives et fournissent par expression une huile qui est employée en Égypte, mais non en France. Elles entrent dans les tablettes diacarthami auxquelles elles ont donné leur nom.

De la fleur de Coquelicot.
Flos rhæadis. — Off.

699. *Papaver Rhœas* L. Polyandrie monogynie; di-

cotylédones polypétales hypogynes, famille des papavéracées.

Le pavot et le coquelicot ont pour caractères génériques un calice diphylle caduc, une corolle tétrapétale, pas de style, un stigmate étoilé et une capsule polysperme uniloculaire, s'ouvrant par des pores placés sous le stigmate persistant. Le coquelicot diffère du pavot par sa petitesse habituelle, par sa tige et son calice qui sont très-velus, et par ses feuilles qui sont pinnatifides et incisées, tandis que dans le pavot elles sont seulement incisées et amplexicaules.

Le coquelicot croît très-abondamment dans les champs et les prairies, où il produit un bel effet par la vivacité de la couleur rouge de ses pétales. Ces pétales, qui sont seuls employés, sont très-difficiles à faire sécher; on n'y parvient même bien qu'en les étendant presque un à un sur des claies placées dans une étuve. On les renferme ensuite dans un endroit très-sec, car ils attirent l'humidité.

On les emploie en infusion comme adoucissans, calmans et pectoraux; ils sont très-mucilagineux.

De la fleur de Giroflier dite *Girofle*, *Gérofle* ou *Clou de Gérofle*.

Caryophylli, orum. — Off.

700. Le Girofle est la fleur non développée du *Caryophyllus aromaticus*, arbre de la polyandrie monogynie et de la famille des myrtinées.

Cet arbre est cultivé particulièrement dans les îles Moluques; d'où il a passé dans l'île de Bourbon en 1770, et deux ans plus tard à Cayenne en Amérique. Le calice du girofle est un tube légèrement quadrangulaire, divisé supérieurement en quatre parties; la corolle à quatre pétales rapprochés; l'ovaire est placé au fond du calice; les fleurs sont disposées en corymbe. On les cueille lorsque les pétales encore soudés forment comme une tête ronde au-dessus du calice. On les fait sécher au soleil, et, suivant quelques-uns, d'abord à la fumée ; mais je ne le crois pas ; le bon girofle n'ayant que la couleur brune que doit prendre à la dessiccation un corps éminemment huileux.

On doit choisir le girofle d'un brun clair, gros, bien nourri, obtus, pesant, d'une saveur âcre et brûlante : tel est celui qui vient d'Asie, et qu'on connaît sous le nom de girofle *anglais*, parce que c'est la compagnie des Indes qui en fait le commerce. Le girofle de Cayenne est plus grêle, plus aigu, plus sec, d'une couleur noirâtre et moins aromatique.

Le girofle fournit à la distillation une huile volatile plus pesante que l'eau, et d'une saveur brûlante ; incolore lorsqu'elle vient d'être préparée, mais se colorant fortement avec le temps, par le contact de la lumière. Pour obtenir cette huile on ajoute du sel marin à l'eau de l'alambic, afin d'élever la température à laquelle ce liquide entre en ébullition, et on recohobe plusieurs fois l'eau distillée sur les mêmes girofles, afin de les épuiser. L'huile de girofle du commerce se prépare en Hollande où elle est presque toujours falsifiée ; c'est un devoir pour les pharmaciens de préparer eux-mêmes celles qu'ils emploient.

Il résulte de l'analyse faite par M. Trommsdorff, que les girofles contiennent, sur 1000 parties : huile volatile 180, matière extractive et astringente 170, gomme 130, résine 60, fibre végétale 280, eau 180 (*Journ. Pharmacie* 1815, *p.* 304).

On trouve quelquefois dans le commerce le fruit du giroflier, provenant des fleurs que l'on a laissées sur l'arbre. On le nomme *antofle* ou *mère de girofle*. Ce fruit est arrondi, composé d'une pulpe sèche et d'un noyau dur marqué d'une rainure longitudinale. On distingue au-dessus du fruit les quatre divisions du calice et les vestiges du style ; il a une saveur et une odeur de girofle, mais très-faibles ; il est très-peu employé.

De la fleur de Grenadier ou *Balauste.*

Balaustium, ii. — Off.

701. *Punica Granatum* L. Icosandrie monogynie, dicotylédones polypétales périgynes, famille des myrtinées.

Le grenadier est originaire d'Afrique, et croît très-bien dans tout le midi de l'Europe; au moyen de quelques précautions il supporte même certains hivers de nos climats, mais il n'y porte pas de fruits. Il fait l'ornement des jardins par la beauté de ses fleurs, qui sont ordinairement doublées par la culture, et d'un rouge orangé très-éclatant. Le calice lui-même, qui est épais, lisse et coriacé, est teint de cette belle couleur. On nous apporte les fleurs de grenadier sèches du midi de la France; il faut les choisir d'un rouge ponceau, vif et nullement noirâtre. Elles sont toniques, très-astringentes, et leur infusion précipite fortement le fer en noir.

Le fruit du grenadier que l'on nomme *grenade*, est une sorte de grosse baie divisée par des cloisons en loges arrondies qui sont remplies d'un suc rouge, acide et sucré, et qui contiennent chacune une semence. Ce fruit est très-rafraîchissant et anti-bilieux. Son écorce, nommée en latin *malicorium* (*cuir de pomme*), est dure, coriace, jaune à l'intérieur, rougeâtre à l'extérieur, très-astringente. Elle peut servir à tanner le cuir.

De la fleur de Guimauve.

Voyez *Racine de Guimauve* (285).

De la fleur de Lavande.

Voyez *Lavande* (615).

De la fleur de Mauve.

Voyez *Mauve* (620).

De la fleur de Narcisse des prés.
Flos pseudo-narcissi. — Off.

702. *Narcissus Pseudo-Narcissus* L. Hexandrie monogynie; monocotylédones à étamines périgynes, famille des narcissées.

Car. gén. : Spathe membraneuse; calice pétaloïde à 6 divisions; nectaire infundibuliforme, monophylle; 6 étamines contenues dans le nectaire. — *Car. spéc.* : Spathe uniforme; nectaire campanulé, dressé, crépu, égalant les divisions ovales du calice.

Cette plante croît dans les prés et dans les bois. Ses feuilles sont longues et étroites; ses fleurs sont jaunes; sa bulbe est visqueuse et d'un goût légèrement âcre. Cette bulbe est médiocrement purgative. Quant à la fleur qui est plus souvent employée, les médecins ne s'accordent pas sur ses propriétés; les uns lui en accordent une vomitive presque aussi marquée que celle de l'ipécacuanha; d'autres, lui refusant cette propriété, ne l'en croient pas moins très-efficace dans les fièvres et les dyssenteries (*Bulletin de Pharmacie* 1811, *p.* 128, 179 *et* 328). La fleur de narcisse des prés s'emploie en poudre, en infusion aqueuse, en teinture et en extrait.

Les bulbes et les fleurs des autres espèces de narcisse ont des propriétés analogues et peut-être plus marquées.

Il résulte de l'analyse faite par M. Caventou, que les fleurs de narcisse des prés contiennent sur 100 parties: matière grasse odorante 6, matière colorante jaune 44, gomme 24, fibre végétale 26, (*Jour. Pharm.* 1816, *p.* 540).

De la fleur d'OEillet rouge.
Flos caryophylli rubri. — Off.

703. *Dianthus Caryophyllus* L. Décandrie monogynie; dicotylédones polypétales hypogynes, ordre des caryophyllées.

Car. gén. : Calice caliculé, en tube à 5 dents; corolle à 5 pétales portés sur des onglets longs et étroits; capsule cylindrique, uniloculaire, s'ouvrant au sommet. — *Car. spéc.* : Fleurs solitaires; écailles extérieures du calice presque ovées, très-courtes; corolles crénelées.

L'œillet est connu par l'élégance de sa fleur et par son odeur agréable de girofle. C'est de la grande variété à fleurs rouges qu'on fait usage en pharmacie et chez les liquoristes; de là lui est venu le nom *d'OEillet à Ratafia*. On en cueille les fleurs lorsqu'elles viennent de s'épanouir, et on en prend uniquemeut les pétales, dont on a soin encore d'enlever l'onglet. Alors on les fait sécher rapidement dans une étuve; ou bien on les emploie récens à la confection du sirop d'œillet, lequel forme un médicament cordial fort agréable.

De la fleur d'Ortie blanche.
Flos lamii albi. — Off.

704. *Lamium album* L. Didynamie gymnospermie; dicotylédones monopétales hypogynes, famille des labiées.

Car. gén. : Calice à 5 dents; tube de la corolle renflé près du limbe; lèvre supérieure entière, voûtée; lèvre inférieure à 3 lobes; gorge de la corolle dentée de chaque côté. — *Car. spéc.* : Feuilles cordées pointues; verticilles à 10 fleurs; la gorge de la corolle porte deux dents de chaque côté, dont la supérieure est sétacée; la tache blanche des feuilles disparaît dans l'été.

L'ortie blanche est une plante herbacée annuelle qui aime les lieux incultes et humides, et dont la fleur desséchée est usitée en infusion dans les cours de ventre.

De la fleur de Pied-de-Chat.
Flos hispidulæ. — Off.

705. *Gnaphalium dioicum* L, Syngénésie polygamie superflue; dicotylédones monopétales à anthères épigynes réunies, famille des corymbifères.

Le pied-de-chat est une petite plante qui croît sur les collines exposées au vent, surtout en Suisse, dans les Vosges et dans le midi de la France. Elle est traçante, munie de feuilles radicales divisées, spatulées, et d'une tige qui porte d'autres feuilles entières et linéaires; toute la plante est cotonneuse et blanchâtre; la tige s'élève à peine à la hauteur d'un pied et est terminée par quelques fleurs composées, disposées en corymbe. Chaque fleur composée est enveloppée dans un calice commun, écailleux et imbriqué, dont les écailles extérieures sont cotonneuses et blanchâtres comme les feuilles, et dont les écailles intérieures plus développées, arrondies et pétaloïdes, sont colorées en rouge, ou sont tout-à-fait blanches, suivant les variétés. Le centre de la fleur est occupé par un duvet très-fin et soyeux, composé de l'aigrette plumeuse des semences. C'est ce duvet arrondi et velouté qui donne à la fleur quelque ressemblance avec la pate d'un chat, et lui a valu le nom de *Pied-de-Chat* : la plante a aussi porté les noms de *Hispidula* et de *Pilosella*, qui veulent dire velue.

La fleur de pied-de-chat est rouge ou blanche, ce qui dépend de la couleur des écailles pétaloïdes du calice; la rouge est préférée à l'autre, parce qu'elle est plus agréable à la vue; je la crois aussi plus odorante.

C'est au même genre *Gnaphalium* qu'appartient l'*Immortelle*, plante dont le nom est d'une si grande ressource pour les poëtes chantans et les flatteurs. On lui a donné ce nom d'*Immortelle* à cause de ce que, étant cueillie et abandonnée à elle-même, les écailles colorées qui la composent presque entièrement, se dessèchent sans se flétrir et se conservent ainsi plusieurs années.

De la Rose pâle.

Rosa pallidior. — Off.

706. *Rosa centifolia* L. Icosandrie polygynie; dicotylédones polypétales périgynes, famille des rosacées.

Car. gén. : Calice renflé, charnu, étranglé à son sommet, terminé par 5 divisions très-aiguës ; corolle à 5 pétales arrondis ; étamines nombreuses ; plusieurs styles ; graines soyeuses renfermées dans le calice qui devient une baie. — *Car. spéc.* : Boutons ovés et péduncules couverts de poils rudes ; tige couverte de poils aiguillonnés ; pétioles nus ; fleur comme contournée.

La rose, dans son état naturel, n'a que cinq pétales, comme on le voit par la fleur de l'églantier ; mais la culture en a prodigieusement multiplié les variétés, qui ont presque toutes un plus grand nombre de pétales formés aux dépens des étamines : souvent même celles-ci disparaissent tout-à-fait.

La plus belle de toutes ces variétés, celle qui réunit à une odeur suave l'ampleur et le nombre des pétales, et la grâce des formes au doux éclat de la couleur, est sans contredit la *rose à cent feuilles*, qui sera toujours l'emblème de la beauté.

Cette rose, cultivée dans les jardins, n'est pas cependant celle que l'on estime le plus pour l'usage de la pharmacie. Trop de culture paraît en affaiblir l'odeur ; et, à Paris, on préfère une rose cultivée en pleine terre, autour de Putaux et du Calvaire. Elle a moins de pétales que la rose des jardins, offre par suite plus d'étamines au centre, est d'un rose plus vif et d'une odeur plus forte ; aussi se vend-elle tous les ans, sur les marchés de Paris, le double de l'autre, qui, d'ailleurs, n'est ordinairement cueillie que lorsqu'elle est entièrement épanouie et prête à tomber de l'arbuste dont elle faisait l'ornement.

On prépare, avec les roses pâles, une eau distillée, un sirop et un extrait qui est légèrement purgatif et astringent. On ignore le pays d'où elles sont originaires ; on sait seulement que leur parfum est beaucoup plus exalté en Asie, où on en retire, par la distillation, une huile volatile d'une odeur très-suave, et susceptible d'une expansion considérable. Nos roses ne fournissent qu'une très-petite quantité de cette huile.

De la Rose rouge ou de Provins.
Rosa rubra. — Off.

707. *Rosa gallica* L. Mêmes classes, ordres et genre que la précédente. — *Car. spécif.*: Boutons ovés et pédoncules couverts de poils rudes; tiges et pétioles hérissés de poils aiguillonnés.

Le rosier de Provins est cultivé surtout à Provins, et à quelques lieues de Paris, à Fontenay-aux-Roses. Ses fleurs sont d'un rouge foncé et presque inodores. Elles renferment cependant un principe aromatique qui se développe par la dessiccation. Pour les faire sécher, on les prend en boutons, on en sépare le calice, on en coupe les onglets, et on les étend dans une étuve. Lorsqu'elles sont bien sèches, il convient de les cribler pour en séparer les étamines et les œufs d'insectes qui peuvent s'y trouver; on les renferme ensuite dans une boîte de bois que l'on place dans un lieu sec : il est bon de les cribler de temps en temps.

Les roses de Provins séchées doivent avoir une couleur pourpre foncée et veloutée, une odeur très-agréable, une saveur très-astringente. Leur infusion rougit le tournesol, et précipite abondamment, par le sulfate de fer, la colle de poisson, l'alcohol, le nitrate de mercure, l'eau de chaux et l'oxalate d'ammoniaque. On voit, d'après cela, qu'elles contiennent un acide libre, une grande quantité de tannin, du muqueux et un sel calcaire soluble.

On prépare, avec les roses rouges, un sirop, un mellite et une conserve. Nous préparons la conserve avec la poudre; mais, à Provins, on la fait en pistant les pétales récens avec du sucre.

Du Safran.
Crocus, ci. — Off.

708. *Crocus sativus* L. Triandrie monogynie; monocotylédones à étamines périgynes, famille des iridées.

Car. gén. et spéc. : Calice coloré, terminé par un long tube; limbe à 6 divisions régulières; 3 étamines; anthères hastées; capsule triloculaire. On distingue deux variétés de cette plante, l'une qui fleurit au printemps, l'autre à l'automne; c'est celle-ci qui donne le safran dont on se sert en médecine.

Le safran se compose des stigmates de la plante. Il nous venait autrefois d'Asie; mais depuis très-long-temps on le cultive en Espagne et en France, et nous ne voyons plus dans le commerce que celui de ces deux pays; c'est même celui du ci-devant Gatinais en France qui est le plus estimé.

Le safran se multiplie par caïeux. On le plante en août et septembre, et peu de temps après on voit s'élever un petit péduncule qui soutient une fleur liliacée, surmontée de trois stigmates rouges, très-longs, terminés supérieurement en massue, et réunis par le bas en un seul filet jaune, très-délié. La corolle ne dure qu'un ou deux jours après son épanouissement. C'est dans cet intervalle que des femmes s'occupent sans relâche à cueillir le safran et à l'éplucher, c'est-à-dire, à enlever seulement les stigmates, que l'on se hâte de faire sécher sur des tamis de crin, chauffés par de la braise. Ils perdent par cette opération les quatre cinquièmes de leur poids.

On doit choisir le safran en filamens longs, souples, élastiques, d'une couleur rouge-orangée foncée, et sans mélange d'étamines, qui sont faciles à reconnaître à leurs anthères et à leur couleur jaune. Il doit fortement colorer la salive en jaune doré, avoir une odeur forte, vive, pénétrante, agréable, et qui ne sente pas le fermenté. Il ne doit être ni trop humide, ni trop sec; et il demande à être conservé dans un endroit moyennement sec et dans des vases fermés.

Il faut prendre garde, lorsqu'on achète du safran, qu'il ne contienne du carthame, du sable et du plomb qu'on y introduit pour en augmenter le poids. Le carthame est facile à reconnaître : il est, comme je l'ai dit précédemment, composé d'un tube rouge, divisé supérieurement en cinq parties, et renfermant le pistil et les étamines; il n'est ni souple, ni élastique, ni aussi odorant, ni d'une odeur aussi agréable, ni d'une couleur aussi belle et aussi soluble dans la salive.

Le safran donne à l'eau et à l'alcohol les trois quarts de son poids d'un extrait qui contient une matière colorante, orangée-rouge, non encore obtenue à l'état de pureté, et qui paraît cependant se déposer en partie, à l'aide du temps, de sa dissolution alcoholique. Cet extrait contient en outre une huile volatile odorante; et celui, par l'alcohol, une huile fixe, concrète, ou cire végétale. MM. Bouillon-Lagrange et Vogel y admettent en outre de la gomme, de l'albumine, et une petite quantité de sels à base de potasse, de chaux et de magnésie (*Annales de Chimie*, LXXX. 188).

Le safran est d'un grand usage dans la teinture, dans l'art du confiseur et en pharmacie. Il entre dans la thériaque, la confection de safran composée, le laudanum liquide, l'élixir de Garus, etc.

De la fleur dite Semen Contra, *Barbotine ou Semencine.*
Semen contra vermes. — Off.

709 *et* 710. Ce sont les fleurs non épanouies et mêlées des pédoncules coupés menu de deux espèces d'armoise qui croissent naturellement dans la Perse, le Thibet, le Boutan et l'Asie mineure. Ces deux espèces sont l'*Artemisia judaica* et l'*A. contra* L., appartenant comme leurs congénères à la syngénésie polygamie superflue et à la famille des corymbifères de Jussieu.

Le nom de *semen contra* que porte la barbotine indique assez qu'on l'a regardée pendant longt-emps comme une semence; mais il suffit de regarder attentivement les petits corps oblongs qui la composent et de les ouvrir, pour y distinguer un calice écailleux et des fleurons.

On trouve deux sortes de *semen contra* dans le commerce : celui du *Levant* qu'on nomme aussi *semen contra* d'*Alep* et d'*Alexandrie*, et celui de *Barbarie*.

Le premier est verdâtre lorsqu'il est récent, mais souvent il est rougeâtre à cause de sa vétusté ; il est composé de péduncules brisés, dépourvus de duvet et de fleurs, dont quelques-unes cependant, à peine formées, sont encore sous la forme de boutons globuleux attachés à l'extrémité de ces péduncules ; et dont le plus grand nombre, plus développées, sont séparées des tiges, sont composées d'écailles imbriquées soyeuses, et ont la forme d'un petit épi allongé.

Ce *semen contra* a une saveur très-forte et très-aromatique, surtout lorsqu'on l'écrase entre les doigts ; il a une saveur amère et aromatique ; il est rare dans le commerce et fort cher.

Le *semen contra* de Barbarie, plus commun et d'un prix moins élevé, est facile à reconnaître. Il est composé, de même, de péduncules hachés et de fleurs ; mais on n'y trouve pas du tout de fleurs développées et isolées, et elles sont toutes sous la forme de petits boutons globuleux réunis plusieurs ensemble à l'extrémité des tiges. Ces boutons sont recouverts d'un duvet blanchâtre, ce qui donne la même couleur à la masse.

Ce *semen contra* est sensiblement plus léger que celui d'Alexandrie ; son odeur lorsqu'on le frotte m'a paru être entièrement semblable. On trouve dans quelques auteurs que le *semen contra* de Barbarie est plus gros et beaucoup plus chargé de bûchettes que celui d'Alexandrie. Le fait est qu'il est plus petit, et qu'il y a autant de bûchettes dans l'un que dans l'autre.

On substitue souvent dans le commerce à l'un ou à l'autre *semen contra*, les fleurs de quelques autres armoises indigènes, et surtout celle de l'*Artemisia campestris* L., ou *aurone des champs*. Cette fleur est d'un jaune fauve, et beaucoup plus menue que le *semen contra*. Elle contient fort peu de péduncules brisés ; elle a une faible odeur d'absinthe, qui ne devient pas plus forte par le frottement. Elle est douée d'une amertume si considérable, qu'il suffit de l'agiter avec la main devant soi pour en avoir le palais affecté. Ce caractère peut même servir à reconnaître du *semen contra* mêlé d'aurone, car il ne le présente pas du tout lorsqu'il est pur.

Quelques droguistes aussi s'amusent à teindre le *semen contra* en vert. On ne peut concevoir, ni cette manie de tromper, ni la sottise de ceux qui achètent une marchandise si évidemment falsifiée.

De la fleur de Stœchas.

Flos stæchadis. — Off.

711. *Lavandula Stœchas* L. (Voyez *Lavande*) (615).

Cette plante croît dans le midi de la France.

La fleur de Stœchas nous venait autrefois d'Arabie, d'où lui est venu le nom de *stœchas arabique*; mais maintenant on nous l'envoie de Provence. Elle est sous la forme d'épis non développés, ovales ou oblongs, écailleux, d'une couleur bleue-violette, d'une odeur très-forte et térébinthacée; d'une saveur chaude, âcre et amère. Elle fournit une assez grande quantité d'huile volatile à la distillation. Elle fait la base du sirop de stœchas composé.

De la fleur de Sureau.

Voyez *écorce de Sureau* (506).

De la fleur de Tilleul.

Flos tiliæ. — Off.

712. *Tilia europœa.* Polyandrie monogynie; dicotylédones polypétales hypogynes, famille des tiliacées.

Car. gén. : Calice coloré à 5 divisions; corolle à 5 pétales obtus; étamines indéfinies; 1 style; 1 stigmate obtus; baie sèche, coriace, sphérique, à 5 loges et à 5 valves, s'ouvrant par la base. — *Car. spéc.* : Fleurs sans nectaires.

Le tilleul est un grand et bel arbre fort commun en

Europe; ses fleurs sont réunies au nombre de quatre ou cinq en une petite ombelle partant du milieu d'une bractée longue, étroite et jaunâtre, qui est elle-même portée sur un pédicelle sortant de l'aisselle d'une feuille. Ces fleurs sont jaunâtres et d'une odeur agréable. On les emploie en infusion, séchées et mondées de leurs bractées. Elles sont céphaliques et antispasmodiques.

L'écorce de tilleul est pliante, flexible, et sert à faire des cordes à puits.

De la fleur de Tussilage ou *de Pas d'âne.*
Flos tussilaginis. — Off.

713. *Tussilago Farfara* L. : Syngénésie polygamie superflue; dicotylédones monopétales épigynes à anthères réunies, famille des corymbifères.

Le tussilage est une plante qui aime les lieux humides et dont les racines se propagent sous terre à de grandes distances. Il en pousse plusieurs petites hampes, supportant chacune une fleur qui s'épanouit avant que les feuilles ne paraissent, ce qui a fait donner à la plante le nom bizarre de *Filius antè patrem*. Les feuilles, qui paraissent ensuite, sont très-larges, subcordées, anguleuses et denticulées; on en a comparé la forme à l'empreinte du pied de l'âne, d'où est venu le nom de *pas d'âne;* elles sont vertes en-dessus, blanchâtres et cotonneuses en-dessous. La hampe est également cotonneuse et toute couverte d'écailles, ou de bractées rougeâtres qui, parvenues à la fleur, en forment le calice. La fleur est composée d'un grand nombre de demi-fleurons jaunes, très-déliés, surmontant la graine et son aigrette plumeuse simple. Toute la fleur et surtout le calice sont doués d'une odeur forte, agréable, et d'une saveur douce et aromatique. On l'emploie en infusion contre la toux, d'où est dérivé le nom de tussilage.

De la fleur de Violette.
Flos violæ odoratæ. — Off.

714. *Viola odorata* L. Syngénésie monogamie; dicotylédones polypétales hypogynes, ordre des cistinées.

Le genre *viola* a une fleur qui n'a de rapport avec aucune autre, et qui le fait presque regarder comme une petite famille distincte; cependant on l'a placé à la suite des cistes, avec lesquels il a quelque affinité. Cette fleur est composée d'un calice à cinq feuilles aiguës, inégales, prolongées postérieurement au delà de leur insertion. La corolle est à cinq pétales ovales et renversés, dont deux supérieurs, deux latéraux, et l'inférieur plus grand, terminé par un éperon. On trouve au centre cinq étamines très-petites, réunies par leurs anthères comme dans les fleurs composées, ce qui a déterminé Linné à mettre le genre *viola* à la fin de sa syngénésie, dans une section particulière, qu'il a nommée *monogamie*. On trouve en outre un style et un stigmate, et, lorsque la fleur est passée, une capsule uniloculaire trivalve. Les caractères spécifiques de la violette sont d'avoir les feuilles cordées, et d'être munie de drageons ou jets traçans.

Les fleurs de violettes paraissent au printemps, et durent peu; elles sont simples ou doubles, cultivées ou sauvages. C'est la violette simple cultivée que l'on préfère. Il faut la récolter dans les premiers momens de son épanouissement, parce qu'elle est alors d'une belle couleur bleue, et que plus tard elle devient pourpre. Elle est douée d'une odeur très-douce et très-agréable.

715. Quelques personnes recommandent, pour faire sécher la fleur de violettes, de l'arroser préalablement d'eau chaude (toutes fois après l'avoir privée de son calice); et cela, disent-elles, afin d'enlever une matière colorante, verte et mucilagineuse, qui fermenterait pendant ou après la dessiccation, et détruirait la couleur bleue. Cette méthode est bien certainement défectueuse, car les pétales

entièrement mouillés, et collés les uns contre les autres, sèchent bien moins promptement, et s'altèrent davantage que lorsqu'on ne leur a fait subir aucune préparation. On obtient de la fleur de violette fort belle, en étendant simplement les pétales en couches minces dans une étuve; et cette fleur se conserve très-bien dans des vases imperméables à la lumière, couverts en papier ou en ferblanc, et placés dans un lieu sec.

Les pharmaciens, jaloux de donner véritablement de la fleur de violette sèche à ceux qui le désirent, doivent la faire sécher eux-mêmes; car tout ce qu'on trouve dans le commerce comme fleur de violette, n'est que de la fleur de pensée sauvage, ou *Viola tricolor* L., récoltée dans le midi, et séchée avec son calice (Voyez *Pensée sauvage*, 640).

DIVISION VII. — *Des Fruits.*

De la semence d'Abelmosch.
Semen abelmoschi. — Off.

(*Graine d'Ambrette*).

716. Semence réniforme de la grosseur du millet, et d'une odeur qui tient du musc et de l'ambre. La plante qui la fournit est l'*Hibiscus Abelmoschus* L. De la monadelphie polyandrie et de la famille des malvacées. Elle est originaire d'Asie, mais elle a été transportée en Égypte et aux Antilles. C'est de la Martinique que nous vient maintenant la semence d'abelmosch, la plus estimée. Elle est employée surtout par les parfumeurs.

De la noix d'Acajou.
Semen acaju. — Off.

(*Anacarde occidentale*).

717. Ce fruit est produit par l'*Anacardium occidentale* L.; nom que M. de Lamark a changé en celui de *Cassuvium*

occidentale, afin de faire cesser la confusion qui a toujours existé entre l'anacarde vraie et la noix d'Acajou, de même qu'entre les arbres qui les fournissent.

Le *Cassuvium* appartient à l'ennéandrie monogynie, et à l'ordre des térébinthacées de Jussieu. Il croît dans les Indes en Asie, au Brésil, à la Guyane et à la Jamaïque. Son fruit est d'un genre tout particulier; cependant il se rapproche plus des drupes que des autres espèces de fruits. Voici quels sont ses caractères physiques et les parties qui le composent : Il a la forme d'un rein, est lisse, coriace, et d'une couleur de châtaigne un peu grisâtre; sous la première enveloppe coriacée se trouvent des alvéoles qui renferment un suc huileux, visqueux, noir, âcre et caustique; ces alvéoles sont bornées à l'intérieur par une seconde membrane coriace semblable à la première, et renfermant une amande à deux lobes, blanche, huileuse, douce, bonne à manger et d'une saveur agréable. Cette amande est encore recouverte immédiatement par une pellicule rougeâtre.

Ce fruit a cela de remarquable, qu'il est, dans l'état naturel, suspendu par sa partie convexe à un péduncule très-dilaté, charnu et pyriforme, d'une saveur acide et rafraîchissante; de sorte que l'on dirait que la substance qui, dans les autres drupes, se développe et s'accroît autour du noyau, s'est arrêtée dans celui-ci au péduncule, et a laissé le noyau à nu.

La noix d'acajou n'est plus usitée. Si les médecins voulaient l'employer, ils ne sauraient trop avoir l'attention de prescrire s'ils désirent l'enveloppe seule, ou l'amande, ou les deux ensemble, vu les propriétés tout-à-fait opposées de ces deux parties. Le suc huileux de l'enveloppe a quelquefois été employé pour ronger les cors, les vieux ulcères, et pour dissiper les dartres.

La noix d'acajou n'est pas produite, comme on peut le voir, par l'arbre qui fournit le bois de même nom, si recherché pour les meubles. Celui-ci, dont j'ai dit quelque chose en traitant des bois, provient du *Swietenia Mahagoni* L. (366).

Du fruit d'Agnus castus.
Fructus agni casti. — Off.

718. *Vitex Agnus-castus* L. Didynamie angiospermie; dicotylédones monopétales hypogynes, famille des gattiliers.

L'agnus-castus ou gattilier est un arbrisseau des pays chauds (Italie, Sicile, Levant) que l'on peut cultiver dans nos jardins. Il pousse des branches très-droites, longues et flexibles; des feuilles opposées, digitées, dentées; des fleurs en épis verticillées : ses fruits sont ronds et gros comme le poivre, d'un brun noirâtre à la partie supérieure, revêtus inférieurement et environ à moitié par le calice de la fleur qui a persisté. Ce calice est à cinq dents inégales et d'un gris cendré.

Ces petits fruits ont quatre loges dans leur intérieur; ils ont une odeur assez douce lorsqu'ils sont secs et entiers, mais quand on les écrase, ils en dégagent une qui est fort désagréable et analogue à celle du staphysaigre. Ils ont une saveur âcre et aromatique.

Ce fruit était renommé chez les Grecs, comme utile à ceux qui faisaient vœu de chasteté, aussi le nommaient-ils Ἁγνὸς, c'est-à-dire chaste; on y a joint depuis le mot latin *castus*, qui signifie la même chose, et on en a formé le nom hétéroclite *agnus-castus*, qui lui est d'autant moins propre, qu'une substance aussi aromatique, carminative, emménagogue et échauffante, ne peut être propre à refroidir l'appétit vénérien.

De la baie d'Alkékenge.
Bacca alkekengi. — Off.

719. *Physalis Alkekengi* L. Pentandrie monogynie; dicotylédones monopétales hypogynes, famille des solanées.

Car. gén. : Calice à 5 divisions ; corolle en roue ; 5 étamines rapprochées ; 1 baie sphérique, biloculaire, au milieu du calice renflé. — *Car. spéc.* : Feuilles géminées, entières, aiguës ; tige herbacée, un peu rameuse par le bas.

L'alkékenge a le port de la morelle, mais il est plus élevé et plus droit ; sa fleur ressemble à celle des autres solanées, mais le calice offre cela de particulier, qu'il prend après la chute de la corolle un développement considérable, et qu'il forme une vésicule colorée en rouge, renfermant la baie qui est également rouge, lisse et très-succulente. Cette baie est très-difficile à sécher à cause de l'épaisseur et de la densité de la pellicule qui la recouvre ; néanmoins on y parvient en y faisant quelques piqûres, à l'aide d'une pointe d'ivoire.

La baie d'alkékenge est aigrelette et un peu amère ; elle passe pour diurétique et minorative : elle entre dans le sirop de rhubarbe composé.

De l'Amande douce et amère.
Amygdala dulcis et amygdala amara. — Off.

720. *Amygdalus communis* L. Mêmes classe, ordre et genre que le pêcher (539). — *Car. spéc.* : Feuilles légèrement dentées en scie, les inférieures glanduleuses ; fleurs sessiles géminées.

Cet arbre croît naturellement en Afrique ; on le cultive en Espagne, en Italie, dans le midi de la France et jusque dans la Touraine. Son fruit est un drupe, dont le péricarpe, presque sec, s'ouvre en mûrissant ; le noyau renferme une semence qui est douce ou amère : de là on distingue deux variétés d'amandier, l'un à fruit doux, l'autre à fruit amer.

On reconnaît encore plusieurs variétés d'amandes douces : les unes sont à coques dures, presque rondes ou oblongues ; les autres sont à coques tendres et fragiles ; celles-ci sont débitées dans le commerce avec leurs coques et sont d'usage sur les tables ; les premières sont débarrassées de leur enveloppe ligneuse, et servent à la pharmacie et aux arts analogues. Elles viennent surtout d'Afrique et de nos départemens méridionaux.

On doit choisir les amandes entières, bien nourries, sèches, blanches et cassantes; celles qui sont molles, pliantes et transparentes, sont altérées et doivent être rejetées. Il faut les garder dans un lieu sec et les cribler de temps à autre pour en séparer les mites qui attaquent leur écorce et la réduisent en poussière.

Les amandes douces servent à l'extraction de leur huile et à faire des émulsions, des loochs, du sirop d'orgeat, etc.

721. Les amandes amères, que l'on mêle en petite quantité aux premières, afin de donner une saveur plus agréable aux diverses préparations dont elles sont la base, ont quelques propriétés remarquables; elles sont un poison très-actif pour plusieurs animaux et notamment pour les oiseaux, et prises à haute dose, elles ne laissent pas que d'être nuisibles à l'homme. On en retire par la distillation à l'eau, une eau distillée chargée d'acide prussique et rendue laiteuse par une huile très-âcre et très-amère.

Ces deux principes paraissent unis au parenchyme de l'amande et non à l'huile fixe, car les amandes amères simplement moulues et exprimées, donnent une huile aussi douce et à peu près aussi inodore que celle des amandes douces, et le marc exhale, lorsqu'on le délaye dans l'eau, une odeur suffoquante d'acide hydrocyanique. Il y a moyen cependant d'obtenir une huile très-odorante des amandes amères; il suffit pour cela de les plonger dans l'eau bouillante pour les écorcer, et de les faire sécher à l'étuve avant de les soumettre au moulin et à la presse. Ce fait assez singulier et difficile à expliquer a été remarqué par M. Planche.

M. Boullay a retiré de 100 grammes d'amandes douces : eau 3,5; pellicules extérieures contenant un principe astringent 5; huile 54; albumine jouissant de toutes les propriétés de l'albumine animale 24; sucre liquide 6; gomme 3; partie fibreuse 4; perte et acide acétique 0,5. Il a ainsi confirmé une idée de M. Proust qui, assimilant l'émulsion des amandes au lait des animaux, avait dit : *L'émulsion des amandes est un caséum uni à l'huile avec un peu de sucre et de gomme* (*Journal de Pharmacie*, 1817, *p.* 337 *et suiv.*).

M. Vogel est arrivé à des résultats analogues en analysant les amandes amères (*Journal cité*, *p.* 344 *et suiv.*).

Du fruit d'Ammi officinal.

Fructus ammios. — Off.

722. Ce fruit est très-menu, ové, strié, d'une couleur grise légèrement brunâtre, d'une faible odeur d'ache, d'une saveur amère, aromatique, un peu mordicante. Il est fourni par le *Sison Ammi* L., de la pentandrie digynie et de la famille des ombellifères. On en récolte en France, mais qui est d'une qualité inférieure à celui qui vient de Candie; il entre dans la thériaque; il est stomachique et carminatif.

Une autre espèce de semence d'ammi, inodore et non usitée, est produite par l'*Ammi majus* L., plante des mêmes classe et famille que la précédente, mais d'un genre différent comme l'indique son nom. Cet ammi croît en France dans les champs.

Du fruit d'Amome.

Fructus amomi racemosi. — Off.

723. *Amomum racemosum* Lamark, Monandrie monogynie, famille des amomées.

Cette plante croît dans les Indes : son fruit est disposé en grappes le long d'un péduncule commun, et il est arrivé quelquefois sous cette forme, ce qui lui a fait donner le nom d'*amome en grappes*; mais le plus souvent il est en coques isolées, qui sont de la grosseur d'un grain de raisin, presque rondes et comme formées de trois coques soudées. Leur intérieur est à trois loges, et chaque loge est remplie par une douzaine de semences cunéiformes toutes attachées au même point de l'axe des cloisons. Ces semences ont une saveur âcre et une odeur forte, pénétrante, qui tient de celle de la térébenthine; elles sont très-échauffantes; on en rejette la coque comme inutile.

Du fruit d'Aneth.

Fructus anethi. — Off.

724. *Anethum graveolens* L. Pentandrie digynie; famille des ombellifères de Jussieu.

Cette plante croît en Espagne et en Italie. Elle ressemble beaucoup au fenouil qui est compris dans le même genre; mais elle a une odeur moins agréable. Son fruit est composé de deux petites semences accolées, ovales, striées, convexes d'un côté, et bordées tout autour par une membrane qui double leur diamètre (1). Ce fruit est brunâtre, d'une odeur extrêmement forte, presque semblable à celle du cumin, et jouit d'une saveur très-aromatique. On en retire l'huile volatile par la distillation.

De l'Anacarde orientale.

Semen anacardii. — Off.

725. L'anacarde est produite par le *Semecarpus Anacardium* de Linné fils; de la pentandrie trigynie, et de la famille des térébinthacées.

M. de Lamark a cru devoir rendre à cet arbre le nom officinal d'*Anacardium orientale;* il croît dans les Indes orientales et à Malaca.

L'anacarde diffère assez extérieurement de la noix d'acajou, pour qu'il soit facile de les distinguer. La noix

(1) Est-ce que ce caractère si tranché, dans une famille où les caractères génériques le sont en général si peu, ne pourrait pas suffire à séparer l'aneth du fenouil?

d'acajou est réniforme, d'une couleur de châtaigne grisâtre, et n'offre d'autre vestige de son péduncule pyriforme qu'une cicatrice sur le côté convexe du plus gros des deux lobes. L'anacarde a la forme d'un cœur, est d'un beau noir, et offre ordinairement, à son extrémité la plus large, son péduncule tout entier, qui a dû être charnu comme celui de la noix d'acajou, mais beaucoup moins volumineux, et qui, tel qu'il se présente, est très-dur et fortement ridé. On observe encore, au bout de ce péduncule ou corps charnu desséché, un autre petit péduncule ligneux, qui était le véritable support de la fleur. Cela montre, d'une manière incontestable, que le premier n'est qu'un péricarpe déplacé, et que, ce que nous nommons proprement l'anacarde, est la graine de ce péricarpe. Comme on le voit, ces différences entre l'anacarde et la noix d'acajou, quoique tranchées, ne sont que superficielles; et, si une chose doit étonner, c'est bien plutôt que deux arbres qui produisent deux fruits si intimement semblables, n'appartiennent pas au même genre. Au moins, dans la méthode de Jussieu, sont-ils placés l'un à côté de l'autre dans la famille des térébinthacées; mais, dans le système tout artificiel de Linné, ils sont isolés : l'anacardier se trouve dans la pentandrie, et l'acajou dans l'ennéandrie. J'observe, en passant, que la place de ce dernier serait plutôt dans la décandrie, car il a dix étamines, dont une est stérile par avortement de l'anthère.

A l'intérieur l'anacarde est entièrement disposée comme la noix d'acajou : première enveloppe coriace et élastique; alvéoles remplies d'un suc huileux, noir, visqueux, âcre, caustique, d'une odeur fade : ce suc y paraît plus abondant dans la noix d'acajou; seconde enveloppe coriace, semblable à la première; amande blanche, douce au goût, encore recouverte immédiatement par une pellicule rougeâtre. L'anacarde a les mêmes propriétés que la noix d'acajou; elle a plus souvent été prise à l'intérieur : alors elle est purgative.

Du fruit d'Anis.
Fructus anisi. — Off.

726. *Pimpinella Anisum* L. Pentandrie digynie ; dicotylédones polypétales épigynes, famille des ombellifères. *Car. gén.* : Involucre o ; graines oblongues, convexes, légèrement striées ; ombelles penchées avant la floraison. — *Car. spéc* : Feuilles radicales trifides incisées ; involucelle peu marquée.

Cette plante est herbacée, originaire d'Afrique, et se cultive en Europe dans les jardins. Son fruit est verdâtre, ové, recourbé, strié, très-aromatique, d'une saveur piquante, agréable, légèrement sucrée. Il est employé par les pharmaciens, les confiseurs et les liquoristes. La petite amande qu'il renferme fournit une huile fixe, et son écorce une huile volatile que l'on peut obtenir par la distillation, et qui cristallise au moindre froid. L'huile que l'on retire du fruit entier par expression, est un mélange de ces deux huiles. On nous apporte de Tours une très-grande quantité d'anis, mais le plus estimé vient de Malthe et d'Alicante.

De la Badiane ou Anis étoilé.
Anisum stellatum. — Off.

727. C'est le fruit d'un grand et bel arbre de la Chine et de la Tartarie, nommé *Illicium anisatum*, et compris dans la polyandrie polygynie, et dans la famille des magnoliacées.

Ce fruit présente, sous la forme d'une étoile, la réunion de six à douze capsules épaisses, dures, ligneuses, renfermant chacune une semence ovale, rougeâtre, lisse et fragile, qui contient elle-même une amande blanchâtre et huileuse. Tout le fruit a une odeur très-analogue à celle de l'anis, mais plus douce et plus suave. Il est stimulant et stomachique. Les liquoristes en font un grand usage.

Le bois de l'arbre jouit également de l'odeur de l'anis, et se nomme bois d'anis.

Du fruit du Baumier de la Mecque.
Carpobalsamum, i. — Off.

728. Ce fruit est un petit drupe produit par l'*Amyris Opobalsamum*, lequel nous donne également le bois de baumier et le baume de la Mecque. Il est d'un gris rougeâtre, gros comme un petit pois, allongé, pointu par les deux bouts, et marqué de quatre angles plus ou moins apparens. Il est composé d'un brou desséché et rougeâtre, d'une saveur très-faiblement amère et aromatique; d'un noyau blanc osseux, convexe d'un côté, fendu longitudinalement de l'autre, insipide; enfin, d'une amande huileuse d'un goût agréable et aromatique. Le fruit entier n'a pas d'odeur sensible; il ressemble un peu aux cubèbes, ou poivre à queue, mais celui-ci est plus arrondi, plus foncé en couleur, plus ridé, et jouit d'une saveur âcre, amère, très-aromatique, et tout-à-fait différente. Le fruit du baumier entre dans la thériaque.

De la semence de Ben.
Semen ben. — Off.

729. La semence de ben est fournie par un arbre qui croît dans les Indes, à Ceylan, en Arabie, en Égypte, et jusque dans l'Éthiopie. Linné avait compris cet arbre dans le genre *Guilandina*, sous le nom de *Guilandina Moringa*; mais M. Lamark l'en a séparé, et lui a rendu un de ses anciens noms, *Moringa zeilanica*. Cet arbre appartient à la décandrie monogynie et à la famille des légumineuses; son fruit est un légume long et à trois valves, rempli d'une chair blanche, et d'un grand nombre de semences triangulaires qui, sous une enveloppe blanche et dure, renferment une amande huileuse et amère. Ce sont ces semences, improprement nommées *noix de ben*, qui nous

parviennent en Europe. Il y en a de deux sortes, de grosses et de petites. Celles-ci, qui paraissent être beaucoup plus âcres, n'existent plus dans le commerce. Les premières s'y trouvent encore.

La semence de ben est purgative; mais on ne l'emploie plus en médecine. Elle fournit, par expression, une huile douce, inodore et difficile à rancir, qui est très-propre à se charger, à l'aide de la macération, de l'odeur fugace du jasmin et des fleurs liliacées. Cette huile, au bout de quelque temps, se sépare en deux portions, dont l'une est épaisse et facilement congelable, et dont l'autre reste toujours fluide. C'est de cette dernière huile que les horlogers se servent pour adoucir le frottement des mouvemens de montres.

Du fruit et de la semence de Berberis ou d'Épine-Vinette.

Fructus et semen berberis. — Off.

730. Ce fruit et ces semences sont fournis par le *Berberis vulgaris* L., arbrisseau épineux de l'hexandrie monogynie, des dicotylédones polypétales hypogynes, et de la famille des berbéridées. Les feuilles du berbéris sont assez petites, spatulées, crénelées, d'un goût acide, agréable. Les fleurs sont disposées en grappes, à 6 pétales, 6 étamines, 1 stigmate : le fruit est une baie allongée, d'un rouge de corail, d'une acidité agréable, à pépins lorsque l'arbuste est jeune, sans pépins apparens lorsqu'il est vieux, et dont le suc, cuit avec du sucre, donne, selon les proportions, un sirop ou une confiture très-agréable. Ce fruit contient beaucoup d'acide malique.

Quant aux semences qui entrent dans le diascordium, elles sont petites, longues, pesantes, inodores, d'une saveur astringente, et comme vineuse.

Du Cacao.

Semen cacao. — Off.

731. Le cacao est la semence d'un arbre peu élevé de l'Amérique méridionale, nommé *Theobroma Cacao*, et rangé dans la polyadelphie pentandrie de Linné, et dans la famille des malvacées de Jussieu. Le fruit entier a la forme d'un concombre. Il est rempli d'une pulpe blanchâtre aigrelette, au milieu de laquelle sont disséminées une trentaine de semences d'une forme analogue à celle des amandes, mais dont l'intérieur est brun, et se divise en lobes irréguliers qui sont séparés par de petites membranes blanches. On en retire ces semences après avoir pilé le fruit et l'avoir laissé fermenter pendant quelque temps. On les fait ensuite sécher, ou bien on les enfouit auparavant dans la terre pendant quelques semaines, pour leur faire perdre leur âcreté.

732. On distingue dans le commerce plusieurs sortes de cacao, qui diffèrent par leur grosseur, leur couleur et leur saveur. Le plus estimé est le cacao caraque, qui se distingue en gros et petit caraque, et qui vient de la province de Nicagaragua, dans la Nouvelle-Espagne, ou peut-être de Caraque, ville et port du Pérou, sur l'Océan Pacifique. Ce cacao a été terré, ce qu'on reconnaît facilement à la couleur brune, terne et grisâtre de son épiderme, et à ce que cet épiderme se sépare facilement de l'amande. Il est aussi plus gros et plus arrondi que celui des îles, d'un rouge violet à l'intérieur, d'une saveur douce et agréable. Il contient moins d'huile que le cacao dit *des îles*.

Le cacao des îles vient des Antilles; il est plus petit, plus aplati, plus gros et plus amer que le cacao caraque; il est aussi plus rouge à l'extérieur, comme à l'intérieur. Les autres espèces de cacao se nomment guayaquil, maragnon, surinam, berbiche, etc., suivant les lieux d'où on les apporte.

C'est du mélange de quelques-unes de ces espèces, fait

en proportions convenables, que résulte le meilleur chocolat.

On torréfie le cacao avant de l'employer, afin de lui enlever une légère odeur de moisi qu'il peut avoir, pour le priver de la plus grande partie de son humidité qui s'opposerait à la liaison de la pâte, et pour diminuer encore son âcreté. L'écorce en devient aussi plus facile à séparer. Le cacao sert encore à l'extraction de son huile solide, dite *beurre de cacao*.

Du Café.

Semen coffeæ. — Off.

733. Le café est la semence d'un petit arbre de l'Arabie Heureuse, qui a été transporté à l'île de Bourbon et à la Martinique. Cet arbre, nommé *Coffea arabica*, appartient à la pentandrie monogynie et à la famille des rubiacées; il est toujours vert; ses feuilles sont semblables à celles du laurier, et opposées en croix; ses fleurs sont blanches, odorantes, et naissent aux aisselles des feuilles. Son fruit est une baie rouge, grosse comme une cerise, et contenant, au centre d'une pulpe douceâtre peu abondante, deux semences cartilagineuses, accolées et recouvertes d'une arille. Cette arille se sépare avec la chair du fruit, lorsqu'on écrase celui-ci sur une pierre, dans la vue d'en retirer les semences. Ces semences sont ensuite lavées à l'eau et séchées au soleil. Dans l'Arabie on conserve à part l'arille, dont je viens de parler, pour en faire une boisson.

La semence de café, telle que le commerce la fournit, est nue, ovale-obtuse, convexe d'un côté, plane et sillonnée de l'autre; elle a la consistance de la corne, l'odeur du foin et la saveur du seigle; sa couleur varie du blanc jaunâtre au jaune verdâtre. Ses différentes sortes sont :

734. 1°. Le *Café Moka* qui est le plus estimé; il vient de l'Arabie; est petit, arrondi et jaunâtre. Son odeur et

sa saveur sont plus agréables que dans les sortes suivantes, surtout après la torréfaction.

735. 2°. Le *Café Bourbon*; il est beaucoup plus gros, blanchâtre, allongé, aigu par un bout, sans odeur.

736. 3°. Le *Café Martinique*; il est verdâtre et conserve presque toujours son arille qui s'en sépare par la torréfaction. Il a une saveur herbacée.

737. 4°. Le *Café Saint-Domingue*; il est moins vert que le précédent, et est doué d'une odeur et d'une saveur moins agréable.

Le café avant que d'être employé pour former cette boisson agréable qui porte son nom a besoin d'être torréfié. Cette opération demande du soin et de l'habitude; on la pousse ordinairement jusqu'à ce que la surface des grains devienne luisante; ce qui indique que l'huile commence à se séparer. L'odeur qui se développe de plus en plus, jusqu'à un certain terme, peut encore servir de guide; passé le point convenable, elle devient moins agréable et le café acquiert une saveur charbonneuse.

Le but de la torréfaction est donc de développer cette huile et cet arome si agréable. Il se forme aussi du tannin qui donne au café plus de saveur et un propriété plus tonique.

Le café s'emploie en infusion sucrée ou non sucrée, surtout après les repas, pour faciliter la digestion. Il stimule les sens et cause des insomnies. Les personnes nerveuses doivent en éviter l'usage.

Du fruit ou de la fleur du Cannellier.

Fructus cinnamomi. — Off.

738. Cette substance, qui a quelque ressemblance extérieure avec le girofle, est ordinairement considérée comme la fleur du même arbre qui produit la cannelle. Il est vrai que ses propriétés résident surtout dans la partie qui a servi de calice à la fleur; mais comme le plus souvent, on trouve au centre du calice, au lieu des organes sexuels, le petit

fruit plus ou moins développé, j'ai préféré la ranger parmi les fruits.

Le fruit du cannellier, tel que le commerce nous le donne, est donc formé d'un calice plus ou moins ouvert ou globuleux, très-rugueux à l'extérieur, brun, épais, compacte et s'amincissant peu à peu en pointe jusqu'au péduncule qui le termine. Au centre du calice se trouve le petit fruit qui est amer, globuleux, brun et rugueux en-dessous, rougeâtre et lisse en-dessus, et présentant à son point le plus élevé un vestige de style.

Le calice a une odeur et une saveur de cannelle fort agréables; il est très-riche en huile essentielle, qu'on peut en retirer par la distillation. Il jouit des mêmes propriétés médicinales que la cannelle.

Des Cardamomes.

739. On connaît sous ce nom trois fruits peu différens entre eux, produits probablement par trois variétés de l'*Amomum Cardamomum* L., plante de la monandrie monogynie et de la famille des amomées, laquelle croît dans les Indes. Ces fruits, en raison de leur grandeur, sont distingués par les noms de *grand*, *moyen* et *petit* cardamome. Ils sont tous trois formés d'une capsule membraneuse et papyracée, triangulaire, à 3 loges, à 3 valves, sillonnée sur toutes ses faces, et renfermant dans chaque loge une dixaine de petites semences rougeâtres, d'une configuration irrégulière analogue à celle de la cochenille. Ces semences ont une saveur âcre et piquante, et une odeur forte et aromatique.

740. Le petit Cardamome, *Cardamomum parvum*—Off., est triangulaire, un peu arrondi et long de trois à six lignes. Sa coque est d'un blanc jaunâtre et ses semences sont brunes, irrégulières, d'une saveur forte, piquante et térébinthacée.

741. Le moyen Cardamome, *Cardamomum medium*

— Off., ne diffère du précédent qu'en ce qu'il est plus allongé.

742. Le grand Cardamome, *Cardamomum majus* — Off., est long d'un pouce à dix-huit lignes; son enveloppe est d'un gris brunâtre, et rétrécie à ses deux extrémités. Il renferme des semences rougeâtres, d'une saveur et d'une odeur beaucoup plus faibles que celles des premières sortes; aussi est-il moins estimé et peu employé.

743. Outre ces trois sortes de fruits, on trouve dans le commerce une petite semence très-employée par les parfumeurs, et qui est triangulaire, d'un gris brun, presque semblable à celle du petit cardamome, d'une saveur camphrée : on la nomme *Maniguette* ou *graine du Paradis*; elle est produite par l'*Amomum Grana Paradisi* L., du même genre que les précédens. Cette plante est plus grande dans toutes ses parties, et notamment dans son fruit que l'on dit avoir la forme et la grosseur d'une figue.

Du fruit de Carvi.
Fructus carvi. — Off.

744. *Carum Carvi* L. Plante bisannuelle de la pentandrie digynie et de la famille des ombellifères, croissant abondamment dans les contrées méridionales de la France.

Ce fruit comme celui de presque toutes les ombellifères est ové, strié, recourbé et très-odorant. Celui dont il se rapproche le plus est le fruit du *Cumin*, mais il est plus petit, plus recourbé, plus brun, d'une odeur et d'une saveur un peu plus faibles et par suite moins désagréables, quoique presque semblables.

Il est stomachique et carminatif.

De la Casse ou du fruit du Caneficier.
Fructus cassiæ fistulæ. — Off.

745. *Cassia Fistula* L. Grand et bel arbre de la décandrie monogynie et de la famille des légumineuses. Ses feuilles

sont semblables à celles du noyer. Ses fleurs sont jaunes et disposées en grappes, et ses gousses, que l'on nomme vulgairement *Casse en bâtons* à cause de leur forme, sont brunes, unies, cylindriques et ligneuses. Ces gousses ont un pouce de diamètre et une longueur qui varie de six pouces à dix-huit; elles sont formées de deux valves réunies par deux sutures longitudinales dont une est saillante; elles offrent dans leur intérieur un grand nombre de loges formées par des cloisons transversales, solides, et contenant toutes une pulpe noire, douce et sucrée, ainsi qu'une semence rouge, polie, aplatie et assez dure.

Cet arbre est originaire d'Asie et de l'Égypte, d'où il a été transporté au Brésil, aux Antilles, et au Mexique qui, à présent, fournissent la plus grande partie de la casse répandue dans le commerce. On prétend cependant que la casse du Levant est plus grosse, plus pleine, plus parfaitement cylindrique; tandis que celle d'Amérique est plus petite, et offre dans sa longueur des étranglemens qui la rendent plus difficile à séparer en deux valves par la percussion. Il faut la choisir autant que possible semblable à celle du Levant.

On doit en outre choisir la casse récente, pleine, non moisie et non sonnante. Pour lui conserver ces propriétés, il faut la garder dans un lieu qui ne soit ni trop sec ni trop humide.

On emploie la casse en pulpe et en extrait. La pulpe entre dans l'électuaire catholicum et dans le lénitif. Elle est minorative et venteuse.

De la Cerise.

Fructus cerasi vulgaris. — Off.

746. *Prunus Cerasus* L. *Cerasus vulgaris* J. Icosandrie monogynie; dicotylédones polypétales périgynes, famille des rosacées.

Le cerisier a été apporté du Pont en Italie par Lucullus.

Depuis ce temps il s'est naturalisé en Europe où il a produit un grand nombre de variétés.

La variété la plus commune et qui paraît être le tipe des autres s'élève à vingt ou vingt-cinq pieds ; son tronc peut acquérir de quatre à six pieds de circonférence. Ses feuilles sont ovées-lancéolées, dentées, glabres, pliées en deux ; ses fleurs sont blanches et disposées en ombelles sous-pédunculées, ses fruits sont arrondis, d'un rouge vif, succulens, acides et sucrés.

Les cerises se mangent récentes, sèches, cuites, confites à l'eau-de-vie, au sucre, etc. On en prépare aussi un *vin de cerises* par fermentation, et un alcohol qui porte le nom de *Kirschenwasser* ; cependant ces deux derniers produits sont plutôt préparés avec les merises : Voyez cet article.

De la Cévadille.

Fructus sabadillæ. — Off.

747. On connaît sous ce nom un fruit qu'on nous apporte d'Amérique et qui est composé d'une capsule à trois loges, mince, sèche, s'ouvrant par le haut, d'une couleur rougeâtre pâle ; chaque loge de cette capsule renferme deux semences noirâtres, allongées, pointues, anguleuses et un peu recourbées.

On ne sait si les semences ont plus de propriété que la capsule ; elles paraissent plus âcres et plus amères. Elles sont fortement sternutatoires, excitent la salivation, et sont très-purgatives et corrosives à l'intérieur. Aussi ne les emploie-t-on qu'à l'extérieur pour détruire la vermine.

On attribue la cévadille à une espèce de *Veratrum* nommé par Retz *Veratrum Sabadilla* et appartenant à la polygamie monoécie et à la famille des colchicacées.

MM. Pelletier et Caventou ont retiré de la cévadille : une matière grasse composée d'élaïne, de stéarine, et d'un acide odorant volatil (acide cévadique) ; de la cire, du gallate acide de vératrine, une matière colorante jaune, de la gomme, du ligneux (*Ann. Chim. et Phys.* XIV. 69).

Du Chènevis.

Semen cannabis. — Off.

748. Le chènevis est la semence du chanvre, *Cannabis sativa*, de la diœcie pentandrie et de la famille des urticées. Il est ovale, lisse, composé de deux petites valves, et renferme une amande huileuse et douce. Il sert de nourriture aux oiseaux ; on en retire par expression une huile employée pour l'éclairage.

Le chènevis passe pour être légèrement narcotique ; on en fait des émulsions usitées sur-tout dans les blennorrhagies inflammatoires. Il faut toujours le choisir de la dernière récolte, car il rancit très-facilement.

Le chanvre est cultivé dans presque tous les pays à cause de ses fibres corticales qui, séparées de la partie ligneuse par le rouissage (opération qui consiste à faire tremper le chanvre dans une eau stagnante, afin de dissoudre ou de détruire par la putréfaction les parties mucilagineuses qui unissent les fibres aux autres parties), forment *la filasse*, laquelle sert ensuite à faire des toiles et des cordes.

Du Citron.

Fructus citri medicæ. — Off.

749. Le citron est le fruit du *Citrus medica* L., de la polyadelphie icosandrie, et de la famille des aurantiées.

Car. gén. : Voyez à l'article *Oranger* (636). — *Car. spéc.* : Pétioles linéaires.

Le citronnier est un petit arbre toujours vert, originaire d'Asie, mais cultivé depuis très-long-temps dans tout le midi de l'Europe. On remarque cependant qu'il n'a été transporté en Italie qu'après les temps de Virgile et de Pline.

On emploie indifféremment en pharmacie le véritable citron et le limon qui est produit par une variété ou une espèce voisine du *Citrus medica*. Le citron a l'écorce épaisse, blanche, pulpeuse, et le zeste inégal et raboteux.

Le limon a l'écorce mince, le zeste fin et uni et il est plus arrondi. Du reste tous deux ont le zeste jaune et chargé d'une huile volatile très-odorante; leur chair intérieure est succulente et d'une acidité forte et agréable; leurs semences sont blanches, oblongues, dures, et d'une saveur amère.

On fait sécher le zeste des citrons et des limons, ou bien on en retire, à l'état récent, l'huile volatile, soit par expression soit par distillation. On fait un sirop très-agréable avec son suc acide; les semences sont anthelmintiques.

Du Coing.

Fructus cydoniæ; malum cydonium. — Off.

750. *Pyrus Cydonia* L. *Cydonia communis* Poir. Icosandrie pentagynie; dicotylédones polypétales périgynes, famille des rosacées.

Le coignassier s'élève à la hauteur de douze à quinze pieds. Sa tige est tortueuse; ses feuilles sont ovales, très-entières, cotonneuses; ses fleurs sont d'un blanc rosé, solitaires et portées sur un court péduncule à l'extrémité des jeunes rameaux; ses fruits ont la forme de très-grosses poires; sont recouverts d'un épiderme jaune, cotonneux, très-odorant; sont composés d'une pulpe succulente et cependant solide, odorante et astringente, et renfermant dans les cinq loges cartilagineuses qui en occupent le centre, des semences brunes, très-mucilagineuses à l'extérieur.

On confit les coings au sucre, on les râpe pour en extraire le suc, et on fait avec ce suc un sirop très-agréable. On les fait bouillir dans l'eau pour en extraire la partie gélatineuse et on en forme une gelée excellente. Les semences sont mucilagineuses et adoucissantes.

De la Coloquinte.

Fructus colocynthidis. — Off.

751. Est fournie par le *Cucumis Colocynthis* L., de la mo-

noécie syngénésie, des dicotylédones irrégulières et de la famille des cucurbitacées.

Cette plante est rampante, rude et velue; ses feuilles sont larges et profondément découpées. Ses fleurs sont grandes, jaunes, monopétales, à cinq divisions, et sont mâles ou femelles sur un même pied, comme l'indique le nom de la classe de Linné. Le fruit est une sorte de baie ayant la forme et la grosseur d'une orange. Ce fruit est composé d'une écorce dure, unie, luisante, jaune ou verdâtre; d'une chair solide assez sèche, et d'un grand nombre de semences jaunâtres nichées dans la chair elle-même.

Ce fruit nous arrive écorcé de l'Espagne et des îles de l'Archipel. Il est blanc, léger, spongieux, et d'une amertume insupportable. C'est un violent purgatif. On en prépare une poudre, un extrait aqueux et un extrait alcoholique; il entre dans un assez grand nombre de médicamens composés.

Du fruit et de la semence de Concombre.
Fructus et semen cucumeris. — Off.

752. Ce fruit est fourni par le *Cucumis sativus* L., autre plante cucurbitacée, du même genre que la précédente. Son caractère spécifique est d'avoir les angles des feuilles dressés, et les fruits oblongs et raboteux.

Le concombre acquiert la grosseur du bras, et une longueur de huit à neuf pouces. Sa surface est souvent parsemée de proéminences; sa chair est blanche, très-succulente, et d'une odeur un peu vireuse. Il est divisé intérieurement en quatre loges, qui contiennent un grand nombre de semences ovales, plates, pointues, blanches, coriacées, renfermant une amande émulsive.

La chair du concombre est usitée comme aliment; elle est rafraîchissante, mais un peu indigeste : on en fait, par macération, dans la graisse de porc, une pommade cosmétique. Ses semences, qui sont au nombre de celles que l'on nommait autrefois *quatre grandes semences froides*, servent à faire des émulsions et un sirop.

Le Cornichon est produit par une variété du *Cucumis sativus*. On le prend à peine développé, et on le confit dans le vinaigre pour le faire servir d'assaisonnement dans le courant de l'année.

Le Melon est le *Cucumis Melo*.—*Car. spéc.* : Angles des feuilles arrondis ; fruits marqués d'un réseau.

La semence de melon est également une des quatre grandes semences froides ; mais elle ressemble tellement à celle du concombre, qu'on n'en fait aucune distinction.

Du fruit de Concombre sauvage.
Fructus elaterii. — Off.

753. *Momordica Elaterium* L. Mêmes classe et ordre que les précédentes.

Cette plante diffère du concombre en ce qu'elle est plus petite et plus rude ; son fruit est gros comme la moitié du pouce, de la forme d'une olive, et garni de piquans ; il est vert d'abord, mais jaunit en mûrissant. C'est avec le suc exprimé de ce fruit que l'on prépare l'extrait connu sous le nom d'*Elaterium*. C'est un violent purgatif.

De la Coque du Levant.
Fructus cocculi. — Off.

754. La Coque du Levant est une sorte de petit drupe desséché, produit par le *Menispermum Cocculus*, arbrisseau de l'Inde qui appartient à la dioecie décandrie et à la famille des ménispermées. Ce fruit, sur l'arbre, est réuni deux à deux par sa base ; mais, tel que le commerce nous le donne, il est isolé, plus gros qu'un pois, arrondi et légèrement réniforme. Il est composé d'un brou sec, mince, noirâtre, rugueux, d'une saveur faiblement âcre et amère, et d'une coque blanche, ligneuse, à deux val-

ves, au milieu de laquelle s'élève un placenta central rétréci par le bas, élargi par le haut, et divisé intérieurement en deux petites loges. Tout l'espace compris entre ce placenta central et la coque, est rempli par un corps blanc, ou amande, qui se détruit avec le temps, de manière que les anciennes coques du Levant sont presque entièrement vides. C'est dans cette amande, qui est huileuse et d'une saveur amère très-prononcée, que réside la propriété vénéneuse de la coque du Levant. Cette propriété, ainsi que la saveur amère, sont dues à un principe cristallisable particulier que M. Boullay a découvert en 1812, et qu'il a nommé *picrotoxine* ou *amer-poison* (*Bulletin de Pharmacie*, IV. 5). Depuis il en a constaté les propriétés alcalines, et l'a rangé au nombre des alcalis végétaux nouvellement découverts (*Journ. de Pharm.*, 1819. 1).

La coque du Levant est un poison pour un grand nombre d'animaux, et notamment pour les poissons. Elle n'est guère usitée qu'à l'extérieur, pour détruire la vermine.

Du fruit de Coriandre.
Fructus coriandri. — Off.

755. La Coriandre, *Coriandrum sativum* L., appartient à la pentandrie digynie et à la famille des ombellifères. Elle s'élève à la hauteur d'un pied à un pied et demi ; ses feuilles radicales sont semblables à celles du persil, mais celles de la tige sont divisées très-menu ; ses fleurs sont disposées en ombelles blanches ou rosées, plus grandes à la périphérie qu'au centre. Son fruit est sphérique et composé de deux semences soudées.

Toute la plante récente a une odeur fétide insupportable. Mais le fruit desséché ne conserve qu'une odeur agréable qui, même n'est bien sensible que par la pulvérisation; il est sec, jaunâtre et très-léger ; il entre dans l'alcohol de mélisse composé, et on l'emploie assez fréquemment, comme correctif, dans les potions purgatives faites avec le séné.

La coriandre est abondamment cultivée aux environs de Paris dans la plaine des Vertus, et en Touraine.

Du fruit du Cotonnier.

756. Le fruit du Cotonnier n'est pas employé en pharmacie, mais il mérite d'être cité à cause du coton ou duvet fin qu'il fournit aux fabriques. Il est produit par le *Gossypium arboreum*, et surtout par le *Gossypium herbaceum*, plantes de la monadelphie polyandrie et de la famille des malvacées. Ces deux cotonniers sont originaires des pays les plus chauds, comme des Indes en Asie, et aussi, à ce qu'on croit, du Brésil ou des Antilles. On en a peu à peu étendu la culture vers le nord, jusqu'à la latitude à laquelle ils ont entièrement refusé de produire. Ainsi, dans l'ancien continent, on trouve des cotonniers à Siam, dans les deux Indes, en Perse, dans la Natolie, en Turquie, à Malte, et jusqu'en Italie; et dans le nouveau, on en trouve depuis le Brésil jusqu'aux Antilles, à Saint-Domingue et dans la Caroline. Le cotonnier herbacé s'élève à la hauteur d'un pied et demi à deux pieds; l'autre peut s'élever jusqu'à douze ou quinze pieds. Leurs feuilles sont lobées comme celles d'un grand nombre de malvacées; leurs fleurs ressemblent beaucoup à celles de la rose trémière, et leurs fruits sont composés d'une capsule à quatre loges, s'ouvrant d'elle-même à maturité, et laissant paraître dans chaque loge de cinq à neuf semences brunes, oblongues, entourées d'un duvet en flocons, plus ou moins fin et soyeux, blanc ou jaune, selon les pays, et formant ce qu'on nomme le *coton*. On sépare ce coton des semences au moyen d'un moulin particulier, et on en forme des ballots que l'on expédie pour les pays qui doivent l'employer. Ce serait trop sortir de mon sujet, que de suivre cette production végétale sous toutes les

formes que l'art est parvenu à lui donner pour les besoins ou les agrémens de la société.

De la Courge ou Calebasse.

Fructus cucurbitæ. — Off.

757. *Cucurbita lagenaria* L. Monoécie syngénésie ; dicotylédones diclines, famille des cucurbitacées.

Cette plante, qui offre le port général des cucurbitacées, a les feuilles arrondies, molles, lanugineuses et d'un vert pâle ; les fleurs blanches et très-évasées ; les fruits couverts d'une enveloppe dure et ligneuse ; la chair spongieuse ; les semences grises, plates, elliptiques, entourées d'un bourrelet échancré aux deux extrémités. D'ailleurs ces fruits diffèrent beaucoup en forme et en grosseur, selon les variétés.

Les semences de courge étaient autrefois employées au nombre des quatre grandes semences froides ; mais, alors même, on les confondait avec celles de citrouille et de potiron.

758. La Citrouille est le *Cucurbita Pepo* L., et le Potiron son *Cucurbita Melopepo*, ou une variété du premier. Ces plantes diffèrent de la précédente espèce par leurs feuilles rudes, piquantes, d'une couleur plus foncée ; par leurs fleurs jaunes en entonnoir ; par leurs fruits beaucoup plus gros, à écorce moins dure, à chair plus succulente ; par leurs semences blanches, entièrement circonscrites par un bourrelet.

Les fruits sont usités dans les cuisines ; les semences comme émulsives dans la pharmacie.

Du fruit du Cumin.

Fructus cumini. — Off.

759. Le Cumin est produit par le *Cuminum Cyminum* L., de la pentandrie digynie et de la famille des ombellifères. Cette plante est annuelle, assez semblable au fenouil, et

se cultive en Égypte, en Sicile, et surtout à Malte, d'où on exporte presque tout le cumin qui se trouve dans le commerce; son fruit, comme celui de toutes les ombellifères, est composé de deux graines accolées, convexes d'un côté et striées. Il est plus gros et plus allongé que l'anis, plus gros que le carvi, non recourbé et d'une couleur jaunâtre ou fauve. Il a une odeur très-forte, fatigante, et une saveur très-aromatique, agréable ou désagréable, selon le goût ou l'habitude. Le cumin entre dans plusieurs compositions de pharmacie, et est usité dans la médecine vétérinaire. On en mêle à l'avoine pour donner de l'appétit aux chevaux. Les Hollandais en mettent dans le fromage et les Allemands dans leur pain.

De la Datte.
Fructus dactylus. — Off.

760. La Datte est le fruit du *Phœnix dactilifera*, de la diœcie triandrie et de la famille des palmiers.

Cet arbre se nomme communément *palmier-dattier* et croît naturellement dans les Indes, en Perse, dans l'Arabie et surtout en Afrique; on le trouve aussi en Amérique. Il se plaît surtout sous un ciel brûlant et dans les contrées sablonneuses où les autres végétaux nécessaires à la vie de l'homme refusent de croître. Aussi est-ce le plus grand bienfait que les habitans de l'Afrique ayent reçu de la nature. Ils en employent toutes les parties: trouvent une boisson agréable et nourrissante dans la sève qu'ils retirent du tronc; travaillent le tronc lui-même comme bois de construction, ou bien en séparent les fibres et en font des nattes, des paniers et des cordages; ils employent au même usage les feuilles et leur pétioles; ils mangent la jeune pousse du sommet de l'arbre qu'ils nomment *chou de palmier*; enfin ils trouvent dans le fruit une nourriture saine, succulente et sucrée.

Le dattier s'élève à la hauteur de cinquante à soixante

pieds. Sa tige est nue, cylindrique et formée des débris des feuilles, dont les plus inférieures tombent chaque année et sont remplacées par un égal nombre qui croissent au sommet. C'est à cette sorte de tronc, qui a le plus grand rapport avec la tige souterraine des fougères, que Linné a donné le nom de *stipes*, que l'on peut traduire par *stipe* ou *souche*. Le feuillage (*Frons* L.) est pinné, et ses folioles sont confuses et ensiformes (1).

Le dattier est dioïque, c'est-à-dire qu'il est mâle ou femelle. On dit que les Africains ne cultivent que le dattier femelle, et qu'ils le placent toujours au bord des rivières; mais comme cet arbre seul ne produirait pas de fruit, ils vont, au temps de la floraison, chercher dans les bois des péduncules fleuris du dattier mâle, et les secouent sur les dattiers femelles dont ils obtiennent la fécondation par ce moyen.

C'est de l'Afrique, et par la voie de Tunis, que nous viennent les meilleures dattes. Elles sont grosses comme le pouce, un peu moins longues et elliptiques; leur épiderme mince, rouge-jaunâtre, recouvre une chair solide, d'un goût vineux, sucré et un peu visqueux. Cette chair renferme une semence osseuse, oblongue, profondément sillonnée d'un côté et convexe de l'autre. On doit choisir les dattes les plus récentes, fermes et exemptes de mites. On les conserve bien dans un endroit sec et dans un bocal de verre fermé par un simple papier.

(1) Je prendrai occasion de cette description pour relever une erreur que l'on commet dans presque tous les cours de botanique, et qui se trouve répétée dans plusieurs ouvrages imprimés. On dit que Linné a donné le nom de *Frons* à la tige des palmiers : je ne crois pas que ce célèbre botaniste ait voulu donner à ce mot une signification aussi éloignée de celle qui lui est propre; mais remarquant que la tige des palmiers et des fougères ne diffère pas essentiellement du pétiole des feuilles, puisqu'elle est formée de ses débris, il a très-heureusement exprimé cette identité en donnant à la tige et aux feuilles des végétaux de ces deux ordres des noms plus vagues que ceux de *truncus* et de *folium*, et qui peignent sa pensée : ce sont ceux de *stipes*, souche, et de *frons*, feuillage.

On apporte aussi de Salé, port du royaume de Fez, des dattes qui sont blanchâtres, petites, sèches, peu sucrées et peu estimées. On en apporte aussi de Provence qui sont fort belles, mais qui ne se conservent pas.

Du Daucus de Crète.

Fructus dauci cretici. — Off.

761. Ce fruit, qui nous vient de Candie, d'Égypte et du midi de la France, est fourni par l'*Athamanta cretensis* L., de la pentandrie-digynie et de la famille des ombellifères.

Cette plante croît aussi en Suisse. Son fruit est composé de deux semences encore réunies, traversées par l'extrémité du pédicelle, et couronnées à leur sommet par le style bifide de la fleur qui a persisté. Il est cotonneux, ordinairement réuni en petites ombellules, et mêlé des branches de l'ombelle coupées menu, ce dont il faut le priver par le triage; il a une odeur aromatique agréable et une saveur forte. Il entre dans la composition du sirop d'armoise, de la thériaque et du diaphœnix.

Du fruit de Fenouil.

Fructus fœniculi. — Off.

762. *Anethum fœniculum* L. Pentandrie digynie; famille des ombellifères. On peut remarquer combien cette famille nous fournit de fruits aromatiques, et même de plantes entières; car, dans les espèces aromatiques qui lui appartiennent, le principe odorant est plus ou moins répandu dans toutes les parties de la plante.

On distingue trois variétés de fenouil : l'une est le *fœniculum vulgare germanicum* de Tournefort, et la seconde son *fœniculum vulgare acriori et nigriori semine*; l'une et l'autre cultivées dans les jardins, s'élevant à cinq ou six pieds, ayant les feuilles engaînantes, vertes, extrêmement divisées et aromatiques, mais donnant un fruit peu estimé. La troisième variété, *fœniculum dulce* de Tournefort, est cultivée surtout dans le Languedoc, et donne un fruit plus gros, plus blanc, d'un goût plus agréable que celui des espèces précédentes. On le nomme dans le commerce *fenouil de Florence*, parce qu'on le faisait autrefois venir d'Italie.

Le fenouil est le plus gros des fruits d'ombellifères que nous ayons vus jusqu'ici; il est composé de deux semences soudées et fortement sillonnées, surmontées par deux petites pointes qui sont le vestige des styles; il a une odeur agréable analogue à celle de l'anis, et une saveur douce, sucrée, également agréable. On doit le choisir gros, d'un vert pâle, et non jaunâtre ni brunâtre, comme est celui qui est vieux ou altéré.

De la semence de Fenugrec.

Semen fœni-græci. — Off.

763. *Trigonella Fœnum-Græcum* L.; Diadelphie décandrie; dicotylédones polypétales périgynes, famille des légumineuses.

Le fenugrec est cultivé à Aubervilliers près de Paris, et dans la Touraine. Il s'élève à un pied environ, et ressemble à la luzerne. Ses fleurs sont petites, blanches, et naissent dans l'aisselle des feuilles; les ailes en sont ouvertes et presque égales à l'étendard. Ses fruits sont des gousses sessiles, minces, redressées, pointues, et un peu recoubées en faux. Ces gousses contiennent des semences qui sont petites, irrégulières ou rhomboïdales, jaunes, demi-transparentes, jouissant d'une odeur forte et agréable; leur parenchyme est amylacé et mucilagineux; ces semences, employées en farine, sont émollientes et résolutives. Elles entrent dans la composition de l'huile de mucilage à laquelle elles communiquent leur odeur.

De la Figue.

Fructus carica. — Off.

764. La figue est produite par le *Ficus Carica* L., grand arbrisseau de la polygamie triœcie, et de la famille des urticées.

La fécondation de cet arbre a long-temps été un mystère: en effet on n'y voyait que des fruits et jamais de fleurs; enfin on a reconnu que la figue, que nous regardons comme un fruit, et qui, à la rigueur, peut porter ce nom lorsqu'elle est parvenue à sa maturité, n'est au commencement que le réceptacle des fleurs. Ces fleurs sont mâles et femelles distinctes, soit réunies dans un même réceptacle, soit divisées. Les fleurs mâles ont trois étamines, et les fleurs femelles un pistil; à celles-ci succède une petite graine. La fécondation s'opère donc dans le réceptacle même; elle est suivie d'une affluence de sucs dans cette partie, de même que cela a lieu pour la formation du péricarpe des autres fruits; le réceptacle prend un volume considérable; les graines grossissent et atteignent le terme de leur développement, en même temps que la figue sa maturité.

Les figues du nord de la France et des environs de Paris sont peu sucrées, et ne peuvent pas se conserver. Celles du commerce viennent du midi de l'Europe. On les distingue en figues *blanches*, figues *violettes*, et figues *grasses*.

Les premières sont petites, blanches, très-sucrées, et sont réservées pour la table; les secondes, beaucoup plus grosses et usitées en pharmacie, doivent être choisies sèches et nouvelles; les figues grasses, également usitées en médecine, mais moins estimées, sont grosses, brunes et visqueuses.

Les figues sont nourrissantes, expectorantes et émollientes; elles sont usitées à l'intérieur et à l'extérieur.

Dans le midi, on emploie quelquefois un singulier moyen

pour augmenter le volume des figues : on prend des branches d'une sorte de figuier sauvage, nommé *caprificus*, et on les secoue sur les figuiers cultivés, lorsqu'ils sont en fleurs. Il paraît que l'on propage, par ce moyen, sur le figuier un petit insecte du genre *cynips*, qui vit habituellement sur le caprifiguier. Cet insecte s'attache particulièrement aux figues, s'y introduit, s'y loge, et y cause une abondance de sucs qui tourne à l'avantage du fruit, mais qui paraît épuiser l'arbre.

De la Framboise.

Fructus framboesia. — Off.

765. Fruit rouge, acide, sucré, légèrement aromatique du *Rubus idœus* L., arbrisseau épineux de l'icosandrie monogynie et de la famille des rosacées.

Car. gén. : (652) — *Car. spéc.* : Feuilles quinées-pinnées-ternées ; tige aiguillonnée ; pétioles cannelés.

La framboise est ce qu'on nomme en botanique un fruit *multiple* ; c'est-à-dire qu'elle est formée de plusieurs petites baies, provenant d'ovaires qui avaient appartenu primitivement à la même fleur. Le fruit *multiple* diffère du fuit *agregé* en ce que dans celui-ci les baies proviennent d'ovaires de fleurs différentes, lesquels ovaires se trouvant très rapprochés, se sont soudés lorsqu'ils sont devenus plus volumineux et plus succulens ; *ex.* : la mûre.

On prépare avec la framboise un alcoholat aromatique, un sirop et un vinaigre qui, lui-même, sert à faire le sirop de vinaigre framboisé.

Du Froment ou *Blé.*

Fructus frumentum. — Off.

766. *Triticum hybernum* L. Triandrie digynie; monocotylédones à étamines hypogynes, famille des graminées.

Car. gén. : (Voyez art. *Chiendent*, 259.) — *Car. spéc.*:

Calices quadriflores, ventrus, lisses, imbriqués, souvent sans-arêtes.

Le froment est de tous les végétaux celui qui fournit à l'homme la nourriture la plus saine; aussi sa culture et son usage alimentaire remontent-ils jusqu'aux temps fabuleux. Il sortirait de mon plan de décrire cette culture, les maladies qui viennent la contrarier, les règles à suivre pour la conservation des grains : ces sujets sont d'une trop haute importance pour être traités en quelques pages. On pourra les étudier dans les livres d'économie rurale qui en traitent spécialement.

Le grain du froment est ovale, mousse par les deux bouts, convexe d'un côté et sillonné de l'autre; il est recouvert d'une pellicule dure et transparente qui, séparée de la partie blanche et farineuse par la meule et le blutoir, porte le nom de *son*. On emploie le son à un grand nombre d'usages, et notamment à nourrir les animaux : la farine est employée à faire du pain, des pâtisseries, etc.

La farine de froment est formée d'amidon pour la plus grande partie, de gluten, de mucilage, de matière sucrée et de phosphate de chaux. C'est au gluten qu'elle doit la propriété de former avec l'eau une pâte élastique et tenace, et, par suite, celle de donner un pain léger, très-poreux et de facile digestion, l'acide carbonique produit pendant la fermentation étant retenu dans la masse en raison de sa viscosité, et la dilatant considérablement.

De la baie de Genièvre.

Fructus juniperi. — Off.

767. On nomme ainsi le fruit du genèvrier, *Juniperus communis* L.; arbrisseau de la diœcie monadelphie et de la famille des conifères, croissant surtout dans le nord de la France et dans les Pays-Bas. Ce fruit est une baie grosse comme un pois, ou plutôt est un petit cône à trois écailles, dont les écailles se sont soudées. Aussi renferme-t-il trois

petites semences osseuses. Il est brun-noirâtre lorsqu'il est mur, et contient autour des semences un peu d'une pulpe succulente, aromatique, d'une saveur amère, résineuse, un peu sucrée. On peut en retirer une eau-de-vie par la fermentation, une huile volatile par la distillation, et un extrait gommo-résineux par l'infusion ou la décoction. Ces trois produits se trouvent dans le commerce; mais les pharmaciens, jaloux de donner de bons médicamens, doivent préparer eux-mêmes leur extrait de genièvre avec les baies récentes; car celui du commerce est très-mal fait et réellement dégoûtant. Ils doivent le faire par macération, afin de l'avoir moins résineux, lisse et plus sucré; et ils doivent le cuire comme les autres extraits, malgré l'habitude du commerce qui le donne presque liquide. Cet extrait est alors fort agréable à prendre, et offre un bon stomachique.

De la Groseille rouge et blanche.
Fructus grossulariæ. — Off.

768. Fruit du groseiller rouge, *Ribes rubrum* L., et du groseiller blanc qui n'en est qu'une variété; arbrisseaux de la pentandrie monogynie, formant une petite famille d'abord réunie à celle des nopalées, et en ayant ensuite été séparée.

Car. génér. : 5 Pétales et 5 étamines insérées sur le calice; style bifide; baie polysperme infère. — *Car. spéc.* : Pas d'épines; grappes glabres, pendantes; fleurs planiuscules.

Les groseilles servent à faire un sirop et une gelée. Elles sont d'une acidité forte, agréable, due principalement à l'acide malique : les rouges sont plus acides; les blanches sont plus sucrées.

De la Groseille noire ou Cassis.
Fructus grossulariæ nigræ. — Off.

769. *Ribes nigrum* L. — *Car. spéc.* : Pas d'épines ; grappes velues ; fleurs oblongues.

Ses fruits sont plus gros que les groseilles rouges ou blanches, noirs, fortement aromatiques et d'un goût piquant ; on en fait une liqueur de table.

770. Autres espèces de groseillers très-communes : le groseiller *sauvage*, *Ribes Grossularia* L. ; et le groseiller *à maquereau*, *Ribes Uva-crispa* L., tous deux épineux et à fruits gros comme des raisins ou des cerises, aigrelets, légèrement aromatiques.

De la Grenade.

Voyez *Fleur de grenadier* (701).

De la semence dite fève de Saint-Ignace ou noix Igasur des Philippines.
Semen ignatiæ. — Off.

771. Cette semence est produite par un petit arbre des îles Philippines, nommé *Ignatia amara* L., qui a de grands rapports avec les *strychnos*, et qui appartient à la pentandrie monogynie, et à la famille des apocynées.

Le fruit entier est une sorte de drupe ou de baie pyriforme ; contenant, sous une enveloppe ligneuse et épaisse, environ vingt semences entassées les unes sur les autres et diversement comprimées, suivant la place qu'elles occupent dans le fruit. Cependant en général ces semences sont grosses comme des olives, arrondies et convexes d'un côté, anguleuses et à trois ou quatre faces de l'autre, offrant à une extrémité la cicatrice du point d'attache. Leur substance intérieure est cornée, demi-transparente, plus ou moins brune et très-dure. Elles sont opaques à leur surface et comme recouvertes d'une efflorescence grisâtre qui y adhère et qu'on peut plus facilement gratter avec un couteau que le reste. Elles ont une saveur très-amère et sont inodores.

La fève de Saint-Ignace est purgative et a quelquefois guéri des fièvres quartes rebelles ; mais on doit l'employer avec la plus grande précaution; car, prise à une dose même peu considérable, elle cause des vertiges, des vomissemens et des convulsions. C'est un vrai poison du genre des narcotico-âcres.

772. On doit à MM. Pelletier et Caventou une très-belle analyse de la fève de Saint-Ignace. Ils l'ont d'abord râpée et traitée par l'éther, qui en a séparé une matière grasse ; ensuite l'alcohol bouillant en a extrait, entre autres principes, un peu de matière cireuse qui s'est précipitée par le refroidissement de la liqueur. Celle-ci évaporée a produit un extrait qui, redissous dans l'eau et mêlé avec une dissolution alcaline, a formé un précipité abondant et cristallin ; ce précipité lavé et purifié jouit des propriétés suivantes : il est soluble dans l'alcohol, soluble seulement dans 6667 parties d'eau froide et dans 2500 parties d'eau bouillante. Il jouit d'une amertume si excessive, que sa dissolution faite à froid, étendue de 100 parties d'eau, conserve encore une saveur très-marquée.

Cette matière ramène au bleu les couleurs végétales rougies par les acides, se combine aux acides et les neutralise, enfin jouit de toutes les propriétés d'un alcali. De plus, les expériences des auteurs de l'analyse semblent prouver qu'elle est susceptible d'oxidation, et à différens dégrés. Cette matière essayée sur les animaux est très-vénéneuse, et ses sels le sont encore plus, en raison de leur plus grande solubilité. Elle a reçu le nom de *strychnine*, tant parce que, suivant plusieurs botanistes, l'*ignatia amara* L., doit être réuni au genre *strychnos*, que parce qu'elle a également été trouvée dans la noix vomique et dans la racine de couleuvre qui appartiennent à ce même genre.

La liqueur dont la potasse avait précipité la strychnine, contenait une matière colorante jaune peu importante, et l'acide auquel le nouvel alcali végétal se trouvait combiné. Cet acide obtenu à l'état de pureté a été nommé *acide igasurique* du nom malais *igasur* de la fève de Saint-Ignace.

La fève de Saint-Ignace, épuisée par l'éther et par l'alcohol, a été traitée par l'eau froide et lui a cédé une assez grande quantité de gomme. L'eau bouillante en a encore extrait un peu d'amidon; le résidu insoluble, gélatineux et très-volumineux, était presque entièrement composé de bassorine; il n'y avait parmi que quelques fibres ligneuses.

De la Jujube.

Fructus jujuba. — Off.

773. La Jujube est produite par le *Rhamnus Zizyphus* L. (*Zizyphus vulgaris* Wild.), de la pentandrie monogynie, et de la famille des frangulacées.

Le jujubier a été apporté de Syrie en Italie au temps d'Auguste; maintenant il est naturalisé dans nos départetemens méridionaux, et surtout dans les îles d'Hières. C'est un arbrisseau de douze à vingt pieds de hauteur, tortu, armé d'aiguillons géminés dont l'un est recourbé; ses feuilles sont ovées-oblongues, légèrement dentées; ses fleurs ont un calice à cinq divisions, une corolle à cinq pétales, cinq étamines et deux styles; son fruit est un drupe ovoïde ou elliptique, du volume d'une grosse olive, recouvert d'un épiderme rouge, lisse, coriace, et renfermant une pulpe jaunâtre, douce et sucrée; au centre se trouve un noyau osseux, allongé, surmonté d'une pointe ligneuse, (vestige d'un des styles), divisé intérieurement en deux loges, dont l'une est ordinairement oblitérée; la loge développée contient une amande huileuse. Ce noyau n'est d'aucun usage; on le rejette lorsqu'on emploie les jujubes.

Les jujubes sont pectorales, et souvent usitées simultanément avec les autres fruits secs tirés du midi. On en fait des tisanes, un sirop, une pâte molle.

Du fruit de Laurier.
Fructus lauri nobili. — Off.

774. *Laurus nobilis* L. Ennéandrie monogynie ; dicotylédones apétales périgynes, famille des laurinées.

Car. gén. : Calice o ; corolle calicinale à 6 divisions ; 3 nectaires glanduleux autour de l'ovaire, terminés chacun par deux soies ; 9 étamines ou plus ; anthères attachées sur le bord des filets ; 2 glandes à la base de chaque filet du rang intérieur ; 1 style ; 1 stigmate ; 1 drupe ; tiges ligneuses. — *Car. spéc.* : Feuilles lancéolées veineuses, persistantes ; fleurs quadrifides.

Le laurier est un arbre de moyenne hauteur qui croît en Italie, en Espagne et dans le midi de la France ; il supporte difficilement nos hivers ; son bois est poreux et faible ; ses feuilles sont longues comme la main, larges de deux doigts, lisses, vertes, odorantes, et d'une texture sèche ; ses fruits, que l'on désigne ordinairement sous le nom de *baies de laurier*, et qui sont plutôt des sortes de drupes à brou très-mince, sont presque ronds, et de la grosseur d'une petite cerise, verts au commencement, noirs-bleuâtres lorsqu'ils sont mûrs. Tels qu'on nous les apporte ils sont secs, noirs et ridés ; si on les casse, on en sépare une capsule sèche et mince, et l'on trouve à l'intérieur une amande à deux lobes, d'une couleur fauve, d'une apparence grasse, d'une odeur aromatique et d'une saveur huileuse, amère et aromatique. Cette amande contient deux huiles : l'une volatile qu'on peut obtenir par la distillation ; l'autre fixe et concrète, qu'on en peut retirer par l'expression ou l'ébullition dans l'eau. Ce qu'on nomme ans le commerce *huile de laurier*, n'est que de la graisse de porc chargée par macération de ces deux huiles du fruit du laurier, et aussi de la matière verte et du principe aromatique de ses feuilles. Les baies de laurier entrent dans le baume de Fioravanti.

De la semence de Lin.
Semen lini. — Off.

775. *Linum usitatissimum* L. Pentandrie pentagynie dicotylédones polypétales hypogynes, famille des cary phyllées.

Car. gén.: Calice à 5 feuilles; corolle à 5 pétales; 5 étamines; 5 styles; capsule sphérique à 5 valves et 10 loges graines aplaties solitaires.—*Car. spéc.:* Calice et capsul terminés en pointe; pétales crénelés; feuilles lancéolé alternes; tige sous-solitaire.

Le lin a la tige simple, ronde, menue, haute de deu pieds; ses feuilles sont longues, étroites et pointues. S fleurs sont bleues et agréables. Sa semence est petite aplatie, luisante, et contient, sous une enveloppe coria et très-mucilagineuse, une amande huileuse. On en retir l'huile très en grand pour le besoin des arts; mais cett huile, obtenue par la torréfaction, est âcre, irritante nauséabonde; on peut en obtenir une beaucoup plus douc et qui est quelquefois prescrite à l'intérieur, par la se expression à froid de la farine de lin; mais il faut, po cela, employer de la farine que l'on ait préparée so même; car celle du commerce contient toujours du s et d'autres substances amylacées, qui en rendent l'extra tion de l'huile presque impossible.

La farine de lin est employée en cataplasme, et la grain entière l'est en infusion ou en décoction. La tige du lin soumise aux mêmes apprêts que le chanvre, peut être co vertie en fil et en tissus. Le plus beau lin vient du nord.

M. Vauquelin a fait l'analyse du mucilage de graine lin, obtenu par la décoction des semences dans l'eau. Il y a trouvé de la gomme, une matière azotée, de l'acide acé tique libre, des acétates de potasse et de chaux, du sulfat et du muriate de potasse, des phosphates de potasse et d chaux, enfin de la silice (*Ann. de Chim.*, LXXX, 314)

De la Lentille.
Semen lentis. — Off.

776. *Ervum Lens* L. Diadelphie décandrie; dicotylédones polypétales périgynes, famille des légumineuses.
Car. gén. : Calice à 5 divisions, de la longueur de la corolle. — *Caract. spéc.* : Péduncules sous-biflores; semences comprimées, convexes.

De la semence de Lupin.
Semen lupini. — Off.

777. *Lupinus albus* L. Mêmes classe et ordre que la précédente.
Car. gén. : Calice bilabié; 5 anthères oblongues et 5 arrondies, légume coriace. — *Car. spéc.* : Calices alternes non appendiculés; lèvre supérieure entière, l'inférieure identée; fleurs blanches; semences comprimées, orbiculaires.
La farine de lupin est une des quatre farines résolutives.

De la Maniguette ou graine de Paradis.

Voyez aux *Cardamomes* (743).

De la semence de Maïs.
Semen maïs. — Off.

778. *Zea Maïs* L. Monoécie triandrie; famille des graminées.
Car. gén. et *spéc.* : *Fleurs mâles* en épis séparés; glume extérieure biflore, non barbue; glume intérieure non barbue; *eurs femelles* : calice extérieur bivalve; calice intérieur emblable; style filiforme très-long et pendant; semences olitaires fixées le long d'un réceptacle central.
Cette plante paraît originaire de l'Amérique, mais s'est très-bien acclimatée dans les régions chaudes et tempérées

de l'ancien continent ; on en cultive beaucoup en France, où elle porte vulgairement le nom de *blé de Turquie*. Elle s'élève à la hauteur de six à sept pieds ; a la tige roide, noueuse, remplie d'une moelle sucrée ; ses feuilles sont très-longues, larges, semblables à celles du roseau ; ses fleurs mâles sont disposées en panicules au sommet de la tige ; ses fleurs femelles naissent au-dessous, et sont enveloppées de plusieurs feuilles roulées, d'où pendent les styles sous la forme d'un faisceau de soie verte ; l'épi, qui succède à ces fleurs, croît par degré jusqu'à une grosseur considérable ; les grains, dont il est entièrement recouvert, sont gros comme des pois, lisses, arrondis à l'extérieur, terminés en pointe par la partie qui tient à l'axe. Ils sont le plus souvent jaunes, mais quelquefois rouges, violets ou blancs, selon les variétés.

Le maïs sert de nourriture à un grand nombre de peuples d'Amérique. En France, on l'emploie surtout à engraisser les animaux de basse-cour. On a essayé de retirer du sucre de la moelle contenue dans sa tige, mais on n'a jamais pu en faire qu'un sirop mucilagineux peu susceptible de conservation.

Du Melon.

Voyez *Concombres* (752).

De la Merise.

Fructus cerasi avium. — Off.

779. *Prunus avium* L. *Cerasus avium* J. Icosandrie monogynie ; dicotylédones polypétales périgynes, famille des rosacées.

Le merisier diffère du cerisier par sa hauteur, qui s'accroît jusqu'à trente ou quarante pieds, par ses feuilles pubescentes en dessous et pendantes ; par ses fleurs disposées en ombelles sessiles, souvent au nombre de deux, quelquefois solitaires ; par ses fruits qui sont petits, ovoïdes, d'un rouge foncé ou noirâtre, d'une saveur âcre et amère avant la maturité, fade lorsqu'elle approche du terme.

Le merisier paraît indigène à l'Europe, car on trouve des forêts qui en sont en grande partie composées. Son bois est estimé des ébénistes, et plus employé que celui du cerisier. Son fruit est également préféré aux cerises pour la préparation du vin de cerises et du kirschenwasser. Cette dernière liqueur forme une branche de commerce considérable de nos départemens de l'est, de la Suisse et de la Souabe. C'est un alcohol marquant ordinairement vingt-huit degrés, aussi clair et aussi transparent que l'eau, ayant un goût de noyau très-agréable.

De la semence de Moutarde.

Semen sinapi. — Off.

780. Cette semence est produite par le Sénevé, *Sinapis nigra* L., plante de la tétradynamie siliqueuse; des dicotylédones polypétales hypogynes, et de la famille des crucifères.

Car. gén. : Calice ouvert; onglets des pétales dressés; glandes entre les étamines les plus courtes et le pistil, et entre les plus longues et le calice. — *Car. spéc.* : Siliques glabres appliquées contre le péduncule.

Cette plante est cultivée dans les champs et dans les jardins; elle ressemble beaucoup, par son port, au navet et aux autres crucifères voisines; sa semence seule est usitée : elle est très-petite, unie, rouge et presque ronde; elle contient une huile fixe et une huile volatile, âcre et brûlante, qu'on peut en retirer par la distillation. C'est à celle-ci que la semence de moutarde doit ses propriétés stimulantes et épispastiques. Elle forme la base des sinapismes et de la moutarde que l'on sert sur les tables pour exciter l'appétit; elle entre dans le vin antiscorbutique.

De la Mûre.

Fructus mori nigræ. — Off.

781. Fruit du mûrier, *Morus nigra* L., grand arbre de la monoécie tétrandrie, et de l'ordre des urticées de Jussieu. Il est vert d'abord, puis rouge, enfin noir. Il a alors une saveur muqueuse, sucrée et acide, agréable. On en prépare un sirop qui est rafraîchissant et légèrement astringent.

Une autre espèce de mûrier est le *Morus alba* L., Mûrier blanc, dont les feuilles, plus tendres que celles du précédent, servent de nourriture aux vers-à-soie.

De la Muscade et du Macis.

Nux moschata et macis. — Off.

782. Ces deux drogues simples sont produites par le Muscadier, bel arbre des îles Moluques, cultivé surtout aux îles Banda, et cultivé également à l'île de France depuis environ cinquante ans. Son nom spécifique est *Myristica moschata*, mais ses caractères sexuels sont encore incertains; cependant il a été rangé provisoirement dans la polyandrie monogynie, et il appartient à la famille des laurinées de Jussieu.

Son fruit, qu'il nous importe surtout de connaître, est un drupe pyriforme, marqué d'un sillon longitudinal et de la grosseur d'une pêche. Le brou en est charnu, mais peu succulent, et il s'ouvre à mesure qu'il mûrit et se dessèche. On voit quelquefois en Europe de ces fruits entiers qui ont été cueillis avant leur maturité et confits à l'aide du sucre.

Dessous ce brou, qu'on rejette ordinairement, se trouve une enveloppe partielle, laciniée, épaisse, d'un beau rouge lorsqu'elle est récente, mais devenant jaune par la dessication; c'est le *Macis*. On le sépare de la semence qu'il tient comme embrassée, et on le fait sécher après l'avoir trempé dans de l'eau salée, ce qui lui conserve de la souplesse et empêche la déperdition du principe aromatique.

Sous le macis est une troisième enveloppe ou coque brune peu épaisse, sèche et cassante, qui recouvre immédiatement la graine. On la rejette comme inutile.

Enfin l'amande qui se trouve au centre, et que le commerce nous offre presque toujours dépouillée de ses différentes enveloppes, est la *muscade*.

783. En Hollande, on connaît dans le commerce deux espèces de muscades qui sont également distinguées aux îles Moluques, où l'on compte, en outre, plusieurs variétés de chacune.

L'une de ces deux espèces, nommée *Muscade mâle*, parce qu'elle est plus grosse que l'autre, et *Muscade sauvage* en raison de ce qu'elle croît éloignée des lieux où l'on cultive la bonne muscade; cette espèce, dis-je, est peu estimée à cause de son peu d'odeur: elle est longue d'un pouce et demi à deux pouces, et présente une forme elliptique. Elle est plus légère que la bonne muscade et est très-facilement piquée des vers, ce qui fait qu'on la trouve toujours telle, et qu'on a grand soin de ne pas la mêler à l'autre, dont par son contact elle déterminerait la prompte détérioration.

L'arbre qui produit cette espèce de muscade a été décrit par Rhumph : il est plus élevé que l'autre et moins branchu; ses feuilles sont plus grandes, et ses fruits sont cotonneux. Il a été nommé *Myristica tomentosa*.

784. L'autre espèce de muscade, qui est celle que nous employons, est produite, comme je l'ai dit, par le *Myristica moschata*, dont le fruit est glabre. On la nomme, par opposition avec l'autre, *Muscade femelle* ou *Muscade cultivée*. Elle est d'une forme arrondie ou ovée, grosse comme une petite noix, ridée et sillonnée en tous sens; sa couleur est d'un gris rougeâtre sur les parties saillantes et d'un gris cendré dans les sillons; à l'intérieur,

elle est grise et veinée de rouge; d'une consistance dure et cependant onctueuse et attaquable par le couteau; d'une odeur forte, aromatique et agréable; d'une saveur huileuse, chaude et âcre. On doit la choisir grosse, pesante et non piquée, ce à quoi elle est fort sujette, malgré la précaution que l'on prend en Asie, avant de l'envoyer, de la tremper dans de l'eau de chaux. Les commerçans sont fort habiles à boucher les trous d'insectes avec une pâte composée de poudre et d'huile de muscade, et il faut y regarder de près si l'on veut ne pas y être trompé.

On choisit le macis d'une couleur jaune-orangée peu foncée; épais, sec et cependant souple et onctueux; d'une odeur forte et d'une saveur très-âcre.

La muscade et le macis contiennent deux huiles : l'une volatile qu'on peut obtenir par la distillation; l'autre fixe et solide qu'on en retire par l'expression à chaud, mais mêlée à la première qui lui communique son odeur et sa couleur. Cette huile mixte se prépare dans les lieux mêmes où croît la muscade avec ceux de ces fruits qui sont d'une qualité inférieure; nous la recevons par le commerce sous la forme de briques carrées, solides, d'une consistance friable, d'une couleur jaune-rougeâtre marbrée, et d'une odeur de muscade.

La muscade et le macis font partie d'un grand nombre de compositions officinales; l'huile mixte entre dans le baume nerval.

Des Myrobalans.

Fructus myrobalani. — Off.

785. Depuis un temps presque immémorial on donne en pharmacie le nom de *Myrobalans*, ou par corruption *Myrobolans*, à cinq sortes de fruits qui ont été assez exactement décrits, mais dont l'origine ne paraît pas être encore bien assurée. Je commencerai par exposer les caractères de chacun et je dirai ensuite ce que j'ai pu apprendre sur les arbres qui les produisent.

Les cinq sortes de myrobalans sont connues sous les noms de *Citrins*, *Chébules*, *Indiens*, *Bellirics* et *Emblics*.

786. Le *Myrobalan Citrin* est un drupe sec d'une forme ovoïde, de la grosseur d'une muscade, et ordinairement marqué de cinq arêtes longitudinales saillantes, entre lesquelles en paraissent cinq autres moins marquées. Il est luisant à sa surface et d'une couleur qui varie du jaune pâle au jaune brun.

On trouve d'autres myrobalans citrins entièrement semblables aux précédens, si ce n'est qu'ils sont allongés en poire vers l'extrémité qui tenait au péduncule. Ces myrobalans ressemblent par leur forme aux myrobalans chébules, mais ils en diffèrent par leur couleur citrine et par leur volume qui est ordinairement moins considérable.

Enfin on trouve des myrobalans dont la couleur est plutôt brune que citrine, mais qu'il faut joindre aux myrobalans citrins parce qu'ils sont évidemment le même fruit. Ces myrobalans sont ovoïdes, sans angles marqués et arrondis. Dans le commerce on les sépare des myrobalans citrins pour les vendre comme myrobalans bellirics, mais nous verrons combien il est facile de les en distinguer.

Quelle que soit la forme extérieure de ces myrobalans, voici leur composition intérieure : Ils sont formés, 1°. d'une pulpe tout-à-fait desséchée et friable, légère, poreuse, d'une saveur fortement astringente et comme un peu aigrelette ; 2°. d'un noyau pentagone d'un blanc jaunâtre, dont la coque ligneuse est tellement épaisse, que la loge qui se trouve au milieu pour l'amande a tout au plus une ligne et demie de diamètre, et souvent moins ; 3°. dans cette loge se trouve une amande blanche, sèche, très-longue par rapport à son peu d'épaisseur, recouverte d'une pellicule rouge, et d'un goût amer, désagréable, analogue à celui que prennent les noisettes gâtées.

787. Les *Myrobalans Chébules* sont les plus gros de tous les myrobalans ; ils ont ordinairement le volume d'une

datte, sont oblongs, et allongés en poire d'une manière très-marquée par l'extrémité qui était fixée au péduncule; ils ne sont pas pentagones, ou du moins les angles de ceux que j'ai sous les yeux sont peu marqués; ils sont presque noirs et d'une composition intérieure entièrement semblable à celle des myrobalans citrins; mais leur chair est beaucoup plus compacte, beaucoup plus dure, non friable, à cassure luisante et comme résineuse, ordinairement noirâtre, d'une saveur astringente moins désagréable; leur noyau osseux a la même épaisseur, et l'amande la même longueur relative que dans le myrobalan citrin; cette amande m'a paru presque douce: ce qui me fait croire que son amertume légère et celle plus prononcée de la première sont accidentelles.

788. La troisième sorte de Myrobalan, ou le *M. Indien*, est beaucoup plus petit que le chébule et plus petit que le citrin, car sa plus forte grosseur est celle d'une olive; il a la forme d'une poire comme le myrobalan chébule; il est tout-à-fait noir, très-dur, brillant et compacte dans sa cassure; on voit au milieu une ébauche du noyau, et la place de l'amande est vide; sa saveur est astringente et aigrelette : par la ressemblance frappante de ce myrobalan avec le précédent, on voit déjà que ce n'est que le même fruit cueilli bien avant sa maturité, et différant du myrobalan chébule, comme, par exemple, le cerneau diffère de la noix.

789. La quatrième sorte de Myrobalan est le *M. Belliric* qui a la grosseur d'une muscade, plus ou moins. Il est ovale ou presque rond, sphérique ou légèrement pentagone; mais alors même on le distingue des autres myrobalans, en ce que ses angles sont arrondis et que sa surface n'est pas rugueuse; toujours aussi il se termine d'un côté en une pointe très-courte qui se confond avec le péduncule. Il n'est pas luisant, et est, au contraire, d'un gris rougeâtre, mat et cendré; à l'intérieur, sa chair est brunâtre, légère, poreuse et friable. La coque ligneuse qui est dessous est bien moins épaisse que dans les autres myrobalans, et son amande, qui est arrondie ou

pentagone selon la forme du noyau et du fruit, a un goût de noisette assez agréable.

790. La dernière sorte de myrobalan est un fruit bien différent de ceux dont je viens de parler, et qui devrait en être séparé tout-à-fait.

Ce fruit, cependant, peut être toujours considéré comme un drupe. Dans l'état naturel et avant sa maturité, il est entièrement sphérique; mais en mûrissant et en se desséchant, le brou s'applique plus exactement contre les faces du noyau, souvent même se sépare en six lobes, et le fruit devient hexagone. Tel qu'est donc ce fruit desséché, il est gros comme une aveline, presque sphérique, ou hexagone et se séparant en six lobes; il est très-rugueux, d'un noir grisâtre, d'un goût astringent et aigrelet; il me paraît n'être pas dépourvu de toute odeur aromatique; sous le brou se trouve un noyau ou capsule ligneuse hexagone, qui par la maturité se sépare en six valves formant en tout trois loges, dont chacune contient deux petites semences rouges et luisantes.

Tous les Myrobalans viennent de l'Inde en Asie, et surtout du Décan et du Bengale.

791. Voyons maintenant quels sont les arbres qui les fournissent. M. Virey, d'après les *Asiatick Researches*, ouvrage anglais imprimé à Calcutta dans l'Inde, attribue les Myrobalans citrins, chébules et bellirics à deux arbres du genre *Terminalia*, lequel genre appartient à la polygamie monœcie et à la famille des chalefs.

Suivant d'autres botanistes, le Myrobalan chébule est dû à un arbre cultivé au Caire en Égypte, et qui a été décrit par Prosper Alpin. Cet arbre se trouve compris dans le catalogue du Jardin du Roi sous le nom de *Balanites ægyptiaca* qui lui a été donné par M. Delisle; il avait d'abord été rapporté au genre *Ximenia* L., de l'octandrie monogynie, et il a été compris dans la même famille que les orangers; il est probable qu'on a été à même de vérifier l'identité de son fruit avec le myrobalan chébule; mais je dois ajouter que, suivant Valmont de Bomare, le Myrobalan d'Égypte décrit par Prosper Alpin n'est pas le Myrobalan chébule de l'Inde.

Quel que soit l'arbre qui produise le Myrobalan chébule, il y a une chose sur laquelle tout le monde est d'accord; c'est que ce même arbre, ou une variété à peine distincte, doit produire les myrobalans citrin et indien : ce que j'en ai dit suffit pour justifier cette opinion.

792. Gœrtner a nommé l'arbre qui produit le Myrobalan belliric, *Myrobalanus Bellirica*. J'ignore à quelle classe et à quelle famille on le rapporte, mais il appartient sûrement aux mêmes que le précédent, et de plus, les deux genres doivent se toucher : s'il en était autrement j'en conclurais presque que l'une des deux origines est fausse, vu la grande conformité de ces fruits; car, mis à part l'aspect extérieur du myrobalan belliric et le plus grand diamètre intérieur de son noyau, on y voit même pulpe, même substance du noyau, même substance de l'amande.

793. Quant au Myrobalan emblic qui est, comme je l'ai dit, un fruit tout-à-fait différent, son origine est connue depuis long-temps et d'une manière certaine. Il est produit par un petit arbre de la monœcie tétrandrie et de la famille des Euphorbes que Linné avait nommé *Phyllantus Emblica*, mais dont Gœrtner a fait un genre particulier et qu'il a nommé *Emblica officinalis*.

Les myrobalans sont légèrement purgatifs et astringens. On n'emploie que leur pulpe extérieure; cependant il ne faut pas entièrement rejeter les noyaux : on peut les rendre à certaines personnes qui ont le talent de les faire passer pour de petits myrobalans citrins; on le croira difficilement; mais je le dis pour y avoir été pris.

De la baie de Nerprun.

Fructus rhamni cathartici. = Off.

794. Les Baies de Nerprun sont produites par le *Rham-*

nus catharticus, arbrisseau épineux de la pentandrie monogynie, et de la famille des nerpruns ou des frangulacées.

Le nerprun croît à la hauteur d'un petit arbre; son écorce est lisse; ses branches sont garnies d'épines terminales; ses feuilles sont ovées, assez larges et dentelées sur leurs bords; ses fleurs sont petites, verdâtres, dioïques, munies d'un calyce et d'une corolle quadrifides; ses fruits, qui sont des baies, sont gros comme ceux du genèvrier, verts d'abord, noirs lorsqu'ils sont mûrs, et alors remplis d'un suc rouge-violet très-foncé; ce suc devient rouge par les acides, vert par les alcalis, et offre un bon réactif pour reconnaître la plus petite quantité de ces corps à l'état de liberté. C'est en combinant le suc de nerprun avec la chaux que l'on obtient la couleur connue sous le nom de *vert de vessie*.

On récolte les baies de nerprun dans les mois de septembre et octobre; on les choisit grosses, luisantes, et abondantes en suc. On en fait un extrait et un sirop qui sont purgatifs; on ne les fait pas sécher ordinairement.

De la Noisette.

Fructus avellanæ. — Off.

795. *Corylus Avellana* L. Monoécie polyandrie; dicotylédones apétales diclines, famille de amentacées.

Le Noisetier, dit aussi *Coudrier* ou *Avelinier*, est un grand arbrisseau abondant dans les bois et cultivé aussi dans les jardins. Il a quinze ou vingt pieds de haut. Ses feuilles sont ovales-arrondies, dentées, légèrement pubescentes en dessous. Ses fleurs mâles sont disposées en chatons cylindriques et pendans, et composées d'une écaille à trois lobes portant huit étamines. Ses fleurs femelles sont contenues plusieurs ensemble dans un bourgeon sessile, écailleux, d'où sortent des styles d'une belle couleur rouge.

Ces fleurs font place ordinairement à plusieurs fruits groupés ensemble, composés d'une noix ovale, en partie recouverte par le calice persistant et lacinié sur les bords.

Cette noix renferme une amande huileuse d'une saveur douce et très-agréable. On la mange, et on en extrait une huile qui, lorsqu'elle est récente, peut servir aux mêmes usages que l'huile d'amandes douces ; mais elle est peu usitée.

De la Noix.

Fructus juglandis. — Off.

796. La Noix est le fruit du noyer, grand et bel arbre de la monœcie polyandrie et de la famille des térébinthacées. Son nom botanique est *Juglans regia.* Il s'élève fort haut, et étend ses rameaux au large. Ses feuilles sont pinnées, vertes, épaisses, d'une odeur forte et d'une saveur aromatique astringente. Ses fleurs mâles sont en chatons longs, cylindriques et pendans ; ses fleurs femelles ont un calyce et une corolle à quatre divisions, et deux styles. Le fruit parvenu à sa maturité est un drupe composé d'un brou vert, peu succulent, très-astringent, et usité dans la teinture en noir ; d'une coque ligneuse, sillonnée, bivalve, qui varie en grosseur et en dureté, suivant les variétés ; enfin, d'une amande huileuse, à deux lobes d'une forme singulière et d'une saveur douce et agréable.

La noix se sert sur les tables, ou non parfaitement mûre et portant le nom de *Cerneau*, ou mûre et récente, ou sèche. On en retire, par expression à froid, une huile douce très-agréable et usitée comme aliment. Cette huile est aussi très-usitée dans les arts, mais alors on l'exprime à chaud ; elle est siccative.

On prépare en pharmacie une eau distillée qui porte le nom d'*Eau des trois noix*, et qui est faite en trois fois et à trois époques différentes ; savoir : avec les chatons en fleurs, avec les noix nouvellement nouées, et avec les noix presque mûres.

Le bois de noyer, tronc et racine, est très-estimé pour la menuiserie et l'ébénisterie.

De l'Olive.
Fructus oleæ. — Off.

797. L'Olive est le fruit de l'olivier, *Olea europæa* L., arbre toujours vert de la diandrie monogynie, et de la famille des jasminées.

Cet arbre est cultivé dans toute l'Europe méridionale, et dans la Provence et le Languedoc, dont il fait la principale richesse. Il est de moyenne grandeur, noueux et à écorce lisse et cendrée; ses feuilles sont opposées, longues, pointues, épaisses et dures, vertes en dessus, blanchâtres en dessous; ses fleurs sont monopétales, blanches, évasées par le haut, et à quatre divisions. Elles sont portées sur des péduncules très-courts sortant de l'aisselle des feuilles, et disposées par bouquets. Les fruits sont oblongs ou ovales, verts, charnus extérieurement, et renfermant un noyau ligneux qui contient une amande.

Ils diffèrent en grosseur suivant les variétés et les contrées; par exemple, on en cultive d'une variété en Espagne qui sont gros comme des dattes; ceux de Provence ont environ le volume d'un gland. Ces fruits ont cela de particulier qui les distingue de la plupart des autres drupes, c'est qu'ils contiennent une huile fixe dans leur péricarpe aussi bien que dans leur amande; les drupes n'en contiennent ordinairement que dans l'amande; mais cette loi n'est pas aussi absolue qu'on l'avait pensé d'abord.

La saveur des olives récentes est âcre, amère et désagréable; on parvient à l'adoucir, et même à la rendre agréable, en les faisant macérer dans de la saumure: pour cette opération on les cueille un peu avant leur maturité.

798. Le produit le plus important de l'olive est son huile qui tient le premier rang entre toutes, soit comme aliment, soit par ce qu'elle est plus propre que toute autre à la saponification. On l'extrait des olives mûres à l'aide de différens procédés qui influent beaucoup sur sa qualité.

L'huile que l'on obtient par l'expression des olives qui

ont été portées au moulin aussitôt qu'elles ont été cueillies, est douce, verdâtre, et a une saveur franche qui la fait rechercher par les connaisseurs ; on la nomme *huile vierge*. Une des plus estimées est celle d'Aix en Provence.

Le plus souvent on met les olives en tas, et on les laisse fermenter pendant plusieurs jours avant que d'en exprimer l'huile. La fermentation ramollit le parenchyme du fruit et permet d'en retirer une plus grande quantité d'huile. Cette huile qui est jaune, encore douce et d'une saveur agréable, est très-employée pour la table : mais le temps plus ou moins long pendant lequel on a laissé fermenter les olives apporte d'assez grandes différences dans sa qualité ; elle est d'autant meilleure que la fermentation a duré moins long-temps.

On obtient une huile inférieure à la précédente, soit par une seconde expression des olives, la première ayant été ménagée, soit par l'emploi d'olives moins belles. Cette huile sert pour les savonneries. Enfin les tourteaux d'olives n'étant pas entièrement épuisés, on les fait chauffer dans des bassines avec un peu d'eau, et, en les soumettant de nouveau à la presse, on en retire encore une certaine qualité d'une huile désagréable ; on l'emploie dans les savonneries et pour brûler.

L'huile d'olive est souvent falsifiée dans le commerce et surtout dans l'épicerie avec de l'huile de pavots. En traitant des huiles en particulier, comme produits des végétaux, je donnerai les caractères de chacune et les moyens de reconnaître leur mélange.

De la semence d'Orge.

Fructus hordei. — Off.

799. C'est la semence de l'*Hordeum vulgare*, plante qui appartient à la triandrie digynie et à la famille des graminées.

Car. gén. : Calices extérieurs rapprochés trois à trois,

composés chacun de deux balles unilatérales à une fleur; fleurs en épi. — *Car. spéc.* : Tous les fleurons hermaphrodites et munis d'arêtes; ceux de deux rangs sont plus élevés.

Cette plante est cultivée dans toute l'Europe, et surtout dans le nord, parce que cinquante à soixante jours suffisent pour la mûrir. Sa semence est très-farineuse ou amylacée, un peu sucrée, mais ne contient presque pas de gluten, ce qui fait qu'elle se panifie difficilement, à moins qu'elle ne soit mêlée avec du froment ou du seigle. En revanche elle est préférable à ces dernières pour l'extraction de l'amidon, par la raison que son gluten ne s'oppose pas autant à la séparation de ce principe. L'orge sert aussi à faire la bière, boisson vineuse usitée en France, mais presqu'exclusivement employée en Angleterre, en Flandre et dans tous les pays qui ne produisent pas de vin. Je donnerai, à l'article des produits fermentés, quelques détails sur cette fabrication.

L'orge sert également en pharmacie et sous quatre états différens : tantôt on l'emploie *entier*, par exemple, pour faire des gargarismes; tantôt il est privé de sa première pellicule; on le nomme alors *orge mondé* : souvent on l'emploie tout-à-fait écorcé, arrondi et poli au moyen de procédés particuliers, état dans lequel on le nomme *orge perlé*. Habituellement enfin, sa farine est employée simultanément avec celle de graine de lin pour faire les cataplasmes.

C'est en Hollande principalement que l'on perle l'orge; mais on le monde partout à l'aide d'une meule courante qui ne fait que rouler le grain.

La décoction d'orge entier est légèrement âcre, amère et détersive, propriétés que lui communique l'écorce. Celle de l'orge mondé ou de l'orge perlé est seulement adoucissante, rafraîchissante et un peu nourrissante.

De la semence d'Orobe.
Semen orobi. — Off.

800. Semence orbiculaire, plus petite que la vesce, produite par l'*Orobus vernus*, plante de la diadelphie décandrie et de la famille des légumineuses. Sa farine est une des quatre résolutives; mais on emploie très-souvent en sa place celle de l'Ers, *Ervum Ervilia* L.; ou celle de la vesce, *Vicia Sativa* L.

Du fruit ou de la tête de Pavot.
Fructus papaveris. — Off.

801. Le Pavot, *Papaver somniferum* L., appartient à la polyandrie monogynie et à la famille des papaveracées. (Voir ses caractères génériques et spécifiques à l'article *Coquelicot* (699). Il y en a deux variétés : l'une à fleurs rouges, à capsule arrondie et à semences noires; on le nomme *Pavot noir*. L'autre à fleurs blanches, à capsules oblongues et à semences blanches; on le nomme *Pavot blanc*; c'est surtout le fruit de celui-ci que l'on emploie en pharmacie sous le nom de *Têtes de Pavots*.

La mère-patrie du pavot blanc paraît être la Perse et l'Asie Mineure; il y est plus grand, plus vigoureux qu'ailleurs, et son suc y acquiert des propriétés éminemment narcotiques. L'*Opium* du commerce n'est autre chose que le suc de ce pavot obtenu par expression ou décoction, puis épaissi et formé en pains orbiculaires : j'en parlerai à l'article des produits végétaux.

Les têtes de pavots que nous avons à Paris sont cultivées dans les environs, ou viennent du nord : elles se composent d'une capsule ovale, grosse comme un œuf de poule, légère, d'une texture papyracée, surmontée du stigmate étoilé de la fleur qui a persisté, et contenant un très-grand nombre de petites semences blanches, réniformes et huileuses. C'est avec cette capsule que l'on préparait autrefois le sirop de diacode; mais depuis, les médecins ont généralement préféré un autre sirop, fait en ajoutant à du sirop de sucre tout clarifié une dose déterminée d'extrait d'opium, ce qui est infiniment plus certain pour l'effet, et donne un sirop plus facile à conserver; tandis que le premier fermentait toujours en raison de la partie mucilagineuse des têtes de pavots.

Les têtes de pavots sont encore employées en décoction à l'extérieur, et leur extrait est quelquefois ordonné à l'intérieur. Il participe des propriétés de l'opium; mais comme c'est à un degré beaucoup plus faible, il ne faut pas que les pharmaciens se permettent de les substituer l'un à l'autre sans l'autorisation du médecin.

802. C'est ce que M. Boudet a parfaitement démontré dans son examen comparé de l'extrait de pavot de France, de pavot de Naples, et d'opium d'Asie. Son travail acquiert un nouveau prix par son accord parfait avec les découvertes plus récentes faites sur les principes de l'opium. En effet nous savons maintenant que l'opium du commerce doit sa propriété narcotique à un principe alcalin très-peu soluble par lui-même, mais soluble à l'aide d'un acide propre à l'opium, et dont la propriété caractéristique est de rougir fortement les dissolutions de fer. Or, dans les expériences de M. Boudet, les dissolutions alcalines minérales ont produit, dans celle d'opium, un précipité pulvérulent qui devait être formé de ce principe végétal alcalin et vénéneux; et cette même dissolution d'opium a formé, avec le sulfate de fer, un précipité brun, et la liqueur est devenue brune-foncée. La solution d'extrait de pavot de Naples forme bien un précipité par les alcalis; mais déjà ce précipité est mêlé de matières étrangères, et le sulfate de fer n'y a formé qu'un léger précipité, sans que la couleur se soit foncée d'une manière remarquable. Quant à la solution d'extrait de pavot de France, elle n'a rien précipité ni par les alcalis caustiques, ni par leurs carbonates saturés. Le sous-carbonate de potasse n'y a formé qu'un précipité mucilagi-

neux, grisâtre, et le sulfate de fer vert n'y a rien produit (*Bulletin de Pharmacie*, 1810. *p.* 229.).

803. La semence de pavot fournit par expression une huile qui est douce, bonne à manger, et qui ne participe en rien des propriétés narcotiques de la capsule. Cette huile, que l'on connaît dans le commerce sous les noms d'*huile d'œillette* ou d'*huile blanche*, se prépare en grand dans la Flandre, où l'on cultive exprès pour cet usage la variété de pavots à semences noires. Cette huile, comme je l'ai déjà annoncé, est souvent substituée à l'huile d'olive.

De la semence ou fève Péchurim.
Semen pechurim. — Off.

804. Cette semence nous est apportée du Brésil, du Paraguay et de l'île de Maragnon. L'arbre qui la produit est encore inconnu; mais on ne peut douter que ce ne soit une espèce de laurier par la ressemblance qui existe entre son fruit et celui du laurier ordinaire. En effet tous deux sont formés d'une coque dont on n'aperçoit que quelques vestiges sur celui qui nous occupe, et d'une amande intérieure huileuse, aromatique, composée de deux lobes presque semblables.

La semence péchurim est rarement entière dans le commerce, et l'on remarque que celle qui est entière est plus petite, et qu'elle ne paraît pas être parvenue à son entière maturité. Elle est plus ou moins ovoïde et assez semblable à une muscade; le plus souvent les lobes de l'amande sont isolés et entièrement nus; alors ils sont ovales-oblongs, longs de douze à vingt lignes et larges de six à neuf.; ils sont convexes d'un côté, concaves de l'autre, et offrent ordinairement, sur cette face, un sillon longitudinal formé pendant leur dessiccation; ils sont lisses, unis ou légèrement rugueux à l'extérieur, et présentent, du côté intérieur et près d'une des extrémités, une cicatrice qui doit être le vestige du germe; ils sont brunâtres au dehors, d'une couleur de chair et marbrés en dedans ; et cette marbrure analogue à celle de la muscade, mais moins marquée, est due à la même cause, c'est-à-dire à la présence d'une huile butyracée qu'on peut en retirer par l'expression ou l'ébullition. Leur saveur et leur odeur tiennent le milieu entre celles de la muscade et du sassafras ; enfin ce fruit conservé pendant quelque temps dans un bocal de verre, ne tarde pas à en altérer la transparence par la volatilisation d'un principe aromatique qui se fixe contre le verre et y forme une efflorescence blanche ; presque toujours même la surface du fruit offre une quantité plus ou moins grande de petits cristaux blancs dus à la même cause. Ces petits cristaux blancs sont, ou une huile volatile concrète analogue au camphre, ou un acide analogue à l'acide benzoïque ; et je me suis assuré, en effet, qu'ils rougissent la teinture du tournesol.

Il est à regretter qu'une substance aussi abondante en principes actifs ne soit pas plus employée.

Du fruit de Phellandrie aquatique.

Fructus phellandrii aquatici. — Off.

805. La Phellandrie aquatique, *Phellandrium aquaticum* L., appartient à la pentandrie digynie et à la famille des ombellifères.

Elle croît toujours le pied dans l'eau, et s'élève de trois pieds au-dessus de sa surface ; sa tige est grosse, creuse et cannelée comme celle de presque toutes les ombellifères ; ses feuilles ressemblent à celles du cerfeuil, et sont odorantes ; ses fruits sont plus gros que ceux de l'anis, ovales-oblongs, rougeâtres, légèrement striés, composés de deux semences accolées, et d'une odeur très-forte lorsqu'on les pulvérise. On les emploie dans les maladies de poitrine.

Du Pignon doux.
Semen pini pineæ. — Off.

806. Les Pignons doux sont les semences d'une espèce de Pin, nommée à cause de cela *Pin à Pignons; Pinus Pinea* L., et qui appartient à la monœcie monadelphie, et à la famille des conifères. Ces semences se trouvent à la base des écailles qui composent le cône ou fruit du pin. Elles sont oblongues, un peu anguleuses, grosses comme de petits haricots, formées d'une coque jaunâtre osseuse, et d'une amande très-blanche, douce et huileuse. On emploie quelquefois ces amandes pour faire des émulsions, à l'instar des amandes douces.

Du Pignon d'Inde ou Noix des Barbades.
Semen jatrophæ curcæ. — Off.

807. C'est la semence du *Jatropha Curcas* L., petit arbre de la Guyane, de la nouvelle Espagne, de la Jamaïque et de la Barbade. Il appartient à la monœcie monadelphie, et à la famille des euphorbes. Son genre est très-voisin du genre ricin, ce qui explique pourquoi son fruit est presque semblable à celui du ricin ordinaire. Ce fruit entier est une capsule triloculaire, grosse comme une noix, contenant dans chaque loge une semence composée d'une coque mince, sèche et cassante, et d'une amande huileuse. La coque diffère de celle du ricin parce qu'elle n'est pas lisse, luisante et tachetée; et son amande se distingue aussi de celle du ricin, en ce qu'elle est moins blanche et d'une âcreté insupportable. L'huile qu'on en retire par expression est aussi tellement âcre et même caustique, qu'on ne peut l'employer à l'intérieur sans danger.

Les pignons d'Inde sont violemment purgatifs; car un seul suffit pour faire l'effet d'une médecine; tel est aussi l'usage qu'on en a fait quelquefois; mais, comme nous possédons des purgatifs plus sûrs et plus constans dans leurs effets, ils sont très-peu employés actuellement.

Il résulte, de l'analyse faite par MM. Pelletier et Caventou, que les pignons d'Inde contiennent de l'albumine coagulée et non coagulée, de la gomme, du ligneux, une huile, et un acide particulier odorant, volatil et caustique. Les auteurs pensent que c'est à cet acide que l'huile des pignons d'Inde doit ses propriétés. M. Cloquet a proposé de préparer une pommade exutoire avec cette huile (*Journal de Pharmacie*, 1818, *p*. 289).

Du Piment de la Jamaïque.

Fructus myrti pimentæ. — Off.

808. Dit aussi *Amomi*, *Piment des Anglais*, *Piment Tabago*, *Toute-épice*, *Poivre de la Jamaïque*. On a donné ces différens noms aux fruits desséchés avant leur maturité, d'un arbre de l'icosandrie monogynie, et de la famille des myrtes, nommé par Linné *Myrtus Pimenta*. Cet arbre est cultivé avec soin à la Jamaïque et à Tabago, où il forme des promenades agréables par son feuillage qui dure toute l'année. Toutes les parties en sont aromatiques, et sont usitées dans le pays; mais nous n'en recevons que le fruit. Ce fruit récent est une baie disperme: tel que nous l'avons, il est sec, gros comme un pois, presque rond, rugueux, d'un gris rougeâtre, et marqué d'un ombilic à la partie opposée au péduncule. Il est formé d'une coque épaisse, partagée en deux loges, dont chacune renferme une semence noire hémisphérique, d'une saveur grasse, aromatique, bien moins piquante que celle de la coque dans laquelle l'arome réside principalement.

Le piment de la Jamaïque a une odeur très-agréable qui tient du girofle, de la muscade et de la cannelle; de là lui est venu le nom de *toute-épice*. Il donne, à la distillation, une huile pesante, qui jouit des mêmes propriétés que l'huile de girofles. Le piment qui vient de Tabago est moins estimé que celui de la Jamaïque.

Du Piment royal.
Fructus myricæ gale. — Off.

809. *Myrica Gale.* Arbuste d'odeur forte, aromatique, dont les feuilles astringentes peuvent être prises en thé. Les fruits, qui sont de petites baies de la grosseur du poivre, en ont aussi les propriétés. On s'en sert en poudre comme d'un pédiculaire. Ces fruits contiennent une huile végétale solide, que l'on nomme *Cire* ou *Beurre de Galé.* Mais les fruits des ciriers d'Amérique, les *Myrica cerifera* et *Pensylvanica*, en fournissent davantage. Ces arbrisseaux appartiennent à la diœcie tétrandrie de Linné, et à la famille des amentacées.

De la Pistache.
Fructus pistaciæ veræ. — Off.

810. La Pistache est le fruit drupacé du *Pistacia vera* L., arbre de la diœcie pentandrie et de la famille des térébinthacées. Cet arbre, originaire d'Asie, a été apporté en Italie par Lucius Vitellius, père de l'empereur Vitellius, pendant qu'il commandait en Syrie. Les pistaches nous viennent surtout de Sicile; elles sont grosses comme des olives, et composées : 1°. d'un brou tendre, peu épais, ordinairement humide, rougeâtre, très-rugueux, légèrement aromatique; 2°. d'une coque ligneuse, blanche, qui se divise facilement en deux valves; 3°. d'une amande anguleuse, recouverte d'une pellicule rougeâtre, d'un vert pâle à l'intérieur, et d'un goût doux et agréable. Ces amandes nourrissent beaucoup; elles donnent de l'huile par l'expression, servent à faire des loochs qui sont verdâtres, et sont très-employées par les confiseurs, qui en font des dragées, et par les glaciers, qui en mettent dans leurs crêmes.

De la Pistache de terre.

Semen arachis. — Off.

811. On nomme ainsi la semence d'une plante nommée *Arachis hypogæa*, qui appartient à la diadelphie décandrie et à la famille des légumineuses. Cette plante est remarquable, parce que ses gousses sont munies d'une pointe qui s'enfonce peu à peu en terre dès que la fleur est tombée, de sorte que le fruit ne mûrit que lorsqu'il est tout-à-fait enterré. Les semences que contiennent ces gousses sont huileuses et nourrissantes; on en fabrique du chocolat en Espagne, où la plante a été apportée d'Amérique. Elle commence à être cultivée en France dans le département des Landes.

De la semence de Pivoine.

Voyez *Racine de Pivoine* (316).

Du Poivre noir.

Fructus piperis nigri. — Off.

812. Le poivre noir est une petite baie desséchée produite par le *Piper nigrum* L., plante sarmenteuse de la diandrie trigynie, et de la famille des urticées. Cette plante croît spontanément dans les Indes orientales, mais c'est surtout à Java et à Sumatra qu'elle est cultivée avec le plus de succès. Lorsque les habitans de cette dernière île veulent former une plantation de poivre, ils choisissent, dit-on, l'emplacement d'une vieille forêt, où le détritus des végétaux a rendu la terre très-propre à la culture. Ils détruisent, par le feu, toutes les plantes qui peuvent encore y exister; ensuite ils disposent le terrain, et le divisent par des lignes parallèles qui laissent entre elles un espace de quatre à cinq pieds; ils plantent sur ces lignes, et de distance en distance, des branches d'un arbre susceptible de prendre racine par ce moyen, et de donner un feuillage destiné à ser-

vir d'abri à la jeune plantation. Cela fait, ils plantent deux pieds de poivre auprès de chaque arbrisseau, et les laissent pousser pendant trois ans; alors ils coupent les tiges à trois pieds du sol, et les recourbent horizontalement, afin de concentrer la force de la sève; c'est ordinairement à dater de cette époque que le poivrier donne du fruit, et il en donne tous les ans pendant un certain nombre d'années. La récolte dure long-temps, car le fruit mettant quatre ou cinq mois à mûrir, et n'arrivant que successivement à maturité, on le cueille au fur et à mesure qu'il y arrive, et même un peu avant, afin de ne pas le laisser tomber spontanément. On le fait sécher étendu sur des toiles, ou sur un sol bien sec; on le monde des impuretés qu'il contient, et on nous l'envoie.

Le poivre noir, tel que nous l'avons, est sphérique et de la grosseur de la vesce; il est recouvert d'une écorce brune, très-ridée, due à la partie succulente de la baie desséchée; on peut facilement retirer cette écorce en la faisant ramollir dans l'eau, et alors on trouve dessous un grain blanchâtre, assez dur, sphérique et uni, recouvert encore d'une pellicule mince qui y adhère fortement, et formé d'une matière qui est comme cornée à la circonférence et farineuse au centre. La saveur de ce grain, ainsi que celle de son écorce est âcre, brûlante et aromatique.

Le poivre fournit, à la distillation, une huile volatile fluide, presque incolore, plus légère que l'eau, et d'une odeur analogue à la sienne propre.

Le poivre noir est généralement usité comme épice dans les cuisines et sur les tables, quoiqu'on préfère le poivre blanc pour ce dernier usage. Mais le poivre noir doit l'emporter pour l'usage médical, comme étant plus actif.

Du Poivre blanc.

Piper album. — Off.

813. Le Poivre blanc vient des mêmes lieux, et est produit

par la même plante que le poivre noir : pour l'obtenir on laisse davantage mûrir le fruit, et on le soumet à une assez longue macération dans l'eau avant de le faire sécher ; au moyen de cela la partie charnue de la baie, qui eût formé la première enveloppe du poivre, s'en détache par la dessiccation et par le frottement entre les mains.

Le poivre blanc est sphérique, blanchâtre et uni ; d'un côté il est marqué d'une petite pointe, et de l'autre d'une cicatrice ronde qui, détruisant souvent la continuité de l'arille, laisse voir à nu la substance cornée de la semence ; cette semence, de même que dans le poivre noir, est cornée à l'extérieur, farineuse et souvent creuse au centre.

Le poivre blanc, comme je l'ai dit, est préféré au noir pour l'usage de la table.

Du Poivre à queue ou Cubèbe.

Fructus piperis cubebæ. — Off.

814. C'est le fruit desséché du *Piper Cubeba* L., arbrisseau du même genre et des mêmes classes que le *Piper nigrum* ; mais il offre dans sa structure d'assez grandes différences avec le poivre noir.

D'abord le poivre à queue est plus gros et il est muni de son pédicelle qui y tient par de fortes nervures. La partie corticale ridée qui était la partie charnue du fruit, paraît avoir été moins épaisse et moins succulente que dans le poivre noir. On trouve immédiatement dessous une coque ligneuse, dure et sphérique, renfermant une semence plus petite que la cavité qui la contient, et encore recouverte d'un épiderme brun. L'intérieur de la semence est plein, blanchâtre et huileux. La saveur de cette amande est forte, pipéracée, amère et aromatique. La coque a peu de propriétés.

Baumé a retiré de douze livres et demie de cubèbes deux onces et un gros d'une huile volatile verdâtre, peu odorante, et d'une consistance onctueuse comme l'huile d'amandes douces.

M. Vauquelin, qui vient d'analyser les cubèbes, en a retiré :

1°. Une huile volatile presque concrète;

2°. Une résine analogue à celle de copahu;

3°. Une petite quantité d'une autre résine colorée;

4°. Une matière gommeuse colorée;

5°. Un principe extractif analogue à celui qui se trouve dans les plantes légumineuses;

6°. Quelques substances salines.

Le produit le plus remarquable de cette analyse, est la résine analogue au baume de copahu, par laquelle se trouve justifié l'emploi que font, depuis quelque temps, les praticiens des cubèbes, dans le traitement de la blennorrhagie (*Journ. Pharm.* VI. 309).

Du Poivre long.

Fructus piperis longi. — Off.

815. Le Poivre long est le fruit non-parfaitement mûr et desséché du *Piper longum* L., même genre, même ordre et même classe que les précédens. Ce fruit, bien différent des autres poivres, est analogue à celui du mûrier; c'est-à-dire, qu'il est composé d'un grand nombre d'ovaires qui ont appartenu à des fleurs distinctes, mais très-serrées, rangées le long d'un axe commun, ovaires qui en se développant se sont soudés de manière à ne former qu'un seul fruit. Tel que nous l'avons, il a la grosseur d'un chaton de bouleau; il est sec, dur, pesant, tuberculeux et d'une couleur grise obscure. Chaque tubercule renferme dans une petite loge une semence rouge ou noirâtre, blanche à l'intérieur, d'une saveur encore plus âcre et plus brûlante que celle du poivre ordinaire. Le fruit entier paraît être moins aromatique.

Le poivre long entre dans la composition de la thériaque et du diascordium.

Du Poivre de Guinée.

Fructus capsici annui. — Off.

816. *Poivre d'Inde*, *Piment*, *Corail des jardins.* C'est le fruit d'une plante de pentandrie monogynie et de la famille des solanées, nommée en botanique *Capsicum annuum*, originaire de l'Amérique, mais maintenant cultivée en France. Ce fruit consiste en une baie sèche, longue et grosse comme le pouce, unie, luisante et d'un beau rouge, d'une saveur âcre et brûlante; il est divisé intérieurement en deux ou trois loges qui renferment beaucoup de semences plates, réniformes.

Ce fruit sert d'assaisonnement, étant confit dans le vinaigre. Les vinaigriers s'en servent également pour donner de la force au vinaigre.

Du Pruneau noir.

Fructus pruni domesticæ. — Off.

817. Le Pruneau noir est le fruit desséché du *Prunus domestica*, arbre indigène de l'icosandrie monogynie et de la famille des rosacées. Ses caractères génériques sont un calice quinquefide; une corolle à cinq pétales; vingt étamines ou plus; un style; un drupe; une noix lisse à sutures proéminentes. — *Car. spéc. :* Péduncules sous-solitaires; feuilles lancéolées-ovées, roulées en dedans; rameaux nus.

Il existe un grand nombre de variétés du prunier domestique; la prune que l'on emploie pour préparer les pruneaux noirs est celle nommée *prune de damas;* on la cueille avant sa maturité, et on la fait sécher alternativement au four ou au soleil; on en prépare beaucoup à Tours et à Bordeaux.

Les pruneaux noirs entrent souvent comme laxatifs dans les médecines que l'on donne aux enfans; leur pulpe entre dans l'électuaire lénitif et le diaprun solutif.

De la semence de Psyllium.
Semen psylhi. — Off.

818. Cette semence est produite par le *Plantago Psyllium* L., plante de la tétrandrie monogynie et de la famille des plantaginées.

Car. gén. : Calice court quadrifide; corolle infundibuliforme quadrifide; limbe réfléchi; 4 étamines très-longues; 1 style; 1 stigmate; capsule biloculaire s'ouvrant circulairement. — *Car. spéc.* : Tige rameuse, herbacée; feuilles sous-dentées, recourbées en dehors; sommités florales sans feuilles. Cette plante s'élève à un pied environ; ses fleurs sont disposées en épis courts; ses fruits sont des petites coques membraneuses, qui contiennent des semences menues, oblongues, noirâtres, lisses, douces au toucher, enfin ayant quelque ressemblance avec les puces, ce qui a valu à la plante le nom d'*herbe aux puces*. Ces semences sont mucilagineuses : on s'en sert dans les maladies de poitrine.

Du Raisin.
Uva, æ. — Off.

819. Le raisin est le fruit de la vigne, *Vitis vinifera* L., arbrisseau sarmenteux originaire de l'Asie, mais cultivé de temps immémorial dans le midi de l'Europe, et formant depuis long-temps une des principales richesses de la France. Cet arbrisseau appartient à la pentandrie monogynie et à la famille des vignes. Ses caractères génériques sont d'avoir un calice très-petit, une corolle à cinq pétales caducs, rapprochés en voûte et s'ouvrant de la base au sommet; pas de style; un stigmate; une baie polysperme. Son caractère spécifique est d'avoir les feuilles lobées, sinuées, nues; de plus, le port en est très-facile à reconnaître : la tige est noueuse, tortueuse et recouverte d'une écorce très-fibreuse et crevassée; il en sort tous les

ans, au printemps, des rameaux ou *sarmens* très-vigoureux, qui bientôt surpasseraient la hauteur des plus grands arbres si on les laissait croître ; mais on a le soin d'arrêter cette force d'ascension en taillant ces rameaux à des époques déterminées par la culture, et cela dans la vue de forcer la sève à se porter vers les bourgeons que l'on suppose devoir donner du fruit. Ces rameaux sont garnis de nœuds d'espace en espace, et de vrilles à l'aide desquelles ils s'attachent aux arbres voisins ou aux supports qu'on leur présente. Les fruits sont des baies pédicellées et disposées en grappe sur un péduncule commun ; ils sont d'abord verts et acerbes, mais ils deviennent acidules et plus ou moins doux et sucrés. Ces fruits sont ronds ou ovales, plus ou moins gros, plus ou moins savoureux, verdâtres, dorés, rouges, pourpres ou presque noirs, selon les pays, les procédés de culture, et les variétés d'espèces qui sont extrêmement nombreuses. Je ne citerai qu'une seule de ces variétés en raison du produit particulier qu'elle donne à la pharmacie; c'est le *verjus*, ainsi nommé, parce que son fruit mûrit difficilement dans nos climats, ou mûrit fort tard; aussi l'emploie-t-on vert, et lorsque ce fruit ayant cessé d'être acerbe, mais n'étant pas encore sucré, a acquis une acidité franche. Le suc qu'on en retire porte également le nom de *verjus*; on en fait un sirop, et on l'emploie comme assaisonnement dans les cuisines.

Tout le monde connaît les usages du raisin et les produits qu'il fournit à la vie domestique, aux arts et à la chimie; il nous donne le vin, le vinaigre, l'alcohol et le tartre, dont je traiterai séparément comme produits des végétaux; en outre on le fait sécher dans beaucoup de pays, soit pour l'usage de la table, soit pour la pharmacie.

820. On distingue trois sortes principales de raisins secs : les *raisins de caisse*, les *raisins de Corinthe* et les *raisins de damas*. Les raisins de caisse viennent de nos départemens méridionaux ; on les trempe avec leurs rafles dans une lessive de soude, et on les fait sécher au soleil

sur des claies ; quand ils sont secs on les renferme dans des caisses plus longues que larges, du poids de neuf à vingt kilogrammes. Ces raisins sont jaunes, et abondans en principe sucré, dont une partie vient souvent s'effleurir à leur surface. On les fait entrer dans les boissons pectorales; ils entrent également dans la composition du sirop d'érysimum et de l'électuaire lénitif.

821. Les *raisins de Corinthe*, ainsi nommés parce qu'ils venaient autrefois des environs de cette ville, sont très-petits, presque noirs, en grains détachés, et séparés de leurs rafles. Ils viennent de Céphalonie et des îles voisines, dans des tonneaux d'un poids considérable. Les Anglais et les Hollandais en consomment une grande quantité; mais nous en employons fort peu en France.

822. Les *raisins de damas* viennent de Syrie, en caisses de sept à trente kilogrammes; ils sont fort gros, aplatis, rougeâtres, demi-transparens, d'une saveur de muscat fort agréable. On les emploie sur les tables.

Du Ravendsara ou Noix de Girofle.
Nux caryophyllata. — Off.

823. On nomme ainsi le fruit du même arbre, qui produit la *cannelle-giroflée*, et on suppose que cet arbre, qui croît à Madagascar, au Brésil, dans la Guianne et dans les Antilles, est le *Myrtus caryophyllata* de Linné, de l'icosandrie monogynie, et de la famille des myrtes. Ce fruit est assez remarquable par sa structure : il est deux fois gros comme une noix de galle, arrondi, muni d'une petite portion de péduncule, et, du côté opposé, d'une petite pointe, qui est un vestige, soit du pistil, soit de la couronne du calice. Il est recouvert d'une écorce peu épaisse, brune-noirâtre et rugueuse au-dehors, grise en dedans, et paraissant avoir été un peu succulente ; ainsi ce fruit peut être considéré comme un drupe. Sous cette écorce, ou brou, qui est très-aromatique, et dont l'odeur

suave est analogue à celle de la cannelle-giroflée, ou à celle du piment jamaïque, on trouve une coque ligneuse, grise, offrant six angles confus, et n'ayant aucune suture apparente; cette coque offre, dans son intérieur, un zeste ligneux semblable à celui de la noix, et qui partage sa cavité en six loges disposées en étoile, mais seulement jusqu'aux deux tiers de la longueur du fruit; de sorte que l'amande, divisée en six lobes par la partie inférieure, est entière par la partie opposée au péduncule, et forme réellement une amande unique; cette amande est jaunâtre, très-chargée d'huile, et d'une saveur tellement âcre, qu'on peut la dire caustique; elle m'a paru moins aromatique que le brou. Ce fruit, qui paraît doué de propriétés très-actives, est peu employé en France.

De la semence de Ricin.

Semen ricini communis. — Off.

824. La semence de ricin est produite par le *Ricinus communis*, plante de la monœcie monadelphie, et de la famille des euphorbiacées.

Cette plante est originaire d'Amérique; mais depuis un certain nombre d'années on la cultive avec succès dans le midi de la France, et même dans nos jardins. Elle est d'un très-bel effet, s'élève à la hauteur de huit à neuf pieds, a des feuilles très-larges, et à huit ou neuf divisions palmées, ce qui lui a fait donner le nom de *Palma christi;* elle est quelquefois dioïque ou polygame; d'autres fois les fleurs mâles et femelles sont sur un même pied, et disposées en épis séparés; mais le plus ordinairement, et tel paraît être l'état naturel de la plante, ces deux sortes de fleurs sont réunies sur un même épi, les fleurs mâles au bas, sous la forme de houppes jaunes dorées, et les fleurs femelles à la partie supérieure, formées en pinceaux d'un rouge foncé; à ces dernières fleurs succèdent des capsules à trois loges et trivalves, hérissées de pointes, et contenant dans chaque loge une semence oblongue-ovale, un peu aplatie, luisante, grise et agréablement tachetée de noir; sous cette robe se trouve une amande blanche, très-huileuse, d'un goût légèrement âcre; on en retire, par expression, une huile jaunâtre ou verdâtre, un peu âcre et très-purgative.

825. On a long-temps prétendu que l'âcreté de cette huile ne résidait pas en elle-même, et qu'elle était due à un principe particulier contenu, soit dans la robe de la graine, soit dans le germe; mais il est facile de se convaincre que la coque est insipide, que le germe n'a pas une saveur beaucoup plus marquée que l'amande, et que l'amande privée de germe, est âcre par elle-même. Cette âcreté, qui est peu de chose en France, est assez grande dans un pays plus chaud, par exemple, en Amérique, pour que l'huile en acquière des propriétés vénéneuses, dont on la prive par l'ébullition avec de l'eau, ce qui volatilise ou détruit le principe âcre. Il est cependant utile en France de détruire aussi ce principe, si l'on veut éviter que l'huile qu'on y prépare cause parfois des coliques; pour cela il suffit d'obtenir cette huile par l'ébullition des ricins dans l'eau, ou de faire bouillir, pendant quelque temps, celle qui a été obtenue par expression; et alors, devenue plus douce, elle ne conserve plus qu'une propriété anthelmintique et purgative, qui la rend précieuse à la médecine.

Presque toute l'huile de ricins, qui se trouve actuellement dans le commerce, est préparée en France, et même à Paris.

Du Riz.

Semen orizæ. — Off.

826. Le Riz est la semence d'une plante de même nom, qui est cultivée dans les quatre parties du monde, et surtout en Égypte, aux Indes, en Italie, dans le Piémont, en Espagne et dans la Caroline. Cette plante se nomme, en

otanique, *Oriza sativa*; elle appartient à l'hexandrie digynie et à la famille des graminées ; elle aime les lieux humides et marécageux, et ajoute encore à leur influence malsaine.

On connaît deux sortes de riz dans le commerce : celui de Caroline et celui de Piémont. Le premier est le plus estimé; il est tout-à-fait blanc, transparent, anguleux, allongé, sans odeur, et a une saveur farineuse franche. Le second est jaunâtre, moins allongé, arrondi, opaque, a une légère odeur qui lui est propre, et une saveur un peu âcre. Tous deux sont fort nourrissans, et donnent du ton aux intestins.

On doit, à M. Braconnot, une excellente analyse du riz, dont voici les résultats :

	Riz de Caroline.		Riz de Piémont.
Eau.	5.00		7.
Amidon.	85.07		83.80
Parenchyme.	4.80		4.80
Matière animalisée.	3.60		3.60
ucre incristallisable.	0.29		0.05
atière gommeuse.	1.71		0.10
uile.	0.13		0.25
hosphate de chaux.	0.40		0.40
uriate de potasse.	0.00		0.00
hosphate de potasse.	0.00		0.00
Acide acétique.	0.00	indices.	0.00
el végétal calcaire.	0.00		0.00
Sel végétal à base de potasse.	0.00		0.00
oufre.	0.00		0.00

(*Ann. Phys. et Chim.* IV. 370).

Du Sebeste.

Fructus sebestena. — Off.

827. C'est le drupe desséché du *Cordia Sebestena* L., arbre d'Asie, de la pentandrie monogynie et de la famille

des borraginées : il est rougeâtre, long d'un demi-pouce et d'une forme oblongue pointue. Il offre ordinairement, à sa surface, des rides larges et profondes dues à la dessiccation de sa pulpe. Il doit entrer dans l'électuaire lénitif; mais, du reste, il est si peu employé, qu'on ne le trouve plus dans le commerce.

Follicule de Séné.

Voyez *Séné* (662).

Du Seseli de Marseille.

Fructus seselios tortuosi — Off.

828. On nomme ainsi le fruit du *Seseli tortuosum* L., plante de la pentandrie digynie et de la famille des ombellifères, croissant dans le midi de la France et surtout aux environs de Marseille. Elle ressemble un peu au fenouil dont elle a été long-temps regardée comme une espèce, sous le nom de *Fenouil tortu*.

Son fruit est composé de deux semences d'un gris blanchâtre, ordinairement séparées l'une de l'autre, semblables à celles des autres ombellifères, plus petites et plus minces que celles de l'anis. Ces semences exhalent, lorsqu'on les pulvérise, une odeur très-forte et désagréable. Elles ont une saveur âcre très-aromatique. Elles entrent dans la thériaque.

Du Staphisaigre.

Semen staphisagriæ. — Off.

829. Le Staphisaigre est la semence d'une espèce de pied d'alouette nommée *Delphinium Staphisagria* L., croissant dans tout le midi de l'Europe, et cultivée en Italie et dans la France méridionale.

Cette plante appartient à la polyandrie trigynie et à la famille des renonculacées; son fruit est une capsule triangulaire qui contient des semences grises, ridées, d'une forme anguleuse irrégulière, et renfermant une amande blanche et huileuse.

L'amande et l'écorce ont une odeur désagréable et une saveur âcre insupportable.

Le Staphisaire est un poison à l'intérieur. On l'emploie à l'extérieur pour faire mourir la vermine; il enivre le poisson à la manière de la coque du levant.

Du Tamarin.

Pulpamen tamarindi indicæ. — Off.

830. Le Tamarin est la pulpe du fruit du *Tamarindus indica* L., grand et bel arbre des Indes, de l'Asie occidentale et de l'Égypte, qui a été transplanté en Amérique.

Cet arbre appartient à la triandrie monogynie et à la famille des légumineuses; il est fort grand et très-haut; son écorce est épaisse, brune et gercée; ses rameaux sont très-étendus; ses feuilles alternes et pennées; ses fleurs roses et disposées en rose; enfin ses fruits sont des gousses solides, longues de quatre pouces, épaisses d'un pouce, inégalement renflées et un peu recourbées; elles contiennent dans leur intérieur trois ou quatre semences rouges, luisantes, anguleuses et comprimées; entourées d'une pulpe brunâtre, rouge ou brune, plus ou moins acide et sucrée selon les variétés; cette pulpe est traversée par trois forts filamens qui se réunissent à la base de la gousse.

C'est cette pulpe qu'on nous envoie séparée de sa gousse, mais contenant encore ses filamens et ses semences, et ayant subi une légère évaporation dans des bassines de cuivre, afin qu'elle puisse mieux se conserver. Elle est ordinairement brune ou rouge, d'une saveur acide-astringente, légèrement sucrée.

Le Tamarin contient des tartrates acidules de potasse et de chaux et, de plus, un grand excès d'acide tartarique; assez souvent il contient du cuivre provenant des bassines où il a été préparé, ce qu'on peut reconnaître en y plongeant une lame de fer qui prend alors une couleur rouge; enfin on le falsifie souvent avec de la pulpe de Pruneaux et de l'acide tartarique. Auparavant on employait à cet effet l'acide sulfurique; mais comme cet acide est facilement reconnaissable par la baryte, je crois qu'on y a renoncé.

Le tamarin est laxatif et anti-putride. Il entre dans la composition des électuaires lénitif et catholicum double.

De la semence Tonka.

Semen tonka. — Off.

831. L'arbre qui produit la semence Tonka croît dans les forêts de la Guyane, et a été décrit par Aublet sous le nom de *Coumarouna odorata*. Il appartient à la diadelphie décandrie et à la famille des légumineuses. Son fruit est composé d'une coque sèche, jaunâtre, fibreuse à l'extérieur, ayant la forme d'une amande couverte de son brou; cette coque renferme une seule semence aplatie, longue de 12 à 20 lignes et ayant à peu près la forme d'un haricot d'espagne qui serait allongé. Cette semence, telle que nous la voyons, est composée d'une enveloppe mince, légère, luisante, d'un brun noirâtre, fortement ridée, et d'une amande à deux lobes, d'une apparence grasse et onctueuse. A l'extrémité, et entre les deux lobes, se trouve un germe volumineux, ayant la forme d'un phallus. Les lobes ont une saveur douce, agréable, huileuse, légèrement aromatique, et une odeur qui est presque identique avec celle du mélilot. Cette odeur me paraît due à une substance que l'on trouve souvent cristallisée entre les deux lobes de l'amande, qui n'est ni de l'acide benzoïque ni du camphre, et qui devra prendre rang parmi les produits immédiats des végétaux. Cette substance est cristallisée en aiguilles carrées ou en prismes courts, terminés par des biseaux et d'une assez grande dureté. Elle est beaucoup plus pesante que l'eau qui ne la dis-

sont pas; est soluble dans l'alcohol; m'a paru peu soluble dans les acides; . . . . dans les alcalis; sa dissolution alcoholique n'altère en rien la teinture de tournesol, ni celle de violette.

(Tout récemment M. Vogel vient d'arriver à des résultats différens. Il regarde la substance cristallisée de la fève tonka comme de l'acide benzoïque. Quoique je n'aie opéré que sur une très-petite quantité de matière, je ne suis pas encore convaincu de m'être trompé. Voir le mémoire de M. Vogel, *Journal de Pharm.* VI. 307.)

La semence tonka n'est pas employée en pharmacie; elle est usitée pour parfumer le tabac, soit qu'on l'y mêle après l'avoir réduite en poudre, soit qu'on se contente de la mettre entière dans le vase qui contient le tabac.

Des grains de Tilly ou de la graine des Moluques.

Grana tiglia. — Off.

832. Les grains de Tilly sont des semences semblables aux ricins, mais plus petites et qui ont des propriétés plus énergiques. Elles sont très-hydragogues et émétiques, ont une saveur brûlante, et leur huile est beaucoup plus âcre que celle des ricins.

L'arbuste qui produit les grains de Tilly se nomme *Croton Tiglium* L., et croît dans les îles Moluques. Son bois est léger et possède des vertus analogues à celles de la semence, mais moindres; on le nomme *Bois purgatif*, *Bois des Moluques* ou *de Pavane*.

De la Vanille.

Fructus vanillæ. — Off.

833. La Vanille est le fruit d'une plante sarmenteuse et grimpante du Mexique, nommée *Vanillier*, et en botanique *Epidendrum Vanilla* L., ou *Vanilla aromatica* Sw.

Cette plante appartient à la gynandrie diandrie et à la

famille des orchidées. Elle est presque parasite ; car, bien que sa racine pousse en terre, sa tige est armée de petites radicules qui s'implantent dans l'écorce des arbres voisins, et qui servent autant à la nourrir qu'à la soutenir, puisqu'elle peut continuer de végéter après avoir été séparée de terre.

Le Vanillier est cultivé avec soin au Mexique. On en distingue trois variétés, dont l'une produit un fruit gros et bien nourri, l'autre un fruit plus grêle et plus long, le troisième un fruit encore plus long et inodore.

On cueille la vanille avant sa parfaite maturité ; on la suspend à l'ombre pour la faire sécher convenablement, et on l'enduit ensuite de deux couches d'huile afin qu'elle ne se dessèche pas davantage, et pour la préserver des insectes : on nous l'envoie alors réunie en petites bottes de sept à huit onces, roulées chacune dans une lame de plomb et renfermées dans de petites caisses.

La vanille est une silique droite, légèrement comprimée, d'un rouge brun, ridée et sillonnée dans le sens de sa longueur, un peu renflée au milieu, rétrécie à ses deux extrémités et recourbée à sa base. Elle est un peu molle, grasse au toucher, souvent recouverte d'une efflorescence blanche, cristalline et aiguillée d'acide *benzoïque*. A l'intérieur elle contient une pulpe liquide, huileuse, noirâtre, et une infinité de petites semences noires, rondes et luisantes. La vanille a une odeur aromatique et balsamique des plus suaves ; sa saveur est grasse, acide et aromatique.

On en distingue trois sortes dans le commerce : la moyenne, la grosse et la petite. C'est la première qui est le plus estimée, lorsqu'elle jouit de toutes les propriétés énoncées ci-dessus. La petite l'est le moins.

La vanille est sujette à une falsification, qui a lieu lorsqu'on a trop laissé mûrir les gousses sur pied ; alors elles s'ouvrent et laissent tomber une liqueur balsamique qui prend de la consistance à l'air, et qui est un vrai baume de vanille. Ce baume est presque inconnu en France. La vanille qui l'a fourni est, comme on peut le penser, de beaucoup inférieure à l'autre, et néanmoins les gens du pays l'y mêlent, après l'avoir remplie de matière étrangère et en avoir collé ou cousu les ouvertures : ce qu'ils font très-adroitement. Il faut donc y regarder attentivement si l'on veut ne pas y être trompé.

La vanille est usitée surtout pour aromatiser le chocolat, les crêmes, les liqueurs, et d'autres compositions analogues.

De la semence de Vesce.
Semen viciœ. — Off.

834. Semence du *Vicia sativa*, plante de la diadelphie décandrie et de la famille des légumineuses.

La vesce est cultivée dans les champs et dans les jardins; sa semence est ronde, noire, lisse et farineuse. C'est sa farine qui est ordinairement substituée à celle d'orobe comme farine résolutive. Sa plus grande consommation est en grains pour la nourriture des pigeons.

De la noix Vomique ou semence du Vomiquier.
Semen strychnos nucis vomicæ. — Off.

835. La noix vomique est la semence d'un arbre des Indes orientales et de l'île de Ceylan, nommé *Strychnos Nux vomica* L., appartenant à la pentandrie monogynie, et à la famille des apocynées.

Le fruit de cet arbre est une sorte de baie globuleuse recouverte d'une écorce lisse, jaune, dure et fragile, et contenant au milieu de la pulpe qu'elle renferme des semences rondes, aplaties comme des boutons, grises et veloutées à l'extérieur; à l'intérieur, ces semences sont cornées, ordinairement blanches et demi-transparentes, quelquefois noires et opaques; elles ont une saveur âcre, très-amère, et sont sans odeur.

La noix vomique est un poison narcotico-âcre très-actif, surtout pour les chiens, les quadrupèdes analogues et les oiseaux : elle agit de même sur l'homme, et cependant on emploie souvent et avec succès son extrait alcoholique, à petites doses, pour combattre la paralysie.

MM. Pelletier et Caventou ont analysé la noix vomique, et y ont trouvé le même principe vénéneux que dans la fève de Saint-Ignace, mais en moindre proportion : un kilogramme de fèves de Saint-Ignace leur ayant donné douze grammes de strychnine pure, la même quantité de noix vomique n'en a fourni que quatre grammes. J'ai indiqué à l'article *fève de Saint-Ignace* les propriétés les plus essentielles de ce principe vénéneux. Les autres principes de la fève de Saint-Ignace paraissent également s'y trouver.

DIVISION VIII. — *Des Cryptogames.*

836. JUSQU'A présent les substances dont je me suis occupé ont pu être rangées sous l'un des sept titres suivans : *Racines*, *Bois*, *Écorces*, *Bourgeons*, *Feuilles*, *Fleurs* et *Fruits*.

Il m'en reste quelques autres à examiner, que je n'ai pu comprendre dans cette division, parce qu'en effet ce ne sont ni des racines, ni des feuilles, ni d'autres parties analogues ; ce sont plutôt des végétaux entiers. Ces substances sont toutes tirées des vrais cryptogames, qui composent la classe actuelle des acotylédones du Jardin du roi. Ce sont l'*agaric blanc*, l'*agaric de chêne*, les différens *lichens* et la *mousse de Corse* ; j'y joindrai le *lycopode* qui paraît être le fruit d'une sorte de mousse.

De l'Agaric blanc ou Bolet du Mélèze.

837. *Boletus laricis* L. Appartenant à la cryptogamie de Linné, et à la famille des champignons de Jussieu.

Ce bolet croît sur le tronc du mélèze dans la Circassie en Asie, dans la Carinthie en Europe, et sur les Alpes du Trentin et du Dauphiné. Il se présente sous la forme d'un cône arrondi, recouvert d'une écorce rude, dure, ligneuse et marquée en dessus de sillons circulaires; sa substance intérieure est blanche, légère et spongieuse. L'agaric blanc varie en bonté suivant le pays d'où il vient; celui d'Asie et de la Carinthie est le plus estimé; celui du Dauphiné, qui est petit, pesant et jaunâtre, est le moins bon.

L'agaric blanc se trouve dans le commerce, privé de son écorce et mondé au vif. On doit le choisir bien blanc, léger, sec, non ligneux, spongieux et pulvérulent, d'une saveur douceâtre devenant bientôt d'une amertume et d'une âcreté considérables; il irrite fortement la gorge lorsqu'on le pulvérise; il est inodore.

L'agaric blanc est un purgatif drastique et hydragogue. M. Braconnot en a fait l'analyse, et en a retiré sur cent parties : soixante-douze parties d'une matière résineuse particulière, deux parties d'un extrait amer, vingt-six parties de matière fongueuse insoluble. La matière résineuse jouit de propriétés bien singulières : elle est blanche, opaque, granuleuse dans sa cassure et peu sapide; elle se fond et brûle comme les résines. Elle est plus soluble à chaud qu'à froid dans l'alcohol, et s'en précipite en tubercules allongés par le refroidissement; elle est insoluble dans l'eau froide, qui cependant la divise avec beaucoup de facilité; une petite quantité d'eau bouillante la dissout et forme un liquide épais, visqueux, filant comme du blanc d'œuf, moussant très-fortement par l'ébullition, coagulable par l'eau froide. L'éther, les huiles fixes et volatiles, les alcalis, la dissolvent; elle rougit la teinture de tournesol; l'acide nitrique paraît avoir peu d'action sur elle. (*Bull. de Pharm.*, 1812. *p.* 304.)

De l'Agaric de Chêne.

838. *Boletus ungulatus* de Bulliard, ou plutôt son *Boletus pseudo-igniarius*, même genre, même classe et même famille que le précédent.

Ce bolet est sans tige, aplati, et recouvert d'une écorce brune, très-dure. L'intérieur est plus ou moins rouge, fibreux et un peu ligneux. Il croît en France sur les vieux troncs de chêne, de hêtre et de tilleul. Pour le préparer tel qu'on le trouve dans le commerce, ou tel qu'on doit l'employer pour la chirurgie, on le prive de son écorce, et on le bat avec un maillet afin de rompre les fibres ligneuses qui le traversent; on le fait sécher, et on le bat de nouveau jusqu'à ce qu'il soit devenu très-souple, doux et moelleux au toucher. On doit choisir celui qui réunit ces qualités au plus haut degré. L'agaric de chêne n'est employé qu'à l'extérieur pour arrêter le sang des vaisseaux rompus; mais il est très-usité dans l'usage domestique sous le nom d'*amadou*; lorsqu'on le destine à cet emploi, on le divise en lames plus minces qu'il ne l'est ordinairement, et on le bat encore davantage; très-souvent aussi on le trempe dans une dissolution de nitrate de potasse ou de poudre à canon pour qu'il prenne feu plus facilement.

D'après l'analyse publiée par M. Braconnot, le bolet faux amadouvier contient, dans l'état récent, au moins les principes suivans : de l'eau, de la fongine, un sucre incristallisable, une matière adipeuse jaune, de l'albumine, de l'acide acétique, un autre acide végétal particulier nommé *acide bolétique* (ayant beaucoup de rapports avec l'acide succinique), de l'acide phosphorique, de la potasse et de la chaux saturant en partie les acides précédens. (*Ann. Chim.*, LXXX. 272.)

Du Champignon comestible.

839. Le champignon comestible est l'*Agaricus campestris* L. Le genre *Agaricus* diffère du genre *Boletus* en ce que dans celui-ci la surface inférieure du chapeau est poreuse ou tubuleuse, tandis qu'elle est lamelleuse dans les agarics. Les caractères spécifiques de l'*Agaricus campestris* sont d'être stipité, d'avoir un chapeau convexe, squammeux,

blanchâtre, à lames roussâtres; voici de plus d'autres caractères généraux auxquels on peut reconnaître un bon champignon. Ce champignon doit être venu dans un lieu découvert et autant que possible par culture; il faut qu'il ait cru promptement, par exemple en un jour ou deux, et qu'il n'ait pas vieilli sur terre; il doit avoir environ la grosseur d'une châtaigne, être presque hémisphérique, blanc en dessus, rougeâtre en dessous, blanc en dedans, charnu, d'une consistance un peu ferme, d'une odeur et d'un goût agréables; il doit avoir le stipe épais, court, plein, blanc, et formant une espèce de collet au-dessous du chapeau.

On doit au contraire rejeter tous les champignons plats ou concaves, colorés de quelque manière que ce soit; tous ceux dont l'odeur est désagréable, qui naissent dans les lieux trop humides, ou trop privés des rayons du soleil; qui ont une apparence muqueuse ou livide.

Puisqu'il n'est pas possible de réussir à dégoûter les hommes des champignons, au moins doit-on leur donner un conseil qui les mette à l'abri du mal: c'est de s'en tenir à la seule espèce que j'ai décrite d'abord, et de rejeter toutes les autres sans exception; car toutes sont plus ou moins vénéneuses, ou sont sujettes à le devenir.

Les meilleurs remèdes à employer dans les cas d'empoisonnement par les champignons sont l'éther et l'émétique: l'éther pour calmer les accidens déjà déclarés, et l'émétique pour évacuer ce qui reste de poison dans le canal alimentaire.

840. La Truffe est une autre plante de la famille des champignons très-usitée sur les tables, et qui ne présente pas les mêmes inconvéniens; seulement elle échauffe beaucoup. C'est le *Lycoperdon Tuber* L., masse informe, sans tige ni racine, et croissant sous terre. Elle est irrégulière, arrondie, tuberculeuse et chagrinée au dehors; charnue et marbrée en dedans, d'une odeur et d'une saveur animalisée. On en fait la recherche dans les mois de septembre et d'octobre, en s'aidant pour cela de cochons qui en sont

très-friands et qui les découvrent. Les truffes viennent surtout d'Italie et de nos départemens méridionaux.

841. M. Vauquelin a soumis le champignon comestible à l'analyse et en a retiré : 1°. de l'adipocire ; 2°. de l'huile ou graisse ; 3°. de l'albumine ; 4°. une matière sucrée ; 5°. de l'osmazone ; 6°. une autre subtance animale insoluble dans l'alcohol ; 7°. de la fongine ou partie fibreuse des champignons ; 8°. de l'acétate de potasse. Il est vraiment remarquable qu'un champignon, dont la structure paraît si simple et si homogène, contienne tant de principes différens ; il l'est encore plus de voir que sur ces huit principes, cinq appartiennent entièrement au règne animal. Cela explique pourquoi les champignons arrivés au terme de leur végétation se pourrissent si facilement et répandent une odeur si fétide ; pourquoi ils sont une nourriture substantielle pour les animaux carnivores, tandis que les herbivores n'en mangent jamais ; la présence de l'albumine explique encore pourquoi ces végétaux prennent en cuisant une consistance et une fermeté qu'ils n'avaient pas auparavant. (*Annales de Chimie*. LXXXV. 5.)

Des Lichens.

842. Les lichens sont des plantes cryptogames d'une consistance sèche, portant deux sortes d'écussons que l'on suppose être les organes sexuels séparés. Linné les a distribués en neuf sections dont il n'a fait qu'un genre, et il a compris ce genre dans l'ordre des algues.

Depuis lui, Ventenat, Achard et d'autres botanistes, ont séparé les lichens des algues pour en faire un ordre particulier, et ils ont augmenté le nombre des sections de Linné dont ils ont fait des genres sous des noms différens. Malheureusement ils ne s'accordent ni sur leurs noms, ni sur leurs distributions, de sorte qu'on sera toujours obligé de citer le nom de Linné, pour désigner au plus grand nombre l'espèce dont on veut parler.

Du Lichen d'Islande.

843. *Lichen islandicus* L. Est le plus usité en médecine : voici son caractère spécifique qui le désigne parfaitement : *Lichen foliacé*, *montant*, *lacinié*, *à bords relevés et ciliés.*

Ce lichen croît très-abondamment en Islande ; on le trouve en Suisse, et en France du côté de Briançon ; il croît sur l'écorce des arbres et même sur la terre ; ses feuilles sont d'un blanc grisâtre, larges, laciniées, coriaces, marquées sur toute leur surface de taches blanches farineuses, et portant à leur extrémité quelques plaques ovales, brunes ; il est sans odeur, et d'une saveur amère analogue à celle du quinquina, mais sans aucun mélange d'astriction. Trempé dans l'eau froide, il s'y gonfle, devient gélatineux, cède à l'eau son principe amer, un peu de mucilage, mais ne s'y dissout pas ; au degré de l'ébullition il s'y dissout presqu'en totalité, et donne une liqueur qui se prend en gelée par le refroidissement.

Le lichen d'Islande fortifie sans échauffer, qualité précieuse dans les affections de poitrine et les dyssenteries ; on l'emploie en tisane ou en gelée, et quelquefois allié au quinquina. Voici les résultats de l'analyse du lichen faite par M. Berzélius, pour 100 parties : sirop 3.6 ; surtartrate de potasse, tartrate de chaux et phosphate de chaux 1.9 ; principe amer 3 ; cire verte 1.6 ; gomme 3.7 ; matière colorante extractive 7 ; fécule 44.6 ; squelette féculacé 36.6. Le principal but de M. Berzélius, en s'occupant de cette analyse, était de trouver un moyen de priver le lichen d'Islande de son amertume, qui, seule, empêche que le peuple n'en fasse sa nourriture habituelle dans les pays pauvres en substances alimentaires ; car on ne parvient que très-imparfaitement à lui ôter cette amertume par la décoction dans l'eau ; et, d'ailleurs, la décoction dissout également la partie nutritive du lichen. Le procédé qui a mieux réussi à M. Berzélius consiste à faire macérer le lichen, une ou deux fois, dans une faible dissolution alcaline; à l'exprimer légèrement, à le laver exactement et à le faire sécher, si l'on n'aime mieux l'employer humide; on peut alors en préparer toutes sortes de mets. (*Annales de Chimie*, XC. 277.)

Autres espèces :

844. La Pulmonaire de chêne, *Lichen pulmonarius* L. Ce lichen, assez semblable au premier, croît surtout au pied des vieux chênes; il est rude, foliacé, lacinié, marqué de taches en dessus, et laineux en dessous. Il ne faut pas le confondre avec une autre plante nommée seulement *Pulmonaire*, *Pulmonaria officinalis* L., laquelle appartient à la famille des borraginées (644).

845. Le Lichen pixidé, *Lichen pixidatus* et *Lichen cocciferus* L. Ces deux espèces ne diffèrent guère entre elles qu'en cela seulement, que le *Lichen cocciferus* est ordinairement moins denté par son bord supérieur, et que ses tubercules sont d'un rouge vif; tandis que le *Lichen pixidatus* est profondément denté, et porte des tubercules bruns. Du reste, tous deux sont formés d'une sorte de stipe cylindrique qui va en s'élargissant par le haut, et qui est terminé par une cavité ou coupe hémisphérique, ce qui lui donne à peu près la forme d'un bilboquet; souvent les bords de cette coupe sont surmontés par un bouquet de tubercules arrondis, bruns ou d'une belle couleur rouge. Ce lichen est moins amer, moins gélatineux et plus désagréable que le lichen d'Islande : il est aussi moins usité.

846. La petite plante que l'on nommait autrefois *Usnée du crâne humain*, qui a été si vantée contre l'épilepsie, et que l'on avait, dit-on, la folie de payer jusqu'à mille francs l'once, est le *Lichen saxatilis* de Linné, de la section des lichens imbriqués. Ce qui la rendait si rare, était la condition imposée de n'employer seulement que celle qui croissait sur des crânes humains exposés à l'air. On lui substituait souvent un autre petit lichen de la section des

filamenteux, *Lichen plicatus* de Linné. Tous deux sont entièrement oubliés.

847. Les lichens ne sont pas seulement utiles à la médecine; la teinture en tire aussi, directement ou par l'intermède de différens mordans, des couleurs violettes, bleues, rouges ou brunes. Le plus important de tous les lichens tinctoriaux est l'Orseille, *Lichen Roccella* L., qui produit la pâte colorante nommée également *Orseille*, et sur laquelle j'aurai occasion de revenir.

De la Mousse de Corse ou Helminthochorton.
Fucus helminthochorton. — Off.

848. La mousse de Corse est un mélange de plusieurs petites plantes de la famille des algues, qui croissent sur les rivages de l'île de Corse, qu'on ramasse sur les rochers, et qu'on nous envoie telles qu'on les ramasse, c'est-à-dire, mélangées en outre de beaucoup d'impuretés et de gravier. Les botanistes ont compté, dans la mousse de Corse, jusqu'à vingt-deux espèces d'algues, qui n'ont pu être comprises dans les seuls genres de Linné, ce qui a forcé à en faire de nouveaux. Les principales sont : 1°. le *Fucus helminthochorton*, qui a reçu son nom de la mousse de Corse, et qui en fait la plus grande partie ; 2°. les *Fucus purpureus* et *plumosus* de Linné ; 3°. le *Corallina officinalis* (Zoophytes ?) ; 4°. le *Conferva fasciculata*. Sans entrer dans le détail des caractères de ces différentes plantes, voici ceux de la mousse de Corse considérée dans son ensemble. Elle est composée d'un nombre infini de petites fibres réunies par leur base à des parcelles du gravier sur lequel elles végétaient. Chaque fibre doit être considérée comme une petite tige qui se bifurque en deux rameaux, bifurqués deux fois eux-mêmes, c'est-à-dire, qu'elle est *dichotome*. Ces fibres sont d'un gris rougeâtre sale à l'extérieur, ce qui forme également la couleur de la masse ; mais elles sont blanches en dedans ; elles sont

sèches et assez dures à casser lorsqu'on conserve la mousse de Corse dans un lieu sec; elles deviennent souples et humides lorsqu'on la garde dans un lieu humide : enfin la mousse de Corse a une odeur marine forte et désagréable, et une saveur fortement salée. On doit la choisir légère, et contenant le moins de gravier possible. Elle est estimée comme vermifuge. On l'emploie en poudre, en infusion, en gelée ou en sirop.

On trouve dans le neuvième volume des *Annales de Chimie* une analyse de la mousse de Corse, faite par M. Bouvier, et dont voici les résulats; 1000 parties de cette substance ont fourni : gélatine 602; squelette vegétal 110; sulfate de chaux 112; sel marin 92; carbonate de chaux 75; fer, magnésie, silice, phosphate de chaux, 17: total 1008.

Du Lycopode.

Lycopodium. — Off.

849. Le Lycopode est produit par une petite plante nommée *Lycopodium clavatum*, de la famille des mousses, qui est actuellement cultivée avec soin en France; car autrefois on tirait le lycopode d'Allemagne. Cette mousse a une tige longue, rampante, qui se ramifie prodigieusement en s'étendant toujours davantage sur la terre. Il s'élève d'entre ses ramifications des péduncules longs comme la main, ronds et déliés, portant à leur extrémité deux petits épis cylindriques géminés, qui sont composés d'urnes sessiles à deux valves. C'est dans ces urnes que se trouve contenue la poussière que nous nommons lycopode.

Linné s'est trompé sur ces urnes, de même que sur les organes générateurs d'un grand nombre de mousses; il les avait prises pour des anthères, tandis qu'il paraît démontré aujourd'hui que ce sont les organes femelles de la plante : à ce compte le lycopode serait la graine de la plante, au lieu d'en être la poussière fécondante.

Le lycopode est une poussière d'un jaune tendre, très-fine, très-légère, sans odeur ni saveur, et prenant feu avec la rapidité de la poudre, lorsqu'on la jette à travers la flamme d'une bougie ; de là lui est aussi venu le nom de *soufre végétal*, et l'usage qu'on en fait sur les théâtres pour produire des feux effrayans mais peu dangereux.

Le lycopode est employé en pharmacie pour rouler les pilules, et, par suite, empêcher qu'elles n'adhèrent entre elles; on l'emploie aussi avec succès pour dessécher les écorchures qui surviennent entre les cuisses des enfans.

850. Le lycopode, jeté sur l'eau, reste à sa surface; par l'agitation une partie tombe au fond; par l'action du calorique tout se précipite, et l'eau acquiert une saveur cireuse, et contient une assez grande quantité de mucilage susceptible de se prendre en gelée par la concentration, comme celui du lichen.

L'alcohol pénètre sur-le-champ le lycopode, et la poudre tombe au fond. A l'aide de la chalenr on obtient une teinture légère que l'eau blanchit. La teinture alcoholique rapprochée et précipitée par l'eau, donne ensuite un extrait dans lequel la saveur et la fermentation, à l'aide de la levure, indiquent la présence du sucre. L'éther, versé sur du lycopode, se colore en jaune verdâtre; cette teinture, mêlée d'alcohol et d'eau, laisse précipiter une matière micacée, qui est la cire. Il suit de ces essais que le lycopode, outre la partie insoluble dans les différens menstrues employés, contient de la cire, du sucre, de la fécule analogue à celle du lichen; il est probable qu'il y existe encore quelques autres principes. (M. Cadet, *Bulletin de Pharmacie*, 1811. *p.* 31.)

* — *Excroissances.*

De la Galle de Chêne ou Noix de galle.

Galla tinctoria. — Off.

851. On nomme ainsi une excroissance ronde qui se forme sur les pétioles d'une espèce de chêne, par suite de

la piqûre d'un insecte. L'arbre se nomme *Quercus infectoria*, de la monœcie polyandrie, et de la famille des amentacées. L'insecte est appelé *Diplolepis gallæ tinctoriæ*, de la section des hymenoptères. C'est la femelle qui perce l'écorce du pétiole pour y déposer ses œufs, et bientôt il se forme autour une excroissance causée par l'extravasion des sucs végétaux. Ces œufs, ainsi renfermés, éclosent et passent par toutes leurs métamorphoses, jusqu'à ce qu'ils soient insectes parfaits; alors ceux-ci percent leur prison et s'échappent.

C'est surtout dans l'Asie mineure qu'on trouve ces excroissances, qui sont de la grosseur d'une aveline, et qu'on a pris long-temps pour des fruits. On en distingue plusieurs sortes, dont la meilleure, nommée *Galle noire* ou *Galle verte d'Alep*, est d'une couleur brune ou verte à l'extérieur, et hérissée d'éminences; elle est compacte à l'intérieur, très-pesante et très-astringente; elle doit en partie ses propriétés au soin qu'on a eus de la récolter avant la sortie de l'insecte; car les galles que l'on oublie sur l'arbre, et qu'on ne cueille qu'après, sont blanchâtres, légères, peu astringentes, et se reconnaissent d'ailleurs au petit trou rond dont elles ont été percées par l'insecte. Elles forment, sous le nom de *Galle blanche*, une seconde sorte du commerce, bien moins estimée que la première.

Enfin, une troisième sorte de *Galle de chêne* vient en France, et se reconnaît à ce qu'elle est entièrement sphérique, polie et rougeâtre; elle est estimée à peu près à l'égal de la précédente.

La noix de galle combinée au fer est d'un usage très-fréquent dans la teinture en noir, et son infusion est un réactif très-sensible pour reconnaître la présence du fer dans une liqueur quelconque, par la couleur noire ou violette qu'elle lui communique à l'instant.

On emploie aussi la noix de galle en médecine, comme le plus fort astringent connu du règne végétal.

Bien que plusieurs chimistes se soient occupés de l'analyse de la noix de galle, il est douteux que sa composition soit entièrement connue. Voici cependant les résultats de l'analyse de M. H. Davy : 500 parties de noix de galle lui ont donné 185 parties de matière soluble composée de

Tannin.	130
Acide gallique uni à un peu d'extractif.	31
Mucilage et matière rendue insoluble par l'évaporation.	12
Carbonate de chaux et matière saline.	12

La partie ligneuse incinérée contenait beaucoup de carbonate de chaux. (*Traité de Chimie* de M. Thénard, III.)

DIVISION IX. — *Des produits végétaux.*

852. Je comprends sous ce nom toutes les drogues d'origine végétale que la pharmacie tire du commerce, et qui ont subi une préparation plus ou moins grande avant que d'y être livrées. Je les divise en quatorze sections, qui sont : 1°. les *Fécules*; 2°. les *Pâtes tinctoriales*; 3°. les *Sucs épaissis*, ou *extraits bruts du commerce*; 4°. les *Produits sucrés*; 5°. les *Gommes*; 6°. les *Gommes-résines*; 7°. la *Glu* et le *Caoutchouc*; 8°. les *Résines*; 9°. les *Résines fluides*; 10°. les *Baumes*; 11°. les *Huiles fixes*; 12°. les *Huiles volatiles*; 13°. les *Produits fermentés*; 14°. les *Sels*; 15°. les *Produits brûlés*.

SECTION I. — *Des Fécules.*

De l'Amidon.

Amylum, li. — Off.

853. L'amidon est la fécule extraite des graines céréales; c'est la plus pure de toutes, et celle qui sert de type pour établir les propriétés générales de ce genre de produits végétaux. Il est très-blanc, éclatant, rude au toucher, insoluble dans l'eau froide, soluble dans l'eau bouillante, et y forme une gelée qui, étendue d'eau, ne tarde pas à se décomposer.

Il est insoluble dans l'alcohol et dans l'éther. L'alcohol le précipite de sa dissolution aqueuse. Sa propriété la plus remarquable est celle qu'il a de prendre une belle couleur bleue lorsqu'on le met en contact avec la dissolution alcoholique d'iode : cet effet a même lieu avec les racines, fruits ou autres parties des végétaux qui contiennent de l'amidon.

On peut, pour se procurer de l'amidon dans un laboratoire, prendre de la farine de froment, la délayer dans de l'eau de manière à en faire une pâte solide, et malaxer ensuite cette pâte sous un filet d'eau et au-dessus d'un grand vase recouvert d'un tamis de soie ; de cette manière le gluten, qui est un autre principe de la farine de froment, et qui jouit d'une grande tenacité lorsqu'il est humecté, reste dans la main, tandis que l'amidon, qui est pulvérulent, est entraîné par l'eau et passe avec elle à travers le tamis de soie. On laisse déposer l'eau de lavage, on la décante, on lave le précipité, et on le fait sécher.

Dans les arts on extrait en grand l'amidon des recoupettes et gruaux de blés, des blés gâtés, et surtout de l'orge. Voici à peu près le procédé que l'on suit : on moud l'orge grossièrement, et on en sépare le son ; on le met dans un tonneau avec de l'eau, et on entretient l'air environnant à une température de 15 à 18° ; afin de déterminer la fermentation du mélange. Au bout de quinze ou vingt jours on jette le tout sur un tamis de fer ; l'eau passe avec l'amidon et une certaine quantité de son et de gluten altéré ; on la laisse reposer : l'amidon, qui est le plus dense, se précipite le premier ; le son et le gluten forment au-dessus une bouillie qu'on enlève avec une pelle après avoir décanté l'eau qui la surnage. Cette eau, qui porte le nom d'*eau sure*, est employée en place d'eau pure dans les opérations subséquentes, et alors la fermentation s'y développe beaucoup plus promptement. On délaye l'amidon dans de l'eau pure, et on le fait passer à travers un tamis de soie très-fin ; on le laisse précipiter de nouveau, on décante l'eau, et on le fait sécher le plus promptement possible.

On remarque que la pâte d'amidon se divise toujours, en séchant, en espèces de prismes quadrangulaires, irréguliers, mais semblables entre eux, et qui ont fait donner à l'amidon entier le nom d'*Amidon en aiguilles*.

Le but de la fermentation que l'on fait subir à l'orge est d'en désorganiser le gluten, qui perd alors sa ténacité et ne s'oppose plus à la précipitation isolée de l'amidon. L'amidon sert en pharmacie pour rouler quelques pilules, et pour saupoudrer la table sur laquelle on coule la pâte de guimauve. Depuis quelque temps on l'emploie fréquemment en lavement contre la diarrhée et la dyssenterie; on en obtient, à ce qu'il paraît, beaucoup de succès.

De la fécule d'Arrow-Root.

Fecula arrow-root. — Off.

854. Cette fécule, qui vient de la Jamaïque, est extraite de la racine du *Maranta indica*, lequel appartient à la monandrie monogynie, et à la famille des amomées. Cette plante n'est pas indigène à la Jamaïque; elle y a été apportée des Indes orientales et cultivée d'abord par curiosité, et comme contrepoison des dards empoisonnés des sauvages; aujourd'hui sa fécule est un objet de commerce assez considérable. On l'extrait de la même manière que nous retirons la fécule des pommes-de-terre.

Cette fécule est moins blanche que l'amidon, mais elle est plus fine, plus douce au toucher, et cependant elle froisse toujours les doigts à la manière des fécules; examinée à la loupe, elle paraît formée de grains transparens, nacrés, beaucoup plus éclatans que ceux de l'amidon; elle est insipide: on l'emploie aux mêmes usages que la fécule de pommes-de-terre.

De la fécule de Pommes-de-Terre.
Fecula solani tuberosi. — Off.

855. Cette fécule se prépare en grand pour le commerce, en râpant la racine du *Solanum tuberosum* au-dessus de grands vases pleins d'eau ; on divise la pulpe dans l'eau, et on jette le tout sur un tamis de crin. L'eau passe et entraîne avec elle la fécule ; on la laisse déposer, on la décante, et on lave le précipité jusqu'à ce qu'il soit entièrement blanc.

Cet amidon jouit des mêmes propriétés chimiques que celui des graines céréales ; mais il est en particules moins fines, ce qui empêche qu'il ne serve à tous les usages du premier. Il est plus employé comme aliment.

Du Sagou.
Fecula sagu. — Off.

856. Le Sagou est une fécule qui est sous la forme de petits grains arrondis, blanchâtres ou d'un gris rougeâtre, très-durs, élastiques, demi-transparens, difficiles à broyer sous les dents ou à pulvériser, sans odeur, d'une saveur fade et douceâtre. Il est insoluble dans l'eau froide, se ramollit et se gonfle dans l'eau bouillante, devient transparent et garde sa forme.

Le sagou est préparé aux îles Moluques avec la moelle d'une espèce de palmier que Rumph a nommée *Sagus farinaria.* Cet arbre s'élève à la hauteur de trente pieds, et acquiert souvent une telle grosseur, qu'un homme ne peut pas l'embrasser. Il est bon à abattre lorsque ses feuilles se recouvrent d'une farine blanchâtre, ou lorsqu'en retirant un peu de moelle avec une tarière, cette moelle laisse précipiter de l'amidon par sa division dans l'eau. L'arbre étant abattu, on coupe sa tige par tronçons ; on fend ces tronçons par quartiers, et on en arrache la moelle qui est ensuite écrasée et délayée dans l'eau. Après avoir passé l'eau trouble à travers un tamis, on la laisse reposer; on la décante lorsqu'elle est éclaircie, et on fait sécher la fécule à l'ombre : alors elle est très-blanche et très-fine. Les Moluquois emploient cette fécule à faire du pain et quelques mets agréables et nourrissans. Ce n'est guère que pour l'envoyer à l'extérieur qu'ils lui donnent la forme que nous lui connaissons, et même ils paraissent s'être avisés assez tard de lui faire subir cette préparation; car Rumph n'en fait pas mention, et le sagou n'a été connu en Angleterre qu'en 1729, en France en 1740, en Allemagne en 1744 : Lemery n'en parle pas.

Pour donner au sagou la forme qu'on voit, les Moluquois font passer, à travers une platine perforée, la pâte féculente, en partie desséchée, dont j'ai parlé tout à l'heure; par ce moyen ils la réduisent en petits grains dont ils achèvent la dessiccation, en les agitant continuellement sur des bassines plates, légèrement chauffées. C'est pendant cette légère torréfaction que le sagou prend la couleur rougeâtre sous laquelle il se présente.

Le sagou se mange comme du riz, cuit dans du lait ou dans du bouillon.

Du Tapioka et du pain de Cassave.

Fecula tapioka. — Off.

857. Le pain de cassave n'est pas employé en Europe, mais il sert de nourriture à des peuples entiers de l'Amérique, et par cela seul il mériterait d'être connu, s'il ne présentait pas une autre genre d'intérêt.

La racine dont on le retire est celle du *Jatropha Manihot* L., plante qui a le port des ricins et qui appartient comme eux à la monœcie monadelphie et à la famille des euphorbiacées, mais qui s'en distingue par le nombre de ses étamines, qui n'est que de dix, par sa corolle monopétale, et par sa racine formée de plusieurs tubercules très-gros, charnus et de forme ovale.

Cette racine a cela de remarquable, qu'à côté d'un

aliment sain, qui est sa fécule, elle offre un poison des plus dangereux dans un principe âcre et volatil qui existe dans son suc; mais heureusement que le contact un peu prolongé de l'air et de la chaleur suffisent pour le détruire; voici donc comment on retire de cette racine une nourriture salutaire.

On broie la racine d'abord privée de son écorce, on la met avec de l'eau dans un sac d'écorce de palmier fort long, étroit, et tellement tissu qu'il peut s'allonger et se rétrécir à volonté en éloignant ou en rapprochant ses deux extrémités; on suspend ce sac par sa partie supérieure à une perche posée horizontalement sur deux fourches de bois, et après l'avoir agité pendant quelque temps, on suspend à son extrémité inférieure un vaisseau très-pesant qui, faisant l'office de poids, en exprime le suc et le reçoit en même temps. Lorsque le sac est bien exprimé, on l'expose dans des cheminées, et quand il est sec on en retire le contenu pour le pulvériser. C'est la poudre que l'on obtient ainsi qui est nommée *Farine de Cassave*. C'est un mélange d'amidon, de fibre végétale et d'un peu de matière extractive. Pour en faire du pain on la projette sur un disque de fer chaud, de manière à la recouvrir également : la farine roussit; on en met une seconde couche qui roussit de même, et ainsi de suite jusqu'à ce qu'on ait des galettes d'une certaine épaisseur. On voit facilement que toutes ces préparations ont pour but de détruire complétement le principe vénéneux.

Le suc exprimé du sac de palmier, et reçu dans le vaisseau dont j'ai parlé, étant abandonné au repos, laisse précipiter une fécule blanche qui n'est plus composée que d'amidon, et qui étant bien lavée et séchée, forme le *Tapioka* que nous connaissons. Elle est parfaitement blanche, en grains plus ou moins gros, assez dure et d'une saveur qui se rapproche de celle de la fève; on la nomme aussi dans le commerce *Sagou blanc;* on l'emploie aux mêmes usages que le sagou.

SECTION II. — *Pâtes Tinctoriales.*
Pigmenta. — Off.

De l'Indigo.
Pigmentum indicum. — Off.

858. L'Indigo est une matière colorante que l'on retire des feuilles d'un certain nombre de plantes appartenant presque toutes à un même genre, qui a été nommé à cause de cela *Indigofera*. Les principales espèces qui en fournissent sont : 1°. *l'Indigofera argentea* ou Indigotier sauvage, qui fournit le plus beau, mais en petite quantité; 2°. *l'Indigofera disperma* ou Guatimala; 3°. *l'Indigofera Anil* ou l'Anil; 4°. *l'Indigofera Tinctoria* ou Indigotier français, qui le donne moins beau que les autres espèces, mais en plus grande quantité, ce qui est cause de la préférence qu'on lui accorde pour la culture. Toutes ces plantes appartiennent à la diadelphie décandrie et à la famille des légumineuses. Elles sont indigènes aux Indes et au Mexique d'où elles ont été propagées dans les deux Amériques et dans les îles. Il paraît que la manière d'en retirer l'indigo et celle d'appliquer cette couleur aux tissus, ont été très-anciennement connues dans l'Inde; mais ces procédés ont été ignorés en Europe jusque vers le 16e. siècle, que les Hollandais commencèrent à faire connaître l'importance de l'indigo. Néanmoins, l'usage en fut restreint jusqu'au milieu du siècle suivant. Alors sa supériorité sur tous les autres produits tinctoriaux fut généralement reconnue; on cultiva les indigotiers au Mexique et dans les îles, et avec assez de succès pour faire oublier l'indigo de l'Inde. Enfin, depuis un certain nombre d'années, les Anglais ont fait recouvrer à l'indigo de l'Inde son ancienne réputation, et maintenant ils pourraient à eux seuls en approvisionner toute l'Europe.

859. La plante qui fournit l'indigo est bisannuelle, mais elle est ordinairement épuisée dès la première année.

On la sème tous les ans au mois de mars ; deux mois plus tard on en fait une première récolte, deux mois après une autre, et quelquefois une troisième et une quatrième dans le courant de la même année, selon les pays. Mais la première coupe est la meilleure, et les autres vont en déclinant ; au Mexique et dans les îles on en fait ordinairement trois ; dans l'Amérique méridionale on en fait deux au plus, la première ne pouvant avoir lieu que six mois après l'ensemencement de la terre.

On coupe la plante avec des faucilles et on la dispose par couches dans une très-grande cuve appelée *trempoir* ; on en remplit cette cuve aux trois-quarts, et on charge la plante de poids, pour l'empêcher de surnager l'eau que l'on verse ensuite dessus, de manière à ce qu'elle en soit surpassée d'un pied environ. On laisse fermenter le tout jusqu'à ce qu'on voie se former sur la surface de la liqueur une écume irisée ; alors on soutire l'eau et on la laisse couler dans une autre cuve inférieure nommée *batterie* ; là on l'agite fortement pendant quinze à vingt minutes, à l'aide de quatre ou cinq grandes perches disposées en bascules sur un des côtés de la batterie, et munies à leur extrémité d'une auge sans fond. Lorsque la liqueur, de verdâtre et de trouble qu'elle était d'abord, devient bleue et se caillebotte, on y ajoute une certaine quantité d'eau de chaux, qui facilite beaucoup la précipitation de la matière colorante et qui préserve la liqueur de la putréfaction. On laisse reposer, on décante l'eau, on lave une fois le précipité, on le met égoutter sur des toiles ; après quoi on en remplit de petites caisses carrées en bois munies d'un fond de toile, et on en achève la dessiccation en suspendant ces carrés à l'ombre.

860. L'indigo, considéré sous le rapport du commerce et par ses propriétés physiques, est une substance sèche, d'une couleur bleue foncée, qui varie cependant du bleu au violet et au bleu cuivré. Il est facile à casser, d'une cassure uniforme et très-fine. Une de ses propriétés les plus ca-

ractéristiques est celle de prendre un éclat cuivré par le frottement de l'ongle.

On préfère celui qui prend le plus d'éclat par ce moyen, qui est le plus léger, et d'une belle nuance bleue-violette foncée.

On distingue les sortes d'indigo par le nom des pays qui les fournissent. Ainsi on a l'*Indigo de l'Inde* ou du *Bengale*, l'*Indigo Guatimalo* ou *Indigo Flore*, qui est le plus estimé, l'*Indigo de la Louisiane*, et d'autres encore.

L'indigo flore est le plus léger de tous; il a une belle couleur bleue-violette. L'indigo de l'Inde est celui qui s'en rapproche le plus. L'indigo de la Louisiane est plus compact, plus foncé, et a une cassure cuivreuse; il doit fournir beaucoup à la teinture.

861. Les *Indigofera* ne sont pas les seules plantes qui puissent fournir de l'indigo; le *Nerium tinctorium*, arbre très-commun dans l'Inde, en contient une grande quantité: pour l'en extraire on traite les feuilles à chaud au lieu de les traiter à froid; mais du reste on agit de même.

La *Guède*, *Vouède* ou *Pastel* (*Itatis tinctoria* L. Tétradynamie siliqueuse; famille des crucifères), fournit aussi de l'indigo. Pendant les dernières guerres, la France étant privée de produits coloniaux, on a essayé d'extraire cet indigo, et quelques-uns de ces essais ont eu lieu à la pharmacie centrale des hôpitaux civils. On y a traité le pastel de la manière précédemment exposée, et on a observé les mêmes phénomènes; seulement on a été obligé d'ajouter une plus grande quantité d'eau de chaux pour opérer la précipitation de la matière bleue; il s'en est suivi que la grande quantité de carbonate de chaux formé, jointe à la matière verte de la plante qui s'est précipitée également, ont tellement étendu la couleur bleue, que l'indigo ainsi préparé n'a pu soutenir la concurrence avec celui du commerce; mais on a pu, en traitant cet indigo, alternativement par la potasse qui dissout la matière verte, et par l'acide muriatique qui décompose et dissout le carbonate de chaux, en obtenir de l'indigo très-pur, identique en tout aux meilleurs indigos exotiques ; seulement la quantité en était peu considérable.

862. L'indigo du commerce, considéré chimiquement, ne doit pas être regardé comme un principe immédiat des végétaux. C'est une pâte colorante dont une grande partie à la vérité est formée d'un principe immédiat particulier ; mais qui contient, en outre, une résine rouge, soluble dans l'alcohol, une autre matiére rouge-verdâtre soluble dans l'eau, du carbonate de chaux, de l'alumine, de la silice, et de l'oxide de fer en assez grande quantité. Ce n'est qu'en épuisant l'indigo flore successivement par les différens agens capables de dissoudre ces corps (1), qu'on obtient le principe immédiat pur, dont alors voici les propriétés.

Il a une couleur bleue-violette superbe ; il est inaltérable à l'air ; chauffé dans un vase clos, il se fond et se volatilise, partie décomposé, partie non altéré, sous la forme de belles vapeurs pourpres qui se condensent en aiguilles cuivrées ; chauffé avec le contact de l'air, les mêmes phénomènes se passent, si ce n'est, de plus, qu'une partie brûle et s'enflamme.

L'indigo est tout-à-fait insoluble dans l'eau, l'alcohol et les acides faibles ; il est soluble dans la graisse ; l'acide sulfurique concentré le dissout, mais en l'altérant un peu probablement ; car sa dissolution employée dans la teinture donne aux tissus une couleur très-belle à la vérité, mais fugace, tandis que l'indigo non dissous est une des couleurs les plus solides que l'on connaisse.

L'acide nitrique, même étendu d'eau, a une action très-violente sur l'indigo ; il le dénature totalement, et le change en un principe jaune très-amer.

L'indigo a cela de particulier entre presque tous les principes immédiats des végétaux, qu'il est formé par la combi-

---

(1) Voir l'analyse de l'indigo par M. Chevreul (*Ann. Chim.* LXVI. 3).

naison directe d'un autre principe de couleur verte, soluble dans l'eau et les alcalis, avec l'oxigène qui lui donne la couleur bleue et l'insolubilité dans ses agens. Il a cela de plus particulier encore, qu'on peut, en le mettant en contact avec des corps avides d'oxigène, le faire repasser à l'état de corps vert soluble, et lui rendre de nouveau sa couleur bleue et son insolubilité en le mettant en contact avec des corps oxigénans.

C'est même sur cette propriété de l'indigo qu'est fondée la manière de l'appliquer aux tissus de laine et de coton. On le met d'abord au contact, soit avec des matières végétales qui, par un commencement de fermentation putride, s'emparent de son oxigène, soit avec des sels métalliques au *minimum*, ou avec des hydrosulfurés que l'on accompagne d'alcalis; de sorte que l'indigo désoxigéné et dissous par ces différens moyens donne un bain de teinture verte; cette couleur passe ensuite au bleu par son exposition à l'air; en dernier lieu on lave le tissu, et on le fait sécher.

Quoique l'indigo ne soit employé en pharmacie que pour colorer quelques onguens, on trouvera sans doute, en raison de son importance commerciale et manufacturière, que je ne me suis pas trop étendu dans ce que j'en ai dit.

De l'Orseille.

Pigmentum roccella. — Off.

863. L'orseille est une pâte colorante que l'on prépare avec une espèce de lichen fort commune dans quelques îles de l'Archipel, aux îles Canaries et aux îles du Cap-Vert. On en trouve aussi le long des côtes de la Mauritanie, en Sicile et à l'île d'Elbe; il se plaît surtout sur les rochers les plus exposés à la mer.

Ce lichen, qui est le *Lichen Roccella* L., est solide, grisâtre, sans feuilles, formé de quelques ramifications très-menues, recourbées et garnies de tubercules blancs, alternes. Pour y développer la couleur rouge de l'orseille, on le met en pâte et on le laisse pourir avec de l'urine; on y ajoute ensuite un alcali (de la soude?) dont l'effet est d'arrêter la putréfaction, et on y mêle de nouvelle urine, si cela est nécessaire pour donner à la masse une consistance convenable. C'est cette pâte qui porte dans le commerce le nom d'orseille. En voici les caractères physiques: elle est d'une consistance solide, d'une couleur rouge-violette très-foncée, d'une odeur forte et désagréable; elle offre à la vue beaucoup de débris presqu'entiers de la plante, et elle est parsemée d'un grand nombre de points blancs paraissant être un sel ammoniacal qui vient s'effleurir à sa surface. Elle communique à l'eau une couleur rouge foncée, et fournit aux tissus des teintes très-vives mais peu durables.

L'orseille la plus estimée vient des îles de l'Afrique, ou du moins est préparée avec le lichen qui en est tiré. On en fabrique en Auvergne avec une autre espèce de lichen qu'on y nomme *Parelle*, et qui est le *Variolaria Orcina* d'Achard (non le *Lichen Parellus* L.); mais cette sorte d'orseille est bien inférieure à celle des Canaries (on peut voir les détails de sa fabrication *Ann. Chim.* LXXXI. 258 *et suiv.*).

Du Rocou.

Pigmentum urucu. — Off.

864. Le Rocou nous est apporté des Antilles, de l'Amérique méridionale et surtout de Cayenne. On le retire du fruit d'un arbuste nommé *Bixa Orellana* L., de la polyandrie monogynie et de la famille des tiliacées.

Ces fruits sont des siliques qui contiennent trente ou quarante graines moins grosses que des pois. Les graines sont recouvertes d'une matière molle, gluante, résineuse, d'une belle couleur vermillon. C'est cette matière qui constitue le rocou. Pour l'obtenir, on détache et on rejette la première enveloppe du fruit. On écrase les graines dans des auges de bois et on les délaye dans l'eau chaude. On jette le tout sur un tamis peu serré. L'eau passe, entraînant avec elle la matière colorante et quelques débris. On la laisse fermenter sur son marc, ce qui atténue et divise davantage la matière colorante; on la décante et on fait sécher la matière à l'ombre. Lorsqu'elle a acquis la consistance d'une pâte solide, on en forme des pains de trois à quatre livres que l'on enveloppe dans des feuilles de roseau ou de bananier.

On doit choisir le rocou d'un rouge sanguin intérieurement, d'une saveur astringente, d'une odeur animalisée et d'une consistance molle. Dans le commerce on entretient sa mollesse en le malaxant de temps en temps avec de l'urine, ce qui sert également à aviver sa couleur. Il offre, comme l'orseille, des points blancs et brillans qui sont probablement dus à l'efflorescence d'un sel ammoniacal.

En traitant le rocou par une dissolution alcaline on en retire une couleur jaune-dorée magnifique, que l'on précipite sur la soie non alunée au moyen de l'acide acétique; mais cette couleur, qui, à cause de son éclat, ne peut être remplacée par aucune autre, est malheureusement très-fugace.

On se sert quelquefois du rocou pour colorer le beurre et la cire. On l'a aussi quelquefois employé en médecine comme un purgatif tonique. On a prétendu qu'il était regardé en Amérique comme le contrepoison du suc de manioc. Les sauvages s'en servent encore pour se teindre le corps, surtout lorsqu'ils vont à la guerre.

Du Tournesol en drapeaux.

865. On nomme ainsi de vieux chiffons que l'on a teints avec le suc d'une plante nommée vulgairement *Maurelle* et commune dans les environs de Montpellier. Cette plante est le *Croton tinctorium* L., de la monœcie monadelphie et de la famille des euphorbiacées. On la pile, on en exprime

le suc, et on trempe dans ce suc des chiffons que l'on fait sécher, et que l'on expose ensuite dans des cuves au fond desquelles on a mis de l'urine putréfiée et de la chaux. Au moyen de l'exhalaison ammoniacale qui se dégage de ce mélange, les chiffons ou drapeaux que le suc avait teints en vert deviennent d'un bleu violet. Lorsqu'on veut les avoir plus foncés en couleur, on leur fait subir une seconde immersion dans le suc et une nouvelle exposition à la vapeur de l'urine, et ils sont terminés.

Le tournesol en drapeaux n'est pas d'usage à Paris ; les Hollandais l'achètent en totalité et s'en servent pour différens objets de teinture, comme pour teindre du papier à sucre, des pâtisseries, des vins, et la surface de leurs gros fromages. On assure aussi qu'ils redissolvent la matière colorante de ces drapeaux, la mêlent avec de la potasse et de la chaux, et en préparent du tournesol en pains ; mais ce n'est pas là l'origine de celui que nous avons à Paris.

Du Tournesol en pains.
Pigmentum lacmus. — Off.

866. Le Tournesol en pains se prépare surtout en Auvergne dans les environs de Saint-Flour, et du côté de Lyon, avec plusieurs espèces de lichens au nombre desquels se trouve le *Variolaria Orcina* d'Achard, le même qui y sert à la préparation de l'orseille, mais la manipulation est différente.

On ramasse ces plantes, on les fait sécher, on les pulvérise, et on les mêle dans une auge avec la moitié de leur poids de cendres gravelées, également pulvérisées. On arrose le mélange d'urine humaine de manière à en former une pâte, et on y ajoute de l'urine de temps en temps pour remplacer celle qui s'évapore.

On laisse ce mélange se putréfier pendant quarante jours, durant lesquels il passe peu à peu au pourpre. Alors on le met dans une seconde auge parallèle à la première et on y mêle encore de l'urine ; quelques jours après la pâte devient bleue ; à cette époque, on divise la masse dans des baquets pour ralentir la putréfaction, on y ajoute encore de l'urine et on y incorpore de la chaux. Enfin on ajoute à la pâte, qui prend alors une belle teinte bleue, assez de carbonate de chaux pour lui donner une consistance ferme, et on la divise en petits parallélipipèdes droits que l'on fait sécher dans des greniers bien aérés.

Le tournesol est usité dans les manufactures de papiers peints ; on l'emploie en chimie comme réactif pour reconnaître la présence des acides libres : ces corps en s'emparant de l'alcali qui, dans le tournesol, se trouve combiné à la matière colorante, change celle-ci du bleu au rouge.

SECTION III. — *Des Sucs épaissis.*

Du suc d'Acacia vrai et faux.

Succus acaciæ veræ et nostras. — Off.

867. Le vrai suc d'acacia est fourni par le fruit du *Mimosa nilotica* L. (*Acacia vera* W.), de la polygamie monoecie et de la famille des légumineuses.

C'est le même arbre qui produit la gomme arabique ; il croît particulièrement en Égypte sur les bords du Nil ; son fruit est une gousse longue de cinq à six pouces, aplatie et présentant dans sa longueur de six à dix étranglemens, entre chacun desquels se trouve une semence elliptique, sillonnée de chaque côté. Pour en préparer le suc d'acacia, on le cueille avant sa maturité, on le pile dans un mortier de pierre et on en exprime le suc que l'on fait ensuite épaissir au soleil. Lorsque ce suc a acquis une consistance convenable, on en forme des boules du poids de quatre à huit onces, et on l'enferme dans des morceaux de vessie, où il achève de se dessécher.

868. Le suc d'acacia, suivant les caractères que lui donnent les auteurs et qui sont exacts, car on les retrouve dans un échantillon qui a été rapporté d'Égypte par

M. Boudet oncle, le suc d'acacia, dis-je, est solide, d'une couleur brune tirant sur celle du foie, d'une saveur acide, styptique, un peu douceâtre et mucilagineuse. J'y ajoute ceux-ci. Traité par l'eau froide, il s'y dissout assez promptement, mais donne une dissolution imparfaite, trouble, ayant la couleur et l'apparence d'une décoction de quinquina gris. La liqueur filtrée est rouge, rougit très-fortement le tournesol, forme un précipité bleu-noir très-abondant par le sulfate de fer, forme avec la gélatine un précipité tenace et élastique, précipite fortement l'émétique et l'oxalate d'ammoniaque, précipite également par l'alcohol et les sous-carbonates alcalins. La portion du suc d'acacia insoluble dans l'eau, se dissout dans l'alcohol auquel elle communique une couleur très-foncée, une saveur très-astringente non amère, et la propriété de précipiter en bleu foncé le sulfate de fer. Ces essais indiquent dans le suc d'acacia un acide libre d'une forte acidité, une espèce de tannin analogue à celui de la noix de galle, un sel calcaire très-abondant.

869. Le vrai suc d'acacia est très-rare aujourd'hui dans le commerce, ou, pour mieux dire, il ne s'y trouve plus. On donne à sa place une autre matière nommée *Acacia nostras*, extrait en Allemagne des fruits non murs du premier sauvage (*Prunus spinosa* L.). On exprime le suc de ces fruits, et on lui donne la forme du vrai suc d'acacia. Suivant Lewis il est plus dur, plus pesant, plus brun, plus âcre que ce dernier, presqu'également soluble dans l'eau et dans l'alcohol. Voici les caractères de celui que je possède : il est entièrement sec et dur; d'un brun rouge, d'une saveur de pruneaux. Il est peu soluble dans l'eau et laissé, après avoir été traité par ce liquide bouillant, une matière abondante qui à l'apparence de l'albumine coagulée; il est insoluble dans l'alcohol.

Le suc d'acacia vrai ou faux est à peine employé à présent.

Du suc d'Aloès ou Aloès.
Succus aloës seu aloë. — Off.

870. On appelle ainsi le suc épaissi de plusieurs belles plantes des pays chauds nommées *Aloès*, rangées dans l'Hexandrie monogynie et dans la famille des liliacées.

On distingue depuis très-long-temps trois sortes de suc d'aloès, que l'on désigne sous les noms d'*Aloès succotrin*, d'*Aloès hépatique* et d'*Aloès caballin*.

871. L'aloès succotrin, *Aloë succotrina*. — Off., est en morceaux volumineux d'une couleur brune foncée, ayant une teinte jaune verdâtre; il est brillant, à cassure vitreuse et paraît rouge et transparent dans ses lames minces; sa poudre est d'un beau jaune doré; sa saveur est excessivement amère, et il a une odeur légèrement aromatique qui lui est propre et qui n'est pas désagréable.

Cette sorte d'aloès tire son nom de celui de *Socotora*, île située au-delà de la pointe la plus orientale de l'Afrique, et qui autrefois devait fournir l'aloès le plus estimé; mais aujourd'hui cet aloès nous vient surtout du cap de Bonne-Espérance et de la Jamaïque. On doit choisir le plus sec et le plus transparent.

872. L'Aloès hépatique, *Aloë hepatica*. — Off., est d'une couleur rougeâtre, terne, analogue à celle du foie, d'où lui est venu son nom; il est presque opaque, moins fragile que l'aloès succotrin, a une odeur plus forte et désagréable; sa poudre est d'un jaune rougeâtre sale.

873. L'Aloès caballin, *Aloë caballina*. — Off., est presque noir, tout-à-fait opaque, et contient souvent des impuretés et du sable, qui lui donnent une cassure chargée d'aspérités et une plus grande densité. L'odeur propre de l'aloès y est moins forte que dans l'aloès succotrin, et elle se rapproche davantage de celle de la myrrhe. Son nom lui vient de ce qu'il n'est guère usité que pour les chevaux. L'aloès hépatique doit être employé au même usage.

L'aloès succotrin seul doit servir pour la médecine humaine.

Il paraît qu'on distiguait autrefois une quatrième sorte d'aloès nommée *Aloès lucide*. Ce suc exsudait des feuilles de la plante par des incisions qu'on y faisait ; il se concrétait sur les feuilles mêmes, et avait la forme de petites larmes rouges transparentes ; il n'existe plus dans le commerce et se remplace par de l'aloès succotrin.

874. On a varié pendant long-temps et l'on n'est pas encore d'accord sur l'origine exacte des trois premières sortes d'aloès. Plusieurs auteurs ont attribué exclusivement chaque sorte à une plante différente ; ainsi Linné les croyait fournies par trois variétés de l'*Aloë perfoliata*, qu'il désignait sous les noms particuliers d'*Aloë perfoliata succotrina*, d'*Aloë vera vulgaris* et d'*Aloë guineensis caballina*. Depuis, des voyageurs ont vu préparer l'aloès avec d'autres espèces, telles que les *Aloë elongata*, *spicata* et *linguæformis*. Murray, dans sa quinzième édition de Linné, assure que l'*Aloë spicata* fournit le meilleur suc d'aloès, celui tiré des autres espèces étant d'une qualité inférieure.

Il est évident que ces opinions sont trop exclusives, et que si, par exemple, l'aloès caballin contient du gravier et des débris du végétal, on ne peut pas dire que cela vienne de ce qu'il a été tiré de l'*Aloë guineensis caballina* plutôt que d'une autre variété ou espèce. On concevra bien plutôt la possibilité d'obtenir un aloès plus ou moins pur en employant le suc d'un même végétal plus ou moins dépuré ; et, quant à moi, je suis persuadé que dans chaque pays où l'on prépare l'aloès, on cherche à obtenir de l'aloès succotrin, en employant le suc très-pur de la plante qui s'y trouve exploitée, et que plutôt de perdre le restant de ce suc, on en fait de l'aloès qui prend le nom d'hépatique ou de caballin selon son degré d'impureté. J'ajoute que ce sont probablement les *Aloë perfoliata* et *spicata* qui produisent les meilleures de ces trois sortes d'aloès.

875. Je passe plus particulièrement au mode d'extrac-

on du suc. Suivant Murray, la feuille entière ne participe pas des propriétés de l'extrait que nous avons ; l'intérieur est formé d'une pulpe mucilagineuse inerte, et le suc amer est contenu seulement dans des vaisseaux plus ou moins nombreux qui sont placés parallèlement et en long sous l'épiderme. On voit de là que ce serait une très-mauvaise méthode, pour obtenir le suc amer, de piler entièrement les feuilles. Aussi au Cap de Bonne-Espérance se contente-t-on de les couper par la base et d'en former des tas disposés de manière que les feuilles inférieures servent de rigole pour recevoir et faire écouler le suc qui tombe des feuilles supérieures. A la Jamaïque et à la Barbade on place les feuilles debout et la partie coupée en bas dans des tonneaux qu'on en remplit de cette manière et au fond desquels se rassemble le suc. A la fin cependant on exprime légèrement les feuilles dans les mains, et probablement que le produit moins pur qu'on en retire donne déjà une différence dans la qualité du produit.

Le suc, ainsi obtenu, ne demande pas une évaporation très-longue : la meilleure manière d'y procéder est de le faire évaporer à l'air libre dans des vases de bois peu profonds, et l'aloès qu'on en obtient est de la plus grande beauté ; mais très-souvent on l'évapore sur le feu, jusqu'à ce qu'en en laissant tomber un filet, il se solidifie et se casse. Alors on le laisse en partie refroidir en repos, et on le coule dans les vases qui doivent le contenir pour le commerce.

876. Il paraît qu'une manière plus récente et moins bonne de préparer l'aloès s'est introduite à la Jamaïque. Cette méthode consiste à renfermer les feuilles de l'aloès coupées par morceaux dans de petits paniers ou dans des toiles, et à les plonger pendant dix minutes dans de l'eau bouillante. Au bout de ce temps on les retire et on les remplace par d'autres. On agit de même jusqu'à ce que la liqueur paraisse assez chargée. Alors on la laisse refroidir et reposer ; on la décante et on la fait évaporer.

L'aloès est un purgatif très-échauffant qui ne convient pas à tous les tempéramens. Il entre dans la composition de beaucoup de masses pilulaires, et dans les élixirs de longue-vie, de Garus, et de propriété de Paracelse. On en prépare aussi une teinture simple et un extrait aqueux; mais cet extrait ne diffère en rien de l'aloès succotrin lui-même, qui doit être entièrement soluble dans l'eau chaude; il est également soluble en entier dans l'alcohol. Il diffère, par cette dernière propriété, de l'aloès hépatique, qui laisse, lorsqu'on le traite par ce menstrue, 0.14 d'un résidu insoluble de nature albumineuse. Il est visible que c'est à l'interposition de cette matière que l'aloès hépatique doit son défaut de transparence; la partie dissoute par l'alcohol est semblable à celle de l'aloès succotrin.

877. Les chimistes ne sont pas d'accord sur la nature de l'aloès. Plusieurs, se fondant sur ce que la dissolution aqueuse d'aloès faite à chaud, se trouble et dépose une matière d'apparence résineuse par le refroidissement, le croient composé de deux principes : de *résine* qui se précipite, et d'*extractif* qui reste en dissolution. M. Braconnot, au contraire, regarde l'aloès comme formé (*j'ajoute* presque en totalité) d'une seule substance *résinoïde* analogue à celle du quinquina, de l'absinthe, des centaurées, etc. etc., qui, étant plus soluble dans l'eau à chaud qu'à froid, s'en précipite en partie par le refroidissement. Ce même principe est soluble dans l'éther, et surtout dans l'alcohol, dans les alcalis, etc. Il me semble que M. Braconnot a raison (*Ann. de Chimie*, LXVIII. 20).

Du Cachou.

Cathecu. — Off.

878. Le Cachou est un extrait qui nous vient des deux Indes en Asie, où on l'obtient par macération ou décoction dans l'eau, des fruits verts et du bois du *Mimosa Catechu* L., arbre de la polygamie monœcie, et de la famille des légumineuses.

879. On trouve deux sortes de cachou dans le commerce : la première est en pains du poids de trois à quatre onces, qui ont probablement été arrondis, mais qui, par la dessiccation et le tassement, ont pris un aspect carré. Ce cachou, que je crois être celui que le docteur Duncan dit venir de Bombay, a une cassure terne, ondulée, rougeâtre et souvent marbrée. Il offre, surtout du côté de la surface sur laquelle il a été posé pendant sa dessiccation, un grand nombre de semences qui ressemblent beaucoup à celles du chanvre, et qui ont servi indubitablement à empêcher son adhérence avec le plan qui le supportait; on en aperçoit aussi quelques-unes dans son intérieur. Il est friable sous la dent, se fond entièrement dans la bouche, et y produit une saveur astringente particulière, privée de toute amertume, et bientôt suivie d'un goût sucré très-agréable.

880. La seconde sorte de cachou est en pains ronds très-aplatis, du poids de deux à trois onces, et farcie de semences comme la première; elle est spécifiquement plus pesante, plus dure, moins friable, plus brune, quelquefois noire, et plus rarement marbrée : sa cassure est luisante, sa saveur astringente, amère, et à peine suivie de ce goût si agréable offert par la première sorte; je la regarde comme inférieure par cette raison. Je pense que ce cachou est celui du Bengale, du docteur Duncan.

881. Il y a quelques années que l'on trouvait dans le commerce une autre sorte de cachou en petits pains carrés, à peu près comme le tournesol en pains, mais plus gros et cubiques. Ce cachou contenait une grande quantité d'amidon; c'était un produit frauduleux qui n'a pas tardé à être rejeté.

M. Davy a analysé les deux cachous de Bombay et du Bengale, et en a retiré,

	Cachou de Bombay.	Cachou de Bengale.
Tannin.	109	97

Matière extrative.	68	73
Mucilage.	13	16
Résidu insoluble.	10	14
	200	200

Le cachou est un très-bon stomachique. On l'emploie en extrait, en teinture, en pastilles différemment aromatisées.

Le cachou a long-temps porté le nom de *Terre du Japon*, dénomination doublement fausse, puisque ce n'est pas une terre, et qu'il ne vient pas du Japon. On a cru aussi, pendant long-temps, qu'il était retiré des fruits d'une espèce de palmier, nommé *Areca Catechu* L., lequel se trouve également aux Indes orientales, et dont les Indiens préparent, avec la chaux, une composition qu'ils mâchent continuellement avec le bétel, et qu'ils s'offrent, les uns aux autres, comme nous le tabac; mais cette opinion n'est plus admise aujourd'hui. Je suis loin de croire cependant que le cachou soit préparé uniquement avec les fruits ou le bois du *Mimosa Catechu*; trop d'auteurs se sont accordés sur la proposition contraire. De plus, ce qui me porte à penser que le cachou peut souvent être un extrait provenant de différens végétaux astringens, c'est que je possède un morceau de cachou de Bombay, dans lequel se trouve enclavé un fragment de myrobalan citrin.

Dernièrement M. Virey a fait revivre l'opinion que notre cachou est le *Lycium* de l'Inde des anciens. C'est une question curieuse, comme tout ce qui se rapporte à l'antiquité; difficile à discuter, et que l'on peut, à la rigueur, considérer comme non encore résolue.

Du suc d'Hypociste.

Succus hypocistidis. — Off.

882. Ce suc, qui n'est plus guère employé que pour la thériaque, est fourni par le *Cytinus hypocistis* L., petite

plante parasite de la gynandrie dodécandrie, et de la famille des aristolochiées. Cette plante croît dans le midi de la France, en Espagne, en Italie, en Turquie et dans l'Asie Mineure, sur la racine de différentes espèces de cistes. Pour en obtenir le suc d'hypociste, selon les uns on pile les baies de la plante, selon d'autres la plante entière, et l'on en exprime le suc, que l'on fait épaissir au soleil jusqu'à ce qu'il soit tout-à-fait solide. Suivant d'autres encore, on préparerait cet extrait par macération et décoction dans l'eau, et évaporation de la liqueur au moyen du feu.

Tel que nous le recevons, il est en masses du poids de deux à trois kilogrammes, enveloppées dans des vessies. Il est entièrement noir, un peu mou ou tout-à-fait sec, selon l'état hygrométrique des lieux où on le conserve. Il a une saveur un peu astringente, douce, et offrant de l'analogie avec celle du suc de réglisse ; mais cette propriété lui vient peut-être de la sophistiquerie qu'on lui fait subir dans le commerce, car presque tous les auteurs s'accordent à lui donner une saveur aigrelette et astringente plus marquée ; il doit être également soluble dans l'eau et dans l'alcohol (?) ; il est inodore.

Du Kino.

Kino. — Off.

883. Cette substance a été successivement nommée *Gomme de Gambie*, *Gomme Kino*, *Résine Kino*, et enfin seulement *Kino*, depuis qu'on a reconnu que ce n'était ni une gomme, ni une résine, mais bien un suc desséché analogue au cachou, à l'opium, à l'aloès, etc. Son origine, vraie ou supposée, n'a pas moins varié : d'abord, sur les données d'un voyageur anglais (*Moor*), on a cru le Kino produit par un arbre des bords du fleuve Gambie, en Afrique, comme l'indique également son premier nom ; ensuite on l'a attribué à l'*Eucalyptus resinifera* de la Nouvelle-Hollande, au *Coccoloba uvifera* d'Amérique, à un *Pterocarpus*, et enfin au *Nauclea Gambir* des îles de la

Sonde. Je ne crois pas que cette dernière origine soit mieux prouvée que les autres, et rien ne démontre encore, à ce qu'il me semble, la fausseté de la première.

Quelle que soit son origine, le kino est en masses irrégulières assez considérables, mais qui, étant tout-à-fait sèches et cassantes, se divisent facilement en morceaux plus petits. Il est d'un brun très-foncé, opaque, brillant dans sa cassure, et offrant souvent de petites cavités dans son intérieur. Sa poudre est d'un rouge sale. Il a une saveur très-astringente, un peu amère et ensuite douceâtre. Il teint faiblement la salive. Il ne se fond qu'à une chaleur susceptible de le décomposer, brûle difficilement, et laisse des cendres composées de chaux, de silice, d'alumine et d'oxide de fer. Il est très-peu soluble dans l'eau froide, presque entièrement soluble dans l'eau bouillante, et aux trois quarts soluble dans l'alcohol, auquel il communique une couleur de sang extrêmement foncée. Toutes ces dissolutions précipitent le sulfate de fer, l'émétique et la gélatine. Ce qui reste après qu'on a traité par l'alcohol, n'est ni amer, ni astringent, et se dissout dans l'eau chaude, qui devient d'un rouge foncé. Enfin il reste encore une petite quantité de matière insoluble.

M. Vauquelin, à qui sont dues ces expériences, en a conclu que le kino, abstraction faite de la matière qui ne se dissout que dans l'eau et de celle qui est tout-à-fait insoluble, doit être considéré comme une espèce particulière de tannin (*Ann. de Chimie*, XLVI. pag. 321).

Le kino a beaucoup de ressemblance avec l'extrait de ratanhia du commerce. D'après M. Vogel, on peut les distinguer aux caractères suivans :

Le kino fond très-difficilement au feu, et se carbonise à la flamme d'une bougie sans augmenter de volume. Sa dissolution, obtenue en en faisant macérer un gros pendant vingt-quatre heures dans deux onces d'eau, forme, avec l'acétate de plomb, et après l'addition d'une grande quantité d'eau distillée, un dépôt *gris de cendre*.

Cette même dissolution forme, avec l'émétique, *au bout de quelques minutes*, un précipité considérable d'un jaune blanchâ re.

L'extrait de ratanhia est très-fusible par la chaleur, se ramollit et se boursoufle au-dessus de la flamme d'une bougie; il donne, avec l'eau, une dissolution qui, traitée par l'acétate de plomb, dans les mêmes circonstances que l'autre, forme un dépôt *rougeâtre*; l'émétique ne commence à le troubler qu'*au bout d'une demi-heure* (*Journal de Pharmacie*, 1819, pag. 200).

De l'Opium.

Opium, pii. — Off.

884. L'Opium est un extrait brut qui nous vient de la Turquie, de la Perse et des Indes, et qui est fourni par le pavot, *Papaver somniferum*, plante de la polyandrie monogynie et de la famille des papavéracées. Cette plante, comme on l'a déjà vu, est aussi abondamment cultivée dans toute l'Europe, à cause de sa semence qui fournit, par expression, une huile bonne à manger et très-usitée dans les arts; mais son suc n'y éprouve pas une élaboration suffisante, et l'opium qu'on pourrait en retirer n'égalerait pas en propriétés celui d'Asie (802).

L'opium est connu depuis un grand nombre de siècles. Les anciens en distinguaient de deux sortes : l'un, extrait seulement par incision des capsules du pavot, qu'ils nommaient proprement *Opium*; l'autre, obtenu par expression de la plante pilée, qu'ils appelaient *Méconium*. Depuis, beaucoup d'auteurs, parmi lesquels se trouve Lemery, ont prétendu qu'on ne préparait plus de la première sorte, en raison de la petite quantité qu'on pouvait en obtenir, et que le seul opium que nous ayons est le méconium des anciens. D'autres, en admettant que l'on prépare encore de l'opium par incision, ont avancé que cet opium est entièrement consommé par les riches du pays, et ils ont pensé, comme les premiers, que notre opium n'était que le méconium des anciens. D'autres, enfin, ont admis que cet opium était véritablement extrait par incisions, et que toutes les impuretés qu'il contient habituellement y étaient accidentelles ou introduites par la fraude. Entre ces divers sentimens, on peut croire que voici la vérité : La seule incision des têtes de pavots ne pourrait produire tout l'opium qui se consomme, tant en Europe qu'en Turquie et en Asie; et, d'un autre côté, l'expérience a appris qu'un opium préparé seulement par décoction ou par évaporation du suc exprimé, serait privé de cette odeur propre à l'opium du commerce. Il faut donc admettre que les deux méthodes ont été employées simultanément; et, en examinant ce qu'en disent les voyageurs, voici comme il paraît que se prépare l'opium :

885. On fait, tous les soirs, pendant cinq ou six jours, aux capsules non encore mûres du pavot, quatre ou cinq incisions longitudinales. Le lendemain, au matin, on recueille le suc qui s'en est écoulé, et qui s'est condensé contre les capsules; on le rassemble dans des vases plats, et on le fait sécher au soleil. On pile ensuite, peut-être avec un peu d'eau, la plante qui a fourni ce premier produit. On en extrait le suc, que l'on fait évaporer au feu, et on y ajoute, tout-à-fait à la fin, ce qu'il faut du premier produit, pour lui donner l'odeur et les qualités nécessaires. On divise cet extrait en pains orbiculaires du poids de quatre à seize onces; en entoure ces pains de feuilles de pavots ou d'autres plantes narcotiques, et on achève de les faire sécher au soleil.

886. L'opium arrivé en France, et surtout à Marseille, y est presque toujours refait; on le ramollit, on y introduit des substances étrangères, on le malaxe et on l'entoure de nouveau de feuilles de pavot et de tabac. De plus, comme on a reconnu assez souvent des semences de *Rumex* à la surface du bon opium, on a soin de l'en *farcir* complètement, indépendamment de la grande quantité

qu'on a incorporée dans l'intérieur, et d'un bon caractère on en a fait un fort mauvais.

On doit choisir l'opium en morceaux secs, se cassant sous le marteau; ayant une cassure nette, luisante et très-brune; une odeur forte et vireuse, mais qui ne sente pas le fermenté; une saveur amère, nauséeuse, âcre et persistante; il faut autant que possible ne pas y découvrir d'impuretés. Il doit être bien soluble dans l'eau, doit se ramollir sous les doigts et s'enflammer à l'approche d'une bougie allumée. Il doit fournir à l'eau de huit à dix onces d'extrait.

887. La composition de l'opium est très-compliquée et ne paraît pas encore entièrement connue; du moins en comparant les travaux de MM. Derosne, Seguin, Sertuerner et Robiquet, qui sont les plus marquans sur ce sujet, reste-t-il encore des doutes sur le nombre de ses principes et la nature de quelques-uns.

M. Derosne, ayant épuisé de l'opium par de l'eau froide, a obtenu, par l'évaporation réitérée des liqueurs, une précipitation de *matière cristalline* particulière et de *résine*. L'extrait traité par l'alcohol lui a cédé une *matière extractive brune*, et a laissé un résidu insoluble composé de *sulfate de chaux*, *sulfate de potasse*, *extractif insoluble*, *alumine* et *fer*. Le marc de l'opium, traité par l'alcohol, lui fourni de la matière cristalline, de la *résine* et une *huile vireuse* très-colorée.

Le même marc, épuisé par l'alcohol, n'était plus qu'un composé de débris végétaux et de sable, dont l'eau bouillante et l'acide acéteux, extrayaient cependant encore un peu de fécule, de mucilage et de gluten.

La matière cristalline de l'opium, purifiée par des dissolutions alcoholiques et des cristallisations répétées, est blanche, insipide, inodore, insoluble dans l'eau froide, soluble dans quatre cents parties d'eau bouillante, soluble également dans cent parties d'alcohol froid et dans vingt-quatre parties d'alcohol bouillant qui le laisse cristalliser par refroidissement. Aucune de ses dissolutions n'agit sur le tournesol ni sur la violette.

Un des caractères les plus marquans de cette matière est sa facile dissolution dans les acides, et sa précipitation par les alcalis qui la font reparaître avec toutes ses propriétés.

Elle se fond à la flamme d'une bougie, brûle avec flamme sur les charbons ardens, se décompose dans une cornue en fournissant de l'ammoniaque à la distillation.

M. Derosne a de plus observé qu'en traitant la dissolution aqueuse d'opium par du sous-carbonate de potasse, on obtient un précipité qui, purifié par l'alcohol, offre la plupart des propriétés de la matière cristalline : seulement sa saveur est amère, sa cristallisation moins regulière, sa solubilité plus grande ; ses dissolutions *verdissent le sirop de violettes* ; et cette propriété, que la matière précipitée a conservée malgré toutes ses purifications, montre que M. Derosne a bien obtenu le premier la *Morphine* ; mais ne créant pas l'idée d'un alcali organique végétal, il ne l'a regardée que comme une modification accidentelle de la première matière cristalline : il a constaté la propriété narcotique de cette dernière (*Ann. Chim.* XLV. 257).

888. M. Seguin a de même traité l'opium par l'eau froide, mais il a procédé à l'analyse de la dissolution par l'emploi des réactifs. Il a précipité cette dissolution par les alcalis et surtout par l'ammoniaque, et a déterminé d'une manière très-précise les propriétés du précipité. Ce précipité purifié par des cristallisations réitérées dans l'alcohol, s'est trouvé insoluble dans l'eau froide et dans l'eau chaude, mais soluble à chaud dans l'alcohol, qui en acquit une saveur amère et la propriété de verdir le sirop de violettes. Il était soluble dans les acides d'où les alcalis le précipitaient, sans qu'aucun pût le redissoudre. Enfin, il en a établi les propriétés alcalines d'une manière si complète, qu'on a lieu de s'étonner qu'il n'en ait pas prononcé le mot.

Du reste, M. Seguin a retiré de l'opium huit substances distinctes, savoir :

Dans la dissolution,

1°. De l'acide acétique, environ	2
2°. La substance alcaline(morphine)	4
3°. Un acide nouveau que M. Sertuerner a nommé depuis *acide méconique*	10
4. Une matière insoluble dans l'eau, mais soluble dans l'alcohol, les acides et les alcalis, que M. Seguin nomme *principe amer et insoluble de l'opium*, et qui est probablement la *résine* de M. Derosne. .	12
5°. Une substance soluble dans l'eau et dans l'alcohol, qui ne précipite par aucun réactif, et que M. Seguin nomme *principe amer soluble* de l'opium. . .	20
Dans le marc,	
6°. Une substance huileuse.	20
7°. Une substance amylacée.	10
8°. Débris végétaux.	10
Eau.	10
	100

(*Ann. Chim.* XCII. 225.)

889. M. Sertuerner a obtenu la matière cristalline de la même manière que M. Seguin; mais il a prononcé le mot, *c'est un alcali*; il a nommé cet alcali *morphine*, et en a étudié les combinaisons avec les acides. Il a également reconnu la présence de *l'acide méconique*, et en a obtenu une petite quantité à l'état de pureté.

M. Sertuerner dans ses conclusions, abstraction faite de la résine, de l'huile, de l'amidon et des impuretés, regarde l'opium comme composé, surtout, de méconate de morphine, qui se partage par l'action de l'eau froide en sous-méconate peu soluble et en méconate acide très-soluble, (supposé que ce ne soient pas d'autres acides végétaux qui rougissent le papier de tournesol). L'extractif, autre principe de l'opium, est de même partagé en deux parties, dont l'une qui est libre se dissout dans l'eau ; l'autre partie, sans doute plus oxidée, reste dans le résidu avec le sous-méconate de morphine, et forme, par la digestion avec l'alcohol, du sous-méconate de morphine, et une combinaison de la morphine avec l'extractif presqu'insoluble dans l'eau, mais très-soluble dans les acides.

Dans un appendice M. Sertuerner semble regarder l'extractif d'opium comme un acide et le nomme acide méconique brun. (*Ann. Chim. Phys.* V. 21.)

890. M. Robiquet a substitué la magnésie à l'ammoniaque dans l'extraction de la morphine : n'ayant obtenu que fort peu d'acide méconique par le procédé de M. Sertuerner, il a essayé de le retirer du sel de Derosne que M. Sertuerner regarde comme du méconate de morphine, mais il n'a pu y parvenir, et le sel de Derosne est sorti sans altération des différentes épreuves que M. Robiquet lui a fait subir.

De ces essais et d'autres encore, M. Robiquet conclut que la matière cristalline de Derosne et la morphine sont deux substances différentes, qui existent simultanément dans l'opium.

M. Robiquet a obtenu l'acide méconique par un procédé qui lui est propre. Cet acide purifié par la sublimation est très-soluble dans l'alcohol et dans l'eau, et cristallisable : sa propriété caractéristique est de produire avec les sels de fer au *maximum* d'oxidation une couleur rouge intense. M. Robiquet soupçonne dans l'opium la présence d'un autre acide (*Journ. Pharm.* III. 444).

Du suc de Réglisse.

Succus liquiritiæ. — Off.

891. Le Suc de Réglisse provient de la racine du *Glycyrrhiza glabra*, plante dont j'ai déjà parlé en traitant des racines. On le prépare surtout en Espagne, et en Italie dans la Calabre. Pour cela on fait bouillir plusieurs fois la

ine, on l'exprime fortement, et on fait évaporer la liqueur dans une chaudière de cuivre. Lorsque l'extrait est cuit, on enlève avec des spatules de fer, et on en forme des bâtons ongs de cinq à six pouces et gros d'un pouce environ. L'ex-ait ainsi préparé contient tous les principes solubles de la acine que nous avons énumérés à l'article de cette dernière, es débris de fibres, et des parcelles de cuivre enlevées par e frottement des spatules contre la chaudière. Il paraît aussi qu'on y incorpore de l'amidon ou des substances fa-neuses, afin qu'il se déforme moins ou par fraude. Cette ophistiquerie se fait surtout au passage de l'extrait à ayonne (?), et est cause que le suc de réglisse d'Espagne t ordinairement moins déformé, moins soluble dans eau, et moins estimé que celui de Calabre.

On doit choisir le suc de réglisse sec et cassant; noir, lisse et brillant dans sa cassure; d'une saveur sucrée, lé-èrement âcre; le plus complètement possible soluble dans l'eau et n'ayant aucun goût de brûlé.

On doit toujours le purifier avant de l'employer en pharmacie; on en fait alors plusieurs pâtes pectorales en y ajoutant de la gomme et du sucre, et on l'aromatise souvent avec l'huile d'anis. Il entre dans la thériaque.

SECTION IV. — *Des Produits Sucrés.*

Du Sucre.

Saccharum, i. — Off.

892. Le Sucre est un produit immédiat des végétaux, extrêmement usité comme aliment et comme médicament, et qui est l'objet d'un commerce immense.

Histoire. Le Sucre paraît avoir été connu, à une époque très-reculée, des habitans de l'Inde et de la Chine; mais il est probable qu'il ne le fut en Europe que par les conquêtes d'Alexandre. Le mot *Saccharon* se trouve dans Dioscorides et dans Pline; et cependant, d'après leurs descriptions, on peut croire que le produit qu'ils nommaient ainsi différait un peu du nôtre.

Pendant plusieurs siècles son usage dans l'Occident a été restreint à la médecine; mais néanmoins la consommation s'en augmentait peu à peu; et, après le temps des Croisades, les Vénitiens, qui l'apportèrent de l'Orient et le distribuèrent aux parties septentrionales de l'Europe, en firent un commerce très-lucratif.

Pendant ce temps également, la culture de la canne à sucre, originaire de l'Inde, se rapprochait de l'Europe, comme en Arabie, en Syrie et en Égypte; enfin on la planta en Sicile, en Italie, et même dans la Provence; mais la rigueur de certains hivers dans cette dernière contrée força d'en abandonner la culture. En 1420, Henri, régent de Portugal, fit planter des cannes dans l'île de Madère, qui venait d'être découverte; elle y réussit parfaitement, et passa de là aux Canaries et à l'île de Saint-Thomas.

Enfin, Christophe Colomb ayant découvert le nouveau monde, en 1506, un nommé Pierre d'Arrença porta la canne à Hispaniola, aujourd'hui Saint-Domingue, et elle s'y multiplia avec une si prodigieuse vitesse, qu'en 1518 il y avait déjà dans cette île vingt-huit sucreries, et qu'on a dit que les magnifiques palais de Madrid et de Tolède, bâtis par Charles-Quint, avaient été payés avec le seul produit des droits imposés sur les sucres de l'île Espagnole.

La canne est donc étrangère non-seulement à l'Amérique, mais encore à l'Europe, à l'Afrique et à toute la partie de l'Asie située en deçà du Gange. Quelques historiens ont prétendu qu'elle était naturelle à l'Amérique; mais outre qu'on ne l'y trouve pas à l'état sauvage, elle y est stérile la plupart du temps, et ne s'y reproduit que par boutures.

La canne à sucre est le *Saccharum officinarum* de Linné, de la triandrie digynie et de la famille des graminées. Elle demande un climat très-chaud : plus elle s'avance vers les zônes tempérées, moins elle est sucrée ; et, enfin, passé le quarantième degré, elle ne peut plus servir à l'extraction du sucre.

893. *Divers végétaux qui contiennent du Sucre.* La canne n'est pas le seul végétal qui contienne du sucre, uoiqu'aucun autre ne puisse soutenir la concurrence avec elle pour la quantité. La sève de plusieurs érables en contient, et surtout celle de l'*Acer saccharinum*, arbre ndigène aux vastes forêts de l'Amérique septentrionale. On 'en retire facilement, mais on n'en obtient pas assez pour ournir à l'exportation. La racine de betterave (*Beta vulgaris*) en renferme également, et peut en fournir une certaine quantité au commerce. La tige du maïs, *Zea Mays* L., contient aussi, mais trop mêlé d'un mucilage dont il est très-difficile de le débarrasser.

Enfin tous les fruits, et particulièrement le raisin, enferment du sucre ; mais ce sucre diffère essentiellement e celui de la canne, et ne peut lui être substitué.

894. *Culture de la Canne et extraction du Sucre.* La ulture de la canne à sucre varie suivant les climats et les ontrées. Dans l'Indostan on la plante par boutures vers à fin de mai, lorsque le terrain est réduit à l'état de limon rès-doux par les pluies ou par des arrosemens artificiels ; n la coupe en janvier et février, c'est-à-dire neuf mois rès sa plantation, et avant sa floraison qui diminuerait eaucoup sa richesse en sucre.

En Amérique, où le terrain lui est moins convenable, a canne ne mûrit que douze à vingt mois après sa plantaon. On reconnaît qu'elle est bonne à récolter à la couleur aune qu'elle prend ; alors on la coupe, et on laisse pousser es rejetons qui sont bons à couper au bout d'un an eniron. Lorsque le même plant a poussé ainsi quatre ou inq fois, on le détruit pour le replanter tout-à-fait.

La tige de la canne est un chaume comme celle des utres graminées, et elle présente dans sa hauteur, qui est e neuf à douze pieds ou davantage, quarante ou soixante et même quatre-vingts nœuds. Cette tige n'est pas également sucrée dans toute sa longueur ; le sommet l'est bien moins que le reste, et c'est pour cette raison qu'on le retranche avant la récolte pour servir de bouture. Cette première opération faite, on coupe le reste des cannes très-près de la terre, et on en forme des bottes que l'on porte au moulin.

Ce moulin est composé de trois gros cylindres de fer, élevés verticalement sur un plan horizontal, lequel est entouré d'une rainure destinée à l'écoulement du suc. Ces cylindres sont traversés par un axe de bois, terminé en pivot aux deux extrémités : celui du milieu est mû par une force quelconque, et, au moyen d'engrenages, communique son mouvement en sens contraire aux deux autres. On présente un paquet de cannes entre deux de ces cylindres, dont le mouvement tend à les y faire entrer ; elles y passent, s'écrasent, et le suc en découle. Pour mieux les épuiser, une autre personne placée derrière le moulin les reçoit et les présente de l'autre côté du cylindre du milieu : elles y entrent de nouveau, sont encore écrasées et repassent du premier côté.

La canne ainsi exprimée se nomme *Bagasse* : on la fait sécher et on l'emploie comme combustible.

Le suc exprimé se nomme *Vesou* : on le fait couler au moyen d'une rigole jusque dans deux grands réservoirs placés proche du fourneau ; il s'y dépure un peu ; mais on ne l'y laisse que le temps strictement nécessaire pour cela, car il fermente de suite et le sucre se détruit.

Le fourneau sur lequel s'opère la clarification et l'évaporation du vesou a la forme allongée d'une galère, et porte quatre ou cinq chaudières, dont la plus grande est placée à côté des réservoirs, et la plus petite à l'extrémité où est le foyer. Par cette disposition, c'est cette dernière chaudière qui chauffe le plus, et la première le moins. Toutes ces chaudières sont d'abord remplies d'eau que l'on vide à mesure que le sirop y arrive : leur capacité est calculée de manière que la dernière peut recevoir le produit concentré des deux réservoirs remplis chacun deux fois.

On remplit la première chaudière de vesou, et on l'y mêle avec une petite quantité de lait de chaux, qui donne de la consistance à l'écume qui se forme, et en facilite la séparation; dans cette chaudière le liquide ne s'élève pas à plus de soixante degrés, et ne bout pas par conséquent. Lorsque l'écume est bien rassemblée à la surface, on l'enlève avec une large écumoire, et on fait passer la liqueur dans la seconde chaudière. Le liquide commence à bouillir dans cette chaudière et se clarifie mieux. A un point déterminé de cuisson et clarification, on le fait passer dans la troisième; dans toutes les deux, on ajoute une nouvelle quantité d'eau de chaux, si cela paraît nécessaire pour hâter la clarification.

Lorsque le sirop est parfaitement transparent et cuit comme un sirop ordinaire, on le fait passer dans la dernière chaudière où l'ébullition et l'évaporation sont extrêmement rapides, et dans laquelle on le rapproche jusqu'à ce qu'il puisse cristalliser par le refroidissement.

Les opérations que je viens d'indiquer sont assez généralement suivies dans toute l'Amérique; il n'en est pas de même de celles qui suivent.

895. Dans les possessions anglaises, par exemple, on se contente de faire couler le sirop cuit dans une grande chaudière, isolée du fourneau et nommée *rafraîchissoir*; il s'y refroidit et cristallise en partie; on l'agite pour rendre le grain plus fin et plus uniforme, et on le distribue dans des tonneaux percés, au fond, de quelques trous que l'on tient bouchés avec la queue d'une feuille de palmier.

Lorsque la cristallisation est achevée dans ces tonneaux, on débouche en partie les trous, afin de faire écouler la portion restée liquide, que l'on nomme *Melasse*; on laisse égoutter entièrement le suc solide, et on l'envoie en Europe sous le nom de *Sucre brut*, *Cassonade* ou *Moscouade*.

896. Dans les possessions françaises, on fait de même en partie refroidir et cristalliser le sirop dans un rafraîchissoir; mais ensuite on le distribue dans des formes coniques en terre cuite, renversées sur des pots de même matière. Ces formes sont percées au sommet d'un trou que l'on tient bouché jusqu'à ce que la cristallisation soit achevée; alors on les débouche pour laisser écouler le sirop, et on laisse égoutter les pains pendant un mois; après ce temps on procède au *tertage*.

Cette opération consiste à recouvrir uniformément la surface des pains de sucre avec une couche d'argile détrempée; cette argile cède peu à peu son eau, qui traverse également toute la masse du sucre et en dissout le sirop. On rafraîchit cette terre trois fois en quatre jours; le cinquième on la remplace tout-à-fait par de nouvelle, et on continue ainsi jusqu'à ce qu'on ait fait trois terrages ou neuf rafraîchis: alors le sucre étant, autant que possible, privé de sirop, on le retire des formes, on le renverse sur sa base pour y répandre uniformément l'humidité accumulée au sommet, et on le laisse sécher à l'air pendant six semaines; en dernier lieu, on le met en poudre grossière, et on l'envoie en Europe sous le nom de *Sucre terré* ou de *Cassonade*.

La Cassonade arrivée en France y est en partie employée à l'état brut par les confiseurs et les pharmaciens; mais, pour la table et les opérations délicates, il faut l'amener à un plus grand degré de pureté, et c'est le but du raffineur.

897. Dans les raffineries on se sert d'une grande chaudière placée isolément sur son fourneau en maçonnerie, et de deux autres chaudières plus petites, placées sur un même fourneau, et dont une seule, de même que dans les sucreries, se trouve immédiatement au-dessus du feu.

On met dans la grande chaudière des quantités déterminées de sucre et d'eau de chaux claire, et on chauffe le tout lentement. Lorsque l'écume est formée, on l'enlève très-exactement, et on ajoute à la liqueur du sang de bœuf délayé dans de l'eau ; alors on la chauffe jusqu'à la faire bouillir ; on l'écume et on continue d'y ajouter du sang de bœuf et d'écumer jusqu'à ce que la clarification soit parfaite. On fait passer le sirop clarifié dans la première bassine du second fourneau ; on l'écume et on le cuit encore ; enfin on le passe dans la chaudière où l'on doit en achever la cuite. On agit pour la cristallisation et pour le terrage de la même manière que dans les sucreries.

Lorsqu'on veut avoir du sucre encore plus beau, on lui fait subir de nouveau les mêmes opérations, et alors on l'obtient en pains sonores, très-durs, translucides et d'un blanc parfait.

898. *Extraction du Sucre des autres végétaux.* Le procédé pour extraire le sucre de l'érable est très-simple : on fait au tronc de chaque arbre un trou avec une tarière ; le suc qui en découle est réuni, clarifié, évaporé et soumis à la cristallisation, d'une manière analogue à celle qui est employée pour le suc de canne.

C'est à Margraff que l'on doit la découverte du sucre de betteraves ; mais c'est M. Achard de Berlin, qui le premier est parvenu à l'extraire en grand. On a depuis publié un assez grand nombre de procédés pour arriver à la même fin ; voici en peu de mots comment on peut procéder :

Les betteraves mondées et lavées sont réduites en pulpe à l'aide d'une râpé, et soumises à une forte pression. Le suc qui en découle est à l'instant reçu dans une chaudière où on le chauffe à quatre-vingts degrés environ : alors on y ajoute une certaine quantité de lait de chaux, on chauffe encore quelques instans, et on éteint le feu. La liqueur est ensuite écumée, passée et remise sur le feu avec du charbon animal qui la décolore et lui ôte le goût de chaux qu'elle avait conservé. On la clarifie au sang de bœuf, on la filtre et on la concentre seulement jusqu'à vingt-huit degrés de l'aréomètre, afin d'en séparer une assez grande quantité de sels qui se déposent alors. Le sirop filtré de nouveau est enfin évaporé par portions de cinquante kilogrammes, jusqu'à ce qu'il soit cuit au point convenable pour cristalliser. On le traite, pour le reste, comme le sirop de canne.

899. *Propriétés.* Le sucre est soluble dans la moitié de son poids d'eau froide et dans toute proportion d'eau bouillante; il cristallise facilement, surtout par une évaporation lente dans une étuve; on le nomme alors *Sucre candi.*

Il est insoluble à froid dans l'alcohol pur; mais il s'y dissout à chaud et cristallise par le refroidissement. Il se dissout facilement à froid dans l'eau-de-vie, ce qui offre un moyen de reconnaître lorsqu'il est mêlé de sucre de lait, lequel y est insoluble. Cette fraude était de mode il y a quelques années, et n'a cessé qu'au rétablissement de nos relations avec les colonies.

Le sucre, exposé au feu, se fond, se boursoufle, brunit et exhale une odeur particulière assez agréable. En cet état on le nomme *Caramel.* A une chaleur plus forte il brûle avec une belle flamme blanche.

L'acide sulfurique a sans doute sur le sucre une action analogue à celle qu'il exerce sur les autres matières végétales; mais cette action demande à être étudiée de nouveau, depuis que M. Braconnot a montré qu'elle était en général plus compliquée qu'on ne l'avait cru d'abord (*Ann. de Phys. Chim.*, XII, 172).

L'acide nitrique dissout le sucre, et le change, surtout à l'aide du calorique, en acides malique et oxalique.

Le sucre disparaît entièrement par la fermentation vineuse, et donne pour produits de l'alcohol et de l'acide carbonique.

Les usages du sucre sont trop connus pour qu'il soit nécessaire de les rappeler.

De la Manne.

Manna, æ. — Off.

900. La Manne est un suc concret qui vient de Sicile et

de Calabre, où on la récolte sur une espèce de frêne, nommée *Fraxinus Ornus* L.

Cet arbre appartient à la polygamie diœcie et à la famille des jasminées. On le cultive dans des terrains un peu inclinés, dont l'exposition est au levant. Il ne donne de la manne qu'à l'âge de dix ans environ.

Quoique la manne en découle souvent spontanément, on est dans l'usage d'en augmenter l'exsudation, au moyen d'incisions que l'on commence ordinairement au mois de juillet. On leur donne un pouce de longueur et un demi-pouce de profondeur. On les réitère de jour en jour, toujours du même côté de l'arbre, en remontant jusqu'aux branches, et en laissant entre elles un peu d'intervalle : l'année d'après on les commence d'un autre côté, et ainsi de suite. On continue de faire ces incisions jusqu'au mois de décembre, et on en obtient trois produits qui varient en bonté et en pureté, selon que la saison a été belle ou pluvieuse, et suivant l'époque.

Dans les mois de juillet, d'août, et jusqu'en septembre, la température de l'atmosphère étant très-élevée, le suc se dessèche promptement sur l'écorce même de l'arbre, ou sur de petites pailles qu'on a disposées à cet effet. Il est en larmes blanches, douces, sucrées, plus ou moins sèches et volumineuses : c'est la *manne en larmes* (Manna lacrymata. — Off.)

Pendant les mois de septembre et d'octobre, la saison étant moins chaude et souvent pluvieuse, la manne se dessèche moins vite et moins complètement. Elle coule le long de l'arbre et se salit. Elle contient cependant encore une grande quantité de petites larmes, et en outre des parties molles, noirâtres, agglutinées, formant ce qu'on nomme des *Marrons* : c'est la *manne en sorte* (Manna communis. — Off.).

Enfin, pendant le mois de novembre et le commencement de décembre, la manne coule jusqu'au pied de l'arbre, et s'y rassemble dans une petite fosse qu'on y a pratiquée. Elle contient peu de larmes distinctes, et n'est plus guère qu'une masse molle, gluante, plus ou moins impure ; c'est la *manne grasse* (Manna inferior. — Off.).

Je ne crois pas que la Sicile produise de manne grasse ordinairement, et ses autres sortes sont toujours d'une qualité supérieure à celles de Calabre, c'est-à-dire, qu'elles sont plus sèches et de meilleure garde. La manne en sorte de Sicile se nomme, dans le commerce, *Manne Géracy*.

La manne en sorte de Calabre se nomme *Manne Capacy*. Elle contient de plus belles larmes, et en plus grande quantité que la manne Géracy ; elle paraît aussi plus blanche lorsqu'elle est récente ; mais elle est toujours molle, visqueuse, jaunit, fermente très-facilement, et demande à être employée dans l'année de sa récolte. La manne de Sicile se conserve plus long-temps, mais cependant guère plus de deux ans ; alors elle jaunit également, se ramollit et fermente ; il faut donc aussi la choisir nouvelle.

901. La manne a été analysée par M. Thénard, qui l'a trouvée composée de trois principes : de sucre, d'un principe doux et cristallisable, et d'une matière nauséeuse incristallisable. On n'en peut isoler le sucre qu'en le détruisant par une fermentation ménagée. On obtient le second principe en évaporant le liquide fermenté à siccité, et traitant le résidu par l'alcohol chaud qui le dissout complétement, mais qui laisse cristalliser le principe doux par le refroidissement. L'alcohol évaporé donne le principe incristallisable.

Le sucre existe dans la manne pour un dixième de son poids. Le principe doux cristallisable constitue presque entièrement la manne en larmes, et lui donne toutes ses propriétés. Aussi l'a-t-on nommé *Mannite*. Le principe nauséeux incristallisable abonde dans la manne en sorte, et se trouve encore en plus grande quantité dans la manne grasse. Il me semble probable que ce n'est que de la mannite altérée ; car, sans faire entrer en considération que la manne en sorte et la manne grasse naturelles ne sont que de la manne en larmes altérée, on peut dire que la manne grasse du commerce n'est souvent que de vieille manne en sorte fermentée; et que la manne en général présente d'autant plus de ce principe incristallisable, qu'elle a été plus détériorée.

On connaissait autrefois, et seulement comme objets de curiosité, trois autres sortes de manne qui sont tout-à-fait oubliées. Ce sont la *manne de Briançon*, la *manne* d'*Alhagi* et le *téréniabin*.

902. La manne de Briançon exsudait spontanément, dans les environs de cette ville, des feuilles de mélèze, *Abies Larix*. Elle était en petits grains arrondis, jaunâtres. Elle jouissait d'une faible propriété purgative.

903. La manne d'Alhagi était en petits grains comme la précédente, et était fournie par une espèce de sainfoin de la Perse et de l'Asie mineure, nommée *Hedysarum Alhagi*.

904. Enfin, le téréniabin, ou manne liquide, était une matière blanche, gluante et douce, assez semblable à du miel blanc, que l'on récoltait sur les feuilles de plusieurs arbres ou arbrisseaux des mêmes pays.

De la Sarcocolle.

Sarcocolla. — Off.

905. La Sarcocolle est une matière qui se présente sous la forme de grains agglomérés, friables, opaques ou demi-transparens, d'une couleur jaune, rosée ou grisâtre, d'une saveur amère-sucrée, d'une odeur nulle. Elle exsude spontanément d'un arbrisseau épineux de la Perse, de l'Arabie et de l'Éthiopie, nommé *Penœa Sarcocolla*, lequel appartient à la tétrandrie monogynie et à la famille des acanthacées.

On a rangé, pendant long-temps, la sarcocolle au nombre des gommes-résines; mais M. Thomson, dans son Système de Chimie, l'a considérée comme tenant le milieu entre le sucre et la gomme, et l'a placée en conséquence: depuis, M. Pelletier en a repris l'analyse, et l'a trouvée composée de

Sarcocolle pure.	65.30
Gomme.	4.60
Matière gélatineuse.	3.30
Matières ligneuses, etc. . . .	26.80
	100.00

La matière gélatineuse a quelques propriétés communes avec la bassorine, et d'autres qui l'en font différer. La gomme est de la gomme ordinaire. La sarcocolle pure, ou la *sarcocolline*, est un principe *sui-generis*, d'une saveur sucrée-amère, d'une odeur faible, mais particulière, soluble dans quarante parties d'eau froide et dans vingt-cinq d'eau bouillante. Sa dissolution, saturée à chaud, laisse précipiter, par le refroidissement, une partie de la sarcocolle sous la forme d'un liquide syrupeux, qui n'est plus soluble dans l'eau (cette propriété semble indiquer une nature composée dans la sarcocolle). L'alcohol dissout la sarcocolle presque en toutes proportions; l'eau trouble cette dissolution, mais ne la précipite pas (Voyez *Journal de Pharmacie*, V. 5).

SECTION V. — *Des Gommes.*

Gummi (ind.). — Off.

906. Les Gommes sont des produits végétaux concrets, inodores, d'une saveur fade et visqueuse, solubles ou susceptibles de suspension dans l'eau, et lui communiquant plus ou moins de consistance. Lorsqu'elles sont ainsi divisées, on leur donne le nom de *Mucilage*. Elles sont insolubles dans l'alcohol.

On en distingue un assez grand nombre d'espèces, qui diffèrent plus ou moins les unes des autres, suivant les végétaux qui les fournissent et les pays d'où elles viennent.

De la gomme d'Acajou.
Gummi acaju. — Off.

907. Cette gomme est produite par le *Cassuvium occidentale* Lam., lequel produit également la noix d'acajou (717).

La gomme d'acajou est en larmes allongées, souvent très-longues, jaunes, transparentes, dures, à cassure vitreuse et ressemblant au succin. Elle se dissout difficilement dans la bouche, et s'attache fortement aux dents. J'en ai traité douze grains par une once d'eau froide. Elle s'y est gonflée et dissoute en partie. La portion non dissoute avait les propriétés de la gomme de bassora. La liqueur surnageante qui a passé facilement à travers un filtre, en raison de son peu de consistance, ne rougissait pas le tournesol, se troublait par l'oxalate d'ammoniaque, et formait, par l'alcohol, un précipité blanc, abondant, floconneux. Je regarde la portion de gomme dissoute comme identique avec la gomme de Sénégal.

De la gomme Adraganthe.
Gummi tragacantha. — Off.

908. La gomme Adraganthe exsude spontanément à travers l'écorce de deux petits arbrisseaux de la diadelphie décandrie et de la famille des légumineuses. Ces arbrisseaux sont l'*Astragalus creticus* de Lamark et Wildenow, et l'*Astragalus Tragacantha* de Linné; ils croissent naturellement dans l'île de Crête et dans d'autres régions de l'Orient. L'*Astragalus Tragacantha* se trouve aussi en Sicile, en Italie et jusqu'en Provence, mais il n'y produit pas de gomme.

La gomme adraganthe existe dans ces végétaux dans un grand état de concentration, car sa forme indique qu'elle a peine à se faire jour à travers l'écorce. Elle est en lanières ou en fils minces, contournés et vermiculés. Elle est blanche ou jaune, et opaque. Elle est presque insoluble dans l'eau, mais elle s'y gonfle considérablement; en absorbe une grande quantité, et forme un mucilage tenace et très-épais. Elle se dissout imparfaitement dans l'eau bouillante, et ne tarde pas à s'en précipiter par le repos.

Elle est très-usitée pour donner de la consistance aux loochs, et pour lier les pâtes que l'on destine à la préparation des pastilles.

909. On trouve dans le commerce de la gomme adraganthe en filets déliés, et d'autre qui est en rubans larges et épais; désirant savoir s'il y avait quelque différence entre elles, j'ai mis douze grains de chacune en contact avec une once d'eau. La gomme vermiculée s'est gonflée presque aussitôt, et a bientôt occupé tout le volume de l'eau. Le lendemain la gomme rubanée, quoique gonflée, avait encore conservé sa forme, et n'était pas mêlée à l'eau; mais par l'agitation elle n'a pas tardé à former un mucilage aussi épais que l'autre. De sorte que la première n'a que l'avantage de se gonfler plus vite, en raison de ses surfaces plus multipliées. Ces deux mucilages, étendus de trois onces d'eau, conservaient encore une certaine consistance gélatineuse uniforme; réunis et filtrés, la liqueur jouissait des propriétés suivantes :

Tournesol; rien.

Oxalate d'ammoniaque; trouble.

Alcohol; y forme un précipité floconneux qui se rassemble en une seule masse opaline muqueuse. Ce précipité, tout-à-fait distinct de celui que présente en pareil cas la gomme du Sénégal, nous montre que c'est bien de la gomme adraganthe elle-même qui s'est dissoute dans l'eau, et non une portion analogue à la gomme Sénégal qu'elle pourrait contenir, comme cela a lieu pour la gomme d'acajou.

Eau de chaux; rien.

Eau de baryte; la gomme est précipitée en flocons distincts et privés d'eau.

Acétate de plomb; rien.

Sous-acétate de plomb; il se forme deux précipités : l'un pulvérulent, l'autre muqueux comme celui formé par l'alcohol.

Proto-nitrate de mercure; précipité muqueux.

De la gomme Arabique,
Gummi arabicum, i. — Off.

910. La gomme Arabique est apportée d'Arabie, comme l'indique son nom, ou tout au moins d'Égypte ; mais, depuis très-long-temps, on la remplace en grande partie par celle du Sénégal, dont le commerce a pris une beaucoup plus grande extension : il en vient toujours, cependant, des deux pays que j'ai nommés d'abord.

La gomme arabique est produite par le *Mimosa nilotica* de Linné, qui est l'*Acacia vera* de Tournefort, et le même arbre dont on retire le vrai suc d'acacia (867). Telle qu'elle arrive à Marseille, on en distingue deux sortes, la *blanche* et la *rousse*. La première est en petits morceaux, parfaitement blanche, transparente, friable, et très-soluble dans l'eau. La seconde est plus grosse, plus colorée, et cependant moins grosse et moins colorée, en général, que la gomme du Sénégal, et est aussi très-soluble dans l'eau (1). C'est à ces deux sortes que nous donnons à Paris les noms de gomme *Turique* et de gomme *Gedda*, tirés de ceux de deux ports d'Arabie sur la mer Rouge (*Tor* et *Giddah*); mais ces noms, inusités à Marseille, ne sont vraiment que des noms de convention ; car je ne crois pas qu'aucun de ceux qui les emploient puisse prouver que la gomme Turique vient de Tor, et la gomme Gedda de Giddah. Je renvoie, pour leurs propriétés, à la gomme du Sénégal.

(1) Ces détails m'ont été transmis par un de mes amis, M. Marcandier, pharmacien de Marseille.

De la gomme de Bassora.
Gummi toredonense. — Off.

911. Cette gomme, connue seulement depuis une trentaine d'années, vient d'Arabie et des environs de la ville de Bassora, comme l'indique son nom, mais on ignore tout-à-fait quel est le végétal qui la produit. Seulement M. Virey conjecture que ce pourrait bien être un *Mesembryanthemum* (*Bulletin de Pharmacie*, tome V, 165).

La gomme Bassora est en morceaux irréguliers, ordinairement d'un petit volume, mais quelquefois de la grosseur du pouce, blanche ou jaune, moins transparente que la gomme Sénégal, moins opaque que la gomme adraganthe, insipide, se divisant sous la dent en produisant une espèce de *cri*, ne se dissolvant pas dans la salive comme la gomme Sénégal, et ne formant pas de mucilage épais comme la gomme adraganthe.

912. Douze grains de gomme de Bassora mis dans une once d'eau, ne tardent pas à s'y gonfler et à prendre la forme de vesicules gélatineux, isolés les uns des autres, et se divisant facilement dans l'eau qu'ils ne remplissent pas entièrement. Il suit de là deux choses : l'une, que la gomme de Bassora se gonfle environ six fois moins que la gomme adraganthe ; l'autre, que le défaut de cohérence des vésicules qu'elle forme doit l'empêcher, comme elle l'empêche en effet, de former un mucilage tenace propre à la fabrication des pastilles ; et comme d'un autre côté elle n'a pas la solubilité de la gomme du Sénégal, il s'ensuit encore qu'elle ne pourra jamais être fort utile. L'eau qui a séjourné sur la gomme de Bassora étant filtrée, ne rougit pas le tournesol, se trouble légèrement par l'oxalate d'ammoniaque, n'est pas troublée par l'alcohol, d'où l'on voit qu'elle n'a dissous que des atomes de gomme et une très-petite quantité d'un sel calcaire.

La gomme de Bassora sur laquelle l'eau a épuisé son

action, traitée par l'acide acétique ne s'y dissout pas sensiblement, mais lui cède de la chaux en plus grande quantité que l'eau n'en avait dissout d'abord. L'iode, la potasse caustique, les acides faibles et froids, ne lui font éprouver aucune altération.

Je crois la gomme de Bassora naturellement inodore; cependant celle que j'ai ne l'est pas : elle a une odeur, non d'acide acétique telle que M. Boullay l'a observée; (*Bulletin de Pharmacie*, V. 166), mais d'acide sulfurique chaud et musqué telle qu'on l'observe dans la décomposition du borax par cet acide. L'eau par laquelle j'ai traité cette gomme n'ayant pas rougi le tournesol, je suis fondé à croire que son acidité n'était que superficielle et due à un commencement d'altération, occasionnée par l'humidité. Il est probable que la gomme de M. Boullay était encore plus altérée.

De la gomme de France.

Gummi nostras. — Off.

913. Cette gomme découle de plusieurs arbres de notre pays, qui ont des fruits à noyaux, tels que le prunier, le cerisier et l'abricotier. Elle suinte spontanément du tronc de ces arbres devenus vieux. Elle est d'abord liquide et incolore, mais elle se colore et se durcit en se desséchant à l'air. On la trouve dans le commerce en gros morceaux agglutinés, transparens, rouges, souvent salis par des impuretés. Elle se dissout très-difficilement dans la bouche, et n'est qu'imparfaitement soluble dans l'eau, avec laquelle elle forme un mucilage très-épais. Elle n'est nullement employée en pharmacie, et n'est pas même propre à faire de l'encre; mais on s'en sert dans la chapélerie pour l'apprêt du feutre.

914. Douze grains de cette gomme mis en macération dans une once d'eau, s'y gonflent beaucoup, lui donnent une grande consistance, mais ne paraissent pas s'y dis-

soudre. Le mélange étendu de trois onces d'eau est jaune, transparent, encore très-glutineux; il y reste des portions molles, transparentes, insolubles, qui diffèrent des gommes Bassora et adraganthe, par leur forme angulaire analogue à celle des morceaux de gomme dont elles proviennent. La liqueur filtrée ne conserve qu'une faible viscosité, ne rougit pas le tournesol, se trouble par l'oxalate d'ammoniaque, et faiblement par l'alcohol.

La gomme de France se rapproche comme on le voit de la gomme adraganthe; elle en diffère cependant par une moins grande consistance qu'elle communique à l'eau, et par sa solubilité qui a cela de singulier, que paraissant plus grande que celle de la gomme adraganthe avant la filtration de la liqueur, en raison de la transparence de celle-ci, elle est de fait moins considérable, puisque la liqueur filtrée n'en laisse précipiter qu'une très-petite quantité par l'alcohol.

De la gomme du Sénégal.

Gummi senegalense. — Off.

915. Cette gomme est produite par le *Mimosa Senegal* L., *Acacia senegalensis* Wild.; arbre de la polygamie monœcie et de la famille des légumineuses, croissant en forêts dans quelques régions d'Afrique qui avoisinent le Sénégal. Elle en découle spontanément et à l'aide d'incisions, et se récolte en deux fois, la première au mois de décembre, la seconde dans le courant de mars. Le commerce s'en fait par l'intermédiaire des Maures.

Je présume que c'est vers le commencement du 18e. siècle qu'on a reconnu ses propriétés semblables à celles de la gomme arabique et qu'on l'y a substituée; car le Dictionnaire Pharmaceutique de De Meuve, daté de 1689, n'en fait pas mention; et dès 1733, on lisait dans la 3e. édition du Dictionnaire de Lemery, que la plus grande partie de la gomme arabique était apportée du Sénégal. Depuis, la proportion de cette dernière gomme n'a pas cessé d'augmenter; c'est ce qui m'a déterminé à les comprendre toutes deux, pour la description de leurs propriétés communes, sous le titre de gomme du Sénégal, plutôt que sous celui de gomme arabique.

Cette gomme telle qu'elle arrive en France peut se diviser en quatre variétés. Probablement qu'un examen attentif en fera reconnaître un plus grand nombre : je rangerai les quatre dont je parle, dans l'ordre de leur plus grande quantité.

916. 1°. *Gomme transparente toute soluble.* Elle forme la presque totalité de la gomme du Sénégal, et une partie considérable de la gomme d'Arabie (1), affecte différentes formes et offre diverses nuances de couleur, suivant le temps qu'elle a mis à se dessécher sur l'arbre, en raison de l'état sec ou pluvieux de la saison. Tantôt elle est en larmes sèches, dures, peu volumineuses, rondes, ovales ou vermiculées, ridées à l'extérieur, vitreuses et transparentes à l'intérieur, d'une couleur jaune très-pâle ou presque blanche; tantôt elle est en morceaux plus gros, pesant quelquefois jusqu'à une livre, moins secs, moins cassans, souvent chargés d'impuretés, toujours transparens et d'une couleur jaune ou rouge. L'une et l'autre ont une saveur douce, se fondent facilement dans la bouche et sont entièrement solubles dans l'eau. Leur dissolution, peu épaisse en comparaison de celles des gommes d'acajou et de prunier, rougit le tournesol, se trouble abondamment par l'oxalate d'ammoniaque, et est entièrement précipitée par l'alcohol.

917. 2°. *Gomme blanche fendillée.* Cette gomme n'est, à proprement parler, que la gomme la plus blanche de la variété précédente, qui, conservée long-temps dans un air sec, s'est fendillée en se desséchant ; ce qui lui donne

(1) La gomme rousse d'Arabie ou gomme Gedda se trouve comprise dans cette variété.

une sorte de friabilité et une opacité qui n'est qu'apparente; car chaque fragment pris séparément est brillant et transparent comme la gomme primitive. Cette gomme est entièrement et promptement soluble dans l'eau; c'est elle que beaucoup de personnes nomment *gomme Turique*.

Cette gomme et la précédente sont les seules employées en pharmacie; on en prépare, sous diverses formes et dénominations, un grand nombre de pâtes pectorales et un sirop. Les morceaux les plus beaux sont réservés pour faire fondre en nature dans la bouche.

918. 3°. *Gomme pelliculée*. Je désigne ainsi une gomme quelquefois blanche, le plus souvent d'un jaune rougeâtre, et d'une transparence moins parfaite que la première variété. Ce qui la distingue surtout est une pellicule jaune opaque qui recouvre, presque toujours, quelques points de sa surface. Cette gomme se fond difficilement dans la bouche et s'attache fortement aux dents, comme le fait la gomme d'acajou. Douze grains ayant été traités par une once d'eau, s'y sont dissous bien moins promptement que les espèces précédentes, et ont laissé un résidu insoluble ayant conservé la forme des morceaux de gomme, et cependant peu considérable. La liqueur filtrée rougissait faiblement le tournesol, et précipitait abondamment par l'oxalate d'ammoniaque. Quelques personnes nomment cette gomme, *gomme Gedda*.

919. 4°. *Gomme verte*. Cette sorte est d'un vert d'émeraude faible, et quelquefois aussi d'un blanc jaunâtre. Sa surface est ordinairement luisante et mamelonnée, et l'intérieur vitreux et transparent. Elle jouit des mêmes propriétés que la gomme pelliculée, c'est-à-dire, qu'elle est tenace sous la dent, difficilement et incomplètement soluble dans l'eau.

Ces deux sortes de gomme doivent être rejetées du laboratoire du pharmacien; car, en raison de leur insolubilité partielle, elles troublent les sirops ou pâtes dont elles font partie, se déposent au fond des vaisseaux, et s'y brûlent souvent lorsque ces vases sont placés immédiatement sur le feu.

Outre les quatre sortes de gomme que je viens de décrire, j'en ai souvent rencontré une cinquième qui était molle et d'une acidité bien marquée : je ne sais si elle était naturelle, ou due à une altération quelconque d'une des sortes précédentes.

920. On a souvent cherché à expliquer pourquoi certaines gommes étant solubles dans l'eau, d'autres y sont insolubles. Un de nos plus célèbres chimistes, malgré quelques expériences contraires à son opinion, n'en a pas moins cru que cette insolubilité était souvent due à une surabondance de sel calcaire insoluble (*Ann. Chim.* LIV. 316. *Bull. Pharm.* III. 53). Il est certain que es gommes qui sont entièrement solubles dans l'eau contiennent moins de sel calcaire et plus d'acide libre que elles qui y sont en partie insolubles, et que la gomme de assora, qui y est tout-à-fait insoluble, ne contient pas ensiblement d'acide libre, et cède une assez grande quanté de chaux aux acides ; mais par cela même que ces cides (acétique, nitrique, hydrochlorique, étendus), n séparant cette chaux ou le sel calcaire de la gomme de assora et des autres gommes insolubles, qui se conduisent e même, ne les rendent pas plus solubles dans l'eau, il devient évident que ce n'est pas à la présence du sel calire que ces gommes doivent leur insolubilité, et qu'il y en a d'autre cause que leur propre nature, qui le veut insi. Vouloir expliquer pourquoi les deux premières ommes du Sénégal sont très-solubles dans l'eau ; pourquoi a gomme de Bassora y est entièrement insoluble, et la omme adraganthe un peu soluble ; autant vaudrait, à ce u'il me semble, chercher la raison de la couleur jaune de or, blanche de l'argent, rouge du cuivre.

Quant au nombre d'espèces chimiques que l'on peut stinguer dans les gommes que j'ai décrites, il m'a semblé e les deux premières gommes du Sénégal, la gomme soluble des deux dernières sortes, et la gomme soluble d'acajou, étaient identiques. Je n'ai pu trouver de différence entre la gomme de Bassora et la gomme insoluble d'acajou ; entre les gommes insolubles du Sénégal et la gomme insoluble du prunier. Il m'a semblé que la gomme soluble de prunier et la gomme adraganthe étaient distinctes entre elles, et distinctes des autres ; en tout cinq espèces.

SECTION VI. — *Des Gommes-Résines.*

Gummi-resinæ. — Off.

921. Les gommes-résines sont des produits végétaux, qui participent de la nature des gommes et des résines, et qui paraissent résulter de l'union de ces deux genres de corps.

Les végétaux qui les fournissent sont ordinairement herbacés, et croissent dans les pays chauds. Elles y sont dissoutes dans un véhicule aqueux, et forment un suc laiteux et visqueux. Elles diffèrent en cela des résines qui sont dissoutes dans une huile essentielle.

On se procure les gommes-résines par incision des végétaux, et dessication au soleil des sucs qui en découlent.

Les gommes-résines ne sont que très-imparfaitement solubles dans l'eau, et leur dissolution est opaque et laiteuse, à cause de la résine qui n'y est que suspendue. Elles ne sont également qu'en partie solubles dans l'alcohol pur, mais elles se dissolvent en entier dans l'alcohol faible bouillant, ce qui offre un moyen de les purifier bien préférable au vinaigre que l'on employait autrefois ; bien entendu qu'il vaut encore mieux, toutes les fois qu'on le peut, les choisir assez pures naturellement, pour n'être pas obligé de leur faire subir de préparation.

Jusqu'à ces dernières années, nos connaissances sur la nature des gommes-résines se réduisaient presqu'à dire, qu'il y en avait tant de parties solubles dans l'alcohol, et tant dans l'eau. C'est à MM. Pelletier et Braconnot que nous devons d'en connaître à présent l'exacte composition.

De la gomme-résine Ammoniaque dite gomme Ammoniaque.

Gummi-resina ammoniacum. — Off.

922. La Gomme Ammoniaque est produite par une plante ombellifère de la Lybie et du Barca ; mais cette plante est encore peu connue ; Olivier l'a crue un *Ferula*, et Wildenow un *Heracleum*.

On trouve la gomme ammoniaque sous deux formes dans le commerce : 1°. en larmes détachées, blanches et opaques à l'intérieur, blanches également à l'extérieur, mais devenant jaunes avec le temps, d'une odeur forte particulière, d'une saveur amère, âcre et nauséeuse ; 2°. en masses considérables jaunâtres, parsemées d'un grand nombre de larmes blanches, moins pure que la précédente, et ayant une odeur plus forte. La première sorte est préférée à cause de sa pureté. La seconde peut être employée, à son défaut, pour la préparation des emplâtres.

Suivant l'analyse qu'en a faite M. Braconnot, 100 parties de gomme ammoniaque sont composées de : gomme 18,4, résine 70, matière glutiniforme insoluble dans l'eau et l'alcohol 4.4, eau 6, perte 1.2 (*Ann. de Chim.* LXVIII, 69).

La gomme ammoniaque entre dans l'emplâtre diachylon gommé, dans celui de ciguë et dans les pilules de Bontius.

De l'Assa fœtida.

Gummi-resina assa fœtida. — Off.

923. L'*Assa fœtida* découle par des incisions que l'on fait au collet de la racine de *Ferula Assa fœtida*, plante de la Perse qui appartient à la pentandrie digynie, et à la famille des ombellifères.

Cette gomme-résine est en masses assez considérables, brunes-rougeâtres, parsemées de larmes blanches un peu transparentes ; lorsqu'on la casse, la nouvelle surface, qui est ordinairement d'une couleur peu foncée, rougit promptement par le contact de l'air ; elle répand une odeur alliacée forte et fétide, et jouit d'une saveur amère, âcre et repoussante. Elle est beaucoup plus soluble dans l'alcohol que dans l'eau, et donne de l'huile volatile à la distillation.

M. Pelletier a trouvé, par l'analyse, que l'*Assa fœtida* était composée de

Résine.	65.00
Gomme.	19.44
Bassorine (gomme semblable à celle de Bassora).	11.66
Huile volatile.	3.60
Malate acide de chaux . . (des traces). Perte. . . .	0.30
	100.00

La résine d'*Assa fœtida* jouit de propriétés particulières, et entre autres de celle de se colorer en rouge par l'action de la lumière et de l'air réunis. C'est elle, comme on le voit, qui communique cette propriété à l'*Assa fœtida* (*Bulletin de Pharmacie*, III, 556).

L'*Assa fœtida* est un puissant antihystérique. Elle entre dans les pilules de Fuller. On l'emploie beaucoup dans la médecine vétérinaire. On assure que malgré ses qualités si désagréables pour les Européens, qui l'ont nommée le *Stercus Diaboli*, les orientaux s'en servent pour assaisonner leurs mets. On ne doit pas en être surpris, dit Geoffroy, quand on pense que l'odeur du citron, qui nous plaît tant aujourd'hui, était en exécration chez la plupart des anciens ; et que notre ail ordinaire, dont l'odeur a beaucoup de rapport avec celle de l'*Assa fœtida*, paraît insupportable aux uns et très-agréable aux autres qui le prodiguent dans tous leurs mets. Il y a long-temps qu'on a dit qu'il ne fallait pas disputer des goûts.

Du Bdellium.
Gummi-resina bdellium. — Off.

924. Le *Bdellium* est produit par un arbre inconnu de l'Arabie et de la Perse. Il est en morceaux plus ou moins gros, arrondis, d'un gris jaunâtre, verdâtre ou rougeâtre, demi-transparent, d'une cassure terne et cireuse. Il a une odeur faible qui tient de celle de la myrrhe, une saveur âcre et amère, et adhère fortement aux dents. Il entre dans la composition de l'emplâtre diachylon gommé.

Il est composé de

Résine.	59.0
Gomme soluble.	9.2
Bassorine.	30.6
Huile volatile et perte.	1.2
	100.0

(M. Pelletier. *Ann. Chim.* LXXX. 39).

De l'Euphorbe.
Euphorbium. — Off.

925. L'Euphorbe des pharmacies est fourni par trois arbrisseaux du même nom, qui sont les *Euphorbia antiquorum*, *officinarum*, et *canariensis* L.; le premier croissant dans les états barbaresques et au Malabar, le second dans les déserts de l'Afrique, et le troisième aux îles Canaries. C'est celui-ci qui maintenant paraît fournir la plus grande partie de l'euphorbe du commerce. Ces arbrisseaux sont composés d'une tige nue, articulée, pulpeuse, anguleuse, divisée en plusieurs rameaux également articulés, privés de feuilles, et munis sur les angles d'épines géminées. Ils ont beaucoup de ressemblance, pour le port, avec certains *cactus*, dont ils diffèrent par leurs fleurs, par leurs fruits, et surtout par le suc laiteux et corrosif dont ils sont remplis.

C'est ce suc qui, sortant de la plante par des incisions que l'on y fait, s'arrête surtout à la base des épines, s'y condense, s'y amasse, s'y dessèche, et forme enfin ces larmes que nous nommons euphorbe.

L'euphorbe est en larmes irrégulières, jaunâtres, demi-transparentes, un peu friables, ordinairement percées de un ou de deux trous coniques qui se rejoignent par la base, et dans lesquels on trouve encore souvent les aiguillons de la plante. Il n'a presque pas d'odeur; sa saveur, qui est d'abord peu sensible, devient bientôt âcre, brûlante et corrosive. Sa poudre est un très-violent sternutatoire, ce qui la rend dangereuse à préparer.

L'euphorbe a quelquefois été administré à l'intérieur comme purgatif; mais, comme il est encore plus corrosif, son usage a presque toujours été suivi des accidens les plus funestes. Il faut donc absolument se borner à l'employer à l'extérieur, où il produit un effet vésicant presque égal à celui des cantharides.

D'après les analyses de M. Braconnot et de M. Pelletier, l'euphorbe est composé de

	M. Braconnot.	M. Pelletier.
Résine.	37.0	60.80
Cire.	19.0	14.40
Malate de chaux.	20.5	12.20
Malate de potasse.	2.0	1.80
Matière ligneuse.	13.5	»
Idem et bassorine.	»	2.00
Eau et huile volatile.	5.0	8.00
Perte.	3.0	0.80
	100.0	100.00

(*Ann. Chim.* LXVIII. 44. *et*. . . . . .)

La résine est d'une excessive âcreté et insoluble dans les alcalis caustiques, ce qui indique qu'elle est d'une nature assez différente des autres. La cire ne diffère pas de la cire d'abeilles.

Ces analyses nous montrent que l'Euphorbe n'est pas, à proprement parler, une gomme-résine, puisque, au lieu de gomme, on y trouve des quantités considérables de cire et de malates de chaux et de potasse.

Du Galbanum.

Gummi-resina galbanum. — Off.

926. Le Galbanum est fourni par une plante de la pentandrie digynie, et de la famille des ombellifères, nommée *Bubon Galbanum*. Cette plante croît en Afrique, et surtout en Éthiopie.

Le galbanum en découle quelquefois spontanément, le plus souvent par des incisions faites à la tige, ou même par sa section complète opérée à deux ou trois pouces de la racine.

On trouve le galbanum sous deux formes dans le commerce : en larmes et en masse. Le premier, devenu assez commun il y a quelques années, est en larmes molles, ou se ramollissant dans les doigts; s'agglutinant facilement; jaunes et comme vernissées à l'extérieur; jaunes, translucides à l'intérieur, et offrant une cassure grenue comme huileuse; d'une odeur forte, tenace, particulière; d'une saveur âcre et amère.

Le second ne diffère du premier, que parce qu'étant encore plus chargé d'huile volatile, ses larmes se sont réunies en une seule masse, dans laquelle on les distingue encore. Le fond de la masse, ordinairement d'une couleur plus foncée, et devenant brunâtre avec le temps, est ordinairement souillé d'impuretés.

On distingue facilement le galbanum de la gomme ammoniaque, par les larmes dont ils se composent, soit en larmes isolées, soit en masse. Les larmes de la gomme ammoniaque sont solides, et se ramollissent beaucoup plus difficilement; elles sont blanches et opaques à l'intérieur, et offrent une cassure lisse : leur odeur est aussi moins forte et différente.

Le galbanum se distingue du sagapénum par son odeur et sa saveur ; elles sont, à la vérité, fortes et désagréables, mais elles n'ont aucun rapport avec celles de l'assa fœtida, que les larmes les plus pures de sagapénum offrent toujours.

Le galbanum entre dans la thériaque, le diascordium, le baume de Fioravanti, l'emplâtre diachylon gommé, etc. D'après M. Pelletier il est composé de

Résine.	66.86
Gomme.	19.28
Bois et impuretés.	7.52
Malate acide de chaux. . (des traces).	
Huile volatile et perte.	6.34
	100.00

La résine jouit d'une propriété singulière : lorsqu'on la chauffe à une température de 120 à 130 degrés centigrades, on en retire, entre autres produits, une huile d'un beau bleu indigo. Cette huile est très-soluble dans l'alcohol, auquel elle communique sa couleur. Les acides et les alcalis ne la changent pas, à moins qu'ils ne soient assez concentrés pour décomposer l'huile elle-même, etc. (*Bulletin de Pharmacie*, IV, 97).

De la gomme Gutte.
Gummi-resina gutta. — Off.

927. La vraie Gomme Gutte, celle qui nous vient de l'Inde orientale et de l'île de Ceylan, a long-temps été attribuée au *Cambogia Gutta* de Linné, arbre de la polyandrie monogynie, et de la famille des guttiers, croissant spontanément sur la côte de Malabar, où il est nommé *Carcapuli*. Il paraît effectivement que cet arbre produit un suc jaune, qui, desséché, forme une sorte de gomme gutte, mais d'une qualité inférieure. Aujourd'hui les naturalistes suivent le sentiment de Kœnig, attribuant la vraie gomme gutte à un arbre de la polygamie monœcie, qu'il

a proposé de nommer, à cause de cela, *Guttœfera vera.* Cet arbre croît surtout dans la presqu'île de Camboge et dans l'île de Ceylan. Le suc en découle par gouttes, au moyen de la rupture des feuilles et des rameaux, et de là, sans doute, lui est venu le nom de gomme *gutte*; mais, dans l'île de Ceylan, on l'obtient en plus grande quantité en incisant l'écorce. Le suc, obtenu d'une manière ou de l'autre, est séché au soleil, et mis ensuite sous la forme que nous lui voyons.

La gomme gutte est en masses cylindriques, brunes-jaunâtres à l'extérieur, et d'un jaune rougeâtre à l'intérieur. Elle est friable, brillante dans sa cassure, et opaque. Elle est inodore et d'une saveur presque nulle, laissant cependant dans le gosier une légère âcreté. Sa poudre est d'un jaune pur très-éclatant. Elle se divise très-facilement dans l'eau, avec laquelle elle forme une sorte d'émulsion d'un jaune magnifique.

L'alcohol en dissout 0,80 de résine, et laisse 0,20 d'une gomme presque entièrement soluble dans l'eau. La résine fondue est rouge, transparente, insipide, devenant jaune par la pulvérisation, soluble dans les alcalis qu'elle neutralise à la manière des graisses acides. Elle est décolorée par le chlore qui s'y combine, et forme un composé dans lequel la présence du chlore ou de l'acide hydrochlorique ne devient sensible que par sa destruction au feu, etc. (M. Braconnot, *Ann. de Chimie*, LXVIII, 33.)

La gomme gutte est employée en médecine comme purgative; elle entre dans la composition des pilules de Bontius; son plus grand usage est pour la peinture.

Il vient quelquefois d'Amérique une sorte de gomme-résine jaune, molle et tenace, à laquelle on a très-abusivement donné le nom de *gomme gutte*; elle est obtenue par extraction et inspissation du suc jaune de deux millepertuis arborescens, qui sont l'*Hypericum cayanense* et l'*Hypericum bacciferum* L., de la polyadelphie polyandrie, et de la famille des hypéricées.

De la Myrrhe.
Gummi-resina myrrha. — Off.

928. La Myrrhe découle, en Arabie et en Abyssinie, d'un arbre non encore connu, mais que l'on croît être un *Mimosa*, d'après la description que Bruce en a donnée. Suivant d'autres, ce serait un *Amyris.*

La myrrhe est en larmes pesantes, rouges, irrégulières, comme efflorescentes, demi-transparentes, fragiles et brillantes dans leur cassure. Les plus gros morceaux offrent, dans leur intérieur, des stries blanches demi-circulaires, qui paraissent dues à une dessiccation moins parfaite, et que l'on a comparées à des coups d'ongle, d'où est venu à cette myrrhe le nom de myrrhe *unguiculée.*

La myrrhe a une saveur très-âcre et amère, et une odeur forte, aromatique, non désagréable. Elle est grasse et huileuse sous le pilon.

On en prépare plusieurs teintures alcoholiques. Elle entre dans la thériaque, la confection de safran composée (ci-devant d'hyacinthes), le baume de Fioravanti, et dans l'élixir de Garus, auquel elle communique l'odeur qui y domine.

La myrrhe est composée de

Résine (contenant un peu d'huile essentielle).	34
Gomme soluble.	66
	100

Aussi est-elle beaucoup plus soluble dans l'eau que dans l'alcohol (M. Pelletier, *Ann. de Chimie*, LXXX, 45).

De l'Oliban ou Encens.
Gummi-resina olibanum. — Off.

929. L'Oliban est produit, à ce qu'il paraît, par plusieurs espèces de genévriers qui croissent dans l'Asie mineure et l'Arabie, et surtout par le *Juniperus Lycia* L. Il est

sous la forme de larmes oblongues ou arrondies, d'un jaune pâle, un peu fragile, et ordinairement recouvert d'une poussière blanche occasionée par le frottement réciproque des morceaux. Il n'est que demi-transparent, offre une cassure peu brillante, jouit d'une saveur aromatique faiblement âcre, et d'une odeur assez marquée, analogue à celles de la résine de pin et de la résine animé mêlées.

Il n'est qu'en partie soluble dans l'eau et dans l'alcohol, se fond difficilement et imparfaitement par la chaleur, brûle avec une belle flamme blanche lorsqu'on l'approche d'une bougie, enfin donne une petite quantité d'huile volatile à la distillation.

D'après l'analyse de M. Braconnot, 100 parties d'oliban sont composées de : résine soluble dans l'alcohol 56.0; gomme soluble dans l'eau 30.8; résidu insoluble dans l'eau et dans l'alcohol, contenant probablement une résine insoluble dans ce dernier, 5.2; huile volatile et perte 8.0 (*Ann. Chim.* LXVIII. 60).

On distingue dans tous les ouvrages d'histoire de drogues deux sortes d'oliban ou d'encens : l'un *mâle*, l'autre *femelle*. Le premier se compose des larmes les plus nettes, les mieux détachées, les plus pures; le second de larmes moins sèches, ordinairement irrégulières, soudées ensemble et salies par des impuretés. Ces noms ridicules peuvent être oubliés.

L'Oliban a de toute antiquité été brûlé dans les temples en l'honneur de la divinité. Cet usage, qui a passé dans l'Église catholique, tire son origine de l'habitude où ont été presque tous les peuples de sacrifier des animaux, ce qui remplissait leurs temples d'émanations désagréables, souvent putrides, et nécessitait l'emploi des vapeurs aromatiques, le seul moyen qu'ils connussent d'y remédier.

En pharmacie on le fait entrer dans la thériaque, le baume de Fioravanti, différens emplâtres, etc.

De l'Opopanax.
Opopanax. — Off.

930. L'Opopanax est fourni par le *Pastinaca Opopanax* de la pentandrie digynie et de la famille des ombellifères.

Cette plante croît dans l'Orient, dans l'ancienne Grèce, en Sicile, en Italie et en Provence. Lorsque la saison est belle et chaude, on peut même en Italie en obtenir de l'opopanax en faisant des incisions à la partie inférieure de la tige, et en laissant solidifier à l'air le suc laiteux qui en découle; mais cette gomme-résine nous est surtout apportée du levant.

L'opopanax est en larmes irrégulières, anguleuses, opaques, légères et friables quoique peu sèches. Il est rougeâtre à l'extérieur et d'un jaune marbré de rouge à l'intérieur. Il a une saveur âcre et amère, et une odeur aromatique très-forte qui tient de l'ache et de la myrrhe. Il a quelquefois l'aspect de la myrrhe; mais sa légèreté, son opacité, sa cassure et son odeur, l'en font facilement dinstinguer.

D'après l'analyse de M. Pelletier, l'opopanax est composé de

Résine.	42.0
Gomme.	33.4
Amidon.	4.2
Extractif et acide malique.	4.4
Ligneux.	9.8
Cire.	0.3
Huile volatile et perte.	5.9
	100.0

(*Ann. Chim.* LXXIX. 90.)

L'opopanax entre dans la thériaque et dans quelques autres médicamens officinaux.

Du Sagapénum ou de la gomme Séraphique.
Gummi-resina sagapenum. — Off.

931. On ne connaît pas encore la plante qui fournit cette gomme-résine. Il est très-probable cependant qu'elle appartient aux ombellifères, car on trouve dans le sagapénum des semences tout-à-fait semblables à celles qui distinguent cette famille, et de plus son odeur alliacée peut faire supposer qu'elle est produite par un végétal voisin de celui qui donne l'assa fœtida; il nous vient de Perse comme cette dernière.

Le sagapénum est ordinairement en masses dans le commerce et rarement en larmes. Dans l'un et l'autre cas il est mou, demi-transparent, mêlé d'impûretés et de semences brisées. Il ne différerait guère du galbanum que par sa couleur plus foncée (et encore ce caractère est-il incertain, parce que l'un et l'autre brunissent en vieillissant), si ce n'était son odeur et sa saveur qui sont celles de l'assa fœtida affaibli, et très-désagréables. D'un autre côté il diffère de l'assa fœtida par ces propriétés plus faibles, et parce qu'il ne se colore pas en rouge par le contact de l'air et de la lumière comme le fait cette dernière.

Le sagapénum s'enflamme facilement et brûle en répandant beaucoup de fumée. La résine y domine sur le principe gommeux, et il fournit de l'huile volatile à la distillation. Il entre dans la thériaque et l'emplâtre diachylon gommé.

De la Scammonée.
Gummi-resina scammonium. — Off.

932. La Scammonée vient de la Syrie et de la Natolie, et se distingue, dans le commerce, sous les noms de scammonée d'*Alep* et de scammonée de *Smyrne*. La première est la plus estimée, et paraît ne provenir que d'une seule plante qui est le *Convolvulus Scammonia* L., de la pentandrie monogynie et de la famille des liserons; la seconde,

plus souvent altérée, provient d'ailleurs de diverses plantes, entre lesquelles on cite le *Periploca Secamone* L., de la pentandrie digynie et de la famille des apocynées.

933. Pour obtenir la scammonée du *Convolvulus Scammonia* on creuse la terre autour de la racine; on en incise le collet et on place au-dessus des coquilles dans lesquelles coule le suc. Chaque plante en fournit peu, mais on rassemble tous les produits dans un vase commun et on les fait sécher au soleil.

La scammonée d'Alep est en masses plus ou moins considérables. Elle est efflorescente et d'un gris bleuâtre à l'extérieur; noire et à cassure brillante à l'intérieur, presque entièrement opaque. Elle est assez friable, forme avec l'eau et la salive une émulsion d'un jaune verdâtre sale. Elle a une odeur forte que l'on peut comparer à celle de la brioche et qui se développe surtout par la pulvérisation. Elle est souvent caverneuse dans son intérieur, ce qui augmente sa légèreté.

923. La scammonée de Smyrne est d'un brun terne, très-pesante, dure, non friable, non caverneuse, à cassure terne. Son odeur est plus foible que celle de la première sorte, et cependant désagréable. Au reste ses caractères sont très-sujets à varier à cause de l'altération plus ou moins grande qu'elle subit dans le commerce.

934. On trouve aussi dans le commerce une fausse scammonée que l'on nomme *Scammonée en galettes* ou *Scammonée de Montpellier*. On la fabrique dans le midi de la France avec le suc exprimé du *Cynanchum monspeliacum*, de la pentandrie digynie et de la famille des apocynées, et on y incorpore différentes résines et d'autres substances purgatives. Elle est tout-à-fait noire, très-dure et très-compacte. Lorsqu'on la frotte avec le doigt mouillé, elle forme un liquide d'un gris foncé, gras, onctueux et tenace. Celle que j'ai offre une faible odeur de baume du Pérou.

La scammonée est un purgatif très-violent qui doit-être employé avec beaucoup de circonspection. Elle entre dans la poudre *de tribus*; la confection hamech et les pilules mercurielles de Beloste. Autrefois on lui faisait subir différentes préparations dans la vue de l'adoucir; mais ces préparations, qui ne faisaient qu'en rendre les effets encore plus incertains, ne sont plus usitées.

Les scammonées d'Alep et de Smyrne, analysées par MM. Bouillon Lagrange et Vogel, leur ont donné :

	Scamm. d'Alep.	Scamm. de Smyrne.
Résine.	60	29
Gomme.	3	8
Extrait.	2	5
Débris de végétaux et matière terreuse.	35 (1)	58
	100	100

Les auteurs de cette analyse ont observé quelques différences physiques entre les résines de ces deux scammonées; néanmoins plusieurs médecins qui les ont essayées comparativement n'ont pas trouvé de différence dans leurs propriétés purgatives.

SECTION VII. — *Des Résines.*

Resinæ. — Off.

935. Les propriétés génériques des résines sont d'être insolubles dans l'eau, solubles dans l'éther et les huiles volatiles, solubles dans l'alcohol, à l'exception d'un petit nombre que leur nature particulière, ou seulement une grande cohésion, empêche de s'y dissoudre.

De la Résine animé.

Resina animea. — Off.

936. Le nom de gomme ou résine animé est tiré de celui

(1) Il est probable que la belle scammonée d'Alep donnerait beaucoup moins de matières étrangères.

de *Myrrha minea* ou *animea* donné par Dioscorides à une des résines usitées de son temps. Il a ensuite été donné à une résine d'Éthiopie que l'on a supposée être celle de Dioscorides ou qu'on y a substituée; enfin cette dernière ayant également disparu, le nom a passé à une résine venue d'Amérique et retirée de l'*Hymenæa Courbaril* L., de la décandrie monogynie et de la famille des légumineuses.

Cet arbre, très-élevé, croît dans la Nouvelle-Espagne, le Brésil et les Antilles. On trouve assez fréquemment son fruit dans le commerce : c'est une gousse longue de cinq à sept pouces, large de deux ou trois; aplatie, composée d'une enveloppe ligneuse non déhiscente, rougeâtre, un peu chagrinée, luisante, uniformément remplie en dedans d'une pulpe fibreuse, jaunâtre, entremêlée d'une poussière sucrée, agréable au goût; on trouve au milieu de cette pulpe deux ou trois semences qui ressemblent assez aux osselets du pin à pignon.

937. Les auteurs s'accordent peu sur les caractères de la résine animé, de sorte qu'il est assez difficile de distinguer quelle est la véritable parmi celles que le commerce nous présente.

Suivant De Meuve (1689), elle ressemble à l'encens, si ce n'est qu'elle est en larmes bien plus grosses. Elle est blanchâtre ou jaunâtre, huileuse, jaune en dedans lorsqu'on la rompt, d'une odeur très-excellente et d'un goût fort agréable. Elle se fond facilement sur les charbons et se dissout dans les huiles et dans l'esprit de vin rectifié. La plus transparente est la meilleure.

Lemery (1733) donne pour caractères de la résine animé d'être blanche, sèche, friable, nette, de bonne odeur. Il ne parle pas de sa transparence.

Suivant Geoffroy (1743. Tome IV. p. 4.), l'animé est blanche tirant sur la couleur de l'encens, ou d'un blanc citrin; transparente, plus huileuse que la copal, d'une odeur très-suave et très-agréable; se consumant facilement sur les charbons. Mais je trouve qu'il se contredit en partie à la page 6 ; car il dit que la résine qui découle du *Courbaril* est une larme transparente fort semblable au succin par sa couleur et sa dureté : or il est difficile qu'une résine réunisse la dureté du succin à une odeur fort aromatique, et à la propriété d'être plus huileuse que la copal.

Murray décrit l'animé une résine jaune blanchâtre, transparente, comme recouverte d'une farine, brillante dans sa cassure ; elle est d'une texture moins solide que la copal et en morceaux ordinairement plus petits. Elle a une odeur résineuse et une saveur presque nulle. Elle se ramollit entre les dents, s'enflamme par l'approche d'une bougie, brûle presqu'entièrement sur les charbons en répandant une odeur agréable et ne laissant qu'une petite quantité de cendre blanche. Elle se dissout en entier dans l'esprit de vin qui en acquiert une saveur amaricante, piquante, et une couleur jaune. Elle donne un peu d'huile volatile par sa distillation avec l'eau.

938. Il y a quelques années que M. P. Delondre, droguiste de Paris, fit venir de la résine animé de Hollande pour le droguier de la pharmacie centrale.

Cette résine se composait au moins de quatre sortes ou espèces différentes :

D'abord, d'une résine qui en faisait environ les trois quarts (Résine n°. 1), et qui était en morceaux de toutes grosseurs depuis celle d'une aveline jusqu'à celle de deux ou trois pouces en tous sens. Ces morceaux étaient irréguliers à l'exception d'un certain nombre des plus considérables qui avaient évidemment fait partie de bâtons cylindriques de vingt lignes de diamètre environ. Ces derniers étaient généralement opaques et friables à la circonférence, transparens et mous à l'intérieur ; de sorte que la friabilité et l'opacité paraissaient dues à l'évaporation lente de l'huile volatile qui primitivement imbibait la résine. Quant aux autres morceaux, ils étaient ou un peu opaques ou transparens, mais toujours recouverts de cette farine blanche dont parle Murray ; leur couleur était presque nulle, ou jaune, ou légèrement rouge; et leur odeur d'autant plus forte qu'ils étaient plus transparens et plus mous sous les doigts ou sous la dent. Cette odeur, que je trouve des plus agréables quoique forte, acquiert par la chaleur quelque chose du cumin.

La résine a une saveur douce et agréable. Elle se fond très-facilement par la chaleur, et donne un peu d'huile volatile par la distillation avec l'eau. Sa dissolution dans l'alcohol est prompte et complète, à l'exception d'une très-petite quantité d'une poudre blanche composée d'une gomme soluble dans l'eau et d'une résine différente de celle que l'alcohol avait dissoute, car elle est insoluble dans l'alcohol et dans l'éther.

Toutes ces propriétés s'accordant parfaitement avec les descriptions de De Meuve, de Murray, et la première de Geoffroy, il faudrait en conclure que la résine qui les possède est bien la résine animé, et par suite la résine du courbaril, puisqu'on s'est généralement accordé à donner le nom d'*animé* à la résine de cet arbre; mais deux raisons me font douter de l'exactitude de cette conclusion; la première serait de voir une légumineuse produire une résine tout-à-fait semblable à celle de beaucoup de térébinthacées; la seconde est que M. Henry, chef de la pharmacie centrale, ayant demandé en même temps de la résine *tacamaque*, cette résine, telle que nous la reçûmes, n'était rien autre chose que celle que je viens de décrire, et ne différait de celle dite *animé*, que parce qu'elle n'était pas mélangée des espèces qui vont suivre.

939. La substance la plus abondante, après la précédente, dans le mélange que nous avons reçu sous le nom de résine *animé*, se présentait sous des formes très-variées (*Résine* n°. 2), et se composait réellement de deux résines, qui, isolées dans certains morceaux, paraissaient n'avoir rien de commun, mais que l'on voyait passer de l'une à l'autre dans d'autres échantillons, de sorte qu'il faut ad-

mettre que ce sont deux produits immédiats du même végétal, ayant quelquefois coulé séparément des vaisseaux propres qui les contenaient, et d'autres fois s'étant confondus par la rupture simultanée de ces vaisseaux.

On voit des morceaux (A) de cette substance qui sont blanchâtres au dehors, d'un jaune rougeâtre en dedans, et tellement fendillés, qu'ils en paraissent opaques. Ces caractères réunis leur donnent une certaine ressemblance avec le bdellium et la myrrhe; et cette ressemblance, déjà remarquée par De Meuve, au sujet d'une des sortes de résine animé dont il parle, nous permet de penser que c'est cette sorte que nous avons.

Cette résine (A) est friable sous le doigt et sous la dent, d'un goût légèrement amer; elle n'offre à froid, ou par la trituration, qu'une odeur de sandaraque; mise sur un fer chaud, elle se fond en partie, se tuméfie légèrement, et forme à sa surface une pellicule moins fusible que le reste, enfin exhale une légère odeur aromatique analogue à celle de la résine n°. 1; elle se dissout dans l'alcohol, à l'exception d'une petite quantité d'une matière qui est également résineuse, quoique insoluble dans ce menstrue.

D'autres morceaux, en apparence semblables aux premiers, en diffèrent cependant : leur croûte extérieure, qui est identique avec la résine précédente, peut, en raison de sa friabilité, être facilement séparée d'un noyau intérieur (B) beaucoup plus dur, ordinairement transparent, jaune ou blanc, et analogue à la résine copal. Mais cette analogie est trompeuse. Cette résine diffère de la copal, par le résidu considérable qu'elle laisse lorsqu'on la traite par l'alcohol. Ce résidu est tenace et élastique, tandis que celui de la copal est floconneux et facile à diviser par l'agitation du liquide. Ce même résidu, traité par l'éther, s'y gonfle, s'y divise et s'y dissout en partie. La portion insoluble n'est pas une gomme, comme on le pourrait croire : c'est encore une résine dont le caractère particulier est d'être insoluble dans l'éther et dans l'alcohol.

D'autres morceaux, plus ou moins considérables, paraissent entièrement formés de cette résine (B), et ne sont recouverts que d'une portion d'écorce ou d'une couche terreuse, ce qui leur donne la plus grande ressemblance avec la copal : mais, ce qui leur sert de caractère distinctif, c'est qu'il n'y a aucun de ces morceaux qui ne soit de plusieurs couleurs, et qui, à côté d'un endroit coloré en jaune doré, n'en offre d'autres aussi transparens et aussi incolores que le plus beau cristal. Ces dernières portions, qui sont le type de la résine B, jouissent des propriétés suivantes : diaphanéité parfaite ; dureté de la résine copal ; poudre blanche éclatante, qui, traitée par l'alcohol, s'y dissout en petite quantité, et reste, pour le surplus, sous la forme d'une masse molle, tenace et élastique, en partie insoluble dans l'éther, redevenant sèche et cassante par la dessiccation (1). Cette résine, mise sur un fer chaud, y devient molle et élastique, mais sans beaucoup de ténacité et sans pouvoir se tirer en fils.

940. Je distingue, de la résine précédente, une autre résine (résine n°. 3), dont je n'ai trouvé qu'un seul morceau, et dont voici la description :

Ce morceau pesant une once, et taillé sur toutes ses faces, provient évidemment d'une masse plus considérable. La résine a beaucoup de ressemblance extérieure avec la copal orientale, dont elle ne paraît différer que par une couleur plus jaune et une transparence moins parfaite, surtout au centre du morceau qui est un peu opalin. Elle a une légère odeur de résine et une saveur un peu amère ;

(1) La portion soluble dans l'éther en est précipitée par l'alcohol, de sorte que cette résine B qui, en raison de son absence de toute couleur, opacité et saveur, paraît composée d'une seule et même substance, l'est au moins de trois : une soluble dans l'alcohol ; une insoluble dans l'alcohol, soluble dans l'éther ; une dernière insoluble dans ces deux liquides.

mise sur un fer chaud, elle se ramollit, devient élastique, tenace, et peut être tirée en fils aussi déliés et aussi brillans que la soie. Elle exhale, lorsqu'elle est chaude, une odeur de bois d'aloès : traitée par l'alcohol, elle s'y dissout en partie, et laisse un résidu considérable, tenace, très-élastique, devenant brillant et argenté par la traction, mais redevenant sec et cassant par la dessiccation. Cette portion, traitée par l'éther, s'y dissout, à l'exception d'un très-petit résidu dont je n'ai pas déterminé la nature.

Cette résine diffère de la résine (B) par sa couleur jaune uniforme, sa transparence moins parfaite, sa saveur amère, sa propriété de se tirer en fils très-déliés au moyen de la chaleur, sa plus grande solubilité dans l'éther. Elle diffère de la copal par sa couleur jaune, sa saveur amère, son élasticité, et sa ténacité lorsqu'on la chauffe ou qu'on la plonge dans l'alcohol. Peut-être est-ce là ce que Lemery a nommé résine *Olampi*.

941. La quatrième substance résineuse que nous avons trouvée dans la résine animé reçue de Hollande, était en morceaux peu volumineux, jouissant de toutes les propriétés de la résine copal.

Désirant obtenir de plus grandes lumières sur les véritables caractères de la résine animé, je me suis adressé à M. Marchand. Il m'a montré trois sortes de résine animé : l'une que l'on vend habituellement dans le commerce, qui arrive dans des barils, et en grande quantité, mais qu'il m'a dit être réellement de la résine tacamaque; une autre, qu'il m'a assuré être tirée de la première, dont elle n'est que la partie la plus pure; une troisième, dont il n'a qu'un échantillon dans son droguier, qu'il croit être la vraie résine animé.

942. La première (résine n°. 5) est en masses considérables, la plupart aplaties, et comme pourrait l'être une résine qui serait coulée de l'arbre jusqu'à terre, où elle se serait étendue et ensuite solidifiée. Ces masses ressemblent à l'extérieur à des morceaux de plâtre. L'intérieur

est jaune, de différentes nuances disposées par couches; ce qui lui donne l'apparence du sulfure jaune d'arsenic, à la couleur près, qui est beaucoup plus pâle. La résine est opaque, friable, ayant une odeur de racine d'arnica, une saveur nulle. Elle est entièrement soluble dans l'alcohol, et se fond facilement par la chaleur.

943. La seconde sorte (résine n°. 6) ressemble à celle que j'ai décrite sous le n°. 1, seulement elle était généralement plus opaque, plus friable et moins odorante.

944. La troisième sorte (résine, n°. 7) est en masses orangées, ayant de la ressemblance avec le baume de Tolu, mais entièrement transparentes et à cassure vitreuse. Elle se réduit en poudre sous le doigt, en répandant une odeur de résine de pin. Elle a la même saveur de résine, mais mêlée d'une assez grande amertume. Elle se fond facilement sur les charbons, en exhalant une odeur un peu aromatique; elle est très-soluble dans l'alcohol.

945. Si nous cherchons à fixer nos idées sur les différentes résines dont il a été question dans cet article, et à décider quelle est celle que nous devons considérer comme la vraie résine animé, nous verrons que la résine n°. 1 (938) est de la résine tacamaque. A la vérité, De Meuve et Murray la décrivent comme résine animé; mais ces deux auteurs ne donnant pas les caractères de la tacamaque, il est permis de croire qu'ils ont confondu les deux résines.

Considérant ensuite que la résine n°. 2 (939) présente souvent une certaine ressemblance avec la myrrhe, et que De Meuve et Geoffroy attribuent cette qualité à une des sortes de résine animé dont ils parlent; pensant en outre que certains auteurs ont regardé la résine animé comme le *Cancamum* des anciens, probablement parce que, comme le faisait celle-ci, elle leur offrait, dans le même morceau, l'assemblage de plusieurs résines diversement colorées, et que la résine n°. 2 offre presque toujours cette singulière propriété; on en conclura que c'est bien de la résine animé.

J'ai dit plus haut ce que je pensais de la résine n°. 3 (940). La résine n°. 4 (941) n'était que de la copal. Je pense que celle n°. 5 est la résine chibou, dont il sera parlé en son lieu. La résine n°. 6 était de la tacamaque; il ne me reste plus que la résine n°. 7.

Comme cette résine ne jouit d'aucun caractère tranchant qui puisse la rattacher à quelque description antécédente, il me paraît impossible de décider si elle est de la résine animé. Je croirais plutôt que ce n'en est pas, cette résine différant beaucoup de la résine n°. 2 que je viens de reconnaître comme la véritable animé.

La résine animé est devenue très-rare aujourd'hui, par l'habitude que l'on a prise de donner en sa place de la résine tacamaque. Elle n'est plus usitée en médecine, mais elle pourrait l'être utilement dans la fabrication des vernis.

Résine donnée par M. Chaussier.

946. A peu près vers le même temps que nous recevions les résines qui ont fait le sujet de l'article précédent, M. Chaussier remit à M. Henry, entre autres objets d'histoire naturelle reçus d'Amérique, un morceau de résine pesant environ une livre, et détaché d'une masse beaucoup plus forte. La masse entière était recouverte d'une efflorescence blanchâtre, de nature résineuse, facile à enlever avec le couteau. Sous cette efflorescence se trouve une couche vitreuse transparente, entremêlée de stries rouges comme du sang, qui se prolongent dans la masse résineuse.

Cette masse résineuse, elle-même, est généralement d'un blanc laiteux et à moitié opaque; mais elle offre çà et là des ondes irrégulières entièrement transparentes. Sauf son opacité, elle a la cassure vitreuse et comme glacée de la copal, ce qui fait que la pointe du couteau glisse dessus, à moins qu'on n'appuie un peu fortement; alors elle paraît douée d'une certaine mollesse, et cède au couteau; caractère que n'a pas la vraie copal. Sa pesanteur spécifique est de 1,047; la même trouvée par Brisson à la copal transparente.

Cette résine a une faible odeur de résine tacamaque, lorsqu'elle est en masse. Elle se pulvérise facilement dans un mortier de porcelaine, et alors la même odeur devient plus marquée. Elle se réduit en poudre sous la dent, et est insipide, quoique légèrement aromatique.

Elle est tout-à-fait insoluble dans l'eau froide, et se ramollit sans se fondre dans l'eau bouillante. L'eau, qui a bouilli dessus pendant quelque temps, se trouble très-faiblement en refroidissant, et laisse, par son évaporation à siccité, un résidu fauve qui ne pèse que la centième partie du poids de la résine.

Cette résine, mise sur un fer chaud, s'y ramollit, devient élastique, tenace, et peut être tirée en fils très-déliés, qui redeviennent cassans par son refroidissement. Tandis qu'elle est chaude elle exhale une odeur aromatique assez agréable. (Les stries rouges qui se trouvent dans les couches extérieures, exhalent, au contraire, par la chaleur, une odeur fécale.)

La résine, chauffée dans une fiole, se fond, devient transparente, d'un jaune d'or, et forme des bulles dues à la volatilisation d'une huile qui vient se condenser contre la paroi supérieure de la fiole. Cette huile est jaune, transparente et grasse au toucher. La fiole brisée a offert une odeur fortement aromatique, analogue à celle du succin chauffé : pesée avant sa fracture, elle n'avait rien perdu de son poids, c'est-à-dire, que le poids de l'huile, plus celui de la résine restée au fond de la fiole, reformait exactement celui de la résine employée.

Cette résine, mise en poudre ou en morceaux dans l'alcohol à 40 degrés, s'y ramollit, s'y gonfle, et se réunit en une seule masse remarquable par son volume, sa ténacité et sa grande élasticité. Cette masse devient brillante et nacrée par le frottement réitéré de ses parties.

Cette résine paraît être dans l'alcohol, ce que le gluten est dans l'eau. Elle doit, à l'interposition de ce liquide, sa ténacité et son élastacité; desséchée elle redevient cassante et friable, ce qui ne permet pas de la confondre avec le caoutchouc.

L'alcohol, que l'on a fait bouillir sur cette résine, se trouble en refroidissant, et après cela précipite encore fortement par l'eau. Une nouvelle ébullition, dans d'autre alcohol, procure une dissolution beaucoup moins chargée; une troisième l'est encore moins, se trouble à peine par le refroidissement, et ne se trouble plus par l'eau. Cependant il reste encore beaucoup de matière insoluble, ce qui montre que cette résine est au moins formée de deux principes immédiats, dont l'un est soluble dans l'alcohol, et l'autre y est insoluble, mais peut s'y dissoudre à la faveur du premier.

Ce principe, soluble dans l'alcohol, est l'huile que l'action du calorique nous a déjà indiquée. Elle reste en dissolution dans l'alcohol, après que le refroidissement en a séparé la plus grande partie de la résine. On peut la purifier par des évaporations et des dissolutions réitérées: elle est jaune, transparente, épaisse, très-odorante, peu volatile; il est difficile d'en déterminer la quantité.

La résine de M. Chaussier, traitée par l'éther, s'en pénètre de suite, s'y gonfle, y devient molle et gluante. Elle s'y dissout visiblement en plus grande quantité que dans l'alcohol, mais elle ne s'y dissout pas entièrement.

947. Si on fait abstraction de l'opacité et de la mollesse de la résine de M. Chaussier, propriétés qu'elle doit à l'huile qu'elle contient et qu'elle perd en vieillissant, on trouvera qu'elle ne diffère plus de la copal que par la grande ténacité qu'elle acquiert dans l'alcohol et par l'action du calorique; qu'elle ne diffère de la résine n°. 2 B (939), que par sa plus grande ténacité à la chaleur, et de la résine

n°. 3, que par son insipidité. Toutes ces différences peuvent tenir à une cause non inhérente à la résine elle-même, ce qui justifie les auteurs d'avoir souvent confondu la résine animé avec la copal, et me justifiera moi-même de ne savoir quel nom donner à la résine de M. Chaussier. Je la regarderai provisoirement comme une sorte de résine animé, ou comme la résine *olampi* dont parle Lemery.

De la résine Caragne.

Resina caranna. — Off.

948. Cette résine est apportée de la Nouvelle-Espagne, enveloppée dans des feuilles de roseau; l'arbre qui la produit n'a pas encore été décrit. Elle est d'un noir verdâtre, opaque, à cassure vitreuse; sa consistance est molle ou sèche, et son odeur plus ou moins marquée, suivant qu'elle a perdu plus ou moins complétement son huile volatile. Telle que je l'ai vue, elle avait peu d'odeur, même à chaud. Elle se fondait très-facilement au feu, et se dissolvait entièrement dans l'alcohol.

De la résine Chibou.

Resina chibou. — Off.

949. Plusieurs histoires de drogues font mention de cette résine produite en grande abondance en Amérique, par un arbre nommé *Bursera gummifera* ou Gommier, de l'hexandrie monogynie et de la famille des térébinthacées. Suivant Lemery, elle est blanche, semblable au galipot, mais d'une odeur plus agréable. On l'apporte en barils, enveloppée dans de grandes et larges feuilles d'un arbre nommé *Cachibou* (*Maranta lutea* Lam.), d'où lui est venu le nom de Résine *Chibou*. Lemery ajoute qu'on la substitue souvent à la résine élémi, à l'animé ou à la tacamaque.

J'ai tout lieu de croire que cette résine est celle qui m'a été remise par M. Marchand, sous le nom de fausse résine animé (942). J'en reprends la description.

Résine en masses considérables, la plupart aplaties, et comme pourrait l'être une résine qui serait coulée de l'arbre jusqu'à terre, où elle se serait étendue et ensuite solidifiée. Ces masses ressemblent à l'extérieur à des morceaux de plâtre, ce qui tient encore plus à une sorte d'efflorescence résineuse qui les recouvre, qu'à une vraie matière terreuse. L'intérieur est jaune, de différentes nuances disposées par couches, et ayant l'apparence du sulfure jaune d'arsenic, à la couleur près qui est beaucoup plus pâle. La résine est opaque, friable, ayant une odeur de racine d'arnica, une saveur nulle. Elle est entièrement soluble dans l'alcohol, et se fond facilement par la chaleur.

De la résine Copal.

Resina copal. — Off.

950. On trouve dans le commerce deux sortes de Résine Copal. L'une, qui est la plus abondante, est en morceaux assez volumineux, d'une couleur jaune-citrine ou rougeâtre; elle est presqu'aussi transparente que le verre, mais ordinairement terne à sa surface; tellement dure que le fer a peine à l'entamer. Plus elle est dure et foncée en couleur, sans cependant en être moins pure et moins transparente, plus elle est estimée. Elle est insipide, inodore à froid, se ramollit au feu et y devient un peu élastique; elle ne se fond qu'à une chaleur très-élevée, et exhale alors une odeur aromatique, analogue à celle du bois d'aloès. Suivant Lemery (qui lui donne le nom de *faux Karabé*, à cause de sa ressemblance avec le succin ou karabé), cette résine découle naturellement d'un grand arbre qui croît sur les montagnes des Antilles. Elle est portée aux bords des rivières par les pluies et par les torrens qui passent au pied de ces arbres. C'est à cette sorte de lavage et à l'action prolongée de l'air sur l'huile qu'elle contenait primitivement, qu'elle doit sa grande dureté. Suivant d'au-

tres elle est produite par le *Rhus copallinum* L., arbre du Mexique et de l'Amérique septentrionale, appartenant à la pentandrie trigynie et à la famille des térébinthacées.

951. La seconde sorte de résine copal, dont on ne trouve que rarement des morceaux mêlés à la première, est en fragmens assez volumineux et de formes variées. Elle est en général moins colorée que l'autre et encore plus transparente. Elle a une odeur aromatique même à froid, une saveur un peu aromatique, non amère. Sa friabilité est assez grande, et elle se laisse facilement entamer par la pointe du couteau. Elle conserve cette friabilité dans les vernis où on la fait entrer, ce qui est cause qu'elle est bien moins estimée que la première.

Cette sorte de copal est celle que Lemery nomme *Copal oriental*. Ce nom peut signifier qu'elle nous vient des Indes en Asie, comme aussi il peut ne lui avoir été donné qu'à cause de la prééminence qui lui a été accordée pendant un temps sur la première espèce (à l'instar des pierres orientales, des bezoards orientaux, du safran oriental, de la casse et du séné du Levant, qui sont estimés meilleurs que ceux des pays occidentaux). Il était en effet naturel qu'on préférât pour l'usage médical une résine claire, transparente, diaphane, odorante, facilement attaquable par les agens chimiques, à une autre espèce plus colorée, inodore, presqu'inattaquable par les mêmes agens; mais aujourd'hui que la copal n'est plus usitée que pour faire des vernis, c'est la première sorte qui est le plus estimée; aussi beaucoup de droguistes lui ont-ils transporté le surnom d'*orientale*, quoiqu'il soit prouvé qu'elle vienne d'Amérique.

En supposant que la copal orientale de Lemery provienne véritablement d'Asie, il est possible qu'elle soit tirée de l'*Elœocarpus copallifera* de Retz (*Vateria indica* L.), grand arbre à fruit huileux, de la polyandrie monogynie et de la famille des guttiers.

952. La résine copal n'est pas entièrement insoluble dans l'alcohol, et n'est pas un produit immédiat simple des

végétaux, comme on le pense communément. Je la crois formée de trois principes distincts de même que la résine animé (939). Qu'on la traite, en effet, par l'alcohol à quarante degrés, une partie s'y dissoudra, même à froid, et la liqueur blanchira fortement par l'addition de l'eau : qu'on la traite par l'éther, après l'avoir épuisée par l'alcohol, on en dissoudra une nouvelle quantité, et l'éther décanté sera précipité par l'alcohol; il reste enfin une partie insoluble dans ces deux menstrues. Cette partie insoluble n'est pas tenace et élastique comme celle de la résine animé, et c'est en cela seulement que je trouve ces deux résines différentes.

La résine copal n'est que très-imparfaitement soluble dans les huiles volatiles, et ne se dissout pas dans les huiles fixes. Elle forme cependant la base des vernis gras et des vernis à panneaux, dont l'excipient est une huile fixe, et qui sont les plus beaux et les plus solides de tous ; mais, pour parvenir à la dissoudre, il faut d'abord la fondre dans un pot, y ajouter alors de l'huile de lin lithargyrée bouillante, qui s'y mêle bien, ensuite de l'huile de térébenthine, et enfin passer.

De la résine Élémi.

Resina elemi. — Off.

953. On distingue deux sortes de résine Élémi : la première connue, qui est très-rare à présent, vient d'Éthiopie en masses de deux à trois livres, enveloppées de feuilles de roseau. Elle est plus sèche que la suivante ; j'ignore si elle est produite par le même arbre ou par d'autres analogues.

954. La seconde espèce nous vient de la Nouvelle-Espagne et du Brésil par caisses de deux à trois cents livres. On l'obtient par incision d'un arbre de l'octandrie monogynie et de la famille des térébinthacées, nommé *Amyris elemifera*. Elle est en masses un peu molles et onctueuses,

mais devenant sèches et cassantes par le froid et par vétusté. Elle est demi-transparente, d'un blanc jaunâtre mêlé de points verdâtres; son odeur est forte, agréable, analogue à celle du fenouil, et due à une huile volatile que l'on peut en retirer par la distillation. Comme elle doit en partie ses propriétés à cette huile, il faut la choisir récente, pas trop sèche et bien odorante. Elle entre dans l'alcoholat de *Fioravanti* et dans les onguens d'*Arcœus* et de *styrax*. Elle est entièrement soluble dans l'alcohol, sauf quelques impuretés et un petit résidu blanc que je n'ai pas examiné.

De la résine de Gaïac.

Resina guajaci. — Off.

955. La résine de Gaïac est fournie par le *Guajacum officinale*, arbre de l'Amérique méridionale, appartenant à la décandrie monogynie et à la famille des rutacées.

On peut l'obtenir artificiellement, en traitant le bois de gaïac râpé par l'alcohol; mais celle qui se trouve dans le commerce découle spontanément, ou à l'aide d'incisions, à travers l'écorce des vieux arbres.

La résine de gaïac est en masses assez considérables, d'un brun verdâtre, friables et brillantes dans leur cassure. Ses lames minces sont presque transparentes et d'un vert jaunâtre. Elle renferme ordinairement des morceaux d'écorce et d'autres débris du végétal; elle se ramollit sous la dent, a une saveur d'abord peu sensible, qui se change bientôt en une âcreté brûlante dont l'action se porte sur le gosier; elle a une légère odeur de benjoin qui devient très-sensible par la pulvérisation ou par le feu : sa poussière excite fortement la toux.

956. La résine de Gaïac offre un assez grand nombre de propriétés chimiques qui lui ont paru tellement propres, que plusieurs chimistes ont proposé de l'isoler des résines, et de la considérer comme formant un genre à part. Il me semble que c'est aller trop loin, et que, si on transformait

ainsi en genre chaque espèce de produit immédiat végétal qui présente quelque différence un peu marquée avec ses congénères, on en rendrait l'étude beaucoup plus difficile.

La résine de gaïac renfermée dans un bocal de verre ne tarde pas à devenir d'une assez belle couleur verte par les surfaces qui regardent le jour. Il est à remarquer que le bois de gaïac râpé et sa poudre offrent le même effet dû à la résine qu'ils contiennent.

La résine de gaïac donne avec l'alcohol une dissolution brune foncée qui devient blanche par l'eau. L'acide hydrochlorique y forme un précipité gris cendré; l'acide sulfurique un précipité vert pâle; le chlore un précipité bleu pâle. L'acide nitrique n'y produit d'abord aucun changement; mais, au bout de quelques heures, le liquide devient vert, puis bleu, enfin brun, et forme alors un précipité brun. En arrêtant à temps l'action de l'acide avec de l'eau, on obtient de même un précipité vert ou bleu. L'action de l'acide nitrique sur la teinture de gaïac peut fournir un caractère distinctif et journalier de cette résine avec les autres. Si l'on expose un papier imbibé de teinture de gaïac dans un bocal au fond duquel on a versé un peu d'acide nitrique, la vapeur qui s'en exhale suffit pour colorer le papier en bleu.

L'éther dissout la racine de gaïac, et la liqueur qui en résulte jouit des mêmes propriétés. On présume que ces changemens de couleur sont dus à différens degrés d'oxigénation (Brande, *Ann. de Chimie*, LXVIII. 140).

On trouve dans le *Journal de Pharmacie* (VI. 16), sur la résine de gaïac et sa teinture, beaucoup d'autres faits très-curieux observés par M. Planche.

De la résine Labdanum.

Labdanum. — Off.

957. La résine *Labdanum* exsude spontanément, sous la forme de gouttes, des feuilles et des rameaux d'un ar-

brisseau de l'île de Candie, nommé *Cistus creticus*, de la polyandrie monogynie et de la famille des cistinées.

Autrefois on récoltait le labdanum en peignant la barbe des chèvres qui broutent les feuilles du Ciste de Crête; mais aujourd'hui on l'obtient en promenant sur les cistes des lanières de cuir attachées ensemble et disposées comme les dents d'un peigne. On racle ensuite ces lanières avec un couteau, et on renferme la résine dans des vessies où elle acquiert plus de consistance.

958. Le labdanum ainsi obtenu est assez rare dans le commerce. J'en ai cependant vu dans une maison (chez M. Lautour) une masse d'environ vingt-cinq livres, renfermée dans une vessie. Il était noir, solide, mais tenace et peu sec. Sa cassure était grisâtre, noircissant promptement à l'air; il se ramollissait avec la plus grande facilité sous les doigts, et y adhérait comme de la poix. Il développait alors une odeur toute particulière, très-forte et balsamique. Un morceau de ce labdanum conservé dans mon droguier a perdu beaucoup de son poids en raison surtout de l'eau qu'il contenait. Maintenant il est très-sec, poreux, assez léger, d'une cassure grisâtre permanente. Il se ramollit moins facilement dans les doigts, et y adhère un peu moins. Son odeur est toujours forte, et présente une analogie assez grande avec celle de l'ambre gris. Il se fond très-facilement et entièrement par l'action de la chaleur.

959. Le labdanum ordinaire du commerce est bien différent de celui que je viens de décrire. Il est tout-à-fait sec, dur et formé en rouleaux que l'on a tournés en spirales, ce qui lui a fait donner le nom de *Labdanum in tortis*. Du reste il est impossible de lui assigner des propriétés, parce que chaque fabricant à sa recette. J'en ai vu de deux sortes venant de Hollande : l'une est encore un peu résineuse, mais ne contient pas un atome de labdanum et n'est qu'un mélange de résine ordinaire et de cendres ou de sable; l'autre, dans laquelle l'odeur indique une petite

quantité de labdanum, est tellement chargée de terre qu'elle se réduit en poudre sous les doigts, fume à peine sur les charbons, et qu'on ne conçoit même pas comment on a pu la malaxer à l'aide de la chaleur : il faut avoir une conscience bien cuirassée pour donner à de pareilles préparations le nom de *Labdanum*.

960. M. Pelletier a publié une analyse de labdanum, que voici (*Bulletin de Pharmacie*, IV. 503) :

Résine.	20
Gomme contenant un peu de malate de chaux	3.60
Acide malique.	60
Cire.	1.90
Sable ferrugineux.	72
Huile volatile et perte.	1.90
	100.00

Il est évident qu'il a opéré sur un labdanum très-impur. J'ai traité 100 grains de celui que j'ai décrit d'abord par l'alcohol à 40 degrés, bouillant. Le liquide filtré s'est presque pris en masse par le refroidissement. Étendu d'alcohol et filtré de nouveau, il m'est resté 7 grains de cire sur le filtre. La dissolution alcoholique a donné, par son évaporation, 86 grains d'une résine rouge, transparente, molle, très-odorante, donnant de l'huile volatile par sa distillation avec l'eau. La portion de labdanum, insoluble dans l'alcohol, n'a cédé à l'eau qu'un grain d'une substance dont la dissolution ne rougissait pas le tournesol, ne précipitait pas par l'alcohol, se troublait à peine par l'oxalate d'ammoniaque, et ne précipitait le sous-acétate de plomb qu'au bout d'un certain temps. Ces divers résultats n'indiquent que peu ou pas de gomme, d'acide malique et de malate de chaux.

Le résidu insoluble dans l'eau n'était composé, à ce qu'il m'a semblé, que de terre et de poils. Il pesait 6 grains.

Cet essai d'analyse donne, pour la composition du labdanum :

Résine et huile volatile	86
Cire.	7
Extrait aqueux.	1
Matière terreuse et poils.	6
	100

La présence de la cire dans le labdanum est sans doute une suite de la manière dont il est récolté. Beaucoup de végétaux, indépendamment des sucs propres contenus à l'intérieur, et qui, souvent, en raison de leur surabondance, transsudent au dehors, présentent à leur surface un grand nombre d'utricules remplies de cire. Le ciste de Crète est probablement dans ce cas ; alors les lanières de cuir que l'on promène sur ses rameaux et sur ses feuilles doivent déchirer ces utricules, dont le suc se mêle à celui fourni par les vaisseaux résineux.

Le labdanum n'est plus usité en médecine, quoiqu'il paraisse doué de propriétés assez actives : pourquoi faut-il aussi qu'on l'ait presque toujours falsifié ?

De la résine Laque.

Lacca, cæ. — Off.

961. La Laque est une matière résineuse qui exsude de plusieurs arbres de l'Inde, à la suite de piqûres qu'y fait la femelle d'un insecte nommé *Coccus Lacca*. On cite, parmi ces arbres, le *Ficus religiosa* et le *Ficus indica* ; mais c'est le *Croton lacciferum* qui paraît en fournir le plus. L'insecte s'y multiplie, se fixe à l'extrémité des jeunes branches, les pique et s'ensevelit dans le suc qui en sort. Il continue d'y grossir, et plusieurs mois après y produit 20 ou 30 vers que l'on voit nager dans un liquide rouge. Ce liquide absorbé, les petits insectes percent le dos de la mère, et s'échappent en laissant leur dépouille dans la cellule qui

les contenait. J'ignore à quelle époque on récolte la laque, et s'il est préférable de le faire avant ou après la sortie de l'insecte.

On connaît dans le commerce trois sortes de laque : celle en *bâtons*, celle en *grains*, et la *laque plate*.

962. La laque en bâtons est celle qui se trouve encore attachée à l'extrémité des branches de l'arbre. Elle y forme une couche plus ou moins épaisse, d'un rouge brun foncé. Elle est transparente sur les bords, brillante dans sa cassure, et offre à l'intérieur un très-grand nombre de cellules disposées circulairement tout autour du bois, et dont plusieurs contiennent encore l'insecte entier. Cette laque a une saveur astringente, et colore la salive lorsqu'on la mâche pendant quelque temps ; elle répand une odeur forte et agréable quand on la chauffe ou qu'on la brûle.

963. La laque en grains est celle qui s'est brisée et détachée des branches. On doit choisir la plus foncée en couleur, car on la décolore souvent, son principe colorant étant usité dans la peinture.

964. Le même inconvénient se présente pour la laque en tablettes, qui se prépare en faisant fondre les deux autres sortes préalablement bouillies dans l'eau, les passant à travers une toile, et les coulant sur une pierre plate.

Cette laque ressemble, pour la forme et la couleur, au verre d'antimoine.

La laque n'est pas une résine pure ; elle est composée d'une résine qui en fait la plus grande partie, d'une matière colorante rouge soluble dans l'eau, de cire et de gluten. Voici, au reste, l'analyse comparée des trois sortes de laque, par M. Hatchett :

	Laque en bâtons.	Laque en grains.	Laque plate.
Résine.	68	88.5	90.9
Matière colorante. . .	10	2.5	0.5
Cire.	6	4.5	4.0
Gluten.	5.5	2.0	2.8

Corps étrangers.	6.5	0.0	0.0
Perte.	4.0	2.5	1.8
	100.0	100.0	100.0

Les propriétés médicales de la laque sont d'être tonique et astringente ; elle est employée comme dentifrice ; mais son plus grand usage est pour la fabrication de la cire à cacheter et pour la teinture.

De la résine de Lierre.

Resina hederæ. — Off.

965. Cette résine est produite par le lierre commun *Hedera Helix* L., arbrisseau grimpant et toujours vert, de la pentandrie monogynie et de la famille des caprifoliées. Cet arbrisseau croît dans toute l'Europe ; mais ce n'est guère que dans les contrées chaudes de l'orient, et lorsqu'il devient vieux, qu'il fournit de la résine. Celle-ci en découle spontanément, ou à l'aide d'incisions.

La résine de lierre, telle que le commerce nous la présente, est loin d'être une substance toujours identique. Tantôt c'est de la résine privée de gomme, tantôt de la gomme pure, d'autres fois un mélange de deux ; je lui conserve le nom de résine, parce que c'est elle et non la gomme qu'il convient d'employer : quoique privée de gomme, ce n'est pas encore cependant de la résine pure.

966. On trouve dans la résine de lierre du commerce, des morceaux (n°. 1), qui, à la première vue, paraissent d'un brun noir et opaques, parce qu'ils sont recouverts d'une croûte jouissant elle-même de ces caractères : mais en les débarrassant de cette enveloppe, ils deviennent transparens, d'une couleur orangée ou rouge, ont une cassure vitreuse, pas d'odeur, et une saveur mucilagineuse.

Leur poudre, qui est presque blanche, traitée par l'eau, s'y gonfle considérablement sans s'y dissoudre. Quelquefois, cependant, la liqueur filtrée précipite par l'alcohol, ce qui nous montre que ce produit du lierre n'est pas constant, et que, s'il n'est le plus souvent qu'une gomme insoluble comme celle de Bassora, il contient d'autres fois une certaine quantité de gomme soluble comme la gomme du Sénégal.

967. On trouve d'autres morceaux (n°. 2) qui sont d'un brun noirâtre, mêlé de taches rougeâtres dues à des portions fongueuses de l'écorce du lierre. Leur cassure est brillante, et même vitreuse, sauf les mêmes taches rougeâtres qui se présentent à peu près uniformément dans toute la masse, et qui lui donnent son opacité; car certaines parties, un peu plus pures, sont transparentes sur les bords. Ces portions transparentes sont de la gomme semblable à celle n°. 1. La masse totale est inodore, donne une poudre brune, et brûle comme du bois lorsqu'on l'expose au feu.

Indépendamment des parties gommeuses dont je viens de parler, la substance n°. 2 présente, surtout à l'aide de la loupe, dans des cavités de l'extérieur ou de l'intérieur, de petits globules rouges, transparens et brillans comme du rubis, qui sont de la résine; mais, abstraction faite de ces particules résineuses, le reste n'est, en général, formé que de débris d'écorce liés avec une matière gommeuse.

968. La troisième sorte de matière que l'on trouve dans la résine de lierre du commerce, est en morceaux d'un brun noirâtre, comme salis extérieurement par une poussière jaunâtre. Elle offre quelquefois des débris d'écorce semblables à ceux de la sorte n°. 2, et qui servent à montrer leur origine commune; mais le plus souvent elle en est dépourvue. Sa cassure est entièrement vitreuse, sa transparence parfaite à l'intérieur, sa couleur le rouge de rubis foncé: elle a, même en morceaux, une odeur très-forte de résine tacamaque, mêlée de celle de graisse rance, ce qui la rend désagréable au lieu d'être agréable comme la tacamaque. Sa saveur est analogue à son odeur. Elle donne une poudre jaune très-odorante, bien différente de la

poudre brune et inodore de la sorte n°. 2. Cette substance, qui est celle décrite par De Meuve et Lemery, comme résine de lierre, doit jouir de propriétés médicales assez actives, et doit être seule employée.

969. M. Pelletier a publié une analyse de la résine de lierre, dont voici les résultats (*Bulletin de Pharmacie*, IV. 504.):

Gomme.	7
Résine.	23
Acide malique, etc.	0.30
Ligneux très-divisé.	69.70
	100.00

Il m'est difficile de dire sur quelle sorte M. Pelletier a opéré. La sorte n°. 2 dont j'ai parlé contient à la vérité une grande quantité de ligneux, mais ce ligneux y est en morceaux très-apparens, et il eût été inutile de faire mention, dans les résultats de l'analyse, d'un état de division que ce corps ne devrait qu'à une opération mécanique préliminaire. D'ailleurs cette sorte de matière est en général plus gommeuse que résineuse.

Peut-être est-ce la troisième sorte que M. Pelletier a soumise à l'analyse; mais alors ce qu'il aurait regardé comme du ligneux n'en serait pas, à ce que je crois. La résine de lierre n°. 3, traitée par l'alcohol à 40 degrés bouillant, s'y dissout en partie, et donne une liqueur orangée rouge, qui, par son évaporation spontanée, laisse précipiter une matière grenue, moins colorée et moins soluble qu'auparavant. Il en résulte que cette liqueur contient au moins deux principes, dont l'un probablement est résineux et l'autre huileux.

Environ la moitié de la résine résiste à l'action de l'alcohol, et reste sous la forme d'une poudre orangée encore odorante. L'eau n'en dissout rien du tout. La potasse caustique en dissout un peu de principe colorant jaune que l'acide acétique peut en précipiter. La partie insoluble dans l'alcali devient brune. L'acide acétique n'en dissout rien. L'acide nitrique concentré ne l'altère pas à froid ; bouilli dessus pendant long-temps, et en grand excès, il ne paraît pas l'altérer davantage ; car il se colore à peine ; la matière orangée conserve toute sa couleur et son odeur ; l'acide n'a qu'une légère teinte jaune ; étendu d'eau et filtré, il n'a aucune saveur amère ; l'ammoniaque le colore en jaune, sans en rien précipiter ; le sulfate et le muriate de chaux n'y apportent aucun changement : il ne s'est donc formé ni principe amer ni acide oxalique.

Cette action de l'acide nitrique nous montre que le corps que j'y ai soumis, n'est ni une résine, ni une gomme, ni du ligneux. C'est un nouveau principe immédiat des végétaux, dont il conviendrait d'autant plus d'étudier les propriétés avec soin, que son inaltérabilité pourrait le rendre précieux à la teinture, si l'on parvenait à le fixer sur les étoffes.

De la résine Mastic.

Resina mastiche. — Off.

970. Le mastic est fourni par le *Pistacia Lentiscus* L., de la dioecie pentandrie, et de l'ordre des térébinthacées. Cet arbre croît au Portugal, en Espagne, en Provence et en Italie ; mais sa patrie paraît être l'île de Chio, où on le cultive avec soin, et où la récolte du mastic se fait pour le compte du grand-seigneur.

On procède à cette récolte au mois d'août, en faisant des incisions transversales à l'écorce. La résine qui en découle se concrète en partie sur le tronc, et donne le *mastic en larmes*, ou tombe à terre et forme le *mastic commun*, qui est moins abondant que le premier.

Le mastic est en larmes d'un jaune pâle, dont les plus grandes sont aplaties et de forme irrégulière, et les plus petites souvent sphériques. Sa surface est matte et comme farineuse, à cause de la poussière provenant du frottement continuel des morceaux ; sa cassure est vitreuse ; sa transparence un peu opaline, surtout au centre des larmes. Son odeur est douce et agréable; sa saveur aromatique; il se ramollit sous la dent qui l'écrase, et y devient ductible.

Le mastic est legèrement tonique et astringent. On l'employait, surtout autrefois, comme masticatoire, pour parfumer l'haleine et fortifier les gencives : c'est de cet usage que lui est venu le nom de mastic.

Le mastic n'est pas entièrement soluble dans l'alcohol. La partie insoluble, qui est tenace et élastique, tant qu'elle contient de l'alcohol interposé, et sèche et cassante lorsqu'elle n'en contient plus, paraît semblable à celle que nous avons précédemment trouvée dans la résine animée.

De la résine Sandaraque.
Resina sandarache. — Off.

971. Suivant l'opinion la plus suivie, cette résine découle, en Afrique, d'une grande variété du Genévrier commun, *Juniperus communis* L., de la dioecie monadelphie et de la famille des conifères ; mais, suivant M. Desfontaines, elle est produite par le *Thuya articulata*, de la monoecie monadelphie et de la même famille des conifères.

Quelle que soit son origine, la sandaraque est en larmes d'un jaune très-pâle, alongées, recouvertes d'une poussière très-fine, à cassure vitreuse et transparente à l'intérieur; elle a une odeur très-faible, une saveur nulle; elle se réduit en poudre sous la dent, au lieu de s'y ramollir comme le fait le mastic; elle est insoluble dans l'eau, soluble dans l'alcool et dans l'essence de térébenthine; elle forme un très-beau vernis, d'où même lui est venu le nom de *vernix* que lui donnent plusieurs auteurs; elle est très-peu employée en médecine, et sert surtout à la préparation des vernis; on l'emploie aussi, réduite en poudre, sur le papier déchiré par le gratoir, afin d'empêcher l'encre de s'y répandre et de brouiller l'écriture.

De la résine Sang-dragon.
Resina sanguis draconis. — Off.

972. La résine sang-dragon, se trouve sous trois formes dans le commerce : 1°. Sous la forme de grosses olives enveloppées de feuilles de roseau, et disposées en colliers. 2°. Sous celle de cylindres comprimés, longs d'un pied environ, épais d'un pouce, entourés de feuilles qui paraissent être celles d'une sorte de palmier. 3°. En masses plus ou moins considérables et informes. Autrefois c'était le sang-dragon *en roseau* qui était le plus estimé; mais à présent que l'on trouve sous cette forme des sang-dragons très-impurs, et qui souvent même n'en sont pas du tout, c'est moins à la forme qu'il faut s'arrêter qu'aux propriétés physiques.

Le bon sang-dragon est opaque (quelques auteurs lui donnent de la transparence dans ses lames minces), d'un brun foncé, devenant d'un beau vermillon par le frottement ou la pulvérisation; il est fragile, friable sous les doigts, a une cassure lisse et luisante; il est inodore à froid; mais à l'aide de la chaleur il doit, suivant Murray, répandre une odeur de styrax. Celui que j'ai n'offre pas cette propriété; seulement il dégage une fumée qui irrite fortement la gorge. Ce caractère a été annoncé par Lewis, qui l'a attribué à un acide volatil analogue à l'acide benzoïque, et M. Thomson s'en est autorisé pour ranger le sang-dragon parmi les baumes; il vaut mieux le laisser au nombre des résines, jusqu'à ce que la présence de l'acide benzoïque y soit mieux prouvée.

973. Le sang-dragon est extrait de plusieurs arbres de l'Afrique, des Indes Orientales, des îles de la Sonde et de l'Amérique Méridionale : sans assurer quel est celui de ces arbres qui donne le plus estimé, voici l'ordre suivant lequel je suppose qu'on peut les ranger, eu égard à la qualité du produit.

1°. Le *Calamus Rotang* L. Petit arbre des Indes Orientales, compris dans l'hexandrie monogynie et dans la famille des palmiers. Son fruit abonde en un suc résineux rouge qu'on en extrait par le moyen de l'eau bouillante, et que l'on forme en colliers comme nous le voyons; on en achève la dessication à l'air libre.

2°. Le *Dracœna Draco* L. Grand arbre des îles Canaries, de l'hexandrie monogynie et de la famille des asparaginées. Son tronc, qui est raboteux, se fend en plusieurs endroits dans le temps des plus fortes chaleurs, et laisse découler une résine rouge qui est le sang-dragon.

3°. Le *Pterocarpus santalinus* et le *Pterocarpus Draco*. Arbres de l'Amérique Méridionale, appartenant à la diadelphie décandrie, et de la famille des légumineuses. Le *Pterocarpus Draco* croît aussi dans les îles de la Sonde. On en obtient le suc résineux par des incisions faites au tronc.

Le sang-dragon est astringent; il entre comme tel dans différens opiats dentifrices, dans la poudre et les pilules astringentes.

De la résine Tacamaque ou Tacamahaca.

Resina tacamahaca. — Off.

974. Lemery distingue deux sortes de résine tacamaque; la première, surnommée *sublime* ou *en coques*, était renfermée dans des petits couis secs; elle devait être sèche, nette, rougeâtre, transparente, d'une odeur forte, agréable, tirant sur celle de la fourmi, d'un goût aromatique tant soit peu amer; mais du temps même de Lemery, elle ne se trouvait que très-rarement dans les boutiques.

975. La seconde sorte est la résine tacamaque ordinaire. Elle est apportée en petites masses jaunâtres ou rougeâtres parsemées de larmes blanches et semblables à de beau galipot. On la trouve aussi quelquefois en larmes séparées

Elle doit être choisie nette, la plus garnie de larmes, la plus odorante et la plus approchante de la première.

Cette résine est probablement celle que nous avons reçue de Hollande, comme résine tacamaque; et la même aussi que j'ai décrite comme faisant partie de la résine animé du commerce. Je dois en rappeler les caractères :

Résine en morceaux de toutes grosseurs, depuis celle d'une aveline jusqu'à celle de deux ou trois pouces en tout sens; ces morceaux sont irréguliers à l'exception d'un certain nombre des plus considérables, qui ont évidemment fait partie des bâtons cylindriques de vingt lignes de diamètre environ. Ces derniers sont généralement opaques et friables à la circonférence, transparens et mous à l'intérieur; quant aux autres morceaux, ils sont, ou un peu opaques, ou transparens, mais toujours recouverts d'une poussière blanche; leur couleur est presque nulle, ou jaune, ou légèrement rouge, et leur odeur est d'autant plus forte qu'ils sont plus transparens et plus mous, sous les doigts et sous la dent. Cette odeur, que je trouve des plus agréables, quoique forte, acquiert par la chaleur quelque chose du cumin. La résine a une saveur douce et agréable; elle se fond très-facilement par la chaleur, donne de l'huile volatile à la distillation, se dissout promptement et complétement dans l'alcohol, à l'exception cependant d'un très-petit résidu blanc, composé d'une gomme soluble dans l'eau et d'une résine insoluble dans l'alcohol et l'éther. (*Voir l'addition à la fin de ce vol.*)

SECTION VIII. — *Des Résines fluides.*
Oleo-resinæ. — Off.

976. Ces sortes de résines ne diffèrent des précédentes qu'en ce qu'elles ne sont pas privées de l'huile volatile qui les tenait en dissolution dans le végétal. La plupart avaient anciennement reçu le nom de *baumes* à cause des propriétés éminentes qui les distinguent ou qu'on leur

attribuait; mais aujourd'hui on a réservé ce nom aux résines qui sont naturellement combinées à l'acide benzoïque.

De la résine de la Mecque.
Oleo-resina de meccâ. — Off.

(Dite *baume de la Mecque*, *de Judée*, *de Gilead* Opobalsamum.)

977. Ces différens noms ont été donnés à une résine retirée de l'*Amyris Opobalsamum*, petit arbre de l'octandrie monogynie, et de la famille des térébinthacées, lequel croît naturellement dans l'Arabie Heureuse, et est cultivé quelquefois en Judée et en Égypte. On en extrait la résine de deux manières : 1°. Par des incisions faites au tronc et aux branches. 2°. Par la décoction dans l'eau des rameaux et des feuilles. Le produit des incisions est le plus beau et le plus estimé; mais comme il est très-peu abondant, il est entièremeut réservé pour le grand-seigneur, et l'on n'en voit que très-rarement en Europe. Le produit de la décoction est le seul que l'on trouve dans le commerce. Il est liquide, d'une odeur toute particulière et très-agréable; il est blanchâtre et trouble lorsqu'il est récent; mais il jaunit, prend de la transparence en vieillissant, et en même temps acquiert une consistance plus ou moins épaisse, jusqu'à devenir solide.

Le baume de la Mecque est soluble dans l'alcohol à l'exception d'un très-petit résidu blanc que M. Vauquelin a examiné à la recommandation de M. Hallé, et dans lequel il a trouvé une résine jouissant de la propriété de se gonfler et de devenir glutineuse dans l'alcohol (*Ann. Chim.*, LXIX. 221). Cette résine est donc analogue à celle que contient la résine animé.

On a attribué au baume de la Mecque des propriétés merveilleuses; ce n'est dans le fait qu'une térébenthine très-suave, tonique et astringente comme elles le sont toutes; il est souvent falsifié avec le baume du Canada, ou avec de la térébenthine fine et de l'essence de citrons.

De la résine de Copahu.

Oleo-resina copahu. — Off.

978. Cette résine, qui est la plus liquide de toutes, est retirée par des incisions faites au tronc du *Copaifera officinalis* L., grand et bel arbre de la décandrie monogynie et de la famille des légumineuses. Cet arbre croît au Brésil et à Cayenne; quand il est dans sa force, il donne jusqu'à dix ou douze livres de résine par chaque incision, et on en fait deux ou trois par an. La résine récente est très-fluide et incolore; elle s'épaissit un peu en vieillissant, prend une couleur jaune et devient aussi plus transparente. Elle a une odeur forte et désagréable, un goût âcre, amer et repoussant. Elle fournit à la distillation quart et quelquefois un tiers d'huile volatile. Elle est souvent falsifiée avec quelques huiles fixes ou de la térébenthine. Cette dernière tromperie peut se découvrir à la consistance et à l'odeur; et la première par le moyen de l'alcohol, qui en général ne dissout pas les huiles fixes, tandis qu'il doit dissoudre entièrement le baume de copahu.

Suivant une observation récente de M. Pelletier, la résine du baume de copahu cristalliserait à la longue. (*Journ. de Pharm.*, VI. 315.)

Le baume de copahu était autrefois très-employé à l'extérieur comme détersif et siccatif; mais il est surtout usité maintenant à l'intérieur pour arrêter les écoulemens vénériens.

Des Térébenthines et autres produits du Pin et du Sapin.

On distingue plusieurs sortes de térébenthines qui diffèrent entre elles, suivant les arbres qui les produisent et les pays d'où on les tire.

979. 1re. *Sorte.* — *Térébenthine de Chio* (Terebinthina pistacina. — Off.). Cette sorte, qui est la plus estimée, est retirée du Térébinthe, *Pistacia Terebinthus* L., lequel appartient à la diœcie pentandrie et à la famille des térébinthacées. Cet arbre croît abondamment dans les îles de l'Archipel, et surtout à Chio. La térébenthine en découle par des incisions que l'on pratique de distance en distance, depuis la racine jusqu'au sommet. Chaque arbre n'en donne guère que de huit à dix onces, ce qui est cause de sa rareté dans le commerce. Elle est très-épaisse, glutineuse, transparente, d'une couleur citrine verdâtre, d'une odeur agréable de citron et de fenouil, presque sans amertume et sans acreté. On lui substitue très-souvent la térébenthine du mélèze.

980. 2e. *Sorte.* — *Térébenthine du Canada* (Terebinthina balsamea. — Off.). Cette Térébentine est communément nommée *baume du Canada*, et par les Anglais *faux baume de Giléad.* Elle est produite dans l'Amérique septentrionale par l'*Abies Balsamea* du Jardin du Roi (*Pinus Balsamea* L.), arbre qui appartient, comme tous ceux qui vont suivre, à la monœcie monadelphie et à la famille des conifères.

Sa résine, telle que je l'ai vue dans le commerce, ce qui n'en garantit pas la bonté, est peu colorée, trouble, assez liquide, d'une odeur de spic très-forte. Elle jouit des propriétés communes à toutes les Térébenthines.

981. 3e. *Sorte.* — *Térébenthine du mélèze* dite *de Venise* (Terebinthina laricea. — Off.). Cette Térébenthine est fournie par le Melèze, *Abies Larix* du Jardin du Roi (*Pinus Larix* L.). Cet arbre croît en France, en Suisse, en Styrie, en Hongrie, en Sibérie, etc. Sa résine nous était envoyée autrefois de Venise, mais la plus grande partie vient maintenant de Briançon.

La Térébenthine du melèze découle spontanément à travers l'écorce de l'arbre ; mais on en obtient davantage en perçant le tronc à quelques pieds au-dessus de terre et en y adaptant un tuyau qui aboutit dans un tonneau. On la purifie comme les suivantes.

Les caractères de cette résine ne sont pas bien certains. J'en ai vu deux échantillons que l'on m'a assuré être de la vraie térébenthine du mélèze, et dont l'un, qui était resté deux ou trois ans couvert d'un simple parchemin, était très-épais, tout-à-fait transparent, peu coloré, d'une odeur de citron fort agréable; on l'aurait pris pour de la térébenthine de Chio; l'autre plus récent étoit plus coloré, assez fluide, louche, d'une odeur très-forte et fatigante, d'une saveur chaude, âcre et amère.

982. 4e. *Sorte. — Térébenthine de Strasbourg* ou *Térébenthine du sapin* (Terebinthina abietina. — Off.). Elle est produite par l'*Abies taxifolia* J. R. (*Pinus Picea* L.), arbre très-élevé, abondant en France dans les Vosges, en Suisse, en Allemagne, et dans les pays du nord. Elle suinte à travers l'écorce des jeunes sapins, et vient former à sa surface des utricules qui paraissent deux fois l'an, au printemps et à l'automne. Les habitans des Vosges et des Alpes qui vont la récolter crèvent ces utricules en raclant l'écorce avec le bout d'un cornet de fer-blanc qui reçoit en même temps le suc résineux. Ils vident celui-ci à mesure dans une bouteille qu'ils portent à leur côté, et la filtrent ensuite à travers des entonnoirs faits d'écorce. La Térébenthine ainsi obtenue est très-estimée, mais on en retire peu; en Allemagne et dans les pays septentrionaux, on l'extrait en beaucoup plus grande quantité par de larges incisions faites au tronc de l'arbre. On la distribue dans le commerce dans de petites tonnes nommées *gondes*.

Les caractères physiques de cette térébenthine doivent varier comme ceux des autres, suivant son âge dans le commerce. Elle est souvent substituée à celle du mélèze; on la dit plus fluide, plus âcre et plus amère.

983. 5e. *Sorte. — Térébenthine de Bordeaux* ou *Térébenthine du pin* (Térébinthina pinea. — Off.).

Cette térébenthine découle du *Pinus maritima*, variété

du *Pinus sylvestris* L., qui croît abondamment dans les environs de Bordeaux, et entre cette ville et Bayonne. On commence à exploiter l'arbre à l'âge de trente ou de quarante ans, et on le travaille chaque année depuis le mois de février jusqu'au mois d'octobre, plus ou moins, selon que l'année a été plus ou moins belle. Pour cela on fait une entaille au pied de l'arbre avec une hache dont les angles sont relevés en dehors afin qu'elle n'entre pas trop avant, et on continue tous les huit jours de faire une nouvelle plaie au dessus de la première jusqu'au milieu de l'automne. Chaque entaille a trois pouces de largeur et un peu moins d'un pouce de hauteur, de sorte que lorsqu'on a continué de les faire du même côté pendant quatre ans, on se trouve arrivé à la hauteur de huit à neufs pieds. Alors on entame le tronc par le côté opposé, et on continue ainsi tant qu'il reste de l'écorce saine sur l'arbre; mais comme pendant ce temps les anciennes plaies se sont cicatrisées, lorsqu'on a fait le tour de l'arbre on recommence sur le bord de ces plaies. De cette manière, quand l'arbre est vigoureux et que l'exploitation est bien conduite, elle peut durer pendant cent ans.

La résine qui découle de ces incisions est reçue dans un creux fait au pied de l'arbre. On vide ce creux tous les mois et on transporte la résine dans des seaux de liége jusqu'aux réservoirs qui l'attendent. On la nomme alors Térébenthine brute, et, dans le pays, *Gomme molle*.

984. Lorsqu'on cesse chaque année la récolte de la térébenthine, il arrive une chose facile à prévoir. Les dernières plaies coulent encore; mais comme la température n'est plus assez élevée pour faire écouler promptement la résine jusqu'au pied de l'arbre, ou, peut-être, l'huile volatile qui lui donne de la fluidité ne s'y trouvant plus en aussi grande quantité, elle se dessèche à l'air sur le tronc et se salit depuis la plaie jusqu'à terre. On récolte cette résine l'hiver et on la met à part; c'est le *Galipot*.

985. On purifie la térébenthine avant de la livrer au

commerce au moyen de deux procédés. Le premier consiste à la faire fondre dans une grande chaudière et à la passer à travers un filtre de paille. Le second, qui ne peut avoir lieu que pendant l'été, s'exécute en exposant au soleil la térébenthine contenue dans une grande caisse de bois carrée dont le fond est percé de petits trous. La térébenthine liquéfiée par la chaleur coule dans un récipient placé au-dessous, tandis que les impuretés restent dans le vase supérieur. La térébenthine ainsi purifiée est plus estimée que l'autre parce qu'elle a moins perdu de son huile essentielle et qu'elle a l'odeur de la térébenthine vierge. Elle est néanmoins inférieure à celle de Strasbourg.

986. On purifie aussi le galipot en le faisant fondre au feu et le passant à travers un lit de paille. Ainsi purifié il porte les noms de *Poix jaune*, *Poix blanche*, *Poix de Bourgogne* (Pix burgundica. — Off.).

La térébenthine de Bordeaux est blanchâtre, trouble, et consistante; d'une odeur désagréable, d'une saveur âcre, amère et nauséeuse.

La térébenthine et le galipot ou la poix blanche ne sont pas les seuls produits des pins et des sapins que l'on trouve dans le commerce. On y rencontre encore :

987. L'*Huile de Térébenthine* et la *Colophone* (Oleum terebinthinæ *et* Colophonia. — Off.). La térébenthine contient environ le quart de son poids d'une huile volatile qui est très-employée dans les arts sous le nom d'*Essence*. On l'obtient en distillant la térébenthine dans de très-grands alambics de cuivre munis d'un serpentin.

L'huile passe (1), et la résine desséchée reste dans la cucurbite. On soutire cette résine par un conduit adapté à la partie inférieure de la cucurbite et on la fait couler dans une rainure creusée dans du sable. En se refroidissant elle

(1) On obtient en outre un peu de phlegme acidulé par l'acide acétique, soit que cet acide existât dans la térébenthine, soit qu'il provienne de l'action du feu sur la résine.

devient solide, vitreuse, transparente, cassante et friable. Elle est d'une couleur plus ou moins brune en raison de la chaleur qu'elle a éprouvée; on la nomme *Brai sec*, *Arcanson* ou *Colophone*.

988. La *Résine jaune* ou *Poix résine*. (Resina flava, Resina pini. — Off.) Si au lieu de couler simplement le résidu de la distillation de la térébenthine, on le brasse fortement avec de l'eau, on lui fera perdre sa transparence, et on lui communiquera une couleur jaune sale. Ainsi préparée, cette résine se nomme *Poix résine* ou *Résine jaune*.

On prépare aussi une poix résine qui est même plus estimée que la précédente, en faisant cuire sur le feu et dans une bassine découverte le galipot purifié ou poix de Bourgogne. On l'agite de même avec de l'eau et on la coule dans des moules de sable. Cette résine est préférée à la première, parce qu'elle a éprouvé une chaleur moins forte et qu'elle n'est pas aussi complétement privée d'huile volatile.

La poix résine est en pains jaunes, opaques et fragiles. Elle a une cassure vitreuse et une odeur très-faible; elle se ramollit dans les doigts.

989. L'*Huile de Raze*. Lorsque le galipot, au lieu d'être sec, est encore mou et abondant en huile volatile, on ne le dessèche pas à l'air libre; on le fait cuire dans un alambic de la même manière que la térébenthine: l'huile qu'on en retire se nomme *Huile de Raze*. Elle est inférieure en qualité à l'huile de térébenthine.

990. La *Poix noire*, (Pix nigra.—Off.) La poix noire se prépare sur les lieux mêmes où croissent les pins et les sapins en brûlant les filtres de paille qui ont servi à la purification de la térébenthine et du galipot, ainsi que les éclats du tronc qui proviennent des entailles faites aux arbres.

Cette combustion s'opère dans un four de six à sept pieds de circonférence et de huit à dix de hauteur. On met le feu au sommet du tas : par ce moyen la chaleur fait fondre et couler la résine vers le bas du fourneau avant que le feu ait pu la décomposer entièrement. Cette résine est conduite par un tuyau dans une cuve à demi-pleine d'eau; là elle se sépare en deux parties, l'une liquide qu'on nomme *Huile de poix* (Pisseloeon), l'autre plus solide, mais qui ne l'est pas assez cependant, et que l'on met bouillir dans une chaudière de fonte jusqu'à ce qu'elle devienne cassante par un refroidissement brusque. On la coule alors dans des moules de terre et elle constitue la poix noire.

La poix noire doit être d'un beau noir, lisse, cassante à froid, mais se ramollissant très-facilement par la chaleur des mains et y adhérant très-fortement.

991. Le *Goudron*. (Pissa, æ. — Off.) Le goudron est un produit du pin analogue à la poix noire, mais beaucoup plus impur. On le prépare seulement avec le tronc des arbres épuisés. Pour cela on divise ces troncs en éclats qu'on laisse sécher pendant un an. On en remplit un four conique creusé en terre, et on les élève au-dessus du sol de manière à en former un cône semblable au premier, et disposé en sens contraire. On recouvre le cône supérieur de gazon et on y met le feu. La combustion du bois se trouvant ralentie par cette disposition, la résine a le temps de couler, très-chargée d'huile et de fumée, vers le bas du fourneau, où elle est reçue dans un canal qui la conduit dans un réservoir extérieur.

C'est là le goudron. Il laisse surnager, de même que la poix, une huile noire que l'on donne en place de l'huile de cade. Celle-ci doit être retirée par la distillation à feu nu du bois d'une sorte de genévrier nommé *Oxicèdre* (Juniperus Oxicedrus L.).

Le goudron est d'un gris noirâtre, demi-liquide, tenace, doué d'une odeur forte et désagréable. Son principal usage est pour la marine. On l'emploie en pharmacie pour faire l'eau de goudron.

992. Le *Brai gras* et la *Poix bâtarde*. On nomme ainsi des mélanges en diverses proportions de brai sec, de poix noire et de goudron que l'on prépare pour la marine.

993. On prépare aussi, d'une manière analogue, une *fausse poix de Bourgogne*, en faisant fondre ensemble de la poix noire, de la colophone et de la térébenthine ; on brasse le tout avec de l'eau pour changer sa couleur brune en une couleur jaune ; mais cette poix factice est facile à reconnaître en ce qu'elle a une odeur désagréable de poix noire, et qu'elle contient de l'eau, tandis que la vraie poix jaune ne contient pas d'eau et a une odeur non désagréable.

994. Le *Noir de fumée* (Fuligo. — Off.). Le noir de fumée se prépare en brûlant la térébenthine, le galipot et les autres produits résineux du pin, qui sont de rebut, dans un four dont la cheminée aboutit à une chambre, qui n'a qu'une seule ouverture fermée par un cône de toile. La fumée de ces matières résineuses, qui est très-chargée de charbon et d'huile, les abandonne en totalité dans la chambre, où on les ramasse ensuite sous la forme d'une poudre noire très-subtile. Le plus beau noir de fumée se prépare à Paris. Il entre dans la composition de l'encre d'imprimerie et sert dans la peinture.

On peut le débarrasser de son huile par l'alcohol et mieux encore par la calcination dans un vase fermé ; alors il offre le charbon le plus pur que l'on puisse obtenir.

SECTION IX. — *Des Baumes.*

Balsama. — Off.

995. Le nom de Baume, qui autrefois était donné à toutes les résines végétales liquides et à beaucoup de préparations pharmaceutiques, a été restreint depuis aux résines liquides ou solides qui contiennent de l'acide benzoïque. Ces sortes de composés sont en petit nombre, et le principal est le Benjoin qui a donné son nom à l'acide benzoïque.

Du Benjoin.

Balsamum benzoinum, i. — Off.

996. Le Benjoin a été long-temps et successivement at-

tribué à plusieurs arbres qui ne paraissent pas le produire; tels sont le *Croton Benzoë*, le *Laurus Benzoin*, et le *Terminalia Benzoin* L. Maintenant, d'après les observation de Dryander botaniste anglais, on l'attribue généralement à une espèce d'aliboufier qui a été nommé *styrax Benzoin*, et qui appartient à la décandrie monogynie et à la famille des ébénacées.

Cet arbre croît abondamment dans la partie méridionale de l'île de Sumatra d'où on nous envoie le benjoin (Il en vient aussi de Java et du royaume de Siam). Le baume en découle par des incisions sous la forme d'un suc blanc qui se solidifie et se colore par le contact de l'air. Chaque arbre peut en fournir trois livres, et les incisions peuvent être continuées dix ou douze années de suite.

On trouve dans le commerce deux sortes de benjoin : le benjoin *amygdaloïde* et le benjoin *en sorte*. Le premier est ainsi nommé parce qu'il est en masses agglomérées, présentant sur un fond rougeâtre une quantité plus ou moins grande de larmes blanches qui ont la forme d'amandes cassées. L'autre ne diffère du premier que parce qu'il ne contient pas de larmes et qu'il renferme beaucoup d'impuretés.

Le benjoin a une odeur très-suave, une saveur d'abord douce et balsamique, mais qui finit par irriter la gorge. Il se fond au feu, et dégage une odeur forte, et une fumée qui, condensée sur un corps froid, offre des cristaux d'acide benzoïque. Il excite fortement l'éternument lorsqu'on le pulvérise.

Le benjoin est entièrement soluble dans l'alcohol, et en est précipité par l'eau et les acides. On en retire l'acide benzoïque par la sublimation, ou à l'aide d'un alcali, et ensuite par la précipitation au moyen de l'acide muriatique; mais ces deux produits ne sont pas purs : le premier contient de l'huile et le second de la résine; il faut les purifier par la sublimation, après les avoir mêlés avec du sable et du charbon.

Le benjoin entre dans la composition du baume du commandeur et dans celle des clous fumans. On en fait aussi une teinture simple, qui, étendue d'eau, forme ce qu'on nomme le *lait virginal*. L'acide benzoïque huileux obtenu par la sublimation, et non purifié, entre dans les pilules balsamiques de Morton.

Du Liquidambar.

Balsamum liquidambar, ris. — Off.

997. Ce baume est produit par le Liquidambar ou Copalme, *Liquidambar Styraciflua* L., grand et bel arbre du Mexique, de la Louisiane et de la Virginie, appartenant à la monoécie polyandrie, et à la famille des amentacées. On l'obtient de deux manières : par des incisions faites au tronc, et par ébullition dans l'eau de l'écorce et des rameaux. Celui qui résulte de la première opération est liquide, de la consistance d'un sirop cuit, transparent, d'une couleur ambrée, d'une odeur tout-à-fait semblable à celle du styrax liquide, d'une saveur forte, aromatique, âcre à la gorge. Il contient une assez grande quantité d'acide, au point qu'il suffit d'en mettre une petite quantité sur du papier de tournesol pour le rougir fortement ; et cet acide est le benzoïque, car son décoctum aqueux, saturé par la potasse, et concentré, laisse précipiter de cet acide par l'acide hydrochlorique. Il laisse, lorsqu'on le traite par l'alcohol bouillant, un résidu blanc peu considérable, et l'alcohol filtré se trouble en refroidissant ; cela semble indiquer une composition plus compliquée qu'on ne le suppose ordinairement dans les baumes, que l'on croit formés, en général, de résine, d'huile volatile et d'acide benzoïque. Il y a quelques années qu'on a vu à Paris une assez grande quantité de ce baume.

Le liquidambar qui résulte de la décoction de l'écorce et des rameaux de l'arbre, diffère du précédent par une consistance plus épaisse et une couleur rouge brune assez foncée ; son odeur paraît être semblable ; il doit cependant contenir moins d'huile volatile et d'acide benzoïque, et doit, par suite, être moins estimé.

Le liquidambar a été long-temps employé pour parfumer les gants ; mais son odeur trop forte en a fait abandonner l'usage : on l'a substitué souvent au baume blanc du Pérou, qui jouit à peu près des mêmes propriétés, et qui a toujours été très-rare. On devrait l'employer en place du styrax liquide ; il est très-probable même que cela se fait dans le commerce, mais seulement après l'avoir falsifié pour l'égaler à la mauvaise qualité ordinaire du styrax.

Du baume du Pérou.
Balsamum peruvianum. — Off.

998. Le Baume du Pérou est obtenu par décoction de l'écorce et des rameaux d'un petit arbre nommé *Myroxylon peruiferum* L. F., de la décandrie monogynie et de la famille des légumineuses, croissant dans les contrées les plus chaudes de l'Amérique méridionale, et surtout au Pérou.

Ce baume a la consistance d'un sirop cuit. Il est d'un rouge brun très-foncé, et transparent lorsqu'on l'étend en couche mince sur du verre. Il a une odeur forte et agréable, et une saveur âcre et amère presque insupportable. Il brûle avec flamme lorsqu'il est chaud, se dissout entièrement dans l'alcohol, et cède de l'acide benzoïque à l'eau bouillante. Il est très-employé par les parfumeurs.

Le baume que je viens de décrire est celui qui est désigné par tous les auteurs, sous le nom de *Baume du Pérou noir* ; ils en distinguent deux autres sortes : le baume du Pérou *blanc*, également liquide, et le baume *roux*, solide ; tous deux renfermés dans des coques de calebasses. On conçoit en effet la possibilité que le même arbre qui donne le baume du Pérou noir par décoction, en fournisse un autre par de simples incisions faites à son tronc, et que ce baume soit liquide, blanc et transparent dans son état récent, et plus ou moins roux et solide selon le degré de dessiccation qu'il aura éprouvé à l'air; mais il est vrai de dire que ces deux sortes de baume ne sont venues que très-rarement en Europe, et que ce qu'on donne pour du baume du Pérou blanc, n'est que du liquidambar, et pour le baume du Pérou roux, du baume de Tolu.

Du Styrax solide ou Storax.

Balsamum storax. — Off. (1)

999. Ce baume était connu des Grecs, qui l'ont nommé *Styrax calamite*, parce que, pour conserver sa beauté et son odeur, on le leur apportait de la Pamphylie, de la Cilicie et de la Syrie, renfermé dans des tiges ou dans des feuilles de roseau. Il découle par incisions, d'un arbre nommé *Aliboufier* (*Styrax officinale* L.), de la décandrie monogynie, et de la famille des ébénacées. Cet arbre croît en Provence, mais ce n'est que sous le climat plus chaud de la Natolie et de la Syrie qu'il produit du styrax.

En recherchant dans le commerce et dans les droguiers les différentes sortes de storax qui s'y trouvent, j'en ai rencontré trois assez distinctes que je vais décrire.

1000. Première sorte: *Storax blanc*. Ce storax est composé de larmes blanches, opaques, assez volumineuses, molles et réunies en une seule masse par leur adhérence réciproque. Il prend, par suite de la même mollesse, la forme des vases qui le renferment, et ressemble alors au galbanum blanc en masses. Il a une odeur forte, et cepen-

(1) Quoique le mot *storax* ne soit qu'une corruption de *styrax* et que le premier styrax connu ait bien été celui qui nous occupe (Στυραξ Καλαμίτης Græc.), cependant dans la nécessité de distinguer de plus en plus ce baume d'un autre plus moderne nommé *styrax liquide*, je suivrai l'usage actuel de donner le nom de *storax* au styrax calamite, et celui de *styrax* au *styrax liquide*.

dant suave; une saveur douce, parfumée, finissant par devenir amère. Cette sorte est celle que De Meuve décrit comme storax calamite; je la crois naturelle.

1001. Deuxième sorte : *Storax amygdaloïde.* Ce storax est en masses sèches, cassantes, formées cependant comme le précédent, de larmes agglutinées, et prenant encore à la longue la forme des vases qui le renferment. Sa cassure offre, sur un fond brun, des larmes amygdaloïdes d'un blanc jaunâtre, ce qui lui donne de la ressemblance avec du beau galbanum vieilli; les portions brunes, qui, à la suite du temps, coulent et remplissent les vides compris entre les parties inférieures de la masse et la paroi du vase, forment une couche vitreuse, transparente et d'un rouge clair. Son odeur est des plus suaves, plus douce que celle du précédent, et supérieure à celle de tous les autres baumes. Sa saveur est douce et parfumée.

Je pense que ce storax, qui est celui nommé par Lemery *Storax calamite*, ne diffère du premier que par son âge dans les droguiers; ses variations de consistance, de couleur, d'odeur et même de saveur, s'expliquent facilement dans cette hypothèse.

L'un et l'autre de ces baumes, traités par l'alcohol bouillant, laissent, indépendamment des impuretés, un petit résidu blanc insoluble, et la liqueur filtrée bouillante se trouble en refroidissant.

J'en tire encore la conséquence, que les baumes sont d'une composition plus compliquée qu'on ne l'a cru jusqu'ici.

1002. Troisième sorte : *Storax rouge-brun.* Ce storax est en masse, évidemment mélangé de sciure de bois, jouissant néanmoins d'une certaine ténacité, et se ramollissant encore bien sous la dent. Il a une couleur rouge-brune, une saveur douce, une odeur très-agréable, moins forte que la première sorte; on y observe çà et là quelques larmes rougeâtres.

Il est à remarquer que les trois sortes de storax que je

viens de décrire ont une odeur semblable, différente de l'odeur bien connue du styrax liquide.

1003. Outre ces trois sortes, on en trouve beaucoup d'autres, qui sont des produits tout-à-fait falsifiés. Ainsi j'ai vu des masses assez semblables, pour la consistance, au dernier storax dont je viens de parler, mais d'un brun noirâtre, d'une odeur de styrax liquide, mêlées de points blancs friables, qui sont de la résine tacamaque, et de quelques larmes de véritable storax. J'ai vu aussi de la sciure de je ne sais quel bois, tout-à-fait sèche et pulvérulente, imprégnée seulement de la petite quantité de styrax liquide nécessaire pour lui donner son odeur (qui n'est pas celle du storax); et on vendait cela pour du storax *en sarilles*, parce qu'on avait lu dans les livres que le storax en sarilles contenait de la sciure de bois.

Du Styrax liquide.

Styrax liquidus. — Off.

1004. Suivant Geoffroy, les anciens Grecs ne connaissaient pas ce baume, qui a d'abord été décrit et distingué du storax calamite par les Arabes. Il règne encore une assez grande incertitude sur son origine. Beaucoup de personnes croient que ce n'est que du storax calamite altéré avec du vin, de l'huile, de la térébenthine et des matières terreuses; d'autres qu'il ne diffère du storax que parce qu'il a été obtenu par décoction de l'écorce et des jeunes rameaux de l'arbre; d'autres, enfin, qu'il est produit par un arbre différent.

La première opinion ne me paraît pas fondée, pour deux raisons : d'abord il m'a été impossible, en mélangeant différentes proportions de storax et de térébenthine, ou d'autres corps résineux, d'obtenir un mélange dont l'odeur fût celle du styrax liquide; ensuite on conçoit que des falsificateurs altèrent une substance chère, du musc, de l'ambre ou du storax, pour les revendre comme musc, ambre ou storax; mais il n'y aurait aucun avantage pour eux à falsifier du storax, pour le revendre à vil prix comme styrax liquide, et dès lors on peut être certain qu'ils ne le font pas.

La seconde origine n'est pas mieux assurée : 1°. parce que l'odeur du storax et celle du styrax liquide sont tout-à-fait différentes; 2°. parce que celle du styrax est plus forte et que sa consistance est plus liquide; tandis que l'effet constant de l'ébullition de l'eau sur un corps composé de résine et d'huile volatile est, au contraire, d'augmenter la consistance et de diminuer l'odeur de ce composé : *Exemples*, la térébenthine cuite, et tous les baumes et résines liquides qu'on peut soumettre à la même épreuve.

Il faut donc admettre que le styrax liquide est produit par un autre arbre que le storax calamite.

Cette conclusion donne du poids à l'opinion émise par Jacques Petiver et rapportée par Geoffroy, que le styrax liquide est obtenu par décoction de l'écorce d'un arbre nommé *Rosa mallos*, lequel croît dans une île de la mer Rouge. Peut-être cette arbre est-il le copalme d'Orient (liquidambar imberbe, H. K.), que d'autres auteurs assurent produire le storax; on serait porté à le croire, par la parfaite identité du styrax liquide (abstraction faite des impuretés) avec le baume liquidambar retiré en Amérique du *Liquidambar styraciflua* L.

1005. Le styrax liquide, tel que le commerce le présente, est de la consistance du miel, d'un gris brunâtre, opaque, d'une odeur forte et fatigante, d'une saveur aromatique non âcre ni désagréable. Conservé long-temps dans un pot, je lui ai vu former, à sa surface, une efflorescence d'acide benzoïque. Il se dissout très-imparfaitement dans l'alcohol froid; l'alcohol bouillant le dissout complétement, sauf les impuretés; la liqueur filtrée se trouble et précipite en se refroidissant (de la cire ?); par son évaporation spontanée elle laisse précipiter une résine molle, et forme enfin une cristallisation d'acide benzoïque.

Le résidu, qui pèse les 0,16 du tout, est composé de terre et de fragmens d'écorce.

Mais on conçoit que la proportion de ce résidu doit varier dans le styrax du commerce ; il faut choisir celui qui en laisse le moins, qui contient le moins d'eau (il en contient toujours), qui a l'odeur balsamique la plus forte, et sans mélange d'aucune autre.

Le styrax liquide entre dans la composition de l'onguent de styrax et dans l'emplâtre mercuriel de Vigo (1).

---

(1) J'ai parlé précédemment du baume liquidambar provenant du *Liquidambar styraciflua* de l'Amérique septentrionale, et j'ai dit qu'il était très-probable qu'on le substituait dans le commerce au styrax liquide d'Asie; j'ai décrit ensuite trois sortes de baume storax, dont deux surtout m'ont paru naturelles, et qui diffèrent bien certainement du styrax liquide; j'ai cherché dans cet article à démontrer que le styrax liquide n'était pas du storax falsifié, ou obtenu par décoction des rameaux de l'arbre : je crois devoir ajouter ici un passage d'une lettre de M. Marcandier de Marseille, en réponse à cette question : *Vient-il du styrax liquide d'Asie?*

« Oui, mais très-peu. Ses caractères sont une consistance et une couleur analogues à celles de l'extrait de genièvre; une odeur très-suave. On n'a pas pu m'en montrer, mais on m'a fait voir une autre substance venant du Levant, que l'on appelle ici indistinctement *storax* et *styrax*. Cette substance est à peu près de la couleur d'une térébenthine commune; sa consistance est presque solide; son odeur est très-suave et ressemble à celle de ce que j'ai vu à Paris sous le nom de storax; elle est mêlée de beaucoup de morceaux de bois. J'ai demandé s'il ne venait pas quelque chose de semblable d'Amérique, on m'a assuré que non; en général, j'ai cru m'apercevoir qu'ils ne recevaient absolument que cette substance, et qu'ils la transformaient au besoin en storax ou en styrax. »

Voici les conséquences que l'on peut tirer de cette lettre :

1°. Il vient bien véritablement d'Asie un baume, *vrai styrax liquide*, différent du storax; mais il en vient très-peu.

2°. Le baume que M. Marcandier a vu à Marseille est du vrai storax, de la sorte que j'ai nommée *storax blanc*, mais d'une qualité inférieure.

3°. Il est donc vrai qu'on donne ce storax à Marseille pour du styrax liquide, probablement après l'avoir falsifié, ce qui explique le sentiment de ceux qui ont avancé que le styrax liquide n'était que du storax altéré; mais je suis toujours porté à croire que ce styrax ne doit pas avoir l'odeur de celui que nous voyons habituellement à Paris.

4°. Ne trouvant, ni dans le vrai styrax qui peut venir d'Asie, ni dans

Du baume de Tolu.
Balsamum tolutanum. — Off.

1006. Le baume de tolu découle par incisions d'un arbre nommé *Toluifera Balsamum* L., de la décandrie monogynie et de la famille des térébinthacées. On cultive cet arbre dans les environs de Carthagène en Amérique.

Le baume de tolu est solide, sec et cassant à froid; mais il coule très-facilement et se réunit en une seule masse comme le fait la poix. Il est fauve ou roux, d'une transparence uniforme qui n'est pas parfaite, d'une odeur très-suave, d'une saveur douce et agréable. Il se ramollit sous la dent et y devient ductile; fond au feu en répandant une fumée agréable; est très-soluble dans l'alcohol et l'éther; cède à l'eau, à la seule chaleur du bain marie, une très-grande quantité d'acide benzoïque.

Le baume de tolu se trouve dans le commerce contenu dans de grandes bouteilles de terre cuite nommées *Potiches*, et aussi, mais plus rarement, dans de petites calebasses. Ce dernier est en général plus mou, plus odorant et plus estimé. On le donne quelquefois pour du baume du Pérou sec.

SECTION X. — *Du Caoutchouc.*

Cahuchu. — Off.

1007. Le Caoutchouc est un produit d'une nature particulière que l'on extrait par incisions d'un arbre nommé par Aublet *Hevea guianensis*, par Linné *Jatropha elastica*, et plus récemment par Willdenow *Siphonia Cahuchu*. Il faut l'avouer : en supposant que Linné ait eu tort de réunir cet

le faux styrax de Marseille une source suffisante de la grande quantité de styrax liquide qui existe dans le commerce, je pense que ce baume provient en grande partie du liquidambar d'Amérique, et alors son histoire devra se confondre avec celle du baume liquidambar (987).

arbre aux *Jatropha*, on ne voit pas la nécessité de lui avoir donné un nouveau nom en l'en séparant. Celui d'Aublet a au moins le mérite de l'antériorité.

L'arbre qui produit le caoutchouc est rangé dans la monoecie monadelphie et dans la famille des euphorbiacées. Il croît surtout au Brésil et dans la Guyane. Le suc qui en découle est blanc et laiteux. Les naturels du pays l'appliquent couche par couche sur des moules de terre et font sécher chaque couche à l'air avant d'en ajouter une nouvelle. Lorsqu'ils jugent l'épaisseur suffisante, ils brisent le moule et le font sortir en morceaux par une ouverture laissée au vase fabriqué par ce moyen. La forme la plus ordinaire du caoutchouc est donc celle d'une gourde; quelquefois cependant les Indiens lui donnent celle d'un oiseau ou de quelqu'autre animal : il paraît aussi qu'on se contente depuis un certain nombre d'années, que le caoutchouc est devenu l'objet d'un commerce étendu, de le réduire en masses solides assez volumineuses.

Le caoutchouc, tel que nous l'avons, est une substance brunâtre, demi-transparente lorsqu'elle est en lame mince, très-souple et éminemment élastique. Il se fond au feu, se boursoufle considérablement, et brûle avec une flamme très-blanche, en répandant une fumée odorante très-épaisse. Il fournit de l'ammoniaque à la distillation; est insoluble dans l'eau froide, se ramollit seulement dans l'eau bouillante; est insoluble dans l'alcohol, mais très-soluble dans l'éther et les huiles volatiles. Les alcalis caustiques ne lui font éprouver aucune altération (?). L'acide sulfurique le charbonne superficiellement; l'acide nitrique le dissout, en dégageant de l'azote, de l'acide carbonique, de l'acide hydrocyanique, et formant de l'acide oxalique.

Le caoutchouc diffère des résines, non par son insolubilité dans l'alcohol, car nous avons vu qu'il y avait des résines insolubles dans ce menstrue, mais plutôt parce qu'il contient de l'azote, et qu'il ne se dissout pas dans les alcalis. Je fais à peine entrer en ligne de compte son élasticité, qui n'est qu'une propriété physique (1) : il donne de l'acide oxalique par l'acide nitrique; mais la résine de gaïac et d'autres, probablement, en donnent aussi.

Le caoutchouc est une substance précieuse pour la fabrication des sondes, des bougies, et d'une infinité d'autres instrumens de chirurgie. On l'emploie aussi pour enlever à l'aide du frottement les traces que le crayon forme sur le papier

De la Glu.

Viscus, ci. — Off.

1008. La glu offre plus d'un rapport avec le caoutchouc. Elle exsude naturellement des rameaux du *Robinia viscosa* L., mais on la prépare en plus grande quantité artificiellement par la putréfaction de la seconde écorce du houx (*Ilex aquifolium* L.). Lorsqu'elle est pure elle jouit des propriétés suivantes :

Elle a une couleur verdâtre, ne possède ni odeur ni saveur caractérisée, est demi-liquide, très-visqueuse, collante, et ne se dessèche pas à l'air. Elle est insoluble dans l'eau, soluble à chaud dans l'alcohol, très-soluble dans l'éther, insoluble dans les alcalis, un peu soluble dans les acides faibles, décomposable par les acides minéraux concentrés.

Elle paraît contenir de l'azote, à en juger par l'odeur qu'elle dégage en brûlant.

SECTION XI. — *Des Huiles fixes ou Huiles grasses.*

1009. On nomme ainsi des produits immédiats des végétaux, ordinairement liquides, quelquefois mous ou solides, d'une consistance onctueuse, d'une saveur douce, inso-

(1) La résine animé et la copal deviennent élastiques par la chaleur : de plus je suis porté à croire que ces deux résines existent dans le végétal à l'état laiteux, ce qui en rapproche encore le caoutchouc.

lubles dans l'eau, d'une pesanteur spécifique inférieure à celle de l'eau, la plupart insolubles dans l'alcohol, pouvant se combiner (non sans altération, cependant) avec les alcalis et quelques autres oxides métalliques, et formant alors des composés qui ont reçu le nom de *savons*.

Ces huiles sont nommées fixes ou grasses, parce qu'elles ne peuvent se volatiliser à aucune température sans se décomposer en partie; qu'elles ne se dissipent par conséquent pas dans l'air, et qu'alors, restant sur les corps où on peut les avoir laissé tomber, elles les tachent d'une manière permanente.

Pendant long-temps on a regardé les huiles fixes comme autant de produits immédiats simples, qui, rapprochés les uns des autres par un certain nombre de caractères communs, formaient ensemble un genre dont chacune était une espèce. Mais depuis quelques années MM. Braconnot et Chevreul ont montré que chaque huile était elle-même composée de deux principes immédiats; l'un solide, sec et cassant, nommé *Stéarine*, l'autre toujours liquide nommé *Elaïne*. Nonobstant cela, il reste encore à établir les rapports et les différences qui peuvent exister entre la stéarine et l'élaïne des différentes huiles; car celles-ci jouissent de propriétés trop souvent opposées, pour qu'on puisse en chercher la cause dans de simples variations de proportions entre deux corps uniques, la stéarine et l'élaïne.

C'est ainsi que beaucoup d'huiles fixes, et notamment celles de lin, de pavots et de navette, sont insolubles dans l'alcohol; l'huile d'amandes y est à peine soluble, celle d'olives l'est un peu, et l'huile de ricins l'est en toutes proportions.

De même aussi, il y a des huiles qui sont siccatives, c'est-à-dire qui s'épaississent et finissent par se solidifier à l'air (ce sont surtout les trois premières que j'ai désignées comme insolubles dans l'alcohol); d'autres ne paraissent pas susceptibles d'éprouver cet effet, telle est surtout l'huile d'olives.

Je ne ferai guères ici que de rappeler les principales huiles fixes que l'on trouve dans le commerce.

1010. L'*huile de Ben* (Oleum balaninum. — Off.) : retirée des semences du *Moringa zeilanica* Lamark (729) ; rancit difficilement, se sépare en deux parties, l'une solide, l'autre toujours fluide, n'est plus employée en pharmacie.

1011. L'*huile de Chènevis* (Oleum cannabinum. — Off.) : n'est employée que pour l'éclairage. S'extrait en grand dans la Bourgogne des semences du chanvre, *Cannabis sativa* (748). Elle est verdâtre.

1012. Les *huiles de Colza et de Navette* servent à brûler ; sont extraites en grand, dans le nord, des semences des *Brassica arvensis* et *B. Napus* L. (570-571). La première se trouve en plus grande quantité que la seconde ; toutes deux sont jaunes et ont peu d'odeur. Elles servent aussi à fouler les étoffes de laine et à préparer les cuirs.

1013. L'*huile de Faîne*. Cette huile est tirée de la faîne, fruit épineux et à quatre valves du hêtre de nos forêts (*Fagus silvatica* L. Monœcie polyandrie, amentacées). Ce fruit contient des semences triangulaires, lisses et à amandes pulpeuses. On en extrait l'huile par expression.

L'huile de faîne se prépare en assez grande quantité dans nos départemens de l'est, où elle est presque toute consommée, tant comme aliment que pour l'éclairage ; il paraît, cependant, qu'elle est douée, lorsqu'elle est récente, d'une âcreté qui en rend l'usage nuisible comme aliment. On détruit ordinairement cette âcreté en faisant légèrement bouillir l'huile sur le feu ; mais ce moyen, qui lui donne un goût désagréable, devrait être remplacé par l'ébullition avec l'intermède de l'eau, comme on le pratique pour l'huile de ricin.

1014. L'*huile de Lin* (Oleum ex semine lini. — Off.) : Extraite des semences du *Linum usitatissimum* L. (775). Elle sert pour l'éclairage. Comme elle est très-siccative, les peintres en font aussi une très-grande consommation pour délayer leurs couleurs ; mais pour les couleurs blanches et délicates, il faut qu'ils emploient l'huile de pavot qui est moins colorée, ou qu'ils décolorent l'huile de lin en l'exposant au soleil dans un vase de verre.

1015. L'*huile de Muscade* (Oleum ex semine moschatæ.—Off.) : Extraite de la semence du *Myristica moschata* L. (784). Nous vient de la Hollande en pains carrés, solides, friables, d'une couleur jaune rougeâtre marbrée, et d'une odeur de muscade. On peut en retirer l'huile volatile pour la distillation. Elle est souvent falsifiée dans le commerce, et les pharmaciens feraient bien de la préparer eux-mêmes.

1016. *Huile de Noix et de Noisette* (Oleum ex nucibus et avellanis. — Off.) Ces huiles sont extraites par expression à chaud des fruits du noyer et du noisetier, qui sont le *Juglans regia* L. (796), et le *Corylus Avellana* L. (795). Elles servent pour l'éclairage et pour la peinture, car elles sont siccatives. Quelquefois aussi on les extrait à froid, et alors elles sont très-agréables à manger.

1017. *Huile d'Olives et de Pavots*. J'ai déjà parlé de ces huiles aux articles respectifs des fruits qui les fournissent (798 et 803) ; je n'y reviens ici que pour indiquer les moyens de reconnaître leur mélange, que l'on donne à la place de l'huile d'olive pure.

L'*huile d'olive* (Oleum ex oleâ. — Off.), toujours liquide dans l'été, se solidifie en partie dès que la température s'abaisse au-dessous de + 10 dégrés, et se présente alors sous la forme d'une masse grenue d'autant plus ferme qu'il fait plus froid. Elle a une saveur qui lui est propre et qui peut déjà servir, jusqu'à un certain point, à reconnaître sa pureté. Elle forme avec les alcalis des savons solides, et avec l'oxide de plomb un emplâtre blanc, solide, sec et cassant. Elle ne se dessèche pas à l'air, et est si peu soluble dans l'alcohol que mille gouttes de celui-ci n'en dissolvent que trois gouttes (M. Planche. *Bull. Pharm.* I. 299.)

1018. L'*huile de pavot* (Oleum ex semine papaveris.

— Off.) est toujours liquide, plus fluide que l'huile d'olive, d'une couleur plus pâle, d'une odeur et d'une saveur peu prononcées lorsqu'elle est récente. Elle est plus soluble dans l'alcohol, dont mille gouttes en dissolvent huit. Elle forme avec l'oxide de plomb un emplâtre mou, qui jaunit et se dessèche à sa surface. Enfin elle est siccative à l'air.

1019. On connaît trois moyens de distinguer l'huile d'olive pure de celle qui est mélangée d'huile de pavot. Le plus simple, qui est bon pour l'usage ordinaire, consiste à remplir à moitié une fiole de l'huile suspectée et à l'agiter fortement. Si l'huile d'olive est pure, après quelque temps de repos sa surface sera très-unie; si elle est mélangée d'huile de pavot, il restera tout autour une file de bulles d'air, ce qu'on exprime en disant qu'elle *forme le chapelet*.

1020. Le second moyen consiste à refroidir l'huile dans de la glace pilée : l'huile d'olive s'y fige complètement (d'autant plus qu'elle est plus récente); celle qui est mélangée d'huile de pavot y reste en partie liquide; un mélange de deux parties d'huile d'olive sur une d'huile blanche ne s'y fige pas du tout.

1021. Le troisième moyen, qui est sans contredit le meilleur de tous, a été indiqué dernièrement par M Poutet, pharmacien à Marseille : On met dans une fiole six parties de mercure et sept parties et demie d'acide nitrique à trente-huit degrés. Lorsque la dissolution du métal est opérée, on pèse dans une autre fiole un gros de la liqueur (1) et douze gros d'huile, et on agite fortement le mélange de dix minutes en dix minutes, pendant deux heures, après lesquelles on le laisse en repos. Le lendemain toute la masse est solidifiée, si l'huile d'olive était pure. Un dixième d'huile blanche lui donne une consis-

(1) Cette liqueur est un mélange de proto-nitrate et de deuto-nitrate de mercure, avec un excès d'acide nitrique.

tance d'huile d'olive figée. Au delà de cette proportion, une portion d'huile liquide surnage le mélange, et est d'autant plus abondante que l'huile d'olive contenait plus d'huile étrangère. On peut même juger, par approximation, de la quantité de celle-ci par la première, en opérant la solidification de l'huile falsifiée dans un tube cylindrique gradué.

1022. *Huile de Palme* (Oleum Palmæ. — Off.) Cette huile est solide, de la consistance du beurre, d'une couleur jaune-orangée, d'une saveur très-douce, avec un léger goût d'iris, et d'une odeur analogue. Elle se fond par la seule application du doigt, ou, plus exactement, à vingt-neuf degrés centigrades. Alors elle est très-fluide, d'une couleur orangée foncée, et filtre très-facilement au travers du papier. Elle est tout-à-fait insoluble dans l'eau froide ou bouillante, est soluble dans l'alcohol à quarante degrés froid, et en est précipitée par l'eau; est plus soluble dans le même alcohol bouillant, et s'en précipite en partie par le refroidissement. Elle se dissout en toutes proportions dans l'éther sulfurique. Les alcalis la saponifient facilement sans lui faire perdre sa couleur, et sans lui en donner une rouge, ce qui arrive à de fausse huile de palme que l'on trouve quelquefois dans le commerce, et que l'on a colorée avec du curcuma.

L'huile de palme est extraite par expression du fruit d'un grand arbre nommé *Elais guineensis* L., croissant naturellement en Afrique, dans la Guyane, et appartenant à la dioecie hexandrie, et à la famille des palmiers. Ce fruit est ovoïde, trigone, de la grosseur d'un œuf de pigeon, et d'un jaune doré; enveloppé d'un brou fibreux qui contient lui-même une matière grasse et onctueuse, recherchée par les singes et d'autres animaux; mais c'est de l'amande que l'on extrait l'huile de palme que nous avons: quelques auteurs lui donnent aussi le nom de *Beurre de Galaham*.

D'autres palmiers fournissent également des huiles concrètes, analogues à la précédente. Tels sont le *Cocos nucifera* L., le *Cocos butyracea* L., et l'*Areca oleracea* L. Ces huiles ne diffèrent guère de celle de l'*Elais* que par leur couleur et leur odeur.

L'huile de palme doit entrer dans la composition du baume nerval.

1023. *Huile de Ricin* (Oleum ex semine ricini. — Off.) (824). Cette huile, qui nous vient encore d'Amérique par la voie de l'Angleterre, est aussi préparée en grande quantité à Nîmes en Provence, et même à Paris.

Elle est très-épaisse, transparente, quelquefois rougeâtre, ce qui tient à un mauvais mode de préparation; quelquefois verdâtre, couleur qui paraît due à une disposition particulière des enveloppes; le plus souvent jaune ou presque blanche. Elle a une odeur fade, et une saveur douce, suivie d'une légère âcreté. Souvent elle est beaucoup plus âcre, ce qui peut tenir à deux causes, ou à une mauvaise préparation, ou à sa rancidité; dans les deux cas il convient de la rejeter. Enfin l'huile de ricin jouit, entre toutes les huiles grasses, d'une propriété exclusive qui ne permet de la confondre avec aucune autre; elle est soluble en toutes proportions dans l'alcohol pur, et dans la proportion de trois cinquièmes dans l'alcohol à trente-six degrés. Cette propriété est très-utile pour reconnaître l'huile de ricin altérée par son mélange avec d'autres huiles : il suffit de la traiter par deux ou trois fois son poids d'alcohol à trente-six degrés; elle s'y dissoudra entièrement si elle est pure, ou laissera un résidu d'huile insoluble si elle a été sophistiquée. Ce moyen, qui a été indiqué pour la première fois en Prusse par Rose, et en France par M. Planche, est si simple qu'il a fait cesser cette sophistiquerie déjà très-usitée dans le commerce (*Bulletin de Pharmacie* I. 241).

SECTION XII. — *Des Huiles volatiles.*
Olea volatilia. — Off.

1024. Les huiles volatiles sont des produits végétaux qui sont à peu près insolubles dans l'eau, très-solubles dans l'alcohol et dans l'éther, qui ont une odeur forte, une saveur âcre et caustique; enfin qui peuvent se volatiliser et être distillés sans décomposition (?) à une chaleur de cent à cent cinquante degrés centigrades.

Les huiles volatiles peuvent se trouver dans toutes les parties des végétaux; et, quand c'est dans le fruit, elles s'y trouvent surtout à l'extérieur; tandis que les huiles fixes ne se trouvent ordinairement que dans les fruits, et presque toujours à l'intérieur.

Les huiles volatiles varient beaucoup en consistance, pesanteur et couleur, enfin quant à toutes leurs propriétés physiques : ainsi, celles de roses, de persil, d'aunée, de benoîte, sont concrètes; celles d'anis et de fenouil sont habituellement liquides, mais cristallisent par le moindre froid; celles de girofle, de sassafras, et en général de tous les bois exotiques, sont plus pesantes que l'eau, et d'une consistance onctueuse; celles de citron, de bergamotte et des autres fruits analogues, sont presqu'aussi fluides que l'alcohol et peu colorées; d'autres sont d'un jaune citron, orangé ou verdâtre; l'huile de valériane et l'huile d'absinthe sont vertes; celle de camomille est souvent bleue.

Toutes les huiles volatiles s'obtiennent par la distillation dans des alambics, et à l'aide de l'eau pure ou chargée de sel, des végétaux ou des parties de végétaux qui les contiennent.

1025. Les premiers chimistes pneumatiques ont regardé les huiles essentielles comme des produits immédiats simples des végétaux; mais on n'a pas dû tarder à changer d'idée, d'après les travaux de M. Proust sur les huiles essentielles tirées des plantes aromatiques de Murcie, et les expériences de M. Margueron sur l'altération des huiles volatiles par le froid. Nous voyons cependant encore dans les ouvrages de chimie les plus modernes ces huiles considérées comme des produits simples : il convient donc de rappeler en peu de mots les résultats de ces deux chimistes, afin d'engager les autres à suivre la carrière qu'ils ont ouverte, et qui semble promettre une ample moisson de faits intéressans.

1026. M. Proust a d'abord observé dans l'huile de lavande différentes cristallisations arborisées, qu'il a reconnues pour être formées de camphre ; cette même huile transvasée et répandue au dehors du flacon, s'est en quelques instans convertie en une neige cristalline de camphre.

Les huiles de sauge, de marjolaine et de romarin, lui en ont aussi offert ; il a retiré par l'évaporation lente de l'huile volatile à l'air :

De 4 parties d'huile de Lavande. .	$1 \frac{32}{128}$	de camphre.
$7 \frac{1}{2}$ huile de Sauge. . .	$1 \frac{17}{128}$	
$9 \frac{5}{6}$ huile de Marjolaine.	$1 \frac{13}{628}$	
16 huile de Romarin. .	$1 \frac{8}{628}$	

M. Proust a trouvé que ce camphre se comportait avec l'acide nitrique comme celui du *Laurus Camphora*. (*Ann. Chim.* IV. 179.)

1027. M. Margueron (*Ann. Chim.* XXI. 174.), ayant soumis différentes huiles volatiles à l'action d'un froid de vingt-deux degrés, observa dans l'huile de menthe poivrée de petites aiguilles capillaires blanches qui se liquéfiaient entre les doigts ; la partie restée liquide paraissait avoir perdu un peu de son odeur. L'huile de fleurs d'oranger présentait de même différentes ramifications ; elle avait bruni et perdu beaucoup de sa fluidité.

L'huile de bergamotte n'avait éprouvé d'autre altération que celle de produire quelques lames elliptiques qui ont disparu à — 4 degrés. L'huile de citron paraissait avoir perdu de sa fluidité ; quelques jours après il s'en est séparé un liquide aqueux acide, et de petits cristaux informes devenant opaques et friables par l'action de l'air, insolubles dans l'eau froide, fusibles dans l'eau bouillante, cristallisables par refroidissement, solubles dans l'alcohol qui en acquérait la propriété de rougir le tournesol; cette matière est évidemment de nature particulière. L'huile de cannelle s'était épaissie et offrait une cristallisation irrégulière qui a disparu à — 4 degrés. Des expériences faites par d'autres chimistes (MM. Vauquelin et Deyeux) semblent indiquer dans l'huile de cannelle la présence de l'acide benzoïque.

L'auteur ayant ensuite examiné les concrétions formées à la longue dans différentes huiles volatiles, celle formée dans l'huile de fenouil était lamelleuse, devenait blanche et friable à l'air, se fondait sur les cendres chaudes et se sublimait en aiguilles; elle était insoluble dans l'acide nitrique et sa dissolution alcoholique rougissait le tournesol, ce qui la distinguait du camphre. L'huile de sauge distillée depuis très-long-temps lui a offert une autre substance différente de la précédente, et différente du camphre.

1028. Il résulte de tous ces essais :

1°. Que les huiles volatiles sont des produits végétaux composés.

2°. Que la plupart paraissent, comme les huiles fixes, contenir au moins deux produits immédiats, l'un liquide, l'autre solide et, de plus, cristallisable et volatil.

3°. Que ces différens principes cristallisables ne sont pas identiques entre eux.

4°. Que le camphre est un de ces principes, qui est à l'huile volatile du *Laurus Camphora* et de plusieurs labiées, ce que, par exemple, la stéarine est au suif, et l'huile solide de l'huile d'olive à l'huile d'olive même.

5°. Que le camphre mérite autant d'être compris au rang des huiles volatiles que la stéarine au rang des huiles fixes; ou plutôt que l'on devrait, en chimie, étudier cette classe de corps sous deux points de vue; d'abord sous celui d'*espèces chimiques*, ce qui se ferait en établissant les caractères de chaque produit immédiat simple amené à l'état de pureté; ensuite sous le point de vue des mélanges naturels que les végétaux nous présentent, ce qui ramènerait à l'histoire des huiles essentielles telles que nous les connaissons.

De même que pour les huiles fixes, je ne ferai presque ici que passer en revue les principales huiles volatiles que l'on trouve dans le commerce.

Des huiles de Bergamotte, de Cédrat, de Citron, de Limette, d'Orange et d'Orangette.

1029. Toutes ces huiles se retirent des fruits de différentes variétés de citronniers et d'orangers.

L'*huile de Bergamotte* (Oleum volatile Bergamii. — Off.) provient du *Citrus aurantium Bergamium* du Jardin du Roi (H. P.).

L'*huile de Cédrat* (Oleum volatile cedræ. — Off.) est tirée du *Citrus medica Cedra* H. P.

L'*huile de Citron* (Oleum volatile Citri. — Off.) du *Citrus medica* H. P.

L'*huile de Limette* (Oleum volatile Limonis. — Off.) du *Citrus Limon* H. P.

L'*huile d'Orange* (Oleum volatile Aurantiarum. — Off.) du *Citrus Aurantium* H. P.

L'*huile d'Orangette* (Oleum volatile Aurantiarum minimarum. — Off.) du *Citrus aurantium* H. P.

Les fruits de tous ces arbres sont recouverts d'une écorce tendre, pulpeuse, plus ou moins épaisse, blanche à l'intérieur et jaune à l'extérieur. Cette partie jaune, que l'on nomme *zeste*, est composée d'un nombre infini d'utricules, qui renferment une huile volatile jaune et d'une odeur agréable. On peut l'en retirer de deux manières : par expression et par distillation. Celle obtenue par le premier procédé est toujours plus suave ; mais elle est légèrement louche à cause d'un peu d'eau et de mucilage qu'elle contient, et elle s'altère plus promptement que l'autre. L'huile obtenue par distillation est toujours limpide.

Ces huiles sont sujettes à être falsifiées avec de l'alcohol. On peut reconnaître la fraude en les agitant avec une petite quantité d'eau, qui devient et reste laiteuse dans le cas de la présence de l'alcohol, et qui autrement redevient limpide en très-peu de temps. Cependant, d'après M. Vauquelin, cette épreuve n'est bonne que lorsque l'huile volatile contient une certaine proportion d'alcohol, au-dessous de laquelle elle se conduit comme de l'huile pure.

Les huiles de bergamotte, de cédrat, de citron, de limette, et d'orangette (dite dans le commerce *petit grain*), nous viennent surtout de Grasse en Provence. L'huile d'orange, qui porte le nom d'*Essence de Portugal*, nous vient de Portugal et de Provence.

De l'huile de Cajeput.

Oleum cajeput. — Off.

1030. Cette huile, qui nous vient des Indes orientales, est retirée par la distillation des feuilles du *Melaleuca Leucadendron* L.; arbre de la famille des myrtinées et de la polyadelphie polyandrie. Elle est très-souvent falsifiée. Telle que je l'ai vue, elle était transparente, d'une très-belle couleur verte foncée, très-fluide, plus légère que l'eau, d'une odeur forte, aromatique, non désagréable, difficile à comparer à d'autres plus connues.

Des huiles de Cannelle, de Girofle, de bois de Rhodes et de Sassafras.

Olea volatilia ex cinnamomo, ex Caryophyllis, ex ligno rhodio, ex sassafras. — Off.

1031. Les deux premières de ces huiles se préparent dans les pays qui nous fournissent la cannelle et le gérofle; mais les Hollandais en font aussi une très-grande quantité, et préparent ordinairement les autres.

L'huile de cannelle est de deux sortes : celle retirée de la cannelle de Ceylan et celle qui provient de la cannelle de Chine. La première, beaucoup plus rare et plus estimée, coûte, rendue à Paris, de 40 à 50 francs l'once, et la seconde seulement de 8 à 10 francs. Aussi a-t-elle une odeur bien moins agréable : il est assez facile de les distinguer.

Ces huiles, ainsi que celles de girofle, de bois de Rhodes et de sassafras, sont très-souvent falsifiées dans le commerce; tantôt avec de l'alcohol, et cette falsification se reconnaît en les traitant par l'eau, comme je l'ai dit pour les huiles de citron, etc.; tantôt elles le sont avec une huile grasse, ce qu'on découvre en les traitant par l'alcohol, qui ne dissout pas celle-ci. Il vaut encore mieux que les pharmaciens les préparent eux-mêmes, surtout celles de girofle et de sassafras, qu'il est facile d'obtenir en assez grande quantité.

Des huiles de Genièvre, de Lavande et de Romarin.

Olea volatilia ex fructu juniperi, ex lavandulâ, ex rosmarino. — Off.

1032. L'huile de genièvre nous vient surtout de la Flandre et des Pays-Bas. Les deux autres, ainsi que d'autres huiles extraites des plantes labiées, sont tirées de Grasse en Provence.

Toutes sont plus légères que l'eau, d'une couleur jaune et assez fluides. En raison de leur odeur forte, elles sont susceptibles d'être falsifiées par de l'huile de térébenthine rectifiée, ce qui est assez difficile à reconnaître.

De l'huile de Roses.

Oleum volatile ex rosis. — Off.

1033. L'Huile de Roses vient de la Turquie et de la Perse, où on la prépare, soit avec la rose pâle, qui, dans ce pays, acquerrait plus d'odeur que dans le nôtre, soit avec la rose muscate, dont l'odeur plus forte se rapproche aussi davantage de celle de l'huile de roses.

Cette huile a des caractères qui la font facilement reconnaître. Outre son odeur, qu'on doit choisir la plus forte quand elle est pure, et la plus suave lorsqu'elle est affaiblie, elle est ordinairement sous la forme d'une masse cristallisée, dans laquelle on aperçoit un très-grand nombre de lames aiguillées, brillantes, qui se fondent et se dissolvent entièrement dans la portion restée liquide, par la seule chaleur de la main. Alors cette huile est transparente et d'un blanc légèrement verdâtre. L'alcohol chaud la dissout entièrement, mais l'alcohol froid la sépare en deux portions : l'une soluble, qui est toujours liquide; l'autre insoluble, qui reparaît sous la forme de lames brillantes; toutes deux m'ont paru odorantes.

L'huile de roses est devenue moins rare depuis quelques années.

De l'huile de Térébenthine.

Voyez (987).

Du Camphre.

Camphora, ræ. — Off.

1034. Le Camphre est une huile volatile concrète, assez abondante dans plusieurs plantes de la famille des labiées, mais abondant surtout dans une espèce de laurier du Japon, nommé *Laurus Camphora*, et appartenant, ainsi que ses congénères, à l'ennéandrie monogynie et à la famille des laurinées. Il existe aussi, dit-on, en si grande quantité dans un autre arbre des îles Bornéo et Sumatra, non encore bien connu, qu'on en trouve des larmes toutes formées dans son intérieur; mais la plus grande partie du camphre du commerce est retirée du laurier-camphrier du Japon.

Pour obtenir le camphre, on réduit en éclats la racine, le tronc et les branches du laurier-camphrier, et on en remplit de grandes cucurbites de fer, surmontées de chapiteaux en terre, dont on garnit l'intérieur de paille de riz. On chauffe modérément, et le camphre se volatilise et se sublime sur la paille. On le rassemble et on l'envoie en Europe en cet état. Il est sous la forme de grains grisâtres, agglomérés, huileux, humides, plus ou moins impurs.

Les Hollandais ont été long-temps seuls en possession de raffiner le camphre, ce qui s'exécute par une nouvelle sublimation dans des matras de verre d'une forme aplatie. Ils ont gardé le monopole de cet art long-temps encore après la publication du procédé; car il n'y a guère que huit à dix ans qu'on raffine le camphre en France, et cependant le procédé s'en trouve décrit dans la Matière Médicale de Geoffroy (tome II, page 21), et dans le mémoire de M. Proust cité plus haut (*Annales de Chimie*, IV. 189). Il paraît même avoir été connu de Lemery. Tout récemment M. Clémandot l'a décrit d'une manière encore plus exacte (*Journal de Pharmacie*, III. 353). Il est donc à croire que nous cesserons bientôt entièrement d'avoir recours aux Hollandais pour le camphre purifié.

1035. Le camphre purifié est solide, blanc, transparent, plus léger que l'eau; il a une odeur très-forte, et est si volatil, qu'il se dissipe entièrement dans l'air, même à une basse température; il est très-inflammable, brûle même à la surface de l'eau, et brûle sans résidu; il n'est pas sensiblement soluble dans l'eau, à laquelle cependant il communique une odeur prononcée; il est très-soluble dans l'alcohol, l'éther, les huiles fixes et volatiles.

Les alcalis ne l'attaquent pas; les acides affaiblis le dissolvent sans altération, et le laissent précipiter par l'eau ou par les alcalis; l'acide sulfurique concentré le charbonne et le décompose; l'acide nitrique concentré le dissout en très-grande quantité, s'y combine, et forme un composé analogue aux combinaisons des acides avec l'alcohol. Lorsqu'on aide l'action de l'acide de celle du calorique, et qu'on en emploie une grande proportion, on change le camphre en un corps qui a toujours de l'analogie avec lui, mais qui est acide, et qui se combine alors aux bases salifiables. C'est l'*acide camphorique*.

SECTION XIII. — *Des Produits fermentés.*

Je comprends ici les produits de la fermentation vineuse et de la fermentation acéteuse que la pharmacie tire du commerce. Ce sont : le vin, l'alcohol, le vinaigre, quelquefois la bière, beaucoup plus rarement le cidre. Il n'entre pas dans mon plan de décrire les phénomènes généraux de ces deux fermentations, et d'en donner les théories ; je me restreindrai à la fabrication des seuls produits que je viens de nommer, et à l'exposition de leurs propriétés les plus saillantes.

De la Bière.

Cerevisia, æ. — Off.

1036. La Bière se prépare avec l'orge, à l'aide de plusieurs opérations indispensables pour en déterminer et régler la fermentation.

On commence par faire tremper l'orge dans l'eau, afin de le ramollir et de le disposer à la germination ; on l'étend ensuite sur un plancher en une couche uniforme d'environ dix-huit pouces, et on le remue de temps en temps pour empêcher qu'il ne s'échauffe trop. Au bout de quelques jours on voit le germe paraître. Lorsqu'il a acquis une à deux lignes de longueur, on arrête l'opération en desséchant l'orge dans une étuve chauffée à 60 degrés. La germination a pour but de développer dans l'orge une plus grande abondance de principe sucré ; mais il faut l'arrêter à temps par la dessiccation, car autrement le sucre produit se détruirait. L'orge germé, séché et privé de ses germes, se nomme *drèche* ou *malt*.

On mout la drèche grossièrement, et on la met dans une grande cuve à double fond, dont on laisse l'intervalle des deux fonds vide. On y fait arriver de l'eau presque bouillante par le bas, de manière à couvrir la drèche, et on brasse fortement le tout; deux ou trois heures après on soutire l'eau, et on la remplace par de nouvelle, afin de mieux épuiser la drèche. On réunit les liqueurs qui contiennent tous les agens de la fermentation, et on les fait évaporer pour les concentrer. Sur la fin on y ajoute de la fleur de houblon, dont le principe amer et astringent doit déterminer la fermentation qui va suivre, à être alcoholique plutôt qu'acéteuse; car on a remarqué que le moût d'orge, mis à fermenter sans houblon, ne donnait guère que du vinaigre. Après que cette plante a bouilli pendant un instant dans la liqueur, on passe celle-ci et on la reçoit dans une grande cuve, où l'on ajoute assez de levure délayée pour y établir une prompte fermentation. Cette fermentation est des plus tumultueuses, et donne naissance à une écume abondante très-riche en ferment. C'est cette écume qui forme la *levure* dont je viens d'indiquer l'emploi, et qui, en outre, étant lavée à grande eau pour lui enlever son amertume, est employée par les boulangers pour faire lever la pâte.

Lorsque la fermentation est apaisée, on distribue la bière dans de petits tonneaux, où elle continue de fermenter et de jeter de l'écume pendant plusieurs jours; alors on ferme le tonneau et on la livre au commerce.

La bière demande à être bue promptement, à cause de sa facilité à s'aigrir. Elle contient moins d'alcohol que le cidre, et à plus forte raison que le vin.

La bière est quelquefois employée à composer une bière antiscorbutique, pour laquelle on suit la même formule que pour le vin. Il faut observer seulement d'y ajouter un peu d'alcohol en même temps que les plantes, si l'on veut empêcher qu'elle ne s'aigrisse.

Du Cidre.
Pomaceum, cei. — Off.

1037. Le cidre est une liqueur vineuse que l'on fait surtout en Normandie et en Picardie, avec le suc de petites pommes aigres et âpres qui y sont fort communes. On récolte ces pommes depuis septembre jusqu'en novembre. On les laisse en tas pendant quelque temps pour achever de les faire mûrir et y développer plus de principe sucré. On les écrase, on y mêle ordinairement une certaine quantité d'eau, et on les exprime. On reçoit le suc dans une grande cuve, d'où il est ensuite versé dans des tonneaux, où il fermente lentement; ce n'est guère que vers le mois de mars qu'il est bon à mettre en bouteilles et à boire.

Du Vin.
Vinum, i. — Off.

1038. Le vin se retire du raisin, qui est le fruit de la vigne, *Vitis vinifera* L. Lorsque ce fruit est mûr, on le cueille et on le réunit dans de grandes cuves, où on le foule avec les pieds. Le suc qui en sort se nomme *moût*. On l'abandonne sur son marc pendant trois ou quatre jours, durant lesquels la fermentation s'établit. On reconnaît qu'elle commence lorsqu'on voit se former à la surface de la liqueur des bulles qui vont rapidement en augmentant. Ces bulles, qui sont de l'acide carbonique, soulèvent les débris solides du fruit, et une écume épaisse, composée surtout de ferment altéré. Cette écume et ces débris soulevés au-dessus du liquide, en forment ce qu'on nomme le *chapeau*.

Peu à peu l'effervescence se calme et le chapeau s'affaisse. Alors on soutire le liquide dans des tonneaux. Il porte déjà le nom de vin.

Le vin continue de fermenter dans les tonneaux, mais

lentement, parce que la plus grande partie des agens de la fermentation est déjà détruite. La combinaison des autres principes devient aussi plus intime; la quantité d'alcohol augmente, et cet alcohol opère la précipitation d'une partie du *tartre* contenu dans le vin, et celle de la *lie* qui se compose encore de débris atténués de fruits et de ferment décomposé. Telle est la manière générale dont on obtient les vins rouges.

1039. Les vins blancs se font avec les raisins blancs. On peut cependant aussi en faire avec les raisins rouges; mais alors, au lieu de laisser fermenter le moût sur son marc, au moyen de quoi il se colore en rouge en dissolvant la matière colorante de l'épiderme du raisin, on le soutire dès que le grain est écrasé, et on le laisse fermenter dans les tonneaux.

1040. Pour obtenir les vins blancs mousseux, on les met en bouteilles peu de temps après qu'ils sont dans les tonneaux, et bien avant que la fermentation lente dont on vient de parler soit achevée. Par ce moyen, l'acide carbonique est forcé de se dissoudre dans le vin, et s'y dissout d'autant plus, que la résistance qu'on oppose à son échappement est plus forte. Lorsque la pression qu'il exerce sur le liquide est parvenue à un certain terme, la fermentation s'arrête, et le vin forme un dépôt qui se rassemble dans le cou des bouteilles qu'on a l'attention de tenir renversées. On soutire ce dépôt en débouchant un peu la bouteille, et on l'abandonne de nouveau à elle-même. On la débouche de même plusieurs fois, et tant qu'il se rassemble de la lie dans le cou; enfin on assujettit fortement le bouchon : un reste de fermentation ramène bientôt le vin à une complète saturation d'acide carbonique, et alors il en contient une si grande quantité en dissolution, qu'on ne peut le verser dans un verre sans le remplir aussitôt de cette mousse petillante qui plaît tant aux buveurs.

1041. On fait encore des *vins de liqueur* ou *vins su-*

crés. On les prépare en Espagne, en Italie, dans le midi de la France et dans tous les pays chauds, où le suc du raisin reçoit une plus grande élaboration et se charge d'une très-grande quantité de sucre; alors l'excès de ce principe résiste à l'action du ferment, et le vin reste sucré. Pour augmenter encore la quantité proportionnelle du sucre dans le raisin, on a soin, lorsqu'il est mûr, de tordre la grappe et de la laisser quelque temps sur pied dans cet état, ce qui agit surtout en concentrant le suc par l'action du soleil; on peut encore faire évaporer le moût sur le feu, mais ce procédé est bien inférieur au premier.

Le pharmacien emploie trois sortes de vin : le rouge, le blanc, et le sucré, qui est ordinairement celui d'Alicante ou de Malaga, ou ces mêmes vins simulés que l'on fabrique dans le midi de la France. Il est assez difficile de leur assigner des caractères de choix, qui dépendent beaucoup du goût particulier de chacun; il est plus facile d'indiquer les moyens de reconnaître quelques-unes des falsifications auxquels ils sont sujets.

1042. Le vin rouge contient neuf principes : de l'eau, de l'alcohol, de l'acide acétique, du sur-tartrate de potasse et de chaux, du sulfate de potasse, une matière dite extractive, un principe colorant rouge soluble dans l'alcohol, du sucre et du ferment. De là, nous voyons déjà que le vin doit donner de l'alcohol à la distillation, laisser cristalliser du tartre par l'évaporation, rougir le tournesol, précipiter le nitrate de baryte, l'oxalate d'ammoniaque et les dissolutions métalliques.

Mais il faut observer : 1°. Que l'acide acétique du vin étant hors de sa nature, quoiqu'il y existe toujours, moins un vin en contiendra, et par suite moins il rougira le tournesol, meilleur il sera.

2°. Que, bien que le vin précipite l'oxalate d'ammoniaque en raison du tartrate de chaux qu'il contient, cependant le précipité est peu abondant, et un vin dont on aurait saturé l'acide avec de la chaux ou son carbonate se reconnaîtra toujours facilement, en comparant la quantité de précipité qu'y forme l'oxalate avec la quantité formée dans un vin naturel.

3°. Que si, par une mesure coupable, un marchand de vin avait saturé cet excès d'acide acétique avec de la litharge, le meilleur moyen à employer pour le reconnaître, ne sera pas l'acide hydrosulfurique ou les hydrosulfates, qui forment des précipités plus ou moins abondans et diversement colorés avec les vins : il faudra user de préférence d'une dissolution de carbonate ou de sulfate de soude; on formera ainsi un précipité blanchâtre de carbonate ou de sulfate de plomb, qu'on laissera bien déposer, qu'on lavera et qu'on traitera par l'hydrogène sulfuré : alors la moindre quantité de plomb existante dans ce précipité sera décélée par la couleur noire qu'il prendra.

4°. Que le sucre n'existe qu'en très-petite quantité dans le vin rouge de France, et en quantité d'autant moindre que la fermentation a été plus parfaite. Si donc, après avoir fait évaporer un vin rouge à siccité, et avoir traité à froid le produit par de l'alcohol très-rectifié pour dissoudre la matière colorante, on s'aperçoit qu'il reste, outre le tartre, une matière molle, visqueuse et sucrée, on en conclura que le vin examiné a été altéré par l'addition d'une certaine quantité de sucre, de mélasse, ou même de sirop de raisin, et quel qu'ait été le but de cette addition, un vin qui n'en offrira pas le caractère sera préférable.

Quant à la coloration des vins blancs ou peu foncés en rouge, à l'aide de baies de sureau ou d'autres matières analogues, il n'y a pas, à ce que je crois, jusqu'à présent, de procédé certain pour la reconnaître.

On peut appliquer tout ce qui précède au vin blanc qui ne diffère du vin rouge que par l'absence de la matière colorante rouge.

Quant encore à la substitution des vins de liqueur fabriqués dans le midi de la France, à ceux d'Espagne, je ne connais, quand ces vins sont du reste naturels, d'autre moyen de les distinguer, que le palais des connaisseurs.

Du Vinaigre.
Acetum, ti. — Off.

1043. Le vinaigre, comme l'indique son nom, est du vin aigri ou acidifié. La fermentation qui le produit se nomme fermentation acéteuse; elle peut s'exercer sur tous les corps qui ont d'abord subi la fermentation alcoholique; ainsi, le cidre et la bière peuvent également donner une sorte de vinaigre, mais qui est bien moins agréable que celui du vin.

Pour changer le vin en vinaigre, on construit une longue étuve dont on entretient la température entre 20 et 25 degrés; on dispose dans cette étuve plusieurs rangées de tonneaux dont on laisse la bonde ouverte, et qu'on a percés d'un autre trou, latéralement et à la partie supérieure, afin d'y augmenter le renouvellement de l'air; on remplit ces tonneaux aux deux tiers de vin rouge ou blanc, mais plus ordinairement de vin blanc : tous les huit ou dix jours on change le vin de tonneau, et au bout de trente jours environ l'opération est terminée. C'est l'habitude qui apprend à connaître, en le goûtant, quand le vin est autant aigri que possible; il ne faut pas dépasser ce terme, car l'air continuant à agir sur le vinaigre le detruirait.

Le vinaigre est blanc ou rouge selon le vin employé. Il diffère du vin surtout parce qu'il contient beaucoup d'acide et peu d'alcohol; on y trouve du reste le principe colorant du vin, une matière muqueuse et du sur-tartrate de potasse et de chaux. Le meilleur vinaigre blanc nous vient d'Orléans; mais on en fabrique de très-grandes quantités à Paris avec de l'orge ou de la bière, de la mélasse et d'autres substances susceptibles d'éprouver les fermentations alcoholique et acéteuse. De plus, on trouve dans le commerce du vinaigre factice fait avec du vinaigre de bois purifié bien ou mal, et aromatisé ; mais ce dernier est encore au dessous des autres (1), et je préfère le vinaigre de bois de MM. Mollerat, qu'ils donnent au moins pour ce qu'il est, bien qu'on puisse encore lui reprocher

---

(1) Étant à la pharmacie centrale des hôpitaux, je fus une fois chargé par M. Henry, d'examiner un de ces vinaigres qu'on avait eu, j'oserai dire, l'impudence de présenter à l'administration sous le nom de *Vinaigre d'Orléans.* J'examinai d'abord de bon vinaigre d'Orléans, qui m'offrit les propriétés suivantes :

Odeur et *saveur* agréables.

Nitrate de baryte : louche et précipité peu abondant, dû à ce que le vinaigre, comme le vin, contient une petite quantité de sulfate de potasse.

Potasse caustique jusqu'à saturation : couleur vineuse brunâtre ; louche sans précipité ; odeur vineuse faible.

Ammoniaque : couleur de vin rouge affaibli ; trouble marqué.

Sous-carbonate de soude : couleur de vin ; pas de précipité sensible.

Oxalate d'ammoniaque : louche et précipité dû à la décomposition du tartrate de chaux contenu dans le vinaigre.

Voici maintenant les propriétés du vinaigre factice :

Couleur et acidité ordinaires, mais arrière-goût de fumée.

Nitrate de baryte : précipité très-abondant, insoluble dans l'acide nitrique.

Potasse caustique jusqu'à saturation : couleur brunâtre ; précipité brun abondant ; l'odeur de l'acide acétique se trouve remplacée par une autre fade et désagréable qui, dans le vinaigre, est masquée par la première.

Ammoniaque : coloration et précipité gris fauve très-abondant.

Sous-carbonate de soude : précipité blanchâtre très-abondant.

Oxalate d'ammoniaque : précipité blanc très-abondant.

Nous avons conclu de l'essai par le nitrate de baryte que ce prétendu vinaigre contenait une grande quantité d'acide sulfurique libre ; et, des essais par tous les autres réactifs, qu'il contenait aussi une très-grande quantité de chaux.

L'arrière-goût de fumée, et l'odeur fade et nauséeuse qui reste en place de l'odeur vineuse que présente le vinaigre d'Orléans lorsqu'on l'a saturé par un alcali, nous ont convaincus que le vinaigre suspecté ne contenait que peu ou pas de vinaigre de vin, ou que s'il en avait contenu primitivement, son odeur caractéristique lui avait été enlevée par quelque moyen subséquent.

Enfin ce même goût de fumée, et la présence de la chaux et de l'acide sulfurique, nous ont fait présumer que ce vinaigre était du vinaigre de bois qu'on aurait tenté de décolorer et de priver de son odeur empyreumatique avec du charbon animal ; ou peut-être seulement du vinaigre

de n'être pas entièrement privé d'odeur empyreumatique et sulfureuse, et de contenir une assez grande quantité d'acétate de soude en dissolution.

De l'Alcohol.

Alcohol, is. — Off.

1044. L'alcohol est un des produits de la fermentation vineuse ou alcoholique : ainsi tous les liquides qui ont subi cette fermentation en contiennent plus ou moins, et peuvent en donner par la distillation. Le vin est celui de tous qui en contient le plus, et qui donne l'alcohol de meilleure qualité ; le cidre en contient plus que la bière ; on en retire en outre des marcs de raisin, des graines céréales fermentées, de la pomme de terre et de sa fécule, de différens fruits, et notamment des cerises écrasées et fermentées avec leur noyau, de la melasse, du vesou, du riz, etc. Tous ces alcohols portent différens noms, comme ceux d'*eaux-de-vie* ou d'*esprits*, *de vin*, de *marc*, de *grains*, de *pommes de terre*, de *fécule* ; et ceux de *kirchwasser*, *taffia*, *rum* et *rack*, etc. Tous ont un goût particulier ou bouquet qui les fait reconnaître, et différemment estimer des connaisseurs. Le rum est quelquefois prescrit au pharmacien, en place d'eau-de-vie de vin.

Il y a deux procédés pour retirer l'alcohol du vin : le plus ancien consiste simplement à mettre du vin dans la cucurbite d'un très-grand alambic muni d'un serpentin, et à le soumettre à l'action immédiate du feu. On obtient par ce moyen un liquide alcoholique qui marque de 18 à 20 degrés sur l'aréomètre ; on le nomme communément

---

rouge qu'on aurait voulu décolorer par le même moyen ; et comme le charbon animal, qui est presque tout formé de phosphate et de carbonate de chaux, cède au vinaigre une grande quantité de chaux qui en détruit l'acidité, on lui en aurait ensuite rendu une convenable au moyen de l'acide sulfurique.

D'après ces conclusions, le prétendu vinaigre d'Orléans a été rejeté.

eau-de-vie. Ce liquide est incolore et peu agréable lorsqu'il vient d'être distillé ; mais en le laissant vieillir dans des tonneaux de chêne, il acquiert une couleur ambrée et un goût plus parfait. Lorsqu'on veut convertir l'eau-de-vie en esprit plus fort, on la distille de nouveau, et on obtient un liquide marquant environ 28 degrés sur l'aréomètre, nommé *eau-de-vie double*. Enfin, cette eau-de-vie double distillée de nouveau, acquiert 32 ou 33 degrés, et prend le nom d'*esprit de vin*. On y ajoute le terme technique *trois-six*, qui se marque comme la fraction $\frac{3}{6}$. Les autres degrés ont également d'autres fractions qui les désignent, comme $\frac{3}{7}$, $\frac{6}{11}$ et d'autres.

1045. Depuis une vingtaine d'années, quelques distillateurs plus instruits, et qui travaillent plus en grand que les autres, retirent l'alcohol du vin au moyen d'appareils, dont la première exécution est due à Édouard Adam, et qui se trouvent décrits dans un mémoire de M. Duportal sur la distillation des vins (*Ann. Chim.* LXXVII, 178, ou *Traité de Chimie* de M. Thénard, N°. 1740). Dans ces appareils, la vapeur alcoholique, qui se dégage de la cucurbite, est reçue successivement dans deux vases contenant du vin qu'elle échauffe et fait entrer en ébullition ; toute la vapeur qui part du dernier de ces vases est reçue dans d'autres vases vides qu'on laisse échauffer à différens dégrés, suivant la force que l'on veut donner au produit, et est enfin reçue dans un grand serpentin rafraîchi avec du vin. Comme on le pense bien, ce vin échauffé est porté, soit dans les deux premiers récipiens, soit dans la cucurbite, où il exige moins de temps et de combustible pour entrer en ébullition que la première fois.

Outre cet avantage, qui est déjà considérable, outre la meilleure qualité et la plus grande quantité du produit, on peut encore, comme je viens de le dire, en laissant plus ou moins échauffer les vases intermédiaires (ce qui y condense d'autant moins ou d'autant plus d'alcohol faible), obtenir celui qui coule du serpentin à un degré différent, et jusqu'au 35 ou 36eme., point que l'on ne pouvait obtenir par le moyen de l'ancien appareil, qu'après trois ou quatre distillations successives. Ces résultats, qui sont immenses, et qui ont donné une si grande extension au commerce des esprits, auraient mérité à leur auteur une récompense nationale : il est mort dans le dégoût.

1046. L'alcohol doit avoir un goût franc et être peu coloré. Il y a quelques années encore que l'on reconnaissait facilement celui retiré du vin, dit *esprit de Montpellier*, de celui qui était extrait des marcs de raisin ou des grains. Ces derniers, mêlés à partie égale d'acide sulfurique, brunissaient fortement en raison de la carbonisation d'une matière hétérogène qu'ils contenaient, et qui résultait du mauvais procédé suivi pour leur préparation, tandis que l'alcohol de vin restait presqu'incolore; mais aujourd'hui qu'on a appliqué aux esprits de marcs et de grains, les procédés d'Édouard Adam, cette différence n'existe plus, et il n'y a plus souvent qu'un odorat et un goût exercés qui puissent les faire distinguer.

L'alcohol, à ses différens degrés, est très-employé par les pharmaciens, comme excipient des teintures et des esprits aromatiques, et pour préparer les éthers. Il sert aussi au chimiste dans ses analyses, ayant la propriété de dissoudre certains corps à l'exclusion d'autres; tels sont, parmi les minéraux, les sels déliquescens, et parmi les végétaux, les huiles volatiles, les résines, quelques huiles fixes, et différens acides et principes colorans.

SECTION XIV. — *Des Sels végétaux immédiats.*

Du Sur-oxalate de Potasse ou sel d'Oseille.

Super-oxalas potassæ. — Off.

1047. Ce sel est extrait, en Suisse, des feuilles de la petite oseille, *Rumex Acetosella* L., et de l'alléluia, *Oxalis Acetosella* L. Lorsque ces plantes sont pilées et exprimées, on en fait chauffer le suc pour en séparer la matière verte, et on le met dans une cuve de bois, en contact avec un peu d'argile. Au bout de un ou deux jours, ce suc est clarifié et déposé; on le décante et on l'évapore convenablement dans une chaudière de cuivre; on le laisse ensuite cristalliser; les cristaux n'étant pas assez purs par cette première opération, on les fait redissoudre et cristalliser une ou deux fois.

Le sel d'oseille est blanc, plus acide que la crème de tartre, et doué d'une légère amertume. Ses cristaux sont opaques, en général plus volumineux, mieux formés et plus aigus que ceux de la crème de tartre, et même piquans. Lorsqu'on le remue avec la main, il s'en élève une poussière qui irrite fortement les narines. On doit choisir celui qui est le mieux cristallisé, afin de ne pas risquer de l'avoir mêlé de crème de tartre.

Le sel d'oseille est employé dans les ménages pour enlever les taches d'encre faites au linge, et en pharmacie pour l'extraction de l'acide oxalique.

Du Tartre brut et de la Crème de Tartre.

Tartarum crudum et purificatum.

1048. Le tartre est une croûte saline qui se forme contre la paroi interne des tonneaux dans lesquels on conserve le vin; il est composé d'un peu de lie, de matière colorante, et surtout de sur-tartrate de potasse mêlé ou combiné à une certaine quantité de tartrate de chaux; il est *rouge* ou *blanc*, selon le vin qui l'a fourni; il a une saveur aigrelette et vineuse, et brûle sur les charbons en répandant une odeur qui lui est propre. Il est employé en pharmacie pour préparer les boules de mars ou de Nancy.

1049. On purifie le tartre en grand à Montpellier. Pour cela on le fait fondre dans l'eau bouillnate, on y délaie 4 ou 5 pour cent d'une terre argilleuse qui ne tarde pas à s'emparer de la matière colorante, et à la précipiter:

on passe, on évapore à pellicule et on laisse cristalliser; les cristaux séchés portent le nom de *crème de tartre*. C'est du sur-tartrate de potasse assez pur, à cela près du tartrate de chaux qu'il contient. Il est cristallisé en prismes tétraèdres assez courts, coupés de biais aux deux extrémités; on y trouve aussi une assez grande quantité de petits tétraèdres isolés, un peu obliques, qui paraissent être la forme primitive des cristaux.

On doit choisir la crème de tartre en cristaux bien prononcés, blancs et d'une saveur acide assez marquée. Il faut la conserver dans un endroit sec, car elle s'altère à l'humidité (elle acquiert alors une forte odeur d'acide acétique).

La crême de tartre sert à préparer tous les autres tartrates et l'acide tartarique.

SECTION XV. — *Des Produits de la combustion des Végétaux.*

Du Charbon végétal.

Carbo ex vegetantibus. — Off.

1050. Les végétaux sont composés, en dernière analyse, de carbone, d'hydrogène, d'oxigène, quelquefois d'azote, beaucoup plus rarement de soufre; ils contiennent en outre quelque peu de substances terreuses ou inorganiques.

Lorsqu'on décompose un végétal par le feu, dans un appareil convenable, on détermine entre les principes ci-dessus une réaction telle, que l'oxigène, l'hydrogène, l'azote et le soufre, se combinent presqu'en totalité, soit entre eux, soit avec le carbone qui est le seul principe fixe des cinq, et se volatilisent, en laissant l'excédant de carbone mêlé aux matières terrestres, et encore combiné à une certaine quantité des premiers principes. C'est ce résidu fixe, et toujours noir, que l'on nomme *charbon*.

1051. Le charbon végétal s'obtient de deux manières. Dans nos forêts, les charbonniers disposent le bois symétriquement tout autour d'un pieu perpendiculaire, et de manière à en former un cône tronqué de cinq mètres de diamètre à sa base. Ce cône porte le nom de *fourneau*. Lorsqu'il est construit, solidement arrêté, et recouvert sur toute sa surface d'herbe et de terre battue, à l'exception d'un espace circulaire à la base, ils enlèvent le pieu perpendiculaire, et jettent quelques tisons allumés dans le trou vertical qui en résulte. Ce bois, en raison du courant d'air qui s'établit dans le trou vertical, communique l'inflammation au fourneau; et, sitôt que la flamme s'échappe par le haut de la cheminée, on bouche celle-ci avec du gazon. Par ce moyen la combustion se trouve ralentie, et se répand en largeur dans l'intérieur de la masse. On la dirige ou on la ralentit à volonté, soit en opposant des claies au vent qui souffle avec trop de violence d'un côté, ou en bouchant avec de la terre les crevasses formées à la surface du cône, soit en pratiquant des ouvertures du côté où le feu est le moins actif. Le second ou le troisième jour, le fourneau paraît entièrement rouge. Alors on étouffe le feu en le recouvrant d'une couche de terre très-épaisse, qu'on renouvelle une fois dans la vue de hâter le refroidissement de la masse. Lorsqu'elle est au point qu'on puisse juger qu'elle ne contient plus de charbon allumé, on la démolit.

Il est facile de se rendre raison de ce qui se passe dans cette opération. Le bois y éprouve deux sortes d'action: une partie se brûle à l'aide du courant d'air établi dans la masse, et se détruit entièrement comme cela a lieu à l'air libre, où il ne laisse que des cendres pour résidu de sa combustion. L'autre partie se décompose en raison du calorique dégagé par la combustion de la première, et se comporte comme elle le ferait dans un vase distillatoire fermé, c'est-à-dire qu'elle donne naissance à de l'eau, de l'acide carbonique, de l'oxide de carbone, de l'acide acétique, de l'huile et de l'hydrogène carboné. Tous ces produits se dégagent et se perdent.

Cette explication nous indique qu'il doit y avoir un meilleur procédé à suivre pour l'extraction du charbon de bois; et c'est en effet ce procédé que MM. Mollerat ont exécuté les premiers à Nuits, et que l'on suit maintenant à Choisy près de Paris.

1052. Par ce procédé on décompose le bois dans une sorte de grande cornue en fonte capable d'en contenir une corde, et à laquelle se trouve adapté un tuyau qui, après avoir été plonger successivement dans deux tonneaux pleins d'eau, se retourne et vient se terminer dans le foyer du fourneau. Ce tuyau arrivé au fond de chaque tonneau, se dilate en une boule qui est munie, à sa partie inférieure, d'un tube, dont l'extrémité ouverte plonge dans un vase inférieur contenant de l'eau. C'est par ce tube que s'écoulent l'acide acétique et l'huile condensés dans les deux renflemens sphériques; le gaz, ne pouvant s'échapper par la même issue, est conduit dans le foyer, où il contribue, en brûlant, à augmenter l'intensité du feu.

Les avantages de ce procédé sont évidens; car en supposant qu'on brûle, pour chauffer la cornue, la quantité de bois qui, dans l'ancienne méthode, est consumée par le courant d'air, au moins a-t-on de plus l'acide acétique et l'huile goudronnée, dont le fabriquant peut tirer un grand parti. Aussi le fait-il; et l'acide retiré du bois lui sert à fabriquer tous les acétates usités dans les arts, différens vinaigres de table et de toilette, enfin de l'acide acétique plus pur encore que celui retiré du verdet.

Le charbon végétal a des usages importans et multipliés: il est généralement employé comme combustible; il sert à la réduction des métaux, à la fabrication de l'acier, à celle de la poudre à canon, à la désinfection des eaux et à la décoloration des substances salines. Il est quelquefois employé en médecine comme antiputride.

1053. *Charbon animal* (Carbo ex animalibus. — Off.) Les substances animales sont composées, comme les végétales, de carbone, d'hydrogène et d'oxigène. Elles contiennent de plus une beaucoup plus grande quantité d'azote, plus souvent du soufre, quelquefois du phosphore, enfin plus ou moins de sels inorganiques.

Ces substances, décomposées au feu par un procédé analogue à celui que je viens de décrire, et dont j'ai parlé à l'occasion de la fabrication du sel ammoniac (143), laissent dans les tuyaux de fonte, où s'opère la décomposition, un charbon qui contient d'autant plus de phosphate, de carbonate de chaux, et d'autres sels, qu'il en existait davantage dans la matière décomposée. On broie ce charbon pour le rendre uniforme dans toutes ses parties; on le lave et on le fait sécher; il porte dans les arts le nom de la substance qui l'a produit. Les plus usités sont: le charbon ou *noir d'ivoire*, et le *noir de corne de cerf*, qui servent dans la peinture; et le *noir d'os*, qui est aussi employé dans la peinture grossière, mais dont le plus grand usage, sous le nom de *charbon animal*, est pour décolorer les sucres et les miels; il est bien supérieur, à cet égard, au charbon végétal.

Des Potasses du commerce.

1054. Lorsqu'au lieu de décomposer les végétaux par le feu dans des vases fermés, ou même par une combustion étouffée, on les fait brûler à l'air libre, alors toute la matière organique se détruit, et, au lieu de charbon, on n'obtient qu'un résidu bien moins considérable, nommé *cendre*, formé de toutes les matières inorganiques que le végétal avait empruntées à la terre. Ce résidu, pour les plantes terrestres, est ordinairement composé de

Silice.
Alumine.
Oxide de fer.
—— de manganèse.
Carbonate, Phosphate, Sulfate } de chaux.

Sulfure de chaux.
—— de potasse.
Chlorure de potassium.
Sous-carbonate } de potasse.
Sulfate }

Soit que ces corps existassent dans le végétal, tels qu'on les retrouve, soit qu'on doive les considérer comme des produits de l'incinération, il est au moins certain que le sous-carbonate de potasse, qui est le plus important de tous, et le seul que l'on recherche dans les cendres, n'existe pas dans les végétaux, et qu'il est produit le plus souvent par la décomposition des sels de potasse à acides combustibles qui s'y trouvent abondamment; d'autres fois par celle du nitrate de potasse qu'on y rencontre également, et qui ne peut supporter, sans être détruit, l'action simultanée du calorique et des matières organiques.

On conçoit donc la possibilité de retirer une potasse plus ou moins bonne de tous les végétaux terrestres, en les faisant incinérer; mais ce sont les grands végétaux ligneux qui fournissent presque toutes celles du commerce; et ce sont les pays les plus abondans en forêts, et encore peu habités, qui donnent les potasses les plus riches en alcali, et par conséquent les plus estimées; ces pays sont l'Amérique septentrionale et la Russie.

En général, pour obtenir la potasse, on incinère une grande masse de végétaux sur un endroit du sol abrité du vent; on lessive la cendre, et on fait évaporer les liqueurs à siccité; on calcine le résidu dans un fourneau à réverbère, afin de brûler complétement les matières charbonneuses qui peuvent encore y rester; alors on le livre au commerce.

On peut conclure, du peu que j'ai dit sur la composition des cendres des végétaux terrestres, que les potasses du commerce ne sont pas de la potasse pure, ou seulement du sous-carbonate de potasse : elles sont formées de diff rentes proportions de potasse caustique, de sous-carbo nate et de sulfate de potasse, de chlorure de potassium, d'alumine et de silice combinées à la potasse libre, quelquefois de sulfure de chaux ou de potasse, le plus souvent d'oxides de fer et de manganèse, qui les colorent soit en rouge, soit en bleu.

On doit à M. Vauquelin le tableau suivant de la composition de six potasses du commerce. (*Ann. de Chimie*, XL. 273 et suiv.)

oms Potasses.	Quantités analysées.	Potasse. réelle (1).	Sulfate de potasse.	Chlorure de potassium.	Résidu insoluble.	Acide carbonique et eau.
Amérique.	1152 part.	857 ou 0.743.	154.	20.	2.	119.
Russie.	1152.	772 ou 0.670.	65.	5.	56.	254.
rlasse.	1152.	754 ou 0.656.	80.	4.	6.	308.
Trèves.	1152.	720 ou 0.626.	165.	44.	24.	199.
Dantzick.	1152.	603 ou 0.524.	152.	14.	79.	304.
Vosges.	1152.	444 ou 0.385.	148.	510.	34.	....

1055. La *Potasse d'Amérique* (Potassa Americana.-Off.) a été entièrement fondue au feu; elle a la dureté de la pierre, et présente à l'intérieur une couleur blanchâtre, rougeâtre ou verdâtre; elle attire très-fortement l'humidité, est d'une causticité extrême; une grande partie de son alcali est à l'état caustique.

(1) M. Vauquelin entend ici par *potasse réelle*, toute la potasse libre ou sous-carbonatée existante dans les potasses du commerce, amenée à l'état de celle que les chimistes nomment *Potasse purifiée à l'alcohol.* D'après M. d'Arcet, cette potasse ne contient elle-même que 0.73 de

1056. *La potasse perlasse* (Potassa perlata. — Off.), qui vient également d'Amérique, est très-blanche, mêlée de quelques points verdâtres; elle paraît avoir été seulement fritée au feu; elle est moins caustique que la première; son alcali doit être presque entièrement carbonaté.

La potasse de Trèves ou *du Rhin* est d'un bleu assez prononcé, assez sèche, et réduite en fragmens frités.

1057. *La potasse de Dantzick* (Potassa Dantiscana. — Off.) ressemble assez à la perlasse d'Amérique, ainsi qu'une potasse dite *de Toscane*. Celle-ci est légèremet bleuâtre, moins riche en alcali que celle de Dantzic, et d'ailleurs ordinairement falsifiée avec du sel marin.

1058. On trouve encore dans le commerce une sorte de potasse nommée *Potasse factice*. Elle est d'un rouge assez vif, très-caustique et attire fortement l'humidité. On pourrait d'après cela la croire d'une qualité tout-à-fait supérieure, mais elle contient une grande quantité de sel marin. Cette potasse est probablement préparée à Paris en fondant dans une chaudière de fonte un mélange de potasse d'Amérique, de chaux qui lui donne de la causticité, et de sel marin.

1059. Le commerce nous offre encore ce qu'on nomme les *Cendres gravelées* (Cineres clavellati. — Off.), et le *sel de tartre purifié* (Sal tartari purus. — Off.) Les premières résultent de la lixiviation des cendres de lies de vin et de sarment de vigne. Elles sont sous la forme d'une matière grumelée grise, devenant plus blanche et plus vo-

---

potasse réelle (*Ann. de Chim.* LXVIII. 184.) Il faudrait donc, pour trouver véritablement la proportion d'alcali *pur* ou *anhydre* contenu dans les potasses du commerce, multiplier les nombres donnés par M. Vauquelin par 0,73; mais on peut observer que la potasse anhydre n'est d'aucun usage dans les arts et ne peut même, par aucun procédé, être tirée directement de la potasse ordinaire; il vaut donc tout autant prendre pour expression de la richesse des potasses la quantité d'*hydrate de potasse* ou de potasse à l'alcohol qu'on en retire facilement, et dont les effets dans les arts peuvent être soumis à un calcul aussi exact que ceux de la potasse anhydre.

lumineuse par l'absorption d'une première quantité d'humidité; c'est du sous-carbonate de potasse assez pur : le second se fait en décomposant le tartre brut ou la crême de tartre au feu, lessivant le résidu, faisant évaporer la liqueur à siccité, calcinant de nouveau le résidu et le redissolvant dans l'eau pour le faire encore évaporer et l'obtenir cristallisé confusément; c'est du sous-carbonate de potasse pur à cela près d'un peu de chlorure de potassium, de sulfate de potasse et de silice. Mais il faut observer que depuis quelques années une grande partie du sel de tartre que l'on trouve dans le commerce n'est que de la potasse perlasse purifiée par solution dans l'eau et concentration de la liqueur jusqu'à cristallisation confuse. Aussi contient-il beaucoup de sulfate et de chlorure de potassium. On le reconnaît en le délayant dans une petite quantité d'eau froide qui dissout le sous-carbonate et laisse les deux autres sels sous forme pulvérulente. On peut encore en juger par l'abondance des précipités que forme la dissolution complète du faux sel de tartre (préalablement saturée d'acide nitrique), dans celles des nitrates de baryte et d'argent.

Mais quelle que soit la forme sous laquelle se présentent les potasses du commerce, il n'y a qu'un moyen d'en connaître la véritable valeur; c'est d'en établir le degré d'alcalinité; on y parvient très-bien par le procédé que M. Descroizilles a su mettre à la portée de tout le monde, et dont voici l'exposé.

1060. On prend dix grammes de la potasse que l'on veut essayer; on les dissout dans environ un décilitre d'eau; lorsque la dissolution est autant parfaite que possible et bien reposée, on en décante la moitié représentant cinq grammes de potasse, et on neutralise cette moitié par une liqueur acide que M. Descroizilles nomme *liqueur alcalimétrique*, laquelle est composée d'une partie d'acide sulfurique concentré (à 66 degrés de Baumé ou à 1,844 de pesanteur spécifique) et de 9 parties d'eau. Cette liqueur contient donc $\frac{1}{10}$ d'acide : on la verse, avant que de s'en servir, dans un tube gradué, nommé *alcali-mètre*, dont chaque division en contient 5 décigrammes, équivalant à 5 centigrammes d'acide concentré.

Or ces 5 centigrammes d'acide étant la 100e partie des 5 grammes de potasse, il s'ensuit que le nombre de divisions de la liqueur qu'il sera nécessaire d'employer pour neutraliser la potasse, représentera des centièmes de son poids. Tel est le résultat du procédé de M. Descroizilles; il indique combien une potasse exige de centièmes de son poids d'acide sulfurique pour être neutralisée, et c'est tout ce qu'il faut pour en établir la valeur relative dans le commerce (1).

Voici quelques résultats alcalimétriques donnés par M. Descroizilles.

Perlasse d'Amérique, 1re. sorte. .	de 60	à 63 degrés.
Potasse caustique, en masses rougeâtres, d'Amérique, 1re. sorte. . .	60	63
Perlasse d'Amérique, 2e. sorte. . . .	50	55
Potasse caustique, en masses grisâtres, d'Amérique, 2e. sorte.	50	55
Potasse blanche de Russie.	52	58
Potasse blanche de Dantzick.	45	52
Potasse bleue de Dantzick.	45	52

(Voyez pour plus de détails la notice de M. Descroizilles, insérée dans les *Annales de Chimie Tome* LX, *page* 17. L'alcalimètre se vend avec la notice chez Chevalier, ingénieur-opticien, Quai de l'Horloge, à Paris.)

---

(1) J'ai trouvé, par deux expériences approximatives, que 75 degrés de l'alcalimètre répondent à 100 parties de sous-carbonate de potasse sec, ou de potasse à l'alcohol; de manière que pour convertir un nombre quelconque de degrés en centièmes de sous-carbonate sec, ou de potasse à l'alcohol, il faut le multiplier par $\frac{100}{75}$ ou par $\frac{4}{3}$.

Des Soudes du commerce.

1061. La soude s'obtient comme la potasse par l'incinération des végétaux ; mais ce sont seulement ceux qui croissent au bord de la mer qui peuvent en fournir : ceux de la terre ferme ne donnent que de la potasse.

Pour obtenir la soude, on coupe les plantes marines, on les fait sécher et on les brûle dans une grande fosse creusée en terre. On en ajoute de nouvelles à mesure que la combustion s'opère, et de manière à l'entretenir pendant plusieurs jours ; alors la chaleur s'élève au point de fondre la cendre : on laisse refroidir la masse, on la casse par morceaux et on la livre au commerce.

Les soudes ainsi obtenues sont composées, en différentes proportions, de sous-carbonate, de sulfate et de sulfure de soude ; de chlorure de sodium, de sous-carbonate de chaux, d'alumine, de silice, d'oxide de fer, et de charbon échappé à la combustion.

La plus estimée est celle d'Espagne qui est connue sous le nom de *Soude d'Alicante* (Soda Aloniensis. — Off.). On l'extrait de plusieurs plantes qui sont, entr'autres, les *Salsola sativa*, S. *Kali*, S. *Soda* et S. *Tragus* L. Elle est en masses très-dures et noirâtres. Elle contient de 25 à 40 centièmes de sous-carbonate de soude.

Les soudes que l'on récolte en France sont beaucoup moins estimées. On en distingue trois sortes qui sont :

Le *Salicor* ou *Soude de Narbonne* (Soda Narbonnensis. — Off.), obtenu surtout du *Salicornia annua* L. et contenant de 14 à 15 centièmes de sous-carbonate de soude.

La *Blanquette* ou *Soude d'Aiguemortes* (Soda Mortuarum. — Off.), qui s'extrait, entre Frontignan et Aiguemortes, de toutes les plantes salées qui y croissent naturellement ; elle ne contient que de 3 à 8 centièmes de sous-carbonate alcalin.

Enfin le *Varec* ou *Soude de Normandie*, qui s'extrait des

fucus qui croissent dans cette partie sur les côtes de l'océan. Elle contient à peine de sous-carbonate de soude. C'est dans les eaux mères de cette soude que M. Courtois, salpêtrier de Paris, a découvert l'iode, il y a quelques années.

1062. Outre ces soudes, on trouve encore dans le commerce, ce qu'on nomme la *soude artificielle*, obtenue en calcinant ensemble du sulfate de soude, de la craie et du charbon.

Cette soude, que l'on fabrique aujourd'hui en très-grande quantité dans nos villes manufacturières, a beaucoup fait tomber le prix de celle d'Espagne et nous a encore affranchi d'un assez fort tribut à l'Étranger.

Toutes ces soudes fournissent par lixiviation et cristallisation le sous-carbonate de soude ou *sel de soude* du commerce. Souvent aussi on fait entièrement déssécher ce sel de soude, ce qui diminue son poids de 60 pour 100, son volume à proportion, et, par suite, allège de beaucoup les frais d'emplacement et de transport; aussi y a-t-il un grand avantage à l'employer.

1063. Les soudes s'essayent comme les potasses : M. Descroizilles en offre les résultats suivans :

Soude d'alicante. . . . . de	20 à	33 degr.
Natrum.	20	33
Soude et natrum de qualités inférieures.	10	15
Sel de soude de M. Carny, n°. 1.		70
N°. 2.		46
N°. 3.		36

(Notice citée.)

J'ai trouvé, par une expérience approximative, que 98 degrés de l'alcalimètre répondent à 100 parties de sous-carbonate de soude sec; de sorte que pour convertir un nombre quelconque de degrés en centièmes de sous-carbonate il faut le multiplier par $\frac{100}{98}$.

Tout récemment MM. Gay-Lussac et Welter, ont proposé une amélioration à l'essai des soudes. Observant que la plupart contiennent du sulfite de soude qui se décompose en partie avec le sous-carbonate, avant que sa décomposition puisse être indiquée par le tournesol (ce qui tend à faire estimer le titre des soudes trop haut), ils conseillent de chauffer préalablement ces soudes dans une capsule de platine avec un peu de chlorate de potasse : par ce moyen le sulfite se change en sulfate neutre, et le chlorate en chlorure également neutre, ne pouvant apporter, ni l'un, ni l'autre, aucune cause d'erreur dans l'essai alcalimétrique, que l'on fait alors à l'ordinaire.

La même amélioration s'applique aux soudes qui contiennent du sulfure de cet alcali, lequel se change aussi en sulfate neutre par l'action du chlorate de potasse ; mais elle ne convient pas pour celles qui contiennent de l'hypo-sulfite, ce sel se changeant en sulfate acide, par la combustion complète du soufre qu'il contient. Heureusement que sa présence est rare dans les soudes du commerce ; on ne le rencontre guère que dans les plus inférieures. (*Annales Chim. et Phys.* XIII. 212.)

LIVRE TROISIÈME.

DES ANIMAUX.

1064. Les végétaux ont des organes nutritifs extérieurs, se reproduisent par génération, et vivent où ils sont nés.

Les animaux ont en général une organisation beaucoup plus compliquée; ont des organes nutritifs intérieurs; peuvent se mouvoir et chercher leur nourriture; exécutent leurs mouvemens selon leur volonté; enfin ont des sens dont les végétaux sont totalement dépourvus.

Pendant long-temps, on a partagé les animaux en deux grandes divisions fondées sur la présence ou sur l'absence d'un corps central osseux, nommé *colonne épinière* ou *vertébrale*. Les animaux qui offraient cette colonne étaient nommés *vertébrés*, et les autres *invertébrés*. Les premiers renfermaient les *mammifères*, les *oiseaux*, les *reptiles* et les *poissons*; les seconds les *mollusques*, les *vers*, les *crustacés*, les *insectes* et les *zoophytes*. Mais, comme l'a observé M. Cuvier, cette classification, qui semble établir une égale distance entre les mammifères et les oiseaux, par exemple, qu'entre les mollusques, les vers ou les insectes, est loin d'être satisfaisante; et il convient d'en chercher une qui fasse mieux ressortir le plus ou moins de différence qui existe entre ces différentes classes.

1065. Si donc, « l'on considère le règne animal (1) en se débarrassant des préjugés établis sur les divisions anciennement admises, et n'ayant égard qu'à l'organisation et à la nature des animaux, et non pas à leur grandeur, à

(1) *Le règne animal distribué d'après son organisation*, tome I. p. 57; par M. Cuvier. Deterville, Paris, 1817. C'est de cet ouvrage que j'extrais l'exposé de la méthode de son savant auteur.

leur utilité, au plus ou moins de connaissance que nous en avons, ni à toutes les autres circonstances accessoires, on trouvera qu'il existe quatre formes principales, quatre plans généraux, si l'on peut s'exprimer ainsi, d'après lesquels tous les animaux semblent avoir été modelés, et dont les divisions ultérieures de quelque titre que les naturalistes les aient décorées, ne sont que des modifications assez légères, fondées sur le développement ou l'addition de quelques parties qui ne changent rien à l'essence du plan.

1066. » Dans la première de ces formes qui est celle de l'homme et des animaux qui lui ressemblent le plus, le cerveau et le tronc principal du système nerveux sont renfermés dans une enveloppe osseuse qui se compose du crâne et des vertèbres; aux côtés de cette colonne mitoyenne s'attachent les côtes et les os des membres qui forment la charpente du corps; les muscles recouvrent en général les os qui les font agir, et les viscères sont renfermés dans la tête et dans le tronc.

» Nous appellerons les animaux de cette forme les *animaux vertébrés* (animalia vertebrata).

» Ils ont tous le sang rouge, un cœur musculaire; une bouche à deux machoires horizontales; des organes distincts de la vue, de l'ouïe, de l'odorat et du goût, placés dans les cavités de la face; jamais plus de quatre membres; des sexes toujours séparés, et une distribution à peu près la même des masses médullaires et des principales branches du système nerveux.

» En examinant de plus près chacune des parties de ce grand système, on y trouve toujours quelque analogie, même dans les espèces les plus éloignées l'une de l'autre, et l'on peut suivre les dégradations d'un même plan, depuis l'homme jusqu'au dernier des poissons.

1067. » Dans la deuxième forme, il n'y a point de squelette; les muscles sont attachés seulement à la peau qui forme une enveloppe molle, contractile en divers sens, dans laquelle s'engendrent, en beaucoup d'espèces, des plaques pierreuses, appelées coquilles, dont la position et la production sont analogues à celle du corps muqueux; le système nerveux est avec les viscères dans une enveloppe générale, et se compose de plusieurs masses éparses, réunies par des filets nerveux, dont les principales placées sur l'œsophage, portent le nom de cerveau. Des quatre sens propres on ne distingue plus que les organes de celui du goût et de celui de la vûe; encore ces derniers manquent-ils souvent. Une seule famille montre des organes de l'ouïe. Du reste il y a toujours un système complet de circulation, et des organes particuliers pour la respiration. Ceux de la digestion et des sécrétions sont à peu près aussi compliqués que dans les animaux vertébrés.

» Nous appellerons ces animaux de la seconde forme, *animaux mollusques* (animalia mollusca).

» Quoique le plan général de leur organisation ne soit pas aussi uniforme, quant à la configuration extérieure des parties que celui des animaux vertébrés, il y a toujours entre ces parties une ressemblance au moins du même dégré dans la structure et dans les fonctions.

1068. » La troisième forme est celle qu'on observe dans les insectes, les vers, etc. Leur système nerveux consiste en de longs cordons régnant le long du ventre, renflés d'espace en espace en nœuds ou ganglions. Le premier de ces nœuds, placé sur l'œsophage et nommé *cerveau*, n'est guère plus grand que les autres. L'enveloppe de leur tronc est divisée par des plis transverses en un certain nombre d'anneaux, dont les tégumens sont tantôt durs, tantôt mous, mais où les muscles sont toujours attachés à l'intérieur. Le tronc porte souvent à ses côtés des membres articulés; mais souvent aussi il en est dépourvu.

» Nous donnerons à ces animaux le nom d'*animaux articulés* (animalia articulata).

» C'est parmi eux que s'observe le passage de la circulation dans des vaisseaux fermés, à la nutrition par imbibition, et le passage correspondant de la respiration dans des organes circonscrits, à celle qui se fait par des trachées ou vaisseaux aëriens répandus dans tout le corps.

Les organes du goût et de la vue sont les plus distincts chez eux : une seule famille en montre pour l'ouïe. Leurs mâchoires, quand ils en ont, sont toujours latérales.

1069. » Enfin la quatrième forme qui embrasse tous les animaux connus sous le nom de *zoophytes* peut aussi porter le nom d'*animaux rayonnés* (animalia radiata.)

Dans tous les précédens, les organes du mouvement et des sens étaient disposés symétriquement aux deux côtés d'un axe; dans ceux-ci, ils le sont circulairement autour d'un centre.

Ils approchent de l'homogénéité des plantes; on ne leur voit ni système nerveux bien dinstinct, ni organes de sens particuliers; à peine aperçoit-on dans quelques uns des vestiges de circulation; leurs organes respiratoires sont toujours à la surface de leur corps; le plus grand nombre presque n'a qu'un sac sans issue pour tout intestin, et les dernières familles ne présentent qu'une sorte de pulpe homogène, mobile et sensible. »

1070. Voici le tableau de ces quatre grandes divisions d'animaux avec les classes qu'elles renferment.

	FORMES GÉNÉRALES.	CLASSES.	
ANIMAUX	Vertébrés. (1066).	Mammifères.	1
		Oiseaux.	2
		Reptiles.	3
		Poissons.	4
	Mollusques. (1067).	Céphalopodes.	5
		Ptéropodes.	6
		Gastéropodes.	7
		Acéphales.	8
		Brachiopodes.	9
		Cirrhopodes.	10
	Articulés. (1068).	Annelides.	11
		Crustacés.	12
		Arachnides.	13
		Insectes.	14
	Rayonnés, ou Zoophytes. (1069).	Échinodermes.	15
		Intestinaux.	16
		Acalèphes.	17
		Polypes.	18
		Infusoires.	19

Première forme : *Animaux vertébrés* (1066).

Première classe : les Mammifères.

1071. Les mammifères ont un cœur à deux oreillettes et à deux ventricules. Ils ont la circulation du sang complète, c'est-à-dire que la totalité du sang qui revient des extrémités du corps passe par le poumon avant d'y retourner pour les vivifier de nouveau. Les femelles mettent bas leurs petits vivans et les nourrissent pendant quelque temps au moyen d'un organe particulier dont elles sont pourvues, qui est *les mamelles*.

Ils ont en général quatre membres (les cétacés n'ont que les rudimens des membres postérieurs).

Le nombre des vertèbres varie ; il y en a de trois sortes :

les *cérébrales*, les *lombaires* et les *dorsales*. L'homme, qui se trouve compris dans cette classe, doit être distingué des autres; il est le seul dont le corps soit naturellement vertical; les autres sont *quadrupèdes* ou *cétacés*; les premiers sont couverts de poils.

On divise les mammifères en 9 ordres et ceux-ci en familles, genres, sous-genres et espèces. Voici le tableau des ordres.

1072.

			ORDRES.
Ayant des ongles, ou *onguiculés*.	Trois sortes de dents, *molaires*, *canines*, *incisives*.	Pouce libre.	1. Bimanes. 2. Quadrumanes.
		Sans pouce ou doigts réunis.	3. Carnassiers. 4. * Marsupiaux.
	Moins de trois sortes de dents.	Manque des canines.	5. Rongeurs.
		Manque des incisives.	6. Édentés.
Ayant des sabots, ou *ongulés*.	Non ruminans.		7. Pachydermes.
	Ruminans.		8. Ruminans.
Ayant les membres tout-à-fait oblitérés.			9. Cétacés.

1073. 1er. *Ordre*. Les Bimanes, ne comprennent qu'un genre et qu'une espèce, qui est l'homme.

1074. 2e. *Ordre*. Les Quadrumanes, qui comprennent les singes, ne diffèrent de l'homme, dans les espèces qui s'en rapprochent le plus, que parce qu'ils ont quatre mains au lieu de deux; c'est-à-dire qu'il ont les pouces des pieds de derrière libres et les doigs longs et flexibles comme ceux des mains; du reste ils s'éloignent de notre forme par degré en prenant dans les dernières espèces un museau plus ou moins allongé, une queue et une marche plus exclusivement quadrupède. On y distingue trois genres principaux : les *singes*, les *ouisitis* et les *makis*.

1075. 3e. *Ordre*. Les Carnassiers, ont un instinct sanguinaire et se nourrissent d'autant plus exclusivement de matières animales que leurs dents mâchelières sont plus tranchantes. On y distingue trois familles qui sont :

IIIe. ORDRE.	FAMILLES.	TRIBUS.	EXEMPLES.
CARNASSIERS.	1. Les Chéiroptères.	. . . .	La *Chauve-Souris*.
	2. Les Insectivores.	. . . .	Le *Hérisson*.
	3. Les Carnivores.	Plantigrades.	L'*Ours*, le *Blaireau*.
		Digitigrades.	1°. La *Marte*, le *Puto* 2°. Le *Chien*, la *Civet* 3°. Le *Chat*, le *Tigre*.
		Amphibies. .	Le *Phoque*.

1076. 4e. *Ordre*. Les Marsupiaux, ont de l'analogie avec les carnassiers ; mais ce qui les en distingue tout-à-fait, de même que des autres mammifères, c'est une poche formée par la peau de l'abdomen de la femelle qui sert à contenir les petits, lesquels naissent à peine formés, jusqu'à ce qu'ils soient développés au degré auquel les animaux naissent ordinairement. Linné les avait nommés *didelphes* mot qui signifie double matrice (ou plutôt deux fois frères).

1077. 5e. *Ordre*. Les Rongeurs, ont deux longues incisives sans canine à chaque mâchoire. Ce sont des animaux timides, vivant pour la plupart de végétaux, s'approvisionnant pour l'hiver ou le passant à dormir. On y trouve les *Castors*, les *Rats*, l'*Écureuil*, le *Lièvre* et le *Cabiais*.

1078. 6e. *Ordre*. Les Édentés, n'ont pas d'incisives, leurs ongles enveloppent presqu'entièrement l'extrémité des doigts et leur donnent une certaine ressemblance avec les animaux à sabots. On les divise en *tardigraves*, *édentés* propres, et *monostrèmes*. Ces derniers ont un système d'organes générateurs différent de celui des autres quadrupèdes, et qui se rapproche de celui des oiseaux.

1079. 7e. *Ordre*. Les Pachydermes, ont les doigts entièrement recouverts d'un ou de plusieurs sabots. On en forme trois familles : les *pachydermes proboscidiens*, ex. l'*Éléphant* ; les *pachydermes ordinaires*, ex. le *Sanglier* ; les *solipodes*, ex. le *Cheval*.

1080. 8e. *Ordre*. Les Ruminans, n'ont d'incisives qu'à la mâchoire inférieure ; quelques genres seulement ont une ou deux canines ; les pieds sont fourchus.

Mais ce qui distingue surtout ces animaux c'est la faculté qu'ils ont de mâcher une seconde fois les alimens, qu'ils ramènent dans la bouche après une première déglutition, faculté qu'ils doivent à la structure de leurs estomacs.

» Ils en ont toujours quatre, dont les trois premiers sont disposés de façon que les alimens peuvent entrer à volonté dans l'un des trois, parce que l'œsophage aboutit au point de communication.

» Le premier et le plus grand se nomme *la panse* ; il reçoit en abondance les herbes grossièrement concassées par une première mastication ; elles se rendent de là dans le second appelé *bonnet*, dont les parois ont des lames semblables à des rayons d'abeilles.

» Cet estomac fort petit et globuleux, saisit l'herbe, l'imbibe et la comprime en petites pelotes, qui remontent ensuite successivement dans la bouche pour y être remâchées. L'animal se tient en repos pour cette opération qui dure jusqu'à ce que toute l'herbe avalée d'abord dans la panse l'ait subie.

» Les alimens ainsi remâchés descendent directement dans le troisième estomac nommé *feuillet*, parce que ses parois ont des lames longitudinales semblables aux feuillets d'un livre, et de là dans le quatrième ou *caillette*, dont les parois n'ont que des rides et qui est le véritable organe de la digestion, analogue à l'estomac simple des animaux herbivores. »

Les ruminans forment quatre familles dont les caractères distinctifs se tirent de l'absence ou de la présence des *cornes*, qui sont deux proéminences plus ou moins longues des os frontaux, et qui ne se trouvent dans aucune autre classe d'animaux.

A. Les ruminans sans cornes; ils ont des canines aux deux mâchoires. Ils comprennent les *Chameaux* et les *Chevrotins*, au nombre desquels est l'animal qui porte le musc.

B. Les ruminans à cornes rameuses, caduques chaque année; sans dents canines; animaux coureurs : ex. les *Cerfs*.

C. Les ruminans à proéminences coniques, persistantes, toujours recouvertes d'une peau velue; cette section ne comprend que la *Girafe*.

D. Les ruminans à cornes creuses, non caduques, élastiques, croissant par couches sur des proéminences osseuses : ex. le *Bœuf*.

1081. 9°. *Ordre*. Les Cétacés, ont les membres postérieurs entièrement oblitérés, et réunis avec le tronc en une queue épaisse que termine une nageoire horizontale. Leurs membres antérieurs ne sont que des os raccourcis, aplatis et enveloppés dans une nageoire tendineuse. Ils ont la forme extérieure des poissons dont ils se distinguent par leur sang chaud, leurs oreilles ouvertes à l'extérieur, leur génération vivipare, et leurs mamelles.

On les divise en deux familles, savoir :

A. Les *Cétacés Herbivores* qui ont des mamelles pectorales, et ont la faculté de sortir de l'eau pour venir ramper et paître sur la rive : ex. le *Lamantin*.

B. Les *Cétacés Souffleurs* qui, engloutissant avec leur proie de grands volumes d'eau, ont la faculté de la rejeter avec violence par un trou situé au dessus de la tête, et au moyen d'un appareil de compression qui donnerait l'idée de la pompe foulante, si elle n'était pas connue. Cette famille comprend la *Baleine*, qui est le plus grand de tous les animaux connus, et le *Cachalot* qui nous fournit l'ambre gris.

Deuxième classe : les Oiseaux.

1082. Les oiseaux ont des plumes, deux ailes, deux pieds, un bec, sont ovipares et incubent leurs œufs. Chez eux la circulation est complète; et, « l'organe pulmonaire, non divisé et fixé contre les côtes, est enveloppé d'une membrane percée de grands trous, qui laissent passer l'air dans plusieurs cavités de la poitrine, du bas ventre, des aisselles et même de l'intérieur des os, en sorte que le fluide extérieur baigne non-seulement la surface des vaisseaux pulmonaires, mais encore celle d'une infinité de vaisseaux du reste du corps. » Et comme en général, les animaux ont une énergie de mouvement proportionnée à la quantité d'air qu'ils respirent, aussi les oiseaux sont-ils de tous, ceux qui possèdent cette énergie et l'irritabilité musculaire qui la produit, au plus haut degré.

On divise les oiseaux en six ordres, qui sont :

Les Rapaces,
— Passereaux,
— Grimpeurs,
— Gallinacés,
— Echassiers,
— Palmipèdes.

1083. 1°. Les Rapaces se reconnaissent à leur bec et à leurs ongles crochus; ils se nourrissent de chair, et sont parmi les oiseaux ce que les carnassiers sont parmi les quadrupèdes. On les divise en deux familles :

A. Les Diurnes, ex. : le *Vautour*, l'*Aigle*.

B. Les Nocturnes, ex. : le *Hibou*.

1084. 2°. Les Passereaux, « n'ont ni la violence des oiseaux de proie, ni le régime déterminé des gallinacés; les insectes, les fruits, les grains, fournissent à leur nourriture; les grains d'autant plus exclusivement que leur bec est plus gros; les insectes, qu'il est plus grêle. Ceux qui l'ont fort poursuivent même les petits oiseaux; » on les divise en *Dentirostres*, *Conirostres*, *Tenuirostres*, *Syndactyles*; exemples : le *Merle*, le *Corbeau*, le *Colibri*, le *Martin-Pêcheur*.

1085. 3°. Les Grimpeurs, « sont des oiseaux dont le doigt externe se dirige en arrière comme le pouce, d'où il résulte pour eux un appui plus solide, que quelques genres mettent à profit pour se cramponner au tronc des arbres et y grimper, ex. : le *Perroquet*. On leur a donné en conséquence le nom commun de Grimpeurs, quoique, pris à la rigueur, il ne convienne pas à tous, et que plusieurs oiseaux grimpent véritablement, sans appartenir à cet ordre par la disposition de leurs doigts. »

1086. 4°. Les Gallinacés ont les doigts antérieurs réunis à leur base par une courte membrane, le port lourd, le vol difficile; ils pondent et couvent leurs œufs à terre sur quelques brins de paille ou d'herbe grossièrement étalés. Ils sont polygames, et le mâle ne se mêle point du nid ni du soin des petits, qui sont généralement nombreux et en état de courir et de chercher leur nourriture au sortir de l'œuf.

Cet ordre est si naturel, qu'on n'a pu que le diviser en genres, et encore sur des caractères peu importans tirés de quelques appendices de la tête. On y trouve le *Paon*, le *Coq*, la *Perdrix*, etc.

1087. 5°. Les Échassiers tirent leur nom de la longueur et de la nudité de leurs jambes, qui leur permettent d'entrer dans l'eau jusqu'à une certaine profondeur, d'y marcher à gué, et d'y pêcher leur nourriture au moyen de leur cou et de leur bec, dont la longueur est toujours proportionnée à celle des jambes. On y distingue cinq familles, dont la première, celle des *Brevipennes* qui comprend l'Autruche, a quelques points de contact avec les quadrupèdes. Les autres sont les

Pressirostres. . . . . Ex. : l'*Outarde*.

Les Cultrirostres. . . . . Ex. : la *Grue*
Les Longirostres. . . . . la *Bécasse.*
Les Macrodactyles. . . . . le *Flamant.*

1088. 6°. Les Palmipèdes ont les pieds faits pour la natation, le plumage serré, lustré et imbibé d'un suc huileux qui le garantit du mouillage de l'eau; le cou plus long que les pieds, afin de pouvoir chercher leur nourriture au fond de l'eau, tout en nageant à la surface. Un assez grand nombre ont les habitudes de nos gallinacées. On y distingue quatre familles :

Les Plongeurs. . . . . . . Ex. : le *Plongeon.*
Les Longipennes. . . . . le *Goëland.*
Les Totipalmes. . . . . . le *Pélican.*
Les Lamellirostres. . . . le *Cigne*, le *Canard.*

Troisième classe : les Reptiles.

1089. Les Reptiles ont le cœur disposé de manière qu'à chaque contraction il n'envoie dans le poumon qu'une portion du sang qu'il a reçu des diverses parties du corps, et que le reste de ce fluide retourne aux parties sans avoir passé par le poumon et sans avoir respiré.

Or, comme c'est la respiration qui donne au sang sa chaleur, et à la fibre la susceptibilité pour l'irritation nerveuse, les reptiles ont le sang froid et les forces musculaires moindres en totalité que les quadrupèdes, et à plus forte raison que les oiseaux : aussi n'exercent-ils guère que les mouvemens du ramper et du nager; leur digestion est excessivement lente, leurs sensations obtuses; et dans les pays froids ou tempérés, ils passent presque tout l'hiver en léthargie.

Les reptiles sont ovipares, et ne couvent pas leurs œufs. Ils sont souvent sans membres; leur corps est recouvert d'une carapace, d'écailles ou d'une peau nue.

On divise les reptiles en quatre ordres, de la manière suivante :

REPTILES.	Cœur à oreillette double.	Des membres — Mâchoires	De corne, sans dents.	Chéloniens. . 1
			Dentées. . .	Sauriens. . . 2
		Pas de membres.		Ophidiens. . 3
	Oreillette unique.			Batraciens. . 4

1090. 1°. Les Chéloniens ont le cœur à deux oreillettes, et le corps porté sur quatre pieds, enveloppé de deux plaques, ou boucliers, formées par les côtes et le sternum. Ils ne comprennent qu'un genre, les *Tortues*.

1091. 2°. Les Sauriens ont le cœur à deux oreillettes, le corps porté sur quatre ou sur deux pieds, et revêtu d'écailles. On les divise en six familles, qui sont :

Les Crocodiliens.	Ex. : le *Crocodile*.
Les Lacertiens.	le *Lézard*.
Les Iguaniens.	l'*Iguane*.
Les Geckotiens.	le *Gecko*.
Les Caméléoniens.	le *Caméléon*.
Les Scincoïdiens.	le *Scinque*.

1092. 3°. Les Ophidiens ont le cœur à deux oreillettes, et le corps très-allongé, toujours dépourvu de pieds. Ils se meuvent au moyen de replis qu'ils font sur le sol. On les divise en trois familles :

FAMILLES.	TRIBUS.	SECTIONS.	EXEMPLES.
Les Anguis.			Les *Orvets*.
Les Serpens.	Doubles-marcheurs.		Les *Amphisbènes*.
	Serpens propres.	Non venimeux. . .	Les *Boas* et les *Couleuvres*.
		Venimeux à plusieurs crochets. .	Les *Hydrophis*.
		Venimeux à crochets isolés.	La *Vipère*, le *Serpent à sonnettes*.
Les Serpens nus.			Les *Cécilies*.

1093. 4°. Les Batraciens ont le cœur à une oreillette ; leur corps nu passe, avec l'âge, de la forme d'un poisson à celle d'un quadrupède ou d'un bipède. Ils n'ont ni écailles, ni carapace, ni ongles aux doigts ; une peau nue revêt leur corps. Ils ne forment que quatre genres : les grenouilles, les salamandres, les protées et les sirènes ; les deux premiers genres se divisent en sous-genres et espèces ; les deux derniers ne contiennent chacun qu'une espèce.

Quatrième classe : les Poissons.

1094. « Les Poissons sont des animaux vertébrés ovipares à circulation double ou complète, mais dont la respiration s'opère uniquement par l'intermède de l'eau. Pour cet effet ils ont, aux deux côtés du cou, un appareil nommé *branchies*, lequel consiste en feuillets suspendus à des arceaux qui tiennent à l'os hyoïde, et composés chacun d'un grand nombre de lames séparées à la file, et recouvertes d'un tissu d'innombrables vaisseaux sanguins. L'eau que le poisson avale s'échappe entre ses lames par des ouvertures nommées *ouïes*, et agit, au moyen de l'air qu'elle contient, sur le sang continuellement envoyé aux branchies par le cœur, qui ne présente que l'oreillette et le ventricule droits des animaux à sang chaud. »

Les poissons vivent dans l'eau, au travers de laquelle ils se meuvent à l'aide de membres oblitérés nommés *nageoires*, et d'une vessie aérienne intérieure qui, en se dilatant ou se comprimant au gré de l'animal, fait varier sa pesanteur spécifique, et l'aide à monter ou à descendre.

M. Cuvier a établi, pour les poissons, une classification fondée sur des caractères anatomiques que je ne puis rapporter ici, et qu'il convient d'étudier dans son ouvrage même ; en voici cependant le tableau, qui suffira pour en donner une première idée à mes lecteurs :

1095.

	SÉRIES.	DIVISIONS.	ORDRES.	FAMILLES.	EXEMP
IVe. CLASSE. = POISSONS.	I. Cartilagineux ou	I. Chondroptérygiens. .	1. A branchies fixes.	Suceurs.	*Lamp*
				Sélaciens.	*Raie.*
			2. A branchies libres.	Sturioniens. . .	*Esturg*
	II. Osseux.	II.	3. Plectognathes. . .	Gymnodontes. .	*Mole.*
				Sclérodermes. .	
			4. Lophobranches. .	Lophobranches .	
		III. Malacoptérygiens. .	5. Abdominaux. . .	Salmonés.	*Saumon*
				Clupéacés. . . .	*Hareng*
				Esocés.	*Brochet*
				Cyprins.	*Carpe.*
				Siluroïdes. . . .	*Silure.*
			6. Subrachiens. . . .	Gadoïdes.	*Morue.*
				Pleuronectes. . .	*Turbot.*
				Discoboles. . . .	
			7. Apodes.	Anguilliformes. .	*Anguill*
		IV. Acanthoptérygiens. .	8.	Tœnioïdes. . . .	
				Gobioïdes. . . .	
				Labroïdes. . . .	
				Percoïdes. . . .	*Perche.*
				Scombéroïdes. .	*Maque*
				Squammipennes.	*Dorée.*
				A bouche en flûte	

Deuxième forme : *Animaux Mollusques* (1067).

Première classe : les Mollusques Céphalopodes.

1096. Ont le corps en forme de sac ouvert par-devant, renfermant les branchies, d'où sort une tête bien développée, couronnée par des productions charnues fortes et allongées, au moyen desquelles ils marchent et saisissent les objets. Ils ne forment qu'un ordre, que l'on divise en genres, d'après la nature de leurs coquilles. *Exemples :* les *sèches*, les *poulpes*, les *nautiles*, les *argonautes*. Ils habitent les mers.

Deuxième classe : les Mollusques Ptéropodes.

1097. Leur corps n'est point ouvert; la tête manque d'appendices, ou n'en a que de petits; les principaux organes du mouvement sont deux ailes, ou nageoires membraneuses situées aux côtés du cou, et sur lesquelles est souvent le tissu branchial.

Ils habitent également les mers.

Troisième classe : les Mollusques Gastéropodes.

1098. Rampent sur un disque charnu de leur ventre, quelquefois, mais rarement, comprimé en nageoire, et ont presque toujours en avant une tête distincte. M. Cuvier les divise en 7 ordres, tirés de la forme et de la position de leurs branchies.

1er. *Ordre.* —Les Nudibranches ; pas de coquille, branchies à nu sur le dos, hermaphrodites avec accouplement réciproque; habitent les mers. *Ex. :* les *Doris*, les *Thetis*, les *Glaucus*, et autres divinités marines.

2e. *Ordre.* —Les Inférobranches, semblables aux précédens, mais portant leurs branchies sous le rebord de leur manteau ; habitent les mers.

3e. *Ordre.* —Les Tectibranches, ont les branchies sur le dos ou sur le côté, couvertes par une lame du manteau, qui contient presque toujours une coquille plus ou moins développée ; sont hermaphrodites et marins comme les précédens.

4e. *Ordre.* — Les Pulmonés, respirent l'air en nature, dans une cavité dont ils ouvrent et ferment à volonté l'étroite ouverture. Ils sont hermaphrodites à la manière des précédens ; un grand nombre d'entre eux est revêtu de coquilles entièrement turbinées ; mais ils n'ont jamais d'opercule. Les uns sont terrestres et d'autres aquatiques ; ceux-ci sont obligés de venir respirer à la surface de l'eau.

Les limaces et les escargots sont compris dans les pulmonés terrestres.

5e. *Ordre.* — Les Pectinibranches ont les sexes séparés; leurs branchies, presque toujours composées de lamelles réunies en forme de peignes, sont cachées dans une cavité dorsale, largement ouverte au-dessus de la tête; ils ont tous des coquilles complètement turbinées, et le plus souvent operculées. Ils forment la tribu la plus nombreuse des gastéropodes, et sont divisés en trois familles : les trochoïdes, les buccinoïdes et les sigaroïdes. C'est dans la seconde famille que se trouvent la pourpre des anciens et les porcelaines (*Cypræa* L.), que la beauté de leur coquille fait rechercher pour les cabinets.

6e. *Ordre.* — Les Scutibranches; branchies analogues à celles des pectinibranches; sexes réunis dans le même individu qui se féconde lui-même; coquille très-ouverte, non operculée, recouvrant l'animal et surtout ses branchies, comme un bouclier. Ils ne sont divisés qu'en genres.

7e. *Ordre.* — Les Cyclobranches, hermaphrodites à la manière des scutibranches, ont une coquille d'une ou de plusieurs pièces, mais jamais turbinée ni operculée; leurs branchies sont attachées sous les rebords de leur manteau, comme dans les inférobranches.

Quatrième classe : les Mollusques acéphales.

1099. Ont la bouche cachée dans le fond du manteau, qui renferme aussi les branchies et les viscères, et s'ouvre, ou sur toute sa longueur comme la couverture d'un livre, ou à ses deux bouts comme un tube, ou à un seul comme un sac. Ils se fécondent eux-mêmes; tous sont aquatiques.

On divise les mollusques acéphales en

CLASSE.	ORDRES.	FAMILLES.	EXEMPLES.
MOLLUSQUES ACÉPHALES.	I. Testacés. . . .	1. Ostracés. .	L'*Huître* et l'*Aronde aux Perles.*
		2. Mytilacés. .	La *Moule.*
		3. Bénitiers. .	
		4. Cardiacés. .	
		5. Enfermés. .	Le *Taret naval.*
	II. Sans coquille.	6. Simples. .	
		7. Composés. .	(Lient les Mollusques aux Zoophytes).

Cinquième classe : les Mollusques Brachiopodes.

1100. Sont renfermés dans un manteau comme les précédens, mais ont la bouche en avant, entourée de deux longs bras charnus et ciliés, qu'ils peuvent faire sortir pour saisir les objets. Tous sont revêtus de coquilles bivalves, fixés et dépourvus de locomotion. Ils ne forment que trois genres très-peu nombreux.

Sixième classe : les Mollusques Cirrhopodes.

1101. Semblables aux autres mollusques par le manteau, les branchies, etc., ils en diffèrent par des membres nombreux, cornés, articulés, et par un système nerveux qui les rapproche des animaux articulés. Ils ont une coquille, et restent fixés à la même place. Ils sont très-peu nombreux.

Troisième forme : *Animaux articulés* (1068).

Première classe : les Annelides ou Vers.

1102. Les Annelides ont un sang rouge comme les animaux vertébrés ; ce fluide circule dans un double système de vaisseaux compliqués ; leur respiration s'exécute par des organes extérieurs; leur corps est mou, plus ou moins allongé, est divisé en anneaux nombreux, dont le premier, qui se nomme *tête*, est à peine différent des autres, si ce n'est par la présence de la bouche et des principaux organes des sens; ils ont, au lieu de membres, des soies, dont quelques-uns même sont dépourvus; un seul genre est terrestre (ce sont les lombrics, ou vers de terre), tous les autres sont aquatiques.

On divise les annelides en trois ordres: les tubicoles, les dorsibranches et les abranches; dans ceux-ci se trouvent les lombrics et les sangsues.

Deuxième classe : les Crustacés.

1103. Les Crustacés ont des membres articulés et plus ou moins compliqués; leur sang est blanc, et circule par le moyen d'un ventricule placé dans le dos, qui le distribue à des branchies situées sur les côtés du corps, ou sous sa partie postérieure, d'où il revient au ventricule par un grand canal ventral. Ils ont ordinairement quatre antennes ou filamens articulés attachés au-devant de la tête, au moins six mâchoires latérales dont la paire intérieure se nomme *mandibules*, des yeux composés, au moins cinq paires de pieds. On les divise en cinq ordres dont voici le tableau.

CLASSE.	ORDRES.	FAMILLES.	EXEMPLES.
CRUSTACÉS.	1. Décapodes.	Brachyures.	*Crabes.*
		Macroures.	*Écrevisses.*
	2. Stomapodes.		*Squilles.*
	3. Amphipodes.		*Chevrettes.*
	4. Isopodes.		*Cloportes.*
	5. Branchiopodes.		*Monocles.*

Troisième classe : les Arachnides.

1104. Les Arachnides ont la tête et le thorax réunis en une seule pièce, portant ordinairement huit membres articulés ; ils n'ont pas d'antennes, ce qui les distingue, au premier coup d'œil, des crustacés et des insectes ; leurs principaux viscères sont renfermés dans un abdomen attaché en arrière de ce thorax ; leur bouche est armée de mâchoires ; leurs yeux sont toujours simples, mais variables pour le nombre et la situation ; leur circulation se fait par un vaisseau dorsal, qui envoie des branches artérielles et en reçoit de veineuses ; leur respiration s'effectue par des ouvertures latérales extérieures (semblables aux stigmates des insectes) qui conduisent l'air, soit à certains genres de sacs intérieurs qui tiennent lieu de poumons, soit à de véritables trachées qui le distribuent par tout le corps. Cette différente organisation a servi à diviser les arachnides en deux ordres :

Les Pulmonaires. . . . Ex. : l'*Araignée*, le *Scorpion*, la *Tarentule*.
Les Trachéennes. . . . la *Mite*.

Quatrième classe : les Insectes.

1105. Les Insectes forment la classe la plus nombreuse de tout le règne animal. Excepté quelques genres (les myriapodes) dont le corps se divise en un assez grand nombre d'articles à peu près égaux, ils l'ont partagé en trois parties : la tête qui porte les antennes, les yeux et la bouche ; le thorax, ou corselet, qui porte les pieds et les ailes quand il y en a ; et l'abdomen qui est suspendu en arrière du thorax, et renferme les principaux viscères. Les insectes qui ont des ailes ne les reçoivent qu'à un certain âge, et passent souvent par deux formes plus ou moins différentes, avant de prendre celle d'insecte ailé. Dans tous leurs états ils respirent par des trachées, c'est-à-dire, par des vaisseaux élastiques qui reçoivent l'air par des stigmates percés sur les côtés, et le distribuent, en se ramifiant à l'infini, dans tous les points du corps. On n'aperçoit qu'un vestige de cœur, qui est un vaisseau attaché le long du dos, et éprouvant des contractions alternatives, mais auquel on n'a pu découvrir de branches; en sorte que l'on doit croire que la nutrition des parties se fait par imbibition. C'est probablement cette sorte de nutrition qui a nécessité l'espèce de respiration propre aux insectes, parce que le fluide nourricier, qui n'était point contenu dans des vaisseaux, ne pouvant être dirigé vers des organes pulmonaires circonscrits, pour y chercher l'air, il a fallu que l'air se repandît par tout le corps pour l'atteindre. C'est aussi pourquoi les insectes n'ont pas de glandes excrétoires, mais seulement de longs vaisseaux spongieux qui paraissent absorber, par leur grande surface, dans la masse du fluide nourricier, les sucs propres qu'ils doivent produire.

On divise la classe des insectes en douze ordres :

1106. « Le premier ordre, les *Myriapodes*, a plus de six pieds (vingt-quatre et au delà), disposés dans toute la longueur du corps sur une suite d'anneaux qui en portent chacun une ou deux paires, et dont la première, et même dans plusieurs la seconde, font partie de la bouche : ils sont aptères, c'est-à-dire sans ailes. »

1107. « Le second ordre, les *Thysanoures*, a six pieds, et a l'abdomen garni sur les côtés de pièces mobiles, en forme de fausses pates, ou terminé par des appendices propres pour le saut. »

1108. « Le troisième ordre, les *Parasites*, a six pieds, et manque d'ailes; ils n'offrent pour organes de la vue que des yeux lisses; leur bouche est, en grande partie, intérieure, et ne consiste que dans un museau renfermant un suçoir rétractile, ou dans une fente située entre deux lèvres, avec deux mandibules en crochets. »

1109. « Le quatrième ordre, les *Suceurs*, a six pieds, manque d'ailes; leur bouche est composée d'un suçoir renfermé dans une gaîne cylindrique de deux pièces articulées. »

1110. « Le cinquième ordre, les *Coléoptères*, a six pieds; quatre ailes, dont les deux supérieures en forme d'étuis; des mandibules et des mâchoires pour la mastication; des ailes inférieures simplement pliées en travers, des étuis crustacés. »

1111. « Le sixième ordre, les *Orthoptères*, a six pieds; quatre ailes, dont les deux supérieures en forme d'étuis; des mandibules et des mâchoires pour la mastication; les ailes inférieures pliées en deux sens ou simplement dans leur longueur, et les étuis ordinairement coriacés. »

1112. « Le septième ordre, les *Hémiptères*, a six pieds; quatre ailes, dont les deux supérieures en forme d'étuis crustacés, avec l'extrémité membraneuse, ou semblables aux inférieures, mais plus grandes et plus fortes; les mandibules et les mâchoires, remplacées par des soies, forment un suçoir, renfermé dans une gaîne d'une seule pièce, articulée, cylindrique ou conique, en forme de bec. »

1113. « Le huitième ordre, les *Nevroptères*, a six pieds, quatre ailes membraneuses et nues, des mandibules et des mâchoires pour la mastication; leurs ailes sont finement articulées, et les inférieures sont ordinairement de la grandeur des supérieures, ou plus étendues dans un de leurs diamètres. »

1114. Le neuvième ordre, les *Hyménoptères*, a six pieds, quatre ailes membraneuses et nues, des mandibules et des mâchoires pour la mastication; les ailes inférieures plus petites que les supérieures; l'abdomen des femelles presque toujours terminé par une tarière ou par un aiguillon. »

1115. « Le dixième ordre, les *Lépidoptères*, a six pieds; quatre ailes membraneuses, couvertes de petites écailles colorées, semblables à une poussière; les mâchoires remplacées par deux filets tubulaires réunis et composant une langue roulée en spirale sur elle-même. »

1116. « Le onzième ordre, les *Rhipiptères*, a six pieds; deux ailes membraneuses et plissées en éventail; deux corps crustacés, mobiles, en forme de petits élytres, situés à l'extrémité antérieure du corselet; et, pour organes de la manducation, deux simples mâchoires en forme de soies, avec deux palpes. »

1117. « Le douzième ordre, les *Diptères*, a six pieds; deux ailes membraneuses, étendues, accompagnées dans presque tous de deux corps mobiles, en forme de balanciers situés en arrière d'elles; et, pour organes de la manducation, un suçoir d'un nombre variable de soies, renfermé dans une gaîne inarticulée, le plus souvent sous la forme d'une trompe, terminée par deux lèvres. »

Les douze ordres précédens se divisent en familles, dont je donnerai seulement le tableau.

1118.

	ORDRES.	SOUS-ORDRES.	FAMILLES.	EXEMPLES.
IVe. CLASSE. = INSECTES.	I. Myriapodes.		Chilognathes.	*Jules.*
			Chilopodes.	*Scolopendres.*
	II. Thysanoures.		Lepismènes.	*Lepismes.*
			Podurelles.	*Podures.*
	III. Parasites.		Pédicules.	*Poux.*
	IV. Suceurs.		Pulicés.	*Puces.*
	V. Coléoptères.	Pentamères.	Carnassiers.	*Carabes.*
			Brachelytres.	*Staphylins.*
			Serricornes.	*Lampyres.*
			Clavicornes.	*Escarbots.*
			Palpicornes.	*Hydrophilles.*
			Lamellicornes.	*Scarabées.*
		Heteromères.	Melasomes.	*Ténébrions.*
			Taxicornes.	*Diapères.*
			Sténelytres.	*Hélops.*
			Trachélides.	*Cantharides.*

ORDRES.	SOUS-ORDRES.	FAMILLES.	EXEMPLES.
V. Coléoptères. . .	Tetramères. . . .	Porte-becs.	*Charançon.*
		Xilophages. . . .	*Scolytes.*
		Plastisomes. . . .	*Cucujes.*
		Longicornes. . .	*Capricornes.*
		Eupodes.	*Criocères.*
		Cycliques.	*Chrysomèles.*
		Clavipalpes. . . .	*Érotyles.*
	Trimères.	Aphidiphages. . .	*Coccinelles.*
		Fungicoles. . . .	*Eumorphes.*
	Dimères.	Dimères.	*Psélaphe.*
	Monomères ?. . .	. . . .	
VI. Orthoptères.		Coureurs.	*Perce-oreilles.*
		Sauteurs.	*Sauterelles.*
VII. Hemiptères. .	Hétéroptères. . .	Géocorises. . . .	*Punaises.*
		Hydrocorises. . .	*Nèpes.*
	Homoptères. . .	Cicadaires. . . .	*Cigales.*
		Aphidaires. . . .	*Pucerons.*
		Gallinsectes. . .	*Cochenilles.*
VIII. Nevroptères.		Subulicornes. . .	*Demoiselles.*
		Plannipennes. . .	*Fourmilions.*
IX. Hyménoptères.	Térébrans. . . .	Porte-scies. . . .	*Mouches à scie.*
		Pupivores.	*Ichneumons.*
	Porte-aiguillons.	Hétérogynes. . .	*Fourmis.*
		Fouisseurs. . . .	*Sphex.*
	Diploptères. . . .	Diploptères. . . .	*Guèpes.*
	Mellifères.	Mellifères. . . .	*Abeilles.*
X. Lepidoptères.		Diurnes.	*Papillons.*
		Crepusculaires. .	*Sphinx.*
		Nocturnes. . . .	*Phalènes.*
XI. Rhipiptères.		Rhipiptères. . . .	*Xenos.*
XII. Diptères.		Némocères. . . .	*Cousins.*
		Tanystomes. . .	*Taons.*
		Notacanthes. . .	*Stratiomes.*
		Athéricères. . . .	*Mouches.*
		Pupipares.	*Hippobosques.*

Quatrième forme ; *Animaux rayonnés* (1059).

Première classe : les Échinodermes.

1119. « Tirent leur nom des *oursins* et des *astéries*, dont la peau est ordinairement munie d'épines. Ils ont un intestin distinct, flottant dans une grande cavité, et accompagné de plusieurs autres organes pour la génération, la respiration et pour une circulation partielle. Il a fallu leur réunir les *holothuries*, qui ont une organisation intérieure analogue, peut-être même encore plus compliquée, bien qu'elles n'aient pas d'épines à la peau. »

Deuxième classe : les Intestinaux.

1120. « N'ont ni vaisseaux, même pour une circulation partielle, ni organes de la respiration ; leur corps est en général allongé ou déprimé, et leurs organes disposés longitudinalement. »

Troisième classe : les Acalèphes.

1121. « Ou Orties de mer. N'ont aussi ni vaisseaux vraiment circulatoires, ni organes de la respiration ; leur forme est circulaire et rayonnante ; en général, leur bouche tient lieu d'anus. Elles ne diffèrent des polypes que par plus de développement dans le tissu de leurs organes. »

Quatrième classe : les Polypes.

1122. « Sont de petits animaux gélatineux dont la bouche, entourée de tentacules, conduit dans un estomac tantôt simple, tantôt suivi d'intestins en forme de vaisseaux; c'est dans cette classe que se trouvent ces innombrables animaux composés, à tige fixe et solide, que l'on a long-temps regardés comme des plantes marines. »

Cinquième classe : les Infusoires.

1123. « Sont de petits êtres qui n'ont été découverts que par le microscope, et qui fourmillent dans les eaux dormantes. La plupart ne montrent qu'un corps gélatineux sans viscères : cependant on laisse à leur tête des espèces plus composées, possédant des organes visibles de mouvement et un estomac. »

Au reste ces classes n'ont pu être caractérisées avec autant de précision que celles des grandes divisions précédentes. Voici le tableau de leurs ordres, familles ou genres.

IVe. FORME. = ANIMAUX RAYONNÉS ou ZOOPHYTES.

1124. CLASSES.	ORDRES.	FAMILLES	ou GENRES.	EXEMPLES
Échinodermes.	Pédicellés.	Astéries.		Les *Astéries.*
		Encrines.		
		Oursins.		Les *Oursins.*
		Holoturies.		Les *Holoturies.*
	Apodes.		Molpadies.	
			Miniades.	
			Priapules.	
			Siponcles.	
Intestinaux.	Cavitaires.		Filaires.	
			Tricocéphales	
			Cucullans.	
			Ophiostomes.	
			Ascarides.	Les *Ascarides.*
			Prionodermes	
			Lernées.	
			Nermettes.	
	Parenchymateux.	Acanthocéphales		
		Trématodes.		
		Ténioïdes.		Le *Tœnia.*
		Cestoïdes.		
Acalèphes	Fixes.	Actinies.		
		Lucernaires.		
	Libres.	Méduses.		Les *Méduses.*
		Rhysostomes.		
	Hydrostatiques.	Physales.		
		Physsophores.		
Polypes.	Nus.		Hydres.	Le *Polype à bas.*
			Corines.	
			Cristatelles.	
			Vorticelles.	
			Pédicellaires.	
	A polypiers.	A tuyaux.		
		A cellules.		La *Coralline bla*
			(Tribus).	
		Corticaux.	1. Cératophytes.	L'Antipathes ou *rail noir.*
			2. Lithophytes.	Le *Corail rouge.*
			3. Nageurs.	Les *Pennatules.*
			4.	Les *Alcyons.* Les *Éponges.*
Infusoires	Rotifères.			
	Homogènes.		1re. Tribu.	
			2e. Tribu.	

1125. Les substances animales encore usitées, ou même rarement employées en pharmacie, sont en si petit nombre, si variées dans leur nature et réparties dans un si grand nombre de classes, qu'il est bien difficile d'y établir une sorte de classification méthodique. Celle qui m'a paru la plus convenable les partage seulement en quatre sections : 1°. les *animaux entiers*; 2°. les *parties solides*; 3°. les *humeurs et secrétions*; 4°. les *corps gras*. Dans chacune de ces sections je suis l'ordre alphabétique.

SECTION I. — *Des Animaux entiers.*

De la Cantharide.

Cantharis, idis. — Off.

1126. *Cantharis vesicatoria* Geoffr.; *Litta vesicatoria* Fabricius; *Meloe vesicatorius* L.

Insecte coléoptère, hétéromère, trachélide; ou, autrement, insecte à six pieds et à quatre ailes, dont les deux supérieures, nommées *élytres*, en forme d'étuis; à cinq articles aux quatre premiers tarses et seulement quatre aux deux derniers; à tête en cœur, séparée du corselet par un rétrécissement brusque en forme de cou; à crochets des tarses profondément divisés ou doubles; à antennes filiformes, atteignant au moins la longueur de la moitié du corps; à élytres longues et flexibles. Le genre auquel appartient la cantharide comprend plusieurs espèces qui diffèrent par leur grandeur, leur couleur et d'autres caractères peu importans : toutes sont vésicantes, mais à des degrés différens. Celle que nous employons, qui paraît être des plus actives, est d'un vert doré, avec les tarses et les antennes noires; elle a de six à dix lignes de longueur et deux à trois lignes de largeur; son odeur est forte, vireuse et très-désagréable : cette odeur annonce le voisinage des essaims, et aide à les découvrir lorsqu'on en veut faire la récolte. Les cantharides paraissent sous le climat de Paris vers le solstice d'été ; elles se rassemblent ordinairement en troupes sur les peupliers, les troënes, les rosiers, et par préférence sur les frênes dont elles dévorent les feuilles : il est dangereux de reposer sous les arbres qu'elles habitent. La récolte des cantharides se fait le matin avant le lever du soleil, et lorsqu'elles sont encore engourdies par la fraîcheur et l'humidité de la nuit. Une personne masquée et gantée secoue les arbres au-dessous desquels on a étendu des draps où tombent les cantharides ; on les fait mourir à la vapeur du vinaigre, contenues dans des nouets de linge ou étendues sur des tamis ; enfin on les fait sécher dans une étuve. Elles perdent beaucoup de leur poids dans cette opération, au point qu'il en faut après environ cinquante pour peser un gros.

Les cantharides sont éminemment âcres et corrosives, elles sont à présent presque le seul épispatique usité ; elles sont poison prises intérieurement, même à une très-petite dose, ce qui fait qu'on ne doit administrer ainsi quelques-unes de leurs préparations qu'avec une extrême prudence. Leur action se porte surtout sur les voies urinaires, et est si intense qu'il suffit pour la produire de la simple application des cantharides sur le bras. Malgré ces propriétés si énergiques, les cantharides deviennent avec le temps la proie d'une mite qui les ronge et les réduit en poussière ; et bien qu'il soit probable que cette mite n'en attaque que les parties les moins actives, toujours est-il qu'il faut préférer celles qui n'offrent pas ce genre d'altération.

1127. M. Robiquet s'est occupé de l'analyse des cantharides, et nous a éclairés sur le siége de leur propriété vésicante. Voici très en abrégé quelques-uns de ses résultats (*Ann. Chim.* LXXVI. 302.) :

1°. Le principe vésicant des cantharides se dissout dans l'eau à l'aide de l'ébullition.

2°. Les cantharides, épuisées par l'eau et desséchées, donnent dans l'alcohol une teinture qui produit par son évaporation une huile verte nullement vésicante.

3°. La décoction aqueuse évaporée donne un extrait que l'alcohol sépare en deux parties : l'une noire et insoluble ; l'autre jaune, visqueuse, très-soluble ; toutes deux vésicantes.

4°. La matière noire parfaitement privée de matière jaune par l'action réitérée de l'alcohol employé bouillant, ne conserve rien de vésicant.

5°. La matière jaune caractérisée par sa solubilité dans l'alcohol et dans l'eau, perd sa propriété vésicante au moyen de l'éther sulfurique, qui en sépare une substance particulière insoluble dans l'eau et dans l'alcohol froid ; dissoluble dans l'alcohol bouillant et qui s'en précipite, par le refroidissement, en paillettes cristallines.

6°. Cette dernière substance, absolument séparée de toutes les autres qu'elle a laissées inertes, se trouve soluble en toutes proportions dans les huiles, et les rendant éminemment caustiques, doit être considérée comme le véritable principe vésicant des cantharides.

7°. L'infusion de cantharides fraîches contient du phosphate de magnésie qui s'y trouve dissous par deux acides, l'un l'acide acétique, l'autre l'acide urique.

1128. Plusieurs autres coléoptères jouissent de la propriété vésicante et ont quelquefois été employés en médecine ; ce sont : le Proscarabé (*Meloe Proscarabœus*) ; le Meloë de mai (*Meloe maialis*) ; la Coccinelle, (*Coccinella 7-punctata*) ; le Mylabre de la chicorée (*Mylabris chicorii*).

Du Cloporte.

1129. *Oniscus Asellus* L. Crustacé isopode de la section des ptérygibranches ; il est grisâtre, aplati, ovalaire, convexe en dessus, concave en dessous ; son corps est formé de quatorze articles en y comprenant la tête : celle-ci porte deux yeux granulés, deux grandes antennes à sept ou huit articles, deux mandibules sans palpes et trois paires de mâchoires ; les sept articulations qui suivent la tête portent chacune une paire de pieds terminés par un crochet simple ; les cinq qui viennent après supportent des écailles membraneuses sous lesquelles sont déposés les œufs dans la femelle, et les organes respiratoires dans les deux sexes ; le dernier anneau porte deux appendices plus ou moins allongés qui laissent suinter quand on y touche une humeur gluante dont on ignore l'usage. La femelle garde ses œufs sous les écailles de la queue et entre les pates ; ils y éclosent et les petits ne paraissent au jour qu'avec la forme qu'ils conservent toute leur vie ; seulement ils n'ont que dix ou douze pates et changent plusieurs fois de peau.

Le cloporte habite les caves et les autres lieux humides de nos maisons. On l'emploie le plus habituellement à l'état récent pour les préparations magistrales, et on le prend à mesure du besoin. Il passe pour diurétique, et peut l'être en effet en raison des particules salpêtrées au milieu desquelles il vit, et qui s'attachent à son corps. On peut aussi employer l'espèce des bois qui est peu différente de celle des caves ; quant aux cloportes que l'on trouve desséchés dans le commerce et qui viennent surtout d'Italie, ce sont des Armadilles (*Oniscus Armadillo* L.), qui diffèrent des cloportes par leur corps poli, brillant, très-convexe, susceptible de se rouler en boule lorsqu'on les touche, et ayant les appendices de la queue à peine distincts. La poudre de cloportes entre dans les pilules balsamiques de Morton.

De la Cochenille.

Coccinilla. — Off.

1130. *Coccus cacti* L. Insecte hemiptère homoptère, de la famille des gallinsectes ; il n'a qu'un article aux tarses, avec un seul crochet au bout. Le mâle est dépourvu de bec, et n'a que deux ailes qui se recouvrent horizontalement sur le corps; son abdomen est terminé par deux soies. La femelle est sans ailes et munie d'un bec; les antennes sont en forme de fil ou de soie, le plus souvent de onze articles.

La cochenille vit naturellement sur différens arbres dans les forêts du Mexique, mais n'y acquiert qu'une qualité inférieure à celle que les habitans savent lui donner par la culture; à cet effet, ils plantent autour de leurs habitations des *Cactus* ou cierges qui paraissent être les végétaux les plus propres à la nourriture de l'insecte, et surtout le *Cactus Opuntia* L., que nous nommons *Raquette* dans nos jardins, à cause de la forme singulière de sa feuille.

Ils vont chercher les femelles dans les bois avant qu'elles n'aient fait leur ponte, et les déposent au nombre de dix à douze dans de petits nids de bourre de coco, qu'ils fixent sur les épines des *Cactus*. L'insecte y opère sa ponte et meurt; mais utile encore à sa famille, son corps desséché et changé en coque, lui sert de rempart contre les agens extérieurs; et ce n'est qu'après cette sorte d'incubation, que les œufs étant éclos, les petits se répandent par milliers sur la plante, s'y attachent et y subissent toutes leurs métamorphoses. A la dernière les femelles prennent l'état d'immobilité de leur mère; les mâles acquièrent des ailes, s'approchent des femelles, les fécondent, et meurent bientôt après. C'est à cette époque que l'on recueille les femelles, seules restées sur la plante, en les faisant tomber avec un pinceau sur un drap étendu à terre; mais on en laisse une certaine quantité qui produit une seconde génération, et celle-ci une troisième, que l'on récolte encore la même année. La cochenille de la première récolte est la plus estimée et celle de la dernière l'est le moins. On la fait mourir en la plongeant pendant un instant dans l'eau bouillante, ou en l'exposant dans un four, soit encore en l'étendant sur des plaques chauffées par-dessous. Ces différentes méthodes influent sur la qualité et les propriétés physiques de la cochenille; celle qui a été plongée dans l'eau est d'un brun rouge, et en partie privée d'une poudre blanche qui recouvre l'insecte vivant; elle est bien moins estimée que les suivantes : celle qui a été séchée dans des fours est d'un gris cendré et jaspé, et la dernière noirâtre. Celle-ci paraît tenir le premier rang dans le commerce, quoiqu'on ne voie pas la raison qui doive la faire préférer à la seconde.

La cochenille, telle que le commerce nous la présente, ne ressemble guère à un insecte; c'est un petit corps orbiculaire, anguleux, d'une ligne de diamètre environ, sans membres apparens, noirâtre, rouge-brun, ou d'un gris d'ardoise mêlé de rouge. On se convainc cependant facilement que c'est un insecte, en le faisant tremper dans l'eau, qui développe ses membres et ses anneaux.

1131. Nous devons, à MM. Pelletier et Caventou, une très-belle analyse de la cochenille et la découverte de son principe colorant, auquel ils ont donné le nom de *Carmine*. Voici un exposé de leur travail.

La cochenille, traitée par l'éther sulfurique bouillant jusqu'à épuisement de toutes parties solubles, cède à ce véhicule une matière grasse odorante, d'un jaune orangé, qui, par un examen subséquent, se trouve composée d'un peu de carmine, de stéarine et d'élaïne semblables à celles qui composent la graisse des mammifères; enfin, d'une matière odorante et acide qui paraît être à la matière grasse de la cochenille ce que l'acide butyrique est au beurre.

La cochenille, épuisée par l'éther, ayant été traitée par de l'alcohol très-rectifié et bouillant, l'a coloré en rouge jaunâtre; le liquide, en se refroidissant, et par l'évaporation spontanée, a laissé précipiter une matière d'une très-belle couleur rouge, grenue, comme cristalline, soluble dans l'eau, mais ne se dissolvant pas entièrement dans l'alcohol très-rectifié et froid, qui en séparait une *matière brunâtre très-animalisée* insoluble, semblable à celle que l'eau extraira tout-à-l'heure de la cochenille : la portion de matière rouge dissoute par l'alcohol n'était pas encore de la carmine pure; car la liqueur ayant été mêlée de partie égale d'éther sulfurique qui en a précipité la *carmine pure*, on en a ensuite retiré un peu de matière grasse semblable à celle déjà obtenue par l'éther.

La cochenille épuisée par l'éther et l'alcohol était très-colorée, la carmine qu'elle contient encore étant défendue de l'action du dernier par la matière animale qui y est insoluble. Cette cochenille, bouillie dans l'eau, l'a colorée en rouge cramoisi; et, lorsqu'elle ne lui a plus rien cédé, il n'est plus resté qu'une matière translucide, gélatineuse, brunâtre, dont quelques parties seulement étaient incolores. Les dernières décoctions, qui étaient incolores également, ne contenaient que de la *matière animale* semblable à celle qui n'avait pas été dissoute, et qui composait le squelette de l'insecte, à cela près cependant de l'altération qu'a dû lui causer sa dissolution même. Les premières liqueurs contenaient en outre de la carmine et de la matière grasse.

Indépendamment des matières ci-dessus, la cochenille contient une très-petite quantité de sels minéraux, qui sont les suivans : phosphate de chaux, carbonate de chaux, hydrochlorate de potasse, phosphate de potasse, potasse unie à un acide organique.

La matière animale de la cochenille a paru à MM. Pelletier et Caventou différente de la gélatine, de la fibrine, et des autres matières animales connues; ils pensent qu'elle peut être commune dans la classe des insectes, comme les premières le sont dans celle des mammifères et des autres animaux vertébrés. Quant à la carmine, voici ses propriétés :

Elle est d'un rouge pourpre éclatant, inaltérable à l'air, fusible à 50 degrés centigrades, décomposable à une chaleur plus élevée, et ne fournissant pas d'ammoniaque parmi les produits de sa décomposition.

Elle est très-soluble dans l'eau et incristallisable, beaucoup moins soluble dans l'alcohol, insoluble dans l'éther.

Sa dissolution n'est pas précipitée par les acides, qui ne font que changer sa couleur du rouge cramoisi au rouge vif et au rouge jaunâtre (elle est précipitée par les acides lorsqu'elle contient de la matière animale, que les acides précipitent). Les alcalis lui restituent sa couleur, et la font ensuite tourner au violet. L'alumine se conduit avec elle d'une manière singulière, et qui me semble encore difficile à expliquer. Mise en gelée dans la dissolution de carmine, elle l'en précipite, s'y combine, et forme une laque d'un beau rouge à froid, qui, par l'action continue de la chaleur, devient cramoisie et violette; si avant d'ajouter l'alumine à la dissolution de carmine, on a rougi celle-ci par un acide, la laque sera d'abord d'un rouge éclatant, mais la moindre chaleur la fera passer au violet; si au contraire c'est un alcali qu'on a d'abord ajouté à la dissolution, la liqueur qui était devenue violette par son action redeviendra de suite rouge par celle de l'alumine, et la laque rouge qui se formera sera à peine altérée par une ébullition prolongée; de sorte qu'il semblerait que l'alumine mise en contact avec la carmine et un alcali agit comme un acide, et qu'elle présente au contraire l'énergie alcaline, lorsque c'est avec un acide et la carmine qu'elle se trouve mêlée.

La cochenille est très-employée dans la teinture, et pour fabriquer le carmin et la laque carminée. MM. Pelletier et Caventou ont examiné ces deux produits, et ont donné la théorie de leur formation. (Voyez leur mémoire imprimé dans le *Journal de Pharmacie*, tome IV, pag. 193.)

La cochenille n'est usitée en pharmacie que pour colorer différentes teintures, des opiats et des poudres dentifrices.

De l'Escargot ou Limaçon des vignes.

1132. *Helix pomantia* L. Mollusque gastéropode pulmoné testacé univalve. Sa coquille est globuleuse, tournée en volute, d'un pouce à un pouce et demi de diamètre, à bandes pâles et peu marquées; l'ouverture est un peu entamée par la saillie de l'avant-dernier tour, ce qui lui donne la forme d'un croissant. Sa tête porte quatre tentacules, et une bouche assez grande et forte; il la rentre dans sa coquille au moindre danger. Il rampe sur la terre au moyen d'un disque musculeux, dont il rapproche ou éloigne les plis à volonté; les organes de la génération sont renfermés dans une ouverture située au côté droit du cou, à laquelle aboutissent également l'anus et le conduit respiratoire.

Aux approches de l'hiver, l'escargot s'enfonce dans la terre ou se retire dans un trou; il ferme alors l'ouverture de sa coquille avec une exsudation calcaire qui le met à l'abri du froid et de la perte de son humidité, et il passe ainsi l'hiver dans un engourdissement complet, jusqu'au retour de la belle saison. C'est pendant que son ouverture est ainsi murée, qu'on le récolte pour le faire servir d'aliment ou pour l'usage de la pharmacie. Il entre dans la composition de bouillons et de sirops pectoraux; il contient du soufre, et noircit les vases d'argent dans lesquels on le fait cuire.

De la Fourmi.

1133. *Formica rufa.* Insecte hyménoptère aiguillonné hétérogyne.

La fourmi vit en société comme les abeilles et, de même que dans une ruche, on distingue dans une fourmillière trois sexes, les mâles, les femelles et les mulets. Celles-ci seules travaillent et prennent soin des œufs et des jeunes larves; elles sont privées d'ailes. Les mâles et les femelles ont des ailes et ne s'occupent guère que de leurs plaisirs; leur accouplement se fait dans l'air, les mâles périssent après et les femelles viennent déposer leurs œufs dans la fourmillière ; mais leur vie n'est guère plus longue que celle des mâles : elles périssent aux approches de l'hiver, et il n'y a que les mulets qui passent cette saison engourdis sous la terre et qui, au printemps, assurent le salut de la nouvelle génération.

La fourmi rouge est remarquable par les produits qu'elle donne à l'analyse ; elle contient un peu d'acide phosphorique, et une si grande quantité d'acide acétique libre qu'il suffit de son passage sur les fleurs bleues pour y imprimer des traces rouges. Cet acide se distingue encore lorsqu'on écrase des fourmis, quoiqu'alors il soit mêlé d'une huile résineuse âcre et odorante. On peut obtenir ces principes par le moyen de l'alcohol, et la teinture qui en résulte est l'*eau de magnanimité d'Hoffmann*, qui est crue aphrodisiaque.

De la Grenouille.

1134. ***Rana esculenta*** L. Reptile batracien remarquable comme tous ceux de son ordre par les transformations qu'il éprouve. Dans le temps de l'accouplement le mâle monte sur la femelle qu'il tient fortement embrassée, pendant un temps plus ou moins long. Cet embrassement détermine la femelle à jeter par l'anus un paquet d'œufs dont le mâle aide la sortie, et qu'il féconde à mesure en les arrosant avec de la semence. Ces œufs tombés au fond de l'eau y restent quelques jours, après lesquels ils montent à sa surface. Nommés alors *frai* ou *sperniole* (*sperniola*) on les employait autrefois comme rafraîchissans. On y distingue une infinité de points noirs qui sont les germes, entourés chacun d'une matière glaireuse analogue à l'albumen de l'œuf. Peu à peu ces points noirs grossissent, s'allongent et sortent de leur enveloppe : à cet état on les nomme *Tétards*. Dans les premiers temps le têtard reste encore logé dans la liqueur glaireuse qui a beaucoup augmenté de volume en absorbant de l'eau, et qui nage au milieu de la masse de liquide comme un nuage ; il en sort seulement de temps en temps pour se fortifier par l'exercice : enfin il s'en sépare tout-à-fait.

Le têtard, parvenu à ce point, est une espèce de poisson qui respire par des branchies, est muni d'un petit bec de corne, est terminé par une longue queue charnue et n'a pas de membres apparens. Bientôt les pates de derrière se développent ; celles de devant également, mais elles restent cachées sous la peau ; les vaisseaux qui portaient le sang aux branchies s'oblitèrent ; les intestins d'abord très-longs, minces et contournés en spirale, se raccourcissent et prennent les renflemens nécessaires pour l'estomac et le colon ; la peau du têtard se fend sur le dos près de la tête ; la grenouille passe sa tête par cette fente, et l'on voit alors se retirerl a bouche du têtard qui diffère beaucoup de la grande bouche de la grenouille : les jambes antérieures se déploient et repoussent la dépouille en arrière : le reste du corps, les jambes de derrière et la queue se dégagent successivement, après quoi la queue va toujours en diminuant de volume jusqu'à ce qu'elle s'oblitère et disparaisse entièrement. L'animal était resté sous la forme de têtard environ deux mois.

La grenouille a donc quatre jambes et point de queue ; sa tête est plate, son museau arrondi, sa gueule très-fendue ; sa langue molle ne s'attache pas au fond du gosier, mais au bord de la mâchoire et se reploie en dedans ; ses pieds de devant n'ont que quatre doigts ; ceux de derrière ont quelquefois le rudiment d'un sixième ; son squelette est dépourvu de côtes.

Les grenouilles se distinguent des crapauds (*Bufones*, *Rana Bufo* L.), par leur corps effilé, leurs pieds de derrière très-longs, très-forts, toujours parfaitement palmés et très-propres au saut comme à la natation ; elles en diffèrent également par leur peau lisse, et leur gueule garnie de dents.

Le crapaud par sa forme ramassée et sa peau pustuleuse

et gluante est d'autant plus un objet de dégoût qu'on lui attribue mal à propos des qualités vénéneuses.

La grenouille commune est d'un beau vert tacheté de noir; elle a trois raies jaunes sur le dos, et le ventre jaunâtre. Elle habite les eaux dormantes et est très-incommode l'été par la continuité de ses clameurs nocturnes. Ses cuisses offrent un aliment sain et agréable; on en fait aussi des bouillons médicinaux. C'est à l'aide des grenouilles qu'on a fait les premières découvertes dans l'électricité galvanique.

Du Kermès animal ou graine d'Écarlate.

1135. *Coccus Ilicis* L. Insecte hémiptère du genre de la cochenille, qui vit sur les feuilles d'une espèce de chène vert nommé *Quercus coccifera*, et que l'on récolte dans le midi de la France, en Espagne, en Italie et dans le Levant.

Le mâle du kermès a deux ailes, la femelle n'en a pas; c'est celle-ci qui se fixe sur les feuilles de l'arbre pour y vivre immobile, y croître, y être fécondée et y déposer ses œufs qu'elle recouvre de son corps; après quoi elle meurt. Alors il ne reste plus de l'insecte qu'une coque rougeâtre, qui se remplit d'un suc rouge participant de la nature du végétal et de l'animal, et qui contient ses œufs. Cette coque croît encore, et lorsqu'elle a acquis son volume, et avant que les œufs ne soient éclos, on en fait la récolte.

On tire par expression du Kermès récent un suc rouge chargé d'une matière féculente, dont on fait un sirop en y ajoutant un peu de sucre; ce sirop qui nous est apporté de Montpellier doit être dépuré avant d'être mis en usage.

Ou bien on fait sécher le kermès après l'avoir exposé à la vapeur du vinaigre pour faire périr les œufs, et on le répand dans le commerce : il est alors sous la forme de coques rondes, lisses et d'un brun rougeâtre, de la grosseur d'un pois; contenant une poudre de la même couleur, composée des débris de l'insecte et de ses œufs.

Le Kermès est peu employé en pharmacie actuellement ; cependant il entre encore dans la confection alkermès. Son plus grand usage est dans la teinture, où il peut dans plusieurs cas être substitué à la cochenille : sa couleur n'est pas aussi belle, mais elle est plus durable.

De la Sangsue.

1136. *Hirudo officinalis* L. Annelide abranche aquatique, hermaphrodite et vivipare, sans yeux et sans organes extérieurs apparens. Son corps est oblong, comme tronqué aux deux extrémités, composé d'anneaux et susceptible de s'allonger beaucoup. Son dos est convexe, noirâtre, rayé de jaune ; son ventre est plat, jaunâtre, tacheté de noir. Sa bouche est triangulaire et armée de trois dents qui forment à la peau des animaux auxquels elle s'attache une plaie triangulaire. Elle en suce le sang et ne lâche prise que lorsqu'elle en est entièrement gorgée.

On se sert des sangsues pour faire des saignées locales. On les choisit moyennes, prises dans une eau courante et très-vives. Lorsqu'elles tirent trop de sang, on leur fait lâcher prise en leur mettant un peu de sel sur le dos.

On conserve les sangsues dans des pots de grès presque remplis d'eau de rivière, et couverts d'une toile. Elles y vivent très-long-temps sans autre nourriture que celle qu'elles peuvent trouver dans l'eau ; quelquefois cependant elles s'entre-sucent, rougissent leur eau, la corrompent et y périssent : souvent aussi elles exsudent une muscosité dont la putréfaction les fait également périr ; il faut donc avoir le soin de changer leur eau très-souvent.

Il y a une sangsue beaucoup plus grande que la précédente et nommée *Sangsue aux chevaux* parcequ'elle s'attache souvent aux pieds de ces animaux qui descendent dans l'eau pour se désaltérer ; elle est aussi quelquefois dangereuse aux hommes par la plaie qu'elle leur cause ; elle est toute d'un verd noirâtre.

Du Scincque.

1137. *Lacerta Scincus* L. *Scincus officinalis* Schn. Reptile saurien de l'Égypte, de la Nubie et de l'Arabie. Il est long de sept à huit pouces; a les pieds courts, la queue presque d'une venue avec le corps et plus courte que lui; le corps jaunâtre, argenté, traversé de bandes noirâtres, couvert d'écailles uniformes, luisantes, disposées comme les tuiles d'un toit. Pour le conserver, on en retire les intestins que l'on remplace par des plantes aromatiques, on le fait sécher et on l'enveloppe de feuilles d'absinthe sèches. C'est ainsi qu'on nous l'envoie; on le croit aphrodisiaque; il entre dans l'électuaire de Mithridate.

On a vanté comme sudorifiques et antivénériens quelques autres reptiles sauriens mangés crus. Ce sont l'Anolis (*Anolis bimaculatus* Daudin), l'Iguane (*Iguana delicatissima* Latreille), le Lézard (*Lacerta agilis* L.), et d'autres. Ils ne sont plus employés, du moins en France.

De la Tortue.

1138. *Testudo europæa* et *Testudo græca* L. « La première (tortue d'eau douce d'Europe) est répandue dans tout le midi et l'orient de l'Europe. Sa carapace est ovale, peu convexe, assez lisse, noirâtre, toute semée de points jaunâtres disposés en rayon. Elle n'atteint guère que dix pouces de longueur. On l'élève avec du pain, des herbes, des insectes, de petits poissons, etc. »

La seconde (tortue grecque) est terrestre et vit en Grèce, en Italie, en Sardaigne, et à ce qu'il paraît tout au tour de la Méditerranée. Sa carapace est très-bombée, à écailles relevées, tachetée de noir et de jaune par grandes marbrures. Son bord postérieur a dans son milieu une proéminence recourbée sur la queue. Elle atteint rarement un pied de long; vit de feuilles, de fruits, d'insectes, de vers; se creuse un trou pour y passer l'hiver; s'accouple au printemps, et pond quatre ou cinq œufs semblables à ceux de pigeon.

C'est surtout la tortue d'eau douce que l'on vend à Paris et qui est employée en pharmacie pour faire des bouillons et un sirop; mais il y en a d'autres espèces beaucoup plus importantes par leurs produits : telle est la grande tortue de mer dite Tortue franche (*Testudo Mydas* L.) qui a six ou sept pieds de long, pèse jusqu'à sept ou huit cents livres, et est d'une si grande ressource pour les navigateurs qui parcourent la zone torride; tel est encore le *Caret* (*Testudo imbricata* L.) dont la chair est désagréable et malsaine, mais dont les œufs sont très-délicats, et qui fournit aux arts l'écaille la plus belle et la plus estimée. On le trouve de même dans les mers des pays chauds.

Du Ver de terre ou Lombric.

1139. *Lumbricus terrestris* L. Annelide abranche sétigère, c'est-à-dire, annelide sans branchies, et sans yeux, tentacules ni membranes apparens, mais pourvu de soies. Il a le corps rouge, long, cylindrique, composé d'une infinité d'anneaux contractiles, et muni en dessous de huit rangées de petites pointes à l'aide desquelles il rampe sur la terre. Il est hermaphrodite avec rapprochement d'individus, mais on ne peut assurer qu'il y ait fécondation réciproque, car il se pourrait que leur rapprochement ne servît qu'à les exciter l'un et l'autre à se féconder eux-mêmes. Les œufs descendent entre l'intestin et l'enveloppe extérieure jusqu'autour du rectum, où ils éclosent. Les petits sortent vivans par l'anus.

Le ver de terre perce en tous sens l'humus dont il avale beaucoup; il mange aussi des racines, des fibres ligneuses, des parties animales, etc. Au mois de juin il sort de terre la nuit pour s'accoupler.

Le ver de terre est encore employé en pharmacie pour préparer une huile médicinale par décoction.

De la Vipère.

1140. *Vipera Berus*, Daudin. *Coluber Berus* L. Reptile ophidien de la famille des serpens, et de la tribu de ceux qui sont venimeux, à crochets isolés. On l'a cru longtemps vivipare, d'où lui est venu son nom de *Vipère*, qui est une contraction du premier. Il est vrai que les petits viennent au jour vivans; mais la femelle produit réellement des œufs qui seulement éclosent avant d'avoir été pondus.

La vipère est ordinairement longue comme le bras et grosse de deux pouces; sa peau est écailleuse, imbriquée, brune, et marquée d'une raie noire en zigzag le long du dos, avec une rangée de taches noires de chaque côté; elle est blanchâtre-ardoisée sous le ventre; sa tête est plate, triangulaire ou cordiforme; ses yeux sont étincelans, sa langue bifide, ses mâchoires très-mobiles, et réunies seulement par des ligamens, ce qui lui permet, de même qu'aux autres serpens, d'avaler des animaux plus gros qu'elle. De même aussi que dans les autres vrais serpens, les arcades palatines partagent la mobilité des mâchoires, et sont armées de deux rangées de dents aiguës recourbées en arrière, conformation nécessaire pour retenir la proie, souvent très-volumineuse, qui pourrait s'échapper par le manque de points d'appui et de force des mâchoires. Mais aussi les os maxillaires supérieurs sont privés de dents ordinaires, qui sont remplacées de chaque côté par une seule dent, ou crochet également recourbé en arrière, longue, forte, très-aiguë, marquée d'un canal dans sa longueur, et surmontée d'une vésicule pleine d'un suc jaunâtre très-venimeux. Lorsque la vipère mord, elle enfonce ces dents jusqu'à la gencive dans la chair de l'animal, et les vésicules pressées laissent écouler le venin qui parvient dans la plaie au moyen du canal dont je viens de parler.

La vipère est très-commune dans nos départemens méridionaux ; on la prend avec de petites pincettes de bois, et on la garde dans des boîtes garnies de son et percées de quelques trous. Elle peut y vivre très-long-temps sans manger, à cause du peu de mouvement qu'elle se donne alors, et de la perte extrêmement petite qu'elle fait par la transpiration.

Les accidens qui résultent de la morsure de la vipère sont l'engourdissement, l'enflure, la faiblesse, le vomissement, le délire et la mort ; mais il est très-rare qu'ils soient tous produits par la morsure d'une seule vipère. Le meilleur remède est l'ammoniaque, employée comme caustique sur la plaie, et comme sudorifique à l'intérieur.

Lorsqu'on veut faire usage de la vipère, on la prend avec des pincettes très-près de la tête ; on coupe celle-ci avec des ciseaux, et on la reçoit dans un vase rempli d'alcohol, afin de la faire mourir et d'éviter sa morsure qui serait encore dangereuse ; on dépouille le corps, on rejette les intestins, on fait sécher le reste, ou bien on l'emploie récent et coupé par morceaux pour en faire des bouillons.

La vipère sèche entre dans la thériaque.

Les autres espèces de serpens les plus célèbres sont :

Le Boa devin, *Boa constrictor* L., l'un des plus grands serpens ; non venimeux ; de la Guiane.

Le Pithon des îles de la Sonde, *Coluber javanicus* Sh., qui parvient à plus de trente pieds ; non venimeux.

La Couleuvre à collier, *Coluber natrix* L. ; très-commune dans les prés humides ; non venimeuse.

Le serpent d'Esculape, *Coluber Æsculapii* Sh., d'Italie, de Hongrie, d'Illyrie ; est celui que les anciens ont représenté dans les statues d'Esculape ; non venimeux.

Le serpent à sonnettes, *Crotalus horridus* L. ; le plus venimeux des serpens ; habite les États-Unis d'Amérique.

L'Aspic de Cléopâtre, *Vipera Aspis* (*Coluber Aspis* L.), variété de la vipère commune, ou bien l'haje, *Vipera Haje* Geoff. (*Coluber Haje* L.). Serpent d'Égypte venimeux que certains jongleurs de ce pays savent changer en verge ou en bâton, en lui pressant la nuque avec le doigt.

SECTION II. — *Des Parties solides.*

Du Corail rouge.
Corallum rubrum. — Off.

1141. Le Corail Rouge est la partie solide d'un animal rayonné composé, nommé par Linné *Isis nobilis*, appartenant à l'ordre des polypes à polypiers, à la famille des corticaux qui vivent dans une substance commune charnue, gélatineuse, servant d'enveloppe à un axe solide; enfin, à la tribu des lithophytes, dont cet axe intérieur est de nature pierreuse et fixé au sol comme une plante.

Le corail rouge ressemble à un petit arbrisseau sans feuilles; sa base est fixée sur les rochers au fond de la mer. Il abonde dans la Méditerranée, et l'on en fait la pêche sur des vaisseaux, en promenant au fond de la mer des morceaux de bois garnis de filasse, que l'on tire fortement lorsqu'on sent la filasse embarrassée dans la corail. Il y a aussi des plongeurs qui ne font pas d'autre métier que de l'aller chercher.

Le corail, tel que nous le voyons, est toujours privé de son écorce gélatineuse, qu'on a eu soin d'en retirer tandis qu'elle était encore récente, car il serait très-difficile de le faire après sa dessiccation à l'air. Il est rose ou rouge, très-solide, très-dur, susceptible d'un très-beau poli, ce qui le rend propre à faire des bijoux de toutes espèces. Celui qui est le plus haut et le plus vif en couleur est le plus recherché, et est de beaucoup plus cher que l'autre.

Différens auteurs ont eu, sur la nature du principe colorant du corail, des idées fausses, que M. Vogel de Munich a rectifiées il y a quelques années, en prouvant que ce principe était de l'oxide de fer et non une substance organique, puisqu'il n'est pas décoloré par le chlore, qu'il est insoluble dans l'alcohol, dans l'eau et dans les autres menstrues végétaux; qu'il noircit par l'acide hydrosulfurique, et qu'il disparaît en se dissolvant dans les autres acides, dans lesquels alors les réactifs n'indiquent, comme principe colorant possible, que de l'oxide de fer. Voici les résultats de l'analyse de cent parties de corail rouge, par M. Vogel.

Acide carbonique.	27.50
Chaux.	50.50
Magnésie.	3.00
Oxide rouge de fer.	1.00
Eau.	5.00
Débris animaux.	0.50
Sulfate de chaux.	0.50
Muriate de soude.	une trace.
	88.00

(*Annales de Chimie*. LXXXIX. 113.)

Cette analyse, qui offre une assez grande perte, due en partie à ce que les moyens employés n'ont été qu'approximatifs, ne fait d'ailleurs pas mention de la matière animale qui doit servir de liant aux particules calcaires, et faire partie essentielle de la composition du corail.

Le corail rouge n'est plus guère employé en pharmacie que comme dentifrice; la teinture et le sirop qu'on en préparait autrefois, après l'avoir fait dissoudre dans le suc de berberis, ne sont plus usités.

1142. On comprenait autrefois, au nombre des drogues simples, deux autres productions polypeuses, nommées l'une *Corail blanc*, l'autre *Corail noir*. La première est un madrépore, *Madrepora oculata* L., de la tribu des lithophytes, comme le corail rouge; la seconde est un antipathe, *Antipathes* L., de la tribu des polypes corticaux cératophytes, dont l'axe, fixé sur les rochers, de même que dans les précédens, en diffère par sa nature, qui est cornée, flexible et presque tout animale. Le corail noir desséché ressemble, dans les droguiers, à des branches de bois mort.

De la Coralline blanche.

1143. *Corallina nodosa* L. Petit polypier composé de plusieurs tiges minces et articulées, subdivisées en fines ramifications. Elle ressemble à de certaines mousses, au nombre desquelles Tournefort l'avait rangée. A la vérité on n'a pas encore pu y trouver de polype, mais tout porte à croire qu'elle a dû en contenir. M. Cuvier la place dans le système animal à la suite des polypes à polypiers cellulaires, qui diffèrent des polypes corticaux en ce que, dans ceux-ci, le polype est placé à l'extérieur de l'axe, tandis que dans les cellulaires il est logé dans le polypier même divisé en cellules pour le recevoir.

On trouve la coralline dans la mer Méditerranée, attachée sur des rochers et sur des bancs d'huîtres long-temps négligés. Elle a une couleur verdâtre qui blanchit avec le temps. On doit la choisir nouvelle, sans mélange de sable, d'une saveur salée et d'une odeur de mer.

Elle est formée, de même que le corail, de carbonate de chaux et de gélatine; mais elle contient beaucoup plus de cette dernière substance, qui, lorsqu'on la pulvérise encore un peu humide, reste sous la forme d'un réseau cartilagineux. On obtient ce réseau dans son entier, en traitant la coralline par un acide faible qui dissout le sel calcaire.

M. Bouvier, qui a fait l'analyse de la coralline blanche, en a retiré, sur 1000 parties :

Eau.	141
Gélatine.	66
Albumine.	64
Carbonate de chaux.	616
——— de magnésie.	74
Sulfate de chaux.	19

Sel marin.	10
Silice.	7
Phosphate de chaux.	3
Oxide de fer.	2
	1002

(*Ann. de Chim.* VIII. 308.)

On attribue à la coralline blanche des propriétés anthelmintiques.

De la Corne de Cerf.
Cornu cervi.—Off.

1144. Le Cerf, *Cervus Elaphus* L., est un mammifère ruminant, à cornes rameuses caduques. Il est plus petit que le cheval; sa femelle, qu'on nomme *biche*, n'a pas de cornes; celles du mâle tombent chaque année; pendant qu'elles croissent elles sont enveloppées d'une peau épaisse et couverte de poil; mais elles se dépouillent lorsqu'elles approchent du terme de leur accroissement et de leur ossification.

Ce sont ces cornes, composées de phosphate de chaux, de carbonate de chaux et de gélatine, qui sont employées en pharmacie. On les râpe et on les fait bouillir dans l'eau pour en faire des gelées, ou bien on les calcine au blanc, on les porphyrise ensuite, et on en forme des trochisques. On emploie également l'huile empyreumatique et l'esprit ammoniacal qui proviennent de leur décomposition dans une cornue.

Le commerce nous offre la corne de cerf sous deux formes : 1°. sous celle de cornichons, qui sont les extrémités des andouillers, ou divisions de la corne de cerf; on les destine à la calcination; 2°. râpée : celle-ci est sujette à être falsifiée avec des os de bœuf. Cette substitution est même tellement reçue, qu'on distingue deux sortes de corne de cerf râpée : la grise, qui est la véritable, et la blanche qui n'est que des os râpés. A moins donc d'insister pour avoir de la corne de cerf grise, on vous donnera des os râpés avec autant d'assurance et de repos de conscience, qu'on vous livrera une autre fois du sulfate de soude sur une demande de sel d'Epsom, par la raison qu'à force de substituer le premier au second, on a fini par lui donner le nom absurde de *sel d'Epsom de Lorraine*, et qu'il est devenu par-là, aux yeux de bien des gens, une espèce de sel d'Epsom.

On employait autrefois la graisse et la moelle de cerf; on pourrait le faire encore, si l'on était certain de les avoir pures et en bon état; faute de cette assurance, il n'y a pas d'inconvénient à les remplacer par de la graisse et de la moelle de bœuf.

On employait également ce qu'on nommait l'*os de cœur de cerf*, qui n'est autre chose que la crosse de l'aorte endurcie et presque ossifiée dans les vieux cerfs; elle est tout-à-fait oubliée.

De l'Écaille d'Huître.

Concha ostreæ. — Off.

1145. L'Huître, *Ostrea edulis* L., est un mollusque acéphale testacé, de la famille des ostracées. Son test est composé de deux valves irrégulières, inégales, feuilletées, raboteuses au-dehors, lisses et nacrées à l'intérieur. Elle se fixe aux rochers par sa valve la plus convexe, et y reste attachée toute sa vie.

La chair d'huître est une nourriture légère, analeptique, très-recherchée. Son écaille a long-temps été regardée comme formée seulement de carbonate de chaux lié à l'aide d'une matière animale, et comme donnant une chaux très-pure par sa calcination; mais, d'après l'observation de M. Vauquelin que cette écaille contient en outre du phosphate de chaux, du fer et de la magnésie, on peut croire que la chaux provenant de bonne pierre à chaux ou de marbre blanc, est au moins aussi pure. (*Ann. de Chimie*, LXXXI, 309.)

De l'Éponge.
Spongia, æ. — Off.

1146. L'Éponge est une production marine que l'on a rangée dans la quatrième et dernière tribu des polypes corticaux, comprenant ceux où l'écorce animale ne renferme qu'une substance charnue sans axe, ni osseux, ni corné; tels sont les alcyons qui nagent en abondance dans nos mers, et qui sont de véritables polypes à polypiers. Mais les éponges placées au dernier degré de la vitalité, n'ont encore offert aucun polype, ni autre partie mobile; seulement on y observe une sorte de bave muqueuse, contractile par le toucher, recouvrant des masses de forme et de grandeur très-variées, composées de fibres souples et élastiques très-fines, entrelacées en tous sens, et percées de trous irréguliers. On les pêche autour des îles de l'Archipel; elles y sont attachées aux rochers. On les débarrasse par le lavage de la bave animale qui les recouvre, et on les livre au commerce qui les sépare, suivant leur finesse, en sortes de prix très-différens, puisqu'elles varient de 6 à 60 francs la livre.

Les éponges lavées, desséchées, et privées, par le battage, des coquillages et des fragmens de pierre qu'elles renferment toujours, sont molles, légères, flexibles, compressibles, absorbent et retiennent une grande quantité d'eau qui les gonfle considérablement. Elles exhalent, par leur combustion, une odeur analogue à celle des autres substances animales. Les plus fines sont usitées en pharmacie pour préparer ce qu'on nomme les *éponges à la cire* ou à *la ficelle*, employées par les chirurgiens pour dilater les plaies.

Les éponges réduites à l'état de charbon, par la calcination à vase clos, sont quelquefois employées contre les maladies scrofuleuses.

De l'Ivoire.
Ebur, oris. — Off.

1147. L'Ivoire est la matière des défenses de l'éléphant; mammifère pachyderme proboscidien (1), le plus gros des animaux terrestres et l'un des plus intelligens. Ses formes sont massives et peu agréables; sa tête surtout est difforme, mais elle est remarquable par le nez, ou trompe, dont elle est pourvue, et qui est un long tuyau charnu, souple, et néanmoins d'une force prodigieuse. L'ouverture en est élargie, et munie d'une espèce de doigt qui sert à l'éléphant à prendre tout ce qu'il porte à sa bouche. Cette bouche est très-grande, et placée si bas, qu'elle paraît adhérer à la poitrine; elle est garnie de quatre dents mâchelières qui se renouvellent sept ou huit fois, et qui, aux époques de la crue des nouvelles dents, se trouvent doublées, ou au nombre de huit. Toutes les autres dents manquent, si ce n'est que dans leurs os incisifs d'en haut se trouvent implantées deux défenses qui prennent souvent un accroissement considérable. En général ces défenses sont plus grandes dans le mâle que dans la femelle, et plus grandes surtout dans l'éléphant d'Afrique que dans celui des Indes; car ces deux animaux forment deux espèces bien distinctes, que M. Cuvier a nommées *Elephas africanus* et *Elephas indicus*. Ces défenses sont recouvertes d'un épiderme grisâtre, mais à l'intérieur elles sont blanches, d'un tissu compacte disposé en réseau, et susceptibles de recevoir un très-beau poli. Elles ne sont pleines qu'à partir de l'extrémité jusqu'à la moitié de leur longueur; le reste est creux, ce qui en allége beaucoup le poids, mais rend les pièces d'ivoire d'un certain volume difficiles à trouver.

L'ivoire est très-employé dans la tabletterie. Calciné

(1) *Proboscis* est le nom latin de la trompe de l'éléphant.

dans un creuset fermé, il laisse un charbon d'un noir velouté très-beau, usité dans la peinture et nommé *noir d'ivoire*; calciné fortement avec le contact de l'air il donne le *spode*, qui n'est composé pour la plus grande partie que de phosphate de chaux.

De la Nacre et des Perles.

1148. La Nacre et les Perles sont produites par un mollusque acéphale, de la famille des ostracés, nommé Aronde aux perles ou *Avicula margaritifera* Brug. (*Mytilus margaritiferus* L.). La nacre est sa coquille aplatie, parée et polie; et les perles sont des extravasations de la même matière, disséminées dans l'intérieur de l'animal. Celles que l'on employait autrefois en pharmacie sont les plus petites et menues, nommées *semences de perles;* elles entraient dans la confection alkermès et la poudre diarrhodon. On les réduit encore sur le porphyre en une poudre impalpable qui est employée comme blanc de fard.

On distingue les perles en orientales et en occidentales; celles-ci se pêchent en différens endroits du golfe du Mexique, et les premières, qui sont les plus estimées, en Asie sur les bords du golfe Persique, au cap Comorin et dans l'île de Ceylan. Elles sont très-recherchées des femmes pour leur parure; mais on en fabrique un très-grand nombre de fausses, avec de petites boules creuses de verre, enduites intérieurement de colle de poisson chargée d'une poudre argentine nacrée obtenue des écailles de l'ablette (*Cyprinus Albula* L.), et ensuite remplies de cire. Ces fausses perles imitent bien les véritables.

De l'Ongle d'Élan.

Unguis alces. — Off.

1149. L'Élan, *Cervus Alces* L., est un quadrupède ruminant à cornes rameuses caduques. Il habite en petites troupes les forêts marécageuses du nord des deux continens. Le mâle seul porte des cornes ; il est grand comme un cheval et très-peureux. Comme il lui arrive quelquefois de tomber en fuyant les chasseurs, et qu'alors on a cru remarquer qu'il s'introduisait le bout du pied gauche dans l'oreille, on en a conclu assez plaisamment qu'il était sujet à des attaques d'épilepsie dont il se délivrait par ce moyen, et plus plaisamment encore que le sabot de ce pied gauche pris à l'intérieur, était efficace pour guérir l'homme de cette terrible maladie.

On vend dans le commerce le sabot de l'élan avec le bas de la jambe, afin qu'on puisse le reconnaître ; une des parties du sabot est toujours plus longue que l'autre. Il entre encore dans la poudre de Guttète.

Des Os de Bœuf et de Mouton.

1150. Le Bœuf, *Bos Taurus* L., est un grand mammifère ruminant, à cornes simples, creuses, non caduques. Le taureau qui est le mâle auquel on a laissé la faculté de se reproduire, est fort, courageux, colère et très-dangereux. On en tire meilleur parti en le châtrant encore jeune ; alors il devient paisible et plus propre au labour ; lorsqu'il a travaillé quelques années on le laisse reposer pendant quelque temps, ensuite on le tue pour faire servir sa chair à notre nourriture.

Toutes les parties du bœuf sont employées ; ses cornes le sont par les tabletiers ; sa peau par les tanneurs, son sabot par les fabricans de bleu de Prusse.

Nous mangeons sa chair, son sang sert à clarifier le sucre et le nitre ; sa graisse, qui est très-solide, est mêlée au suif de mouton dans la fabrication des chandelles ; sa moelle entre dans plusieurs pommades ; la baudruche se fait avec les membranes de ses intestins, et ses os sont employés comme nous le verrons dans un instant.

La *Vache* est la femelle du taureau, et fournit aux arts les mêmes produits ; elle nous donne de plus son lait qu'elle offre tous les jours à celui qui la nourrit, et dont nous tirons plusieurs nouveaux produits.

Le *veau* est le petit de la vache ; sa chair est recherchée pour sa tendreté, et son cuir pour sa souplesse.

1151. Le Bélier, *Ovis Aries* L., est un autre mammifère ruminant à cornes simples, annelées, persistantes ; sa femelle n'a pas de cornes et se nomme *Brebis* ; le mâle privé des parties de la génération prend le nom de *Mouton*. On connaît assez l'usage qu'on fait de sa laine, de sa chair, de sa peau, de son suif, de sa corne et de ses os.

Les os de tous les mammifères sont composés de la même manière ; c'est un tissu cellulaire très-épais dont les cavités contiennent beaucoup de sous-phosphate de chaux, une assez grande quantité de sous-carbonate de chaux, très-peu de phosphate de magnésie, des traces d'alumine, de silice, d'oxides de fer et de manganèse. Ils pourraient donc tous servir aux mêmes usages ; et si on emploie surtout ceux du bœuf et du mouton, c'est que ces animaux, servant à notre nourriture, en offrent une source intarissable.

Les os n'ont eu pendant très-long-temps d'autres usages que ceux de la tabletterie, ou de servir comme engrais sur les terres. Schèele, en y découvrant le phosphate de chaux, et en donnant le moyen d'en séparer le phosphore, leur a donné une plus grande importance en chimie ; depuis on les a employés à la fabrication du bleu de Prusse ; à celles du sel ammoniac, du charbon animal, de la colle forte, et d'une autre gélatine plus soignée propre à la nourriture des pauvres. Pour la fabrication du phosphore on préfère les os de mouton à ceux de bœuf, sans doute parce que le phosphate de chaux y est plus pur.

De l'Os de Sèche.

Os sepiæ. — Off.

1152. La Sèche, *Sepia officinalis* L., est un mollusque céphalopode à deux grandes tentacules et à huit bras verruqueux. Elle se trouve sur les côtes de la Méditerranée et de l'Océan, où elle se nourrit de poissons. Elle n'a qu'un seul os, ou coquille interne, situé sur le dos, ovale, grand comme la main, épais d'un pouce au milieu, aminci et tranchant sur ses bords, dur et très-solide en dessus, spongieux et très-friable en dessous; presqu'entièrement formé de carbonate de chaux.

L'os de sèche entre dans les poudres dentifrices. C'est la même substance que, sous le nom de *biscuit de mer*, on donne aux oiseaux en cage pour aiguiser leur bec.

De la Pierre d'Écrevisse.

Concrementum astaci. — Off.

1153. L'Écrevisse, *Astacus fluviatilis* Latr., *Cancer Astacus* L., est un crustacé décapode macroure. Elle a le corps entièrement revêtu d'un test calcaire; les yeux composés, élevés sur des pédicules mobiles; quatre antennes inégales; une première paire de mâchoires portant chacune une palpe; la tête unie au corcelet qui porte à la partie inférieure, ou thorax, cinq paires de pieds dont les antérieures, disposées en forme de serres et munies de palpes, leur servent plutôt d'organes de manducation que de locomotion : aussi M. Latreille les nomme-t-il des *pieds-mâchoires*. Le reste du corps, composé de plusieurs articulations, forme une sorte de queue portant en dessous d'autres *faux pieds* servant de nageoires.

Le cœur et les organes de la digestion et de la génération sont renfermés dans le thorax, à l'exception de l'anus qui va s'ouvrir au bout de la queue. Les organes génitaux sont doubles dans les deux sexes et renfermés dans l'article radical de la dernière paire de pieds.

C'est surtout sur cette espèce qu'on a constaté la propriété qu'ont les crustacés de régénérer leurs pieds, lorsqu'ils les ont perdus ou qu'ils ont été mutilés. Son test tombe naturellement une fois par an, du printemps à l'automne, et se reproduit très-promptement. C'est aux approches de la mue qu'on trouve dans l'estomac de l'écrevisse les deux concrétions calcaires que l'on nomme *pierres* ou *yeux d'écrevisses*; et comme elles disparaissent peu après, à mesure que le nouveau test se durcit, on croit avec quelque fondement qu'elles servent à sa reproduction (1).

Les plus belles pierres d'écrevisses nous viennent d'Astracan sur la mer Caspienne. Pour se les procurer, on met les écrevisses pourrir en tas, ou mieux on les pile grossièrement et on les agite dans l'eau afin d'en séparer les pierres qui tombent au fond. On lave ces pierres et on les fait sécher.

Les pierres d'écrevisses sont formées de couches concentriques superposées; sont convexes d'un côté, creuses de l'autre avec un rebord saillant tout autour, ce qui leur donne une sorte de ressemblance avec un œil et leur a valu le nom vulgaire d'*yeux* d'écrevisses. Elles sont formées de carbonate de chaux, dont les parties sont liées à l'aide d'un mucus animal. On les emploie comme absorbantes en pastilles, et comme dentifrices en opiat.

On dit qu'on fabrique de fausses pierres d'écrevisses dans le commerce : quoique je n'en aie jamais vu, il me semble qu'il doit être facile de reconnaître les véritables, vu la difficulté pour le falsificateur d'imiter leur texture lamelleuse, jointe à leur aspect éclatant qui a quelque chose de la porcelaine sans en avoir la transparence. De plus, les véritables se dissolvent dans le vinaigre et laissent

---

(1) J'ajoute à cette raison l'observation qui, je crois, n'a pas encore été faite, que les pierres d'écrevisses plongées dans l'eau bouillante prennent une couleur rosée qui est une dégradation de la couleur rouge qu'acquiert leur test par le même moyen. Souvent cependant la première au lieu d'être rosée est violette, bleue ou verdâtre; mais j'attribue cet effet à ce que, la plupart du temps, on sépare les pierres d'écrevisse de l'animal par la putréfaction de celui-ci, et que cette opération doit nécessairement influer sur la matière colorante contenue dans les pierres.

à leur place une matière gélatineuse qui garde leur forme.

1154. On connaît plusieurs espèces d'écrevisses, parmi lesquelles il faut distinguer celle de mer ou le homard (*Astacus Gammarus* Latr. *Cancer Gammarus* L.), beaucoup plus gros que l'écrevisse, servi comme elle sur les tables, et dont les pinces fortes, noires, inégales et inégalement dentées, étaient autrefois employées en médecine comme lithontriptiques.

SECTION III. — *Des Humeurs et Sécrétions.*

De l'Album-græcum.

1155 On nomme ainsi les excrémens du chien nourri avec des os, et contenant, en raison de ce régime, une grande quantité de phosphate de chaux. Cette matière, desséchée et réduite en poudre, était autrefois employée comme résolutive dans différentes maladies, et surtout dans l'esquinancie; mais le dégoût qu'elle inspire et la difficulté d'appliquer le raisonnement à son mode d'action, l'ont fait entièrement abandonner. Il paraît cependant, d'après une note de Guyton de Morveau (*Ann. Chim.* LXXXIX, 325), qu'elle peut dans certains cas exercer une action mécanique salutaire sur la tumeur de l'esquinancie; mais, comme l'a démontré cet illustre savant par des expériences curieuses, le phosphate de chaux seul insuflé dans la gorge à l'aide d'un tuyau de plume, donnerait le même résultat et doit être préféré.

Le Chien, *Canis domesticus* L., mammifère carnassier de la famille des carnivores et de la tribu des canins, est trop connu par ses nombreuses variétés, ses mœurs et son instinct, pour que je doive en parler ici. On employait encore autrefois les petits chiens nouveaux nés, que l'on faisait cuire dans de l'huile pour la rendre fortifiante et résolutive.

On s'estime heureux d'exercer la pharmacie maintenant,

quand on la compare à l'amas monstrueux de mélanges dégoûtans d'où elle est sortie.

De l'Albumine ou blanc d'OEuf.

(L'œuf de Poule et ses Parties).

1156. La poule et le coq son mâle (*Phasianus Gallus* L.) appartiennent à l'ordre des oiseaux gallinacés et au genre des faisans. Le coq est assez connu par sa fierté, son courage, ses amours et ses combats; la poule, par sa patience, sa vigilance et sa tendresse toute maternelle pour ses petits; le chapon, objet des mépris de l'un et de l'autre, est recherché sur nos tables à cause de la succulence de sa chair.

L'œuf de poule (*Ovum gallinaceum*) est un corps organique d'une forme elliptique rétrécie à une extrémité, ce qui constitue proprement la forme *ovale*. C'est une espèce de matrice contenant, sous une coque blanche et dure, une membrane mince qui enveloppe trois liqueurs albumineuses, claires, transparentes, d'un jaune verdâtre, désignées ensemble sous le nom de *blanc d'œuf*. Au milieu de ces liqueurs est suspendue une masse globuleuse, jaune, molle, opaque, nommée *jaune d'œuf*, portant sur un point de sa surface un petit corps blanc qui est l'*embryon*. C'est cet embryon qui, par l'effet d'une incubation de vingt-un jours, se développe, s'accroît aux dépens du jaune et du blanc, et devient *poulet*.

1157. La coquille de l'œuf (*Putamen ovi*) est composée, d'après l'analyse qu'en a faite M. Vauquelin (*Ann. chim.* LXXXI, 304), de carbonate de chaux qui en fait la plus grande partie, de carbonate de magnésie, de phosphate de chaux, d'oxide de fer, et d'une matière animale probablement albumineuse qui sert de liant à ses parties. Pour l'usage de la pharmacie, on la lave, on la prive le plus exactement possible de sa pellicule intérieure et on la fait sécher, pour ensuite la pulvériser et la tamiser; enfin, on la broie sur le porphyre à l'aide de l'eau et on en fait des trochisques.

La pellicule de l'œuf (*Pellicula ovi*) est composée d'albumine coagulée, et probablement aussi d'un peu des principes fixes qui se trouvent dans la coquille. On lui attribuait autrefois la propriété de guérir la fièvre intermittente, étant appliquée sur le bout du petit doigt au commencement de l'accès. La fièvre ne guérissait pas ; mais il paraît, d'après Lémery, qu'il en résultait une douleur assez vive dont la cause et les effets pourraient être examinés de nouveau.

1158. Le blanc d'œuf (*Albumen ovi*) est composé, d'après les expériences de Bostock,

D'albumine.	15.5
Mucus.	4.5
Eau contenant quelques sels de soude.	80.0
	100.0

Il sert à clarifier les sirops et un grand nombre d'autres liqueurs ; cet usage du blanc d'œuf est fondé sur la propriété que possède l'albumine, qui en forme la majeure partie, de se coaguler par la chaleur; de sorte que, lorsqu'on mêle le blanc d'œuf étendu d'eau à une liqueur en ébullition, ou prête à y entrer, les molécules abumineuses, en se solidifiant et en cherchant à se réunir, forment comme un réseau qui enveloppe les impuretés de la liqueur, et les fait monter à sa surface.

La coagulation de l'albumine, par les liqueurs alcoholiques et acides et par le vin qui est un mélange des deux, opère le même effet et produit la clarification de ces liqueurs ; la seule différence est que la matière coagulée, au lieu d'être portée à la surface par l'ébullition, tombe au fond.

1159. Le jaune d'œuf (*Vitellus ovi*) contient aussi de l'albumine, ce qui est cause qu'il se durcit par la chaleur; mais il acquiert moins de consistance que le blanc, en raison de ce qu'il contient en outre de l'huile et un principe extractif odorant qui s'y trouvent intimement mêlés à la première. Lorsqu'on délaie un jaune d'œuf dans de l'eau, ses différens principes s'y divisent parfaitement, et forment une liqueur jaune émulsive nommée *lait de poule*. Cette propriété du jaune d'œuf fait qu'on s'en sert comme d'intermède pour suspendre dans l'eau du camphre, des huiles ou des résines purgatives.

L'huile de jaunes d'œufs est très-estimée pour la guérison des gerçures au sein. On l'obtient en faisant dessécher des jaunes d'œufs au bain-marie, et les exprimant entre deux plaques de métal chauffées dans l'eau bouillante. On filtre l'huile également au bain-marie, car elle est solide à la température ordinaire, et on la conserve dans un vase fermé.

De l'Ambre gris.

Ambarum cineritium. — Off.

1160. L'Ambre gris est une matière solide plus légère que l'eau, écailleuse dans sa cassure, se ramollissant et se fondant comme de la cire à l'aide de la chaleur ; d'une couleur grise tachée de jaune et de noir ; d'une odeur assez douce, suave, et susceptible d'une grande expansion ; presqu'insipide.

Il est en masses irrégulières, arrondies, formées par couches, et d'un poids qui est ordinairement au-dessous d'une livre ; mais on en cite des morceaux de dix et de vingt livres, et même quelques-uns de 100 et de 200 livres. On le trouve flottant sur la mer aux environs de Madagascar, du Coromandel, des îles Moluques et du Japon. Il paraît avoir été liquide, car on trouve dans son intérieur des arêtes de poisson, des becs de sèche et d'autres corps marins.

1161. On a formé bien des hypothèses sur l'origine de l'ambre gris ; on l'a successivement regardé comme un bitume, comme des excrémens d'oiseaux, des rayons de cire, des résines végétales provenant des terres voisines, et ensuite bituminisées par l'action simultanée de l'eau salée, de l'air et du soleil. Enfin, l'opinion qui paraît être le plus généralement adoptée maintenant, est due à M. Swédiaur.

Ce savant médecin, considérant que l'ambre gris renferme des débris de poissons et surtout des os et des becs de sèches dont le cachalot paraît faire sa principale nourriture, et qu'en outre on a quelquefois trouvé cette substance en masses assez considérables dans les intestins de ce cétacé qui paraissait en être incommodé, pense que l'ambre gris se forme dans son corps, et qu'on doit le regarder comme un excrément endurci, ou comme un bézoard du cachalot.

Le cachalot est le *Physeter macrocephalus* L., de la classe des mammifères et de l'ordre des cétacés. Il est remarquable par sa tête qui est énorme. Il habite ordinairement les mers qui avoisinent les pôles, et ce n'est que rarement qu'on le rencontre dans les zônes tempérées.

1162. Tout récemment, M. Virey a émis l'opinion que l'ambre gris était une espèce d'adipocire, ou de gras des cadavres, résultant de la décomposition spontanée sous l'eau des poulpes odorantes et autres sèches qui abondent près de certains parages, surtout entre les tropiques (*Journal de Pharmacie*, V. 385).

Je ne crois pas que cette opinion doive l'emporter sur la précédente; en effet, 1°. la nature de l'ambre gris est tout-à-fait différente de celle du gras des cadavres que M. Chevreul nous a fait connaître; 2°. les débris de sèche que l'on trouve dans l'ambre gris s'expliquent aussi bien dans l'hypothèse de M. Swédiaur que dans celle de M. Virey; 3°. la poulpe odorante de la Méditerranée, sur laquelle M. Virey s'appuie pour expliquer l'odeur de l'ambre gris, sent le musc et non l'ambre; car, comme le dit M. Virey lui-même, les nouveaux Grecs la nommaient μοσχιτην, les Italiens l'appellent *mucarolo* et *muscardino*, et M. Lamarck la nomme *poulpe musquée*; 4°. cette poulpe était connue dans la Méditerranée dès le temps d'Aristote, et on n'y a jamais trouvé d'ambre gris. Pareillement je ne crois pas que les parages où l'on pêche l'ambre gris aient encore offert de poulpe musquée; 5°. quelle que soit l'odeur de la poulpe musquée, est-ce une raison pour en conclure qu'elle produit l'ambre gris par sa décomposition spontanée, quand on sait que cette décomposition change et désorganise toutes les matières végétales et animales, odorantes comme inodores ?

1163. Différens chimistes ont concouru à nous faire connaître la nature de l'ambre gris, entre autres Geoffroy, Rose, M. Bouillon-Lagrange, Bucholz, et dernièrement MM. Pelletier et Caventou.

Geoffroy nous apprend, dans sa *Matière médicale* (I, 287), que l'esprit-de-vin ne dissout pas entièrement l'ambre gris; qu'il reste un peu d'une matière noire sur laquelle il n'agit pas; que sa dissolution forme, après quelque temps, un sédiment blanc très-abondant, qui, desséché, devient folié et brillant, et qui n'est pas différent du blanc de baleine.

M. Bouillon-Lagrange a constaté que la teinture alcoholique qui avait laissé précipiter cette matière grasse, dont il a obtenu 0,53 du poids de l'ambre gris, retenait, en dissolution, une résine dont il a évalué la quantité à 0,30; le résidu insoluble dans l'alcohol pesait 0,055. M. Bouillon-Lagrange a cru reconnaître, dans ce même ambre gris, la présence de l'acide benzoïque, dont il fixait la quantité à 0,11; mais des analyses postérieures ne lui en ont pas offert. (*Ann. de Chimie*, XLVII, 68.)

Suivant M. Bucholz (*Ann. de Chimie*, LXXIII, 95), l'ambre gris, à part la petite quantité de matière noire insoluble dans l'alcohol, est une substance *sui generis*, qui tient le milieu entre la cire et la résine, et qu'il a nommée *principe ambré*. Il a reconnu son insolubilité presque complète dans les alcalis, et a donné cette propriété comme caractère distinctif de l'ambre gris (1).

MM. Pelletier et Caventou sont partis de l'opinion généralement admise, que le principe cristallisable de l'ambre gris était du blanc de baleine; ils en ont démontré la fausseté, et ont prouvé que ce principe, qu'ils ont nommé *ambréine*, était différent des autres connus jusque-là, et que celui dont il se rapprochait le plus était la cholestérine, ou principe cristallisable des calculs biliaires humains.

1164. Les auteurs du mémoire, s'appuyant sur ce rapprochement, discutent ensuite la question de l'origine de l'ambre gris. Ils admettent, avec Swédiaur, que cette matière se forme dans les intestins du cachalot ou dans quelque viscère en dépendant; mais ils combattent son opinion absolue ou dubitative qu'elle est un excrément endurci, et la regardent plutôt comme une sorte de bézoard ou de calcul biliaire.

« En effet, disent-ils, si l'on compare l'analyse de l'ambre gris avec celle des matières excrémentielles dans les divers animaux, on rencontre une différence telle, qu'il n'est pas possible d'admettre l'hypothèse de Swédiaur.

« On trouve, au contraire, une grande analogie de composition entre cette substance et la matière des calculs biliaires humains. Comme dans ces derniers, il y existe une matière grasse, nacrée, non saponifiable par les alcalis et acidifiable par l'acide nitrique : cette matière diffère à la vérité, sous quelques rapports, de la cholestérine; mais si l'on réfléchit aux caractères particuliers qui distinguent

(1) Il est difficile de décider d'après l'extrait du travail de M. Bucholz qui se trouve dans les Annales, si ce chimiste a donné le nom de *principe ambré* à l'ambre tout entier, ou seulement à sa partie grasse cristallisable. Si cette dernière supposition était la vraie, M. Bucholz aurait devancé M. Pelletier dans l'observation que cette matière grasse est différente des autres connues, et notamment du blanc de baleine avec lequel on la confondait avant lui.

les produits divers des mêmes organes dans les animaux marins et dans les quadrupèdes, et à plus forte raison dans l'homme, on ne sera plus étonné de cette différence. On retrouve, de plus, dans l'ambre gris, une matière résineuse abondante; mais, dans les calculs biliaires, il y a aussi une matière colorante jaune qui a quelques rapports avec les substances résineuses. On sait d'ailleurs que la bile des animaux, dépouillée de la matière animale, acquiert avec le temps une odeur qu'on a comparée à celle du musc ou de l'ambre.

. . . .

» En admettant notre opinion sur la nature de l'ambre gris, on voit pourquoi les cachalots, dans l'intérieur desquels on en a trouvé, étaient émaciés et maladifs; pourquoi l'ambre gris se rencontre souvent au milieu des excrémens beaucoup plus liquides, etc. » (*Journal de Pharmacie*, VI, 49.)

Cette opinion, telle qu'elle est maintenant exposée, est certainement la plus probable de toutes celles qui ont été émises jusqu'ici.

L'ambre gris est employé en médecine comme excitant et aphrodisiaque; mais son plus grand usage est pour les parfums. Il est souvent falsifié dans le commerce : on reconnaîtra le bon en s'attachant aux caractères que j'ai indiqués au commencement, et encore plus peut-être par l'habitude d'en manier.

Des Bézoards.

Bezoar. — Off.

1165. On employait autrefois en médecine, sous le nom de *Bézoards*, des calculs retirés des intestins de plusieurs mammifères ruminans, auxquels on attribuait les propriétés toutes merveilleuses et si banales de résister à la malignité des humeurs, à la peste, au venin, etc. On les distinguait en *orientaux* et *occidentaux*. Les premiers, qui étaient les plus estimés, étaient fournis comme ils le sont encore par la chèvre sauvage (*Capra Ægagrus* L., ruminans à cornes creuses non caduques), souche de toutes les variétés de nos chèvres domestiques, laquelle habite en troupes sur les montagnes de la Perse, où on la nomme *Paseng*. La grosseur de ces bézoards varie depuis celle d'un pois jusqu'à celle d'une muscade; ils sont ronds, ovales ou aplatis, formés de couches concentriques superposées, ce qui les rend assez difficiles à imiter. On trouve presque toujours dans leur intérieur le corps étranger qui leur a servi de noyau. Ils sont lisses, doux et polis au toucher; d'un brun violet ou d'un brun verdâtre et d'une odeur ambrée. Ils paraissent différer beaucoup et souvent par leur nature, à moins que les auteurs ne se soient trompés et n'aient quelquefois décrit de faux bézoards pour de véritables. Suivant quelques-uns, ce n'est que du carbonate ou du phosphate de chaux aggloméré avec un mucilage animal; suivant d'autres ce sont des concrétions très-analogues aux calculs biliaires de l'homme et du bœuf; car les uns sont solubles dans les alcalis comme ceux-ci, et les autres solubles dans l'alcohol comme ceux-là.

1166. Les bézoards occidentaux sont produits par les lamas et les vigognes, mammifères ruminans sans cornes, de l'Amérique méridionale (*Camelus Ilacma* et *Camelus Vicunna* L. *Auchenia*.... Illiger). Ils sont plus gros que les orientaux, et pèsent quelquefois jusqu'à une livre; ils sont d'un jaune terreux, formés de couches concentriques plus ou moins épaisses et d'un tissu fragile, appliquées toujours sur un corps étranger. Leur forme est semblable à celle du corps qui leur sert de noyau; ils sont quelquefois hérissés d'aspérités.

L'odeur de ces bézoards est forte, ambrée; quand on les brûle ils répandent de la fumée et une odeur animale: la calcination ne leur fait perdre qu'un huitième de leur poids; l'acide nitrique les dissout à froid, avec une faible effervescence, et séparation d'une matière grasse ou résineuse; la dissolution contient du nitrate et du phosphate de chaux : ces calculs sont donc formés de phosphate de chaux, d'un peu de carbonate de chaux, d'une matière grasse ou résineuse, et d'une matière animale (M. Proust, *Ann. de Chimie*, I, 197).

Généralement les bézoards ne sont plus regardés que comme des objets de curiosité. Les gens instruits leur donnent une utilité plus réelle que celle qu'ils avaient autrefois, en les faisant servir à l'histoire des maladies qui attaquent la classe de quadrupèdes la plus nécessaire à l'homme.

Du Castoréum.

Castoreum, ei. — Off.

1167. Le Castoréum est une sécrétion particulière au castor, *Castor fiber* L., mammifère rongeur qui habite, rassemblé en société, les contrées incultes de la Sibérie et du Canada. On en trouve aussi quelques-uns en France, où on les nomme *bièvres*, en Allemagne, dans la Prusse et dans la Pologne; mais ils y sont fugitifs et solitaires, et n'y montrent pas cette industrie si vantée, qu'une vie plus tranquille leur permettrait sans doute de développer comme dans le nord de l'Amérique ou de l'Asie.

Les plus gros castors ont de trois à quatre pieds de longueur du museau à l'extrémité de la queue, et de douze à quinze pouces de largeur vers la poitrine. La tête est comme tétragone; le museau est allongé; chacune des mâchoires est garnie de dix dents fort longues et tranchantes, disposées en ciseaux, dont deux incisives sur le devant et quatre molaires de chaque côté. La peau est revêtue de deux sortes de poils : l'un gris, court, très-fin et bien fourni; l'autre brun, plus long, plus ferme et plus rare, destiné à garantir le premier de la boue et des ordures. Les doigts des pieds de devant sont courts, bien séparés, et garnis d'ongles très-forts; les doigts des pieds de derrière sont semblables, mais beaucoup plus longs, et réunis par une membrane pareille à celle des oiseaux palmipèdes, et destinés de même à la natation. La queue est plate, ovale, épaisse et couverte d'écailles, comme le serait celle d'un poisson; on a même prétendu qu'elle en avait le goût; mais il paraît qu'on s'est exagéré la différence que son séjour habituel dans l'eau pouvait apporter à sa constitution intime; cette queue sert à l'animal de gouvernail, et aussi de masse pour gâcher la terre qu'il emploie à construire son habitation.

Les parties de la génération et l'anus sont contenus dans une ouverture commune semblable à une poche; la verge, qui ne paraît pas au dehors, se dirige en arrière, et les testicules sont cachés dans les aines : de chaque côté de l'ouverture commune se trouvent deux paires de glandes, dont la paire inférieure renferme une matière huileuse jaune, d'odeur désagréable, mais qui ne paraît pas être la sécrétion nommée *castoréum*; celle-ci est contenue dans les deux glandes supérieures que leur figure pyriforme, et leur communication par leur partie la plus étroite, fait assez bien ressembler à une besace. Elles sont bien différentes des testicules qui sont placés dans les aines, comme je viens de le dire : d'ailleurs on assure que la femelle porte également ces glandes au castoréum. Ces détails montrent bien l'absurdité de l'opinion anciennement répandue, que le castor, poursuivi par les chasseurs, s'arrachait les testicules, et les leur abandonnait comme sa rançon, puisque les glandes au castoréum ne sont pas les testicules, et que les uns et les autres sont situés à l'intérieur du corps, et hors de toute atteinte de la part de l'animal.

Au Canada, et probablement aussi en Sibérie, les castors vivent solitaires pendant l'été, dans des terriers qu'ils se creusent dans le voisinage des rivières; mais, aux approches de l'hiver, ils se rassemblent au nombre de deux ou trois cents, et choisissent un lieu propice pour y faire leur commune demeure : c'est toujours sur le bord d'un lac ou d'une rivière assez profonde pour ne pas geler jusqu'au fond. Si l'eau est tranquille et dormante, ils élèvent immédiatement leurs cabanes sur le rivage ; si au contraire c'est une eau courante et sujette à des crues, ils commencent, avant tout, par bâtir au travers une forte digue composée d'arbres renversés, de branches, de pierres et de limon, le tout crépi et recouvert d'un enduit solide. Cette digue est toujours perpendiculaire du côté du courant, et taillée en talus ou en dos d'âne du côté opposé, de manière qu'elle a au plus deux pieds d'épaisseur à la partie supérieure, mais qu'elle en a dix ou douze à la base, ce qui lui donne une grande solidité. Dès qu'elle est élevée, les castors y adossent leurs cabanes, composées de mêmes matériaux, à plusieurs étages, et assez grandes pour loger chacune huit ou dix individus. Tous ces travaux ne se font que la nuit, et avancent avec une rapidité surprenante ; les castors n'ont cependant pour outils que leurs dents, leurs ongles et leur queue. Lorsqu'ils les ont terminés, ils s'approvisionnent d'écorces pour l'hiver, et se renferment chez eux.

La chasse des castors se fait ordinairement en hiver, époque à laquelle leur fourrure est le mieux fournie et la plus belle. Lorsqu'ils entendent l'arrivée des chasseurs ils fuient sous l'eau ; mais le besoin de respirer les force à remonter dans des endroits où l'on a cassé la glace exprès, et c'est alors qu'on les prend. Leur fourrure est très-estimée dans la pelleterie et surtout dans la chapellerie.

1168. Le castoréum est onctueux et presque fluide dans l'animal vivant, mais le commerce nous le présente desséché dans ses deux poches encore unies ensemble, à la manière d'une besace, fortement ridées ou très-aplaties, et dont l'une est constamment plus volumineuse que l'autre. Il a encore une odeur très-forte et même fétide ; une couleur brune-noirâtre à l'extérieur ; brune, fauve ou jaunâtre à l'intérieur ; une cassure résineuse entremêlée de membranes blanchâtres ; une saveur âcre et amère. Souvent aussi, au lieu d'être tout-à-fait sec, le castoréum étant plus nouveau conserve une certaine mollesse, et alors son odeur et sa saveur sont encore plus fortes; mais il faut prendre garde de confondre cette force avec celle résultant de l'altération putride qu'éprouve le castoréum conservé dans des lieux humides, et dans tous les cas il faut préférer le castoréum sec. Cela ne veut pas dire qu'il faille le choisir sans odeur; celui qui réunit la siccité à l'odeur la plus forte est le meilleur. De plus, tous les auteurs donnent la préférence au castoréum de Sibérie sur celui de Canada, mais ils ne s'accordent pas sur les caractères qui peuvent les faire reconnaître.

On trouve dans le commerce une sorte de castoréum beaucoup plus belle en apparence que celle que je viens de décrire, mais qui lui est certainement inférieure en qualité : les poches sont très-volumineuses et arrondies, remplies d'une matière quelquefois molle, souvent sèche et cassante, toujours d'une assez belle couleur rouge, et donnent une poudre aurore, tandis que la poudre du bon castoréum est couleur de terre d'ombre. Cette matière est demi-transparente, non entremêlée de membranes, d'une odeur faible, d'une saveur de cire qui serait aromatisée avec du castoréum : j'ignore si elle provient naturellement des deux poches dont est pourvu le castor, autres que celles qui contiennent le castoréum, ou si elle est le résultat d'une falsification.

Le castoréum a été analysé par MM. Bouillon-Lagrange et Laugier, qui en ont retiré

Une huile volatile odorante;
De l'acide benzoïque;
Une résine;
Une matière adipocireuse;
Une matière colorante, rougeâtre;
Du mucus;
Du sous-carbonate de potasse;
——————— de chaux;

Du sous-carbonate d'ammoniaque ;

Du fer.

(*Dictionnaire des Sciences naturelles*, VII. 252.)

Le castoréum est un des meilleurs antihystériques que possède la médecine ; on l'emploie en poudre dans des pilules, ou en teinture alcoholique et éthérée.

De la Civette.

Zibethum, i. — Off.

1169. La Civette est une matière demi-fluide, onctueuse, blanchâtre ou jaunâtre, devenant brune et très-épaisse à l'air, d'une odeur très-forte et désagréable. Elle est sécrétée par des glandes et rassemblée dans une poche située entre l'anus et les parties de la génération de deux mammifères carnassiers du même genre, nommés *Viverra Civetta* et *Viverra Zibetha* L., lesquels se trouvent placés dans la tribu des carnivores digitigrades, entre les renards et les chats. Ces animaux sont propres aux contrées les plus chaudes de l'Afrique et de l'Asie ; on les y élève avec soin, et surtout en Abyssinie, où, suivant des voyageurs, il y a des marchands qui en ont jusqu'à trois cents. On vide leur poche tous les huit jours avec une petite cuillère qu'on y introduit, après avoir fixé l'animal de manière à ce qu'il ne fasse pas de mouvemens capables de le faire blesser, et on renferme le parfum qu'on en retire dans un vase qu'on bouche bien. Il est stimulant, nerval et antispasmodique ; mais on l'emploie beaucoup plus aujourd'hui dans la parfumerie que dans la pharmacie. On présume que sa composition est analogue à celle du castoréum.

De la Colle forte.

Colla taurina, seu taurocolla. — Off.

1170. La Colle forte, dite aussi *Colle de Flandre*, est

la gélatine extraite des oreilles et des pieds de bœufs, de veaux, de moutons et de chevaux; en général de toutes les parties blanches de ces animaux, et surtout des bœufs dont l'abattage est le plus considérable. Lorsque les substances que j'indique ont été bien nettoyées et coupées par morceaux, on les fait bouillir pendant très-long-temps dans une grande quantité d'eau; la liqueur est écumée, passée et laissée en repos; on la décante ensuite et on la fait évaporer jusqu'à ce qu'elle puisse prendre, en se refroidissant, la consistance d'une gelée très-ferme. On la coule alors dans des moules, et, lorsqu'elle est froide, on la coupe par tranches dont on achève la dessiccation en les plaçant sur des cordes dans un endroit chaud et aéré.

On extrait également la gélatine des os, soit en les traitant directement par l'eau comme les autres substances, ce qui est très-long et peu productif en raison de la difficulté qu'on éprouve; soit en les traitant préalablement par l'acide muriatique qui dissout le phosphate et le carbonate de chaux, et laisse la gélatine sous la forme d'un cartilage que l'eau dissout alors facilement. Ce dernier procédé, qui fournit la colle la plus belle, appartient à M. D'Arcet.

La colle forte est sous la forme de tablettes sèches et cassantes, plus ou moins transparentes; d'un blanc jaunâtre, rougeâtres ou brunes. La meilleure est la plus sèche, la moins colorée, la plus transparente et la plus complétement soluble dans l'eau. Elle est employée dans une foule d'arts : son usage en pharmacie est pour la composition de plusieurs bains d'eaux minérales factices; elle remplace alors la matière animale que ces mêmes eaux naturelles contiennent, et qu'on a supposé lui être plus ou moins analogue.

De la Colle de peau d'Ane.

Colla equina seu hippocolla. — Off.

1171. Cette Colle, nommée aussi *Hockiak*, se prépare surtout en Chine. Telle que je l'ai vue, il y a très-long-temps et d'une source assez certaine, elle était en tablettes très-épaisses ou en parallélipipèdes, d'un gris terne et à demi-opaques. Celle que j'ai vue dernièrement, dans plusieurs maisons, ne m'a pas paru différer sensiblement de cette espèce de colle préparée pour les dessinateurs, que l'on nomme *Colle à bouche*. Quoiqu'il en soit, en supposant que la colle de peau d'âne ait quelques propriétés particulières que ne possède pas celle de taureau, on conçoit qu'il doit être tout aussi facile de la préparer en France qu'en Chine : aussi le fait-on probablement.

De la Colle de Poisson ou Ichthyocolle.
Ichthyocolla. — Off.

1172. La Colle de poisson se prépare surtout en Russie, avec les vésicules aériennes du grand esturgeon (*Acipenser Huso* L.), appartenant à l'ordre des cartilagineux chondroptérigiens à branchies libres. Il est très-commun dans le Volga et les autres fleuves qui se jettent dans la mer Caspienne et dans la mer Noire. Il y atteint quelquefois vingt-quatre pieds de longueur et plus de douze cents livres de poids. On en prend les vésicules aériennes, et peut-être d'autres membranes, que l'on nettoie et que l'on roule sur elles-mêmes; on les fait sécher, et, sur la fin de leur dessiccation, on leur donne la forme d'une lyre ou d'un cœur, comme on leur voit dans le commerce : d'autres fois aussi on se contente, après qu'elles ont été nettoyées et séchées en partie, mais non roulées, de les plier en carré, à peu près comme nous faisons d'une serviette, et on en achève la dessiccation après les avoir rapprochées à la manière des feuillets d'un livre, et fixées à l'aide d'un bâton qui les traverse. Ces trois modes de préparation, qui constituent les trois sortes de colle de poisson du commerce *en lyre*, *en cœur* et *en livre*, donnent toujours des produits plus ou moins colorés ; on les blanchit en les exposant à la vapeur du soufre. On doit les choisir blanches, demi-transparentes, sans odeur, se dissolvant dans l'eau bouillante presque sans résidu, et lui donnant, par le refroidissement, une forte consistance gélatineuse.

Des trois sortes de colle de poisson que je viens de nommer, la plus chère et la plus estimée dans le commerce est celle *en lyre*, dite aussi *petit cordon* à cause de sa petitesse, comparativement à celle *en cœur* que l'on nomme communément *gros cordon* ; après vient le gros cordon et enfin la colle de poisson *en livre*, qui est la moins estimée. Je ne crois pas que cette gradation soit bien raisonnée, car j'ai éprouvé, par expérience, que le gros cordon se dissolvait bien plus facilement dans l'eau que le petit, qu'il fournissait au moins autant de gélatine, et laissait plutôt moins de résidu qu'autant. Quant à la colle en livre, elle m'a paru moins facilement soluble que le petit cordon; mais, en définitive, elle ne laisse pas plus de résidu, et sa qualité est presque égale.

1173. Outre les trois sortes précédentes, on prépare une autre colle de poisson par ébullition dans l'eau de la peau, de l'estomac, et en général de toutes les parties cartilagineuses de beaucoup de poissons différens de l'esturgeon. Elle est sous la forme de tablettes, ordinairement brune et d'une qualité inférieure. On ne l'emploie pas en pharmacie.

La première sorte sert à préparer des gelées et à clarifier des liqueurs.

Du Fiel de Bœuf.

Fel tauri. — Off.

1174. Le Fiel ou la bile est une sécrétion qui paraît essentielle à la fonction des organes digestifs d'un très-grand nombre d'animaux, car on la trouve dans tous les vertébrés, dans les mollusques, et dans une partie des animaux articulés.

Dans le bœuf, qui nous fournit celle que nous employons, comme dans tous les mammifères, ce fluide ne paraît pas être sécrété directement du sang artériel, mais paraît résulter de l'action d'un organe nommé *Foie*, sur le sang qui y est apporté de l'appareil intestinal par des veines réunies en un gros tronc, nommé *Veine-porte*. Ce vaisseau, partagé en deux branches, pénètre dans le foie, et s'y divise à l'infini. Là, dans ses dernières ramifications, le sang se sépare en deux parties, dont l'une qui est la bile est portée par des conduits particuliers dans une poche nommée *Vésicule du fiel*, lorsqu'elle existe (*ex.* dans le bœuf), ou est versée directement dans l'intestin *duodenum*, lorsque la vésicule manque (*ex.* dans le cheval): l'autre partie du sang, qui n'a pas servi à la confection de la bile, est rendue à la circulation par les veines hépatiques.

La bile de bœuf est donc contenue dans une vésicule; elle est d'un jaune verdâtre, plus ou moins épaisse et visqueuse; d'une odeur nauséabonde qui lui est propre, d'une saveur amère repoussante. On l'emploie en pharmacie pour en préparer un extrait usité en pilules comme fondant.

1175. La nature de la bile n'est pas encore parfaitement déterminée, puisque deux de nos plus célèbres chimistes ne s'accordent pas sur sa composition. Suivant M. Thénard, elle est formée sur 800 parties de :

Eau.	700
Matière résineuse.	15
Picromel.	69
Matière jaune. . . . environ.	4
Soude.	4
Phosphate de soude.	2
Muriate de soude et de potasse.	3.5
Sulfate de soude.	0.8

Phosphate de chaux.	1.2
Oxide de fer.	des traces.
	799.5

La *matière jaune* se précipite lorsqu'on verse un acide dans la bile; elle est mêlée d'un peu de résine qu'on en sépare par l'alcohol. Elle est insoluble dans l'eau, les huiles et l'alcohol; soluble dans les alcalis d'où les acides la précipitent. M. Thénard la croit semblable à celle qui compose les calculs biliaires du bœuf; M. Vauquelin la regarde comme du mucus. C'est la seule matière animalisée de la bile.

La *résine* s'obtient en précipitant, par l'acétate de plomb neutre, la bile déjà précipitée par l'acide nitrique. On traite le précipité à froid par l'acide nitrique faible qui dissout l'oxide de plomb et laisse la résine. Elle est verte et très-amère, soluble dans l'alcohol et les alcalis.

Le picromel s'obtient en précipitant, par l'acétate de plomb saturé d'oxide, la bile déjà soumise aux deux précipitations précédentes. Le précipité étant lavé et dissous dans le vinaigre distillé, on fait passer dans la liqueur un courant de gaz hydrosulfurique qui en précipite le plomb et laisse le picromel en dissolution avec l'acide acétique et l'excès d'acide hydrosulfurique. On chasse ceux-ci par l'évaporation à siccité. Le picromel est incolore, de la consistance de la térébenthine, d'une saveur amère, douceâtre et nauséabonde; de là son nom de *picromel*, qui veut dire *amer-sucré*.

Il est soluble dans l'eau et dans l'alcohol, et n'est pas précipité par la noix de galle.

1176. M. Berzélius n'admet dans la bile qu'une matière particulière qui lui donne ses propriétés dominantes, du mucus de la vésicule, et les alcalis et sels communs à tous les fluides sécrétés; en voici les proportions :

Eau.	907.4
Matière de la bile.	80

Mucus.	3
Alcalis et sels.	9.6
	1000.0

La matière particulière de la bile est d'un jaune verdâtre, d'un goût très-amer un peu douceâtre, soluble dans l'eau, soluble dans l'alcohol; elle forme avec les acides des composés insolubles, mais pas avec l'acide acétique; elle se combine à plusieurs oxides métalliques; et notamment avec l'oxide de plomb; elle ne contient pas d'azote.

Pour l'obtenir à l'état de pureté, on précipite de la bile par l'acide sulfurique étendu d'eau. On sépare un premier précipité jaune qui se fait apercevoir d'abord, et qui est d'une nature particulière (probablement un composé triple d'acide sulfurique, de matière animalisée et de matière propre de la bile). On continue d'ajouter de l'acide dans la liqueur aussi long-temps qu'il s'y forme un précipité qui est vert et mollasse, et qui est un composé d'acide sulfurique et de la matière de la bile. On le lave et on le décompose par le carbonate de baryte avec le concours de l'eau et de la chaleur. L'acide sulfurique s'unit à la baryte et forme un sel insoluble, la matière de la bile reste dans la liqueur.

D'après cette manière de voir, la résine de M. Thénard serait un composé de la matière de la bile avec l'acide employé pour sa précipitation (*Ann. de Chimie*, LXXXVIII, 119); mais c'est bien ici qu'il nous faut dire:

Non nostrum inter vos tantas componere lites.

Du Lait.

Lac, lactis. — Off.

1177. Le Lait est un liquide blanc, opaque, d'une saveur douce et sucrée, sécrété du sang par les glandes mammaires dans les animaux qui ont pris de cette conformation le nom de *mammifères*, et destiné à servir de première nourriture à leurs petits qui naissent vivans, et hors d'état de se suffire à eux-mêmes. Quelques physiologistes pensent que le lait provient immédiatement des organes digestifs, et que les principes destinés à le former ne passent pas auparavant dans la circulation; ils se fondent sur la facilité et la promptitude avec laquelle le lait prend l'odeur, la saveur des alimens et souvent des médicamens; mais leur hypothèse n'est appuyée d'aucune observation anatomique.

Tous les laits sont plus pesans que l'eau, ce qui tient aux principes immédiats qu'ils contiennent; mais comme la proportion de ces principes varie pour chaque animal, il s'ensuit que le lait de chacun a une pesanteur spécifique différente : presque toujours même cette densité varie pour le même lait d'une traite à l'autre, et du commencement d'une traite à la fin. Voici cependant les laits les plus communs rangés suivant l'ordre de leur plus grande densité moyenne :

Lait de brebis.	1.0409
d'anesse.	1.0355
de jument.	1.0346
de chèvre.	1.0341
de vache.	1.0324
de femme.	1.0203

1178. Le lait de vache, qui est celui que les pharmaciens emploient presque toujours, abandonné à lui-même, se recouvre d'une couche jaunâtre épaisse que l'on nomme *crème*. Si on le laisse encore quelque temps, on trouve sous la crème une masse solide coagulée nommée *caséum* : cette masse nage au milieu d'un liquide jaune verdâtre nommé *sérum*. Comme ces trois parties préexistent dans le lait, on est porté à croire que leur séparation n'est que mécanique : on croit avoir remarqué cependant que le contact de l'air la favorisait.

Tous les acides, excepté le carbonique et ceux qui sont encore plus faibles que lui ou insolubles, coagulent le lait par la propriété qu'ils ont de former un composé insoluble avec la matière caséeuse. L'alcohol le coagule aussi, mais seulement en s'emparant de son eau. Les alcalis redissolvent les précipités formés par les acides, d'abord en saturant l'acide, ensuite en formant un composé soluble avec la matière caséeuse; l'ammoniaque surtout jouit de cette propriété.

Le lait écrémé et d'une pesanteur spécifique de 1,033 a donné par l'analyse à M. Berzélius :

Eau.	928.75
Caséum avec des traces de beurre.	28.00
Sucre de lait.	35.00
Muriate de potasse.	1.70
Phosphate de potasse.	0,25
Acide lactique, lactate de potasse avec un vestige de lactate de fer.	6.00
Phosphate terreux.	0.50
	1000.00

La crème séparée du lait et d'une pesanteur spécifique de 1,0244, était composée de,

Beurre.	4.5
Caséum.	3.5
Sérum (contenant 4.4 de sucre de lait et de sels.).	92.0
	100.0

(*Ann. Chim.* LXXXIX. 314.)

Le lait est souvent falsifié dans les grandes villes avec de l'eau, de la farine et des jaunes d'œufs qu'on y délaie. Le goût et l'habitude apprennent à reconnaître ces fraudes. C'est en outre un très-mauvais caractère quand le lait tourne en chauffant ou brûle au fond du poêlon; ce lait est à rejeter.

1179. C'est en battant la crème dans une sorte de tonneau fait exprès, qu'on en sépare la matière grasse ou le *beurre*, composé lui-même (outre le caséum et le sérum qu'il contient encore), de stéarine, d'élaïne, d'un principe colorant, et d'un principe odorant, acide, très-remarquable, auquel M. Chevreul qui l'a découvert a donné le nom d'acide butyrique.

Le beurre entre dans la composition de quelques onguens et emplâtres. On doit le choisir très-récent et pas trop pâle en couleur. Dans les ménages on le conserve, soit en le salant, ce qui empêche la putréfaction du sérum et du caséum, soit en le fondant sur le feu et le passant au travers d'une toile, moyen d'en séparer le sérum et le caséum desséchés; car c'est surtout à la présence de ces deux corps que le beurre doit sa facilité à s'altérer.

Le caséum sert à préparer les différentes sortes de fromages; à cet effet on lui fait subir une véritable fermentation putride, mais que l'on dirige de différentes manières et que l'on arrête à différens degrés.

1180. Le sérum purifié donne le petit lait. On le prépare en coagulant le lait par un acide qui est ordinairement le vinaigre, ou bien en se servant de *présure* qui est un lait caillé que l'on trouve dans l'estomac des jeunes veaux, salé et séché; on n'est pas encore certain de la manière dont cette substance agit sur le lait. Le même sérum évaporé convenablement fournit par le refroidissement une matière cristalline jaunâtre, que l'on fait ordinairement redissoudre et cristalliser pour l'avoir plus blanche et plus pure, c'est le *sucre de lait*.

Le sucre de lait est ordinairement en masses assez épaisses, dures, demi-transparentes, sans odeur; d'une saveur douce et faiblement sucrée. Il est inaltérable à l'air, plus soluble dans l'eau chaude que dans l'eau froide, insoluble dans l'alcohol. Il donne au feu les produits ordinaires des substances végétales et ne contient pas d'azote. Il ne peut pas éprouver la fermentation vineuse comme le vrai sucre, et il donne beaucoup d'acide mucique lorsqu'on le traite par l'acide nitrique. Il est peu employé en pharmacie.

Du Miel.

Mel, mellis. — Off.

1181. Le Miel est produit par l'Abeille (*Apis mellifica* L.), insecte hyménoptère, ou à quatre ailes transparentes et veinées, qui vit par essaims dans des habitations ordinairement artificielles, que l'on nomme *ruches*.

On distingue dans un essaim trois sortes d'abeilles ou trois sexes : *les femelles* ou *les reines*, qui sont en très-petit nombre et le plus souvent uniques; *les mâles* qui sont au nombre de plusieurs centaines, plus petits que les femelles et dépourvus d'aiguillon; les *mulets*, *abeilles neutres* ou *abeilles ouvrières*, qui n'ont pas de sexe développé, qui ont un aiguillon comme les femelles, et dont le nombre s'élève quelquefois jusqu'à trente mille pour un seul essaim et pour une seule femelle.

A leur arrivée dans une ruche les abeilles neutres qui sont les seules qui travaillent, commencent par en boucher tous les trous par où la lumière pourrait pénétrer et les insectes entrer, avec une matière particulière nommée *propolis*. Cette matière, qui est de nature résineuse, paraît être le résultat de l'élaboration par les abeilles de la matière résineuse qui recouvre les bourgeons des peupliers, des pins et des sapins.

Cet ouvrage est à peine achevé, que les abeilles se mettent à construire leurs rayons, composés d'un grand nombre de lames verticales, distantes d'environ quinze lignes, et couvertes de chaque côté d'une infinité de cellules hexagones destinées à recevoir les œufs de la femelle et à contenir le miel qui excède les besoins de la ruche. La matière de ces rayons est la cire, substance sécrétée par des organes propres aux abeilles ouvrières et qui aboutissent à huit poches situées sous les segmens inférieurs de leur abdomen (les mâles et la femelle en sont privés).

Le miel est d'une origine toute différente : il provient des liqueurs sucrées contenues dans les nectaires des fleurs, qui ont été pompées par des abeilles ouvrières, et qui sont restituées à la communauté après avoir été élaborées dans leur estomac. Il est réservé pour la mauvaise saison; mais l'homme est là qui se l'approprie, et qui souvent couronne sa spoliation par la ruine entière de la république.

La fécondation de l'abeille femelle s'opère dans l'air : elle paraît n'avoir lieu qu'une fois, ou du moins on a cru s'être assuré que la femelle, après cette seule approche d'un des mâles, pouvait produire des œufs féconds pendant deux années.

Dès que les œufs déposés dans les cellules sont éclos, les ouvrières nourrissent les larves d'une sorte de bouillie toujours élaborée dans leur estomac, mais différente de la cire et du miel : on remarque aussi qu'elles prennent un soin particulier de celles qui doivent fournir des femelles, et qu'elles leur donnent une nourriture plus abondante, d'une nature différente, et sans doute propre à développer chez elles les organes de la génération ; car tout porte à croire que les ouvrières ne sont que des femelles en qui ce développement n'a pas eu lieu. Peu de jours après que les larves sont nées, elles se filent une coque dans laquelle elles restent huit à dix jours à l'état de *nymphes*; après ce temps elles en sortent abeilles parfaites.

Au moyen de cette génération, et ordinairement du 25 au 30 juillet, la ruche se trouve trop pleine, de sorte que les abeilles se divisent en deux partis ayant chacun une seule femelle à leur tête. La plus ancienne quitte ordinairement la ruche et va chercher une nouvelle demeure. Elle rassemble ses ouvrières autour d'une branche d'arbre, en un peloton plus ou moins pesant, que l'on a l'adresse d'attirer peu-à-peu dans une ruche préparée d'avance. C'est ainsi qu'on les multiplie.

Les abeilles fournissent trois produits à la pharmacie et aux arts, la propolis, le miel et la cire.

1182. La propolis est de nature résineuse, elle est rougeâtre, odorante, soluble dans l'alcohol et saponifiable par les alcalis. On s'en sert dans les arts pour prendre des empreintes, et on l'emploie quelquefois en médecine sous la forme de fumigation, ou appliquée à l'extérieur comme résolutive.

1183. Le miel et la cire sont d'un usage bien plus étendu. La récolte s'en fait dans les mois de septembre et d'octobre; pour cela on frotte intérieurement de miel une ruche vide, on la renverse auprès de la ruche pleine que l'on veut couper, et on glisse celle-ci dessus de manière à recouvrir l'autre exactement; on retourne les deux ruches, de manière que la pleine se trouve en bas et renversée, et on frappe légèrement dessus. Les abeilles en sortent et se portent dans la ruche supérieure que l'on place ensuite sur l'appui. Alors, on coupe à l'aise la moitié ou les deux tiers au plus des rayons, et, cette opération faite, on remet les abeilles dans leur ancienne ruche de la même manière qu'on les en avait retirées.

Pour séparer le miel de la cire, on expose les gâteaux sur des claies au soleil. Le miel en découle et est reçu dans des vases placés au-dessous; ce miel, qui est le meilleur de tous, se nomme *miel vierge*.

On soumet ensuite les gâteaux à la presse et on obtient une qualité de miel plus colorée, d'une saveur et d'une odeur moins agréables. Enfin, on fond les rayons dans l'eau pour les priver du restant du miel, et on coule la cire dans des vases de terre ou de bois.

Le miel le plus estimé vient de Narbonne, dans le département de l'Aude. Il est blanc, très-grenu, aromatique et d'un goût très-agréable. Quelques personnes cependant n'aiment pas son parfum, et il a l'inconvénient lorsqu'il est mis en sirop de se candir au bout de quelque temps.

Le miel le plus estimé après celui de Languedoc est celui du Gâtinois à quinze ou vingt lieues au sud de Paris : il est plus uni que celui de Narbonne, moins aromatique, communément blanc : c'est celui qu'on doit préférer pour mettre en sirop. Presque toutes les autres provinces de France donnent aussi des miels, mais qui ne sont pas renommés, si ce n'est ceux de Bretagne, par leur mauvaise qualité : ils sont en général très-colorés, coulans et pourvus d'une saveur résineuse désagréable, attribuée au sarrazin que l'on cultive en abondance dans cette province.

Le miel quoiqu'élaboré par les abeilles a conservé toute son origine végétale ; il est formé d'une grande quantité de sucre très-analogue à celui du raisin, d'une quantité variable de sucre semblable au sucre de la canne, probablement d'une petite quantité de manne, d'acide, d'un principe aromatique, de cire dont il contient d'autant moins qu'il est de meilleure qualité. Le miel de Bretagne contient en outre du couvain, qui lui donne la propriété de se putréfier.

Le miel est très-employé dans l'économie domestique et dans la pharmacie, où l'on en forme des sirops nommés *Mellites*.

Du Musc.

Moschus, i. — Off.

1184. Le Musc est produit par un mammifère ruminant, sans cornes, et du genre des chevrotins, nommé par Linné *Moschus moschiferus*. Il vit au Tonquin et dans le Thibet. Il est plus gros qu'une chèvre, très-vif, sauvage, et remarquable par deux canines très-longues, qui, sortant de la mâchoire supérieure, dépassent de beaucoup l'inférieure. Son poil est d'un gris fauve et comme gauffré ; il est tellement gros, rude et cassant, qu'on pourrait presque lui donner le nom d'épines. La poche qui contient le musc est située entre le nombril et les parties de la génération : suivant Valmont de Bomare, la femelle en est pourvue comme le mâle, quoique l'humeur qui s'y forme soit différente du musc ; mais M. Cuvier nous apprend que cette poche est située en avant du prépuce du mâle, ce qui revient à dire que la femelle en est privée. Quoi qu'il en soit, on remarque que c'est dans le temps du rut que le musc se produit le plus abondamment et que son odeur et ses autres propriétés sont le plus développées.

Le musc est demi-fluide dans l'animal vivant ; mais desséché après sa mort, il prend une consistance presque solide et grumeleuse ; il est d'un brun noirâtre, d'une saveur amère aromatique, d'une odeur très-forte, difficile à supporter lorsqu'elle est concentrée, mais susceptible d'une très-grande expansion, et devenant fort agréable lorsqu'elle est suffisamment affaiblie.

On connaît depuis long-temps dans le commerce deux sortes de musc : celui qui vient du Tonquin, qui est renfermé dans des poches dont le poil tire plus ou moins sur le roux; celui du Bengale ou plutôt du Thibet, dit maintenant *musc kabardin*, dont le poil est blanchâtre et comme argenté. Celui-ci est en général plus sec, d'une odeur moins forte, moins tenace, et comme se rapprochant d'une odeur aromatique végétale ; il est aussi moins estimé.

1185. Ayant fait l'analyse du musc tonquin conjointement avec M. Blondeau, nous l'avons trouvé composé en derniers résultats :

1°. D'eau ;
2°. D'ammoniaque ;
3°. De suif solide (Stéarine) ;
4°. De suif liquide (Élaïne) ;
5°. De cholesterine ;
6°. D'huile acide combinée à l'ammoniaque ;
7°. D'huile volatile ;

8°. — 10°. D'hydrochlorates d'ammoniaque, de potasse et de chaux ;

11°. D'un acide indéterminé en partie saturé par les même bases ;

12°. De gélatine ;

13°. D'albumine ;

14°. De fibrine ;

15°. D'une matière très-carbonée, soluble dans l'eau ;

16°. D'un sel calcaire soluble à acide combustible ;

17°. De carbonate de chaux ;

18°. De phosphate de chaux ;

19°. De poils et de sable.

La quantité d'eau varie nécessairement avec l'état de dessiccation du musc ; celui que nous avons analysé en contenait 0.46.

La quantité d'ammoniaque libre ou assez faiblement combinée pour se dégager par la dessiccation varie dans les mêmes circonstances ; le nôtre en contenait 0.00325.

Le suif solide et liquide est identique avec celui du mouton et d'autres ruminans ; le cholestérine nous a paru semblable à celle des calculs biliaires humains : voici au reste les réflexions qui terminent notre analyse, et que je crois utile de rapporter pour fixer les idées qu'on peut se faire sur la nature du musc :

« Cette analyse pourra fournir aux physiologistes quelques recherches que nous ne faisons qu'entrevoir, et qu'il serait au-dessus de nos forces de poursuivre. Dans quel genre de fluides animaux rangera-t-on le musc ? Sera-ce parmi les sécrétions proprement dites, c'est-à-dire, parmi les fluides destinés à être réabsorbés, et à remplir un rôle ultérieur dans l'économie animale ? ou bien le mettra-t-on au nombre des excrétions qui, separées des premières sous l'influence du principe vital, ne peuvent plus servir à la nutrition des individus, et sont constamment repoussées à l'extérieur ? M. Berzélius admet que toutes les sécrétions sont alcalines, et toutes les excrétions acides (*Ann. Chim.*

LXXXVIII, 115). Cette règle ne peut être appliquée au musc dont plusieurs principes ont évidemment subi une altération profonde pendant l'intervalle de temps qu'il met à parvenir jusqu'à nous. Il faut donc s'appuyer sur d'autres considérations. Il semble que les excrétions doivent être privées de gélatine et d'albumine, corps essentiels à la nutrition, tandis que les sécrétions peuvent contenir l'un ou l'autre de ces principes ou tous les deux. C'est ainsi que l'humeur de la transpiration humaine ne contient qu'une petite quantité d'acide acétique ou lactique, quelques sels et une huile odorante fétide; et que la lymphe, l'humeur des articulations et la bile, contiennent de l'albumine. Or, le musc se refuse encore à cette classification; car s'il a, d'une part, une grande analogie avec l'humeur de la transpiration, par son huile odorante qui nous a quelquefois offert l'odeur même du bouc; d'une autre, il se rapproche du sang et des parties solides organiques par la fibrine, la gélatine et l'albumine que son analyse nous présente, ou tout au moins par l'albumine, si l'on suppose que la fibrine et la gélatine, qu'il ne contient d'ailleurs qu'en petite quantité, proviennent des membranes renfermées dans son intérieur. D'un troisième côté enfin, il touche aux concrétions morbifiques par son phosphate de chaux, son carbonate de chaux, et sa cholestérine, matière composante des calculs biliaires de l'homme, et que M. Lassaigne a déjà trouvée dans une concrétion cérébrale tirée d'un cheval. (*Ann. de Phys. et de Chim.* IX, 327.) »

« Cette même analyse nous conduit à une autre remarque non moins intéressante, qui est l'altération que le musc éprouve à l'aide du temps, avant d'être appliqué à l'usage médical; altération que l'on peut assimiler à celle qu'éprouvent les cadavres enfouis en masse dans la terre, et qui a été si bien décrite par Foucroy. »

« Le musc étant d'un très-haut prix, les marchands ont intérêt à ce qu'il augmente de poids, plutôt que d'en perdre. Ils le conservent donc alternativement dans des lieux humides, et dans des vases hermétiquement bouchés, qui retiennent l'humidité dont il s'est chargé. Mais on conçoit que le musc, placé dans de pareilles circonstances, éprouve bientôt une altération qui porte surtout sur les principes azotés, et que l'ammoniaque, qui est un des produits de cette altération, étant forcée de rester dans la masse, réagit à son tour sur le suif, et le convertit en partie en graisse acide formant avec elle une combinaison semblable au gras des cadavres. Tous les muscs n'offrent pas cette altération au même degré, mais ils la présentent cependant, et les médecins doivent compter employer, non le musc naturel, mais bien celui qui a été ainsi altéré. Nous ne croyons pas que cette connaissance doive les éloigner d'employer un médicament énergique dans plusieurs circonstances; car l'altération dont nous parlons ne porte que sur l'albumine, la gélatine et la fibrine, substances inertes, et les remplace en partie par de l'ammoniaque réduite à l'état savonneux, dont l'effet, d'ailleurs, a dû entrer de tout temps dans les propriétés médicales qui ont été reconnues au musc. Nous pensons que l'autre produit de la décomposition des matières azotées, ci-dessus nommées, est la matière très-carbonnée et non azotée précédemment décrite; cette matière est probablement inerte comme celles qui lui ont donné naissance, et ne doit rien changer aux propriétés du musc. (*Journal de Pharmacie*, VI. 105.) »

Le musc est un puissant tonique et excitant. Les parfumeurs aussi en font un très-grand usage.

Du sang de Bouquetin.
Sanguis hirci. — Off.

1186. Le bouquetin ou bouc-estain (Capra Ibex L.) est un mammifère ruminant du genre des chèvres, qui habite les sommets les plus escarpés des Alpes. Autrefois son sang desséché était cru antipleurétique. On le trouve encore dans le commerce renfermé dans de petites vessies qui ont la forme d'un saucisson. Il est noir, luisant, cassant et sans saveur. Il n'est plus employé.

De la Soie.
Sericum, i. — Off.

1187. La soie est produite par un insecte lépidoptère, c'est-à-dire à ailes brillantes et écailleuses, nommé bombice, du murier (*Bombix Mori* L.). Cet insecte, originaire des contrées orientales de l'Asie (la Sérique de Ptolémée), a été transporté à Constantinople, sous le règne de Justinien, par des missionnaires grecs qui apportèrent en même temps la manière de l'élever et d'en employer la soie; il s'est répandu de là dans toute la Grèce, en Italie, en Espagne et en France.

Dans les contrées chaudes de l'Asie, on l'élève en plein air sur des mûriers; mais en Europe, et surtout en France, on le renferme dans des chambres, dont on entretient la température à 15 ou 18 degrés. A cette température les œufs éclosent d'eux-mêmes. On place les larves, qui en sortent sur des claies garnies de feuilles de mûrier que l'on renouvelle plusieurs fois par jour. Au bout de vingt-cinq à trente jours, pendant lesquels ces larves changent quatre fois de peau, elles s'enferment dans de petites niches de bruyère disposées à cette fin, et s'y filent une coque, ou *cocon*, dont la matière est la soie. Elles prennent alors le nom de *chrysalides*, et demeurent dans une parfaite immobilité pendant dix-huit ou vingt jours, après lesquels elles se transforment en papillons ou insectes parfaits; mais on ne laisse parvenir à ce dernier état, que celles que l'on veut faire servir à la reproduction de l'espèce; on fait mourir les autres en trempant les cocons dans l'eau bouillante; ensuite on les dévide.

On connaît deux espèces de soie : celle qui est naturellement blanche et la jaune. Nous possédons celle-ci depuis plus de deux siècles; on la blanchit en la soumettant au décreusage, opération qui consiste à lui enlever de la cire, une matière colorante et l'excès de gomme qu'elle contient; mais cette opération, si bien faite qu'elle soit, donne un blanc moins durable que celui de la soie blanche native, et de plus altère beaucoup la force de la soie : aussi accorde-t-on toujours la préférence à la soie blanche native dont les Chinois se sont réservé presque jusqu'à présent l'exclusive possession : ce qui lui fait donner le nom de *soie sina*.

Il n'y a guère que quarante ans que le gouvernement français, frappé des avantages qui résulteraient de l'importation du ver-à-soie sina, en fit venir de la graine de Chine, et la distribua à différens propriétaires. Cette opération parut manquée, quand on apprit, en 1808, que l'espèce s'était conservée chez quelques-uns d'entre eux; la culture en fut encouragée; et à la dernière exposition des produits de l'industrie française, on a pu se convaincre que l'éducation de cette précieuse espèce était définitivement établie en France. (*Ann. de Chimie et Physique*, XIII. 238.)

La soie, distillée dans une cornue, donne une huile ammoniacale très-fétide, qui fait la base des gouttes céphaliques d'Angleterre.

SECTION IV. — *Des Corps gras et Huiles animales.*

Du Blanc de Baleine ou Cétine.

Sperma ceti, album ceti, cetina. — Off.

1188. Le blanc de baleine existe, à l'état de dissolution, dans une huile grasse abondante qui entoure le cerveau du cachalot (*Physeter macrocephalus* L.), le même cétacé qui paraît produire l'ambre gris. Il suffit d'exposer cette huile à l'air pour qu'il s'en sépare une masse blanche cristallisée, qui est le blanc de baleine. On le purifie en le soumettant à la presse qui en sépare l'huile encore interposée, le faisant fondre à une douce chaleur, et le laissant refroidir en repos pour le faire cristalliser de nouveau.

Le blanc de baleine existe aussi, mais en moins grande quantité, dans l'huile de baleine, et en moindre quantité encore dans celle des autres poissons. Il s'en dépose à l'aide du temps.

Le blanc de baleine pur est en masses plus ou moins considérables, translucides, d'un blanc éclatant, brillantes, nacrées, onctueuses au toucher, un peu flexibles sous le doigt, se divisant par une pression plus forte en lames minces transparentes et micacées. Il se fond très-facilement au feu, et se congèle à une température de 44 à 49 degrés centigrades. Il est insoluble dans l'eau; soluble au contraire dans les huiles fixes et volatiles, l'alcohol et l'éther. L'éther froid en dissout 0,20 de son poids, suivant M. Boullay; l'alcohol à 40 degrés froid en dissout seulement 0.0139, et le même alcohol bouillant 0.0833 (*Bulletin de Pharmacie*, II. 260). Suivant M. Chevreul, l'alcohol le plus rectifié, bouillant, n'en dissout que 0.04.

Le blanc de baleine chauffé dans une cornue se volatilise et se décompose en partie. Il n'est pas altérable par l'acide nitrique, suivant MM. Pelletier et Caventon : il est saponifié par les alcalis, mais difficilement et incomplétement.

On doit choisir le blanc de baleine le plus récent possible, car il se rancit très-facilement : on l'emploie en pommade cosmétique uni à l'huile d'amandes douces, mais son plus grand usage est dans la fabrication des bougies.

Fourcroy avait cru que le blanc de baleine, le gras des cadavres et la matière grasse des calculs biliaires, étaient un seul et même corps gras, et avait proposé de leur donner également le nom d'*adipocire*. M. Chevreul a prouvé que ces trois substances étaient essentiellement différentes, et a proposé, pour le blanc de baleine, le nom plus convenable de *cétine*, tiré de κῆτος ou de *cetus*.

De la Cire d'Abeilles.
Cera, æ. — Off.

1189. La cire est la matière qui compose les rayons dans lesquels l'abeille dépose ses œufs et le miel qui doit servir à sa nourriture pendant l'hiver (Voyez article *Miel*). On a cru long-temps, d'après Réaumur, qu'elle était le produit du pollen des fleurs récolté par des abeilles ouvrières, rapporté par elles à la ruche dans de petits cuillerons dont sont munies leurs pates postérieures, et avalé alors par d'autres ouvrières qui, bientôt après, le rendaient sous la forme d'une bouillie liquide avec laquelle elles construisaient leurs rayons. Cependant, dès l'année 1768, Bonnet de Genève annonça, d'après une société de Lusace, que la cire était une sorte de sécrétion qui s'opérait sous les anneaux du ventre; et Hunter, en 1791, avait consigné, dans les Transactions philosophiques, la découverte qu'il avait faite des organes destinés à cette sécrétion. Depuis, M. Huber a vérifié cette découverte, et a d'ailleurs prouvé directement que le pollen des fleurs était inutile à la production de la cire, en renfermant un nouvel essaim d'abeilles pendant cinq jours dans leur ruche, et leur donnant seulement à discrétion du miel et de l'eau : au bout de ce temps elles avaient fabriqué cinq rayons de la plus belle cire, d'un blanc parfait et d'une grande fragilité. (*Dictionnaire des Sciences naturelles*, IX. 254.)

J'ai exposé, à l'article *miel*, comment on vidait les ruches, et les moyens de séparer le miel de la cire. Celle-ci fondue dans l'eau, pour la priver du miel qu'elle retient encore, est coulée dans des vases de terre ou de bois. On la nomme *cire jaune*.

1190. On doit choisir la cire jaune d'un jaune pur et sans mélange de gris, ce qui est dû à du dépôt qui n'en a pas été séparé : mais il est indifférent que le jaune en soit pâle ou foncé; car souvent on lui donne cette dernière nuance artificiellement, et elle ne lui communique d'ailleurs aucune bonne qualité. Il faut aussi que cette cire, mâchée dans la bouche, n'offre aucun goût de suif; elle doit, au contraire, avoir un léger goût aromatique non désagréable.

Tout récemment, M. Delpech, pharmacien à Bourg-la-Reine, vient de signaler une nouvelle falsification que la cire jaune subit quelquefois dans le commerce. Ayant fait dissoudre de cette cire altérée dans de l'huile de térébenthine, elle a laissé un résidu blanc et pulvérulent, qui s'est trouvé être de la fécule de pomme-de-terre, dont la quantité s'élevait au tiers du poids de la cire employée. Cette cire était d'une couleur jaune terne, moins onctueuse et moins tenace que la cire pure; mais le meilleur moyen de s'assurer de la bonne qualité d'une cire, consiste à la traiter par l'huile de térébenthine, qui doit la dissoudre entièrement.

1191. La cire jaune doit sa couleur, son odeur, et une certaine onctuosité qui lui reste encore, à des principes qui lui sont étrangers, et qui proviennent des principes colorans et aromatiques des plantes; de même que certains principes végétaux amers, colorans ou aromatiques, communiquent ces propriétés à plusieurs de nos humeurs et mêmes à nos solides. On débarrasse la cire de ses propriétés étrangères en la fondant à une douce chaleur, et la faisant tomber par filets sur un grand cylindre plongé horizontalement dans l'eau, et tournant continuellement sur son axe. De cette manière la cire se divise en grenailles ou en rubans : on l'expose, ainsi divisée, sur un pré, à un pied d'élévation de terre, et étendue sur des châssis de toile. On l'arrose légèrement tous les soirs, et on la laisse ainsi exposée au soleil et à la fraîcheur des nuits, jusqu'à ce qu'elle soit parfaitement blanche. Elle est alors très-sèche et friable : on la fond en y ajoutant un peu de suif, pour lui restituer le liant qu'elle a perdu, et on la coule en petites plaques rondes. Il faut toujours choisir celle qui, par sa fragilité et l'absence de toute saveur de suif, paraît être la plus pure. La cire pure est blanche, solide, cassante, presque sans odeur et saveur. Elle devient molle et ductile à une chaleur de 35 degrés, se fond à environ 70 degrés, et se congèle à 62.75 sans offrir aucune cristallisation. Elle se volatilise, et se détruit en partie à une chaleur approchant de la chaleur rouge.

La cire est entièrement insoluble dans l'eau; elle est soluble dans les huiles fixes en toutes proportions, soluble dans les huiles volatiles à l'aide de la chaleur. L'alcohol très-rectifié bouillant en dissout 0.0486 de son poids d'après M. Boullay, et seulement 0.02 suivant M. Chevreul; il l'abandonne en se refroidissant. L'éther bouillant en dissout 0.25, qu'il abandonne de même en très-grande partie.

L'action des acides et des alcalis sur la cire n'a pas encore été bien étudiée.

La cire jaune ou blanche entre dans la composition de presque tous les emplâtres ou onguens.

De la Graisse de Porc.

Adeps suilli. — Off.

1192. Le Porc, *Sus Scrofa* L., est un mammifère pachyderme, dont la souche primitive paraît être le sanglier, qui, mis en domesticité, dégénère et finit par produire le verrat et la truie. Le porc ou cochon est le verrat châtré.

Cet animal est remarquable par sa malpropreté; il y a cependant un choix à faire dans les alimens qu'on lui donne, car ils influent beaucoup sur la qualité de sa chair, qui est servie sur nos tables sous une infinité de formes et d'assaisonnemens.

Le porc fournit deux espèces de graisses : l'une, qui est beaucoup moins ferme que l'autre, se nomme *lard*, et se trouve immédiatement sous la peau; l'autre, plus solide, nommée *panne*, est placée près des côtes, des intestins et des reins. C'est elle qui, fondue et purifiée, constitue la graisse de porc dite aussi *axonge* ou *saindoux*.

1193. La graisse de porc est blanche, solide, grenue, d'une légère odeur qui lui est propre, et d'une saveur agréable; elle se fond sous le doigt, se solidifie à environ 27 degrés lorsqu'elle a été fondue au feu; 100 parties d'alcohol à 40 degrés froid en dissolvent, d'après M. Boullay, 1.04; cent parties d'alcohol bouillant, 1.74; et cent parties d'éther froid, 25 parties. Cette graisse est employée en pharmacie comme excipient des pommades, ou comme partie constituante des onguens et des emplâtres. Il faut autant que possible la préparer soi-même; et, lorsqu'en raison de la grande consommation qu'on en fait, on est obligé de la prendre dans le commerce, il faut la choisir blanche, ayant le moins d'odeur possible, privée d'eau et non battue à l'air, moyen par lequel on lui procure de la blancheur, mais qui la rancit très-promptement.

1194. La graisse de porc a long-temps été regardée comme un produit immédiat simple, de même que les autres corps gras végétaux ou animaux; M. Chevreul nous a appris le premier qu'elle était formée de deux substances grasses inégalement fusibles et solubles dans l'alcohol : l'une, qu'il a nommée depuis *stéarine*, se fond à 38 degrés, et ne se dissout qu'à la quantité de 1.8 dans cent parties d'alcohol bouillant; l'autre, nommée *élaïne*, se fond à 8 degrés, et cent parties d'alcohol en dissolvent 3.2. Ces deux substances, saponifiées par la potasse, se changent en des quantités différentes d'acide margarique et d'acide oléique, et telles que la stéarine fournit beaucoup plus du premier et l'élaïne davantage du second. On serait tenté de croire, d'après cela, que ces deux graisses obtenues parfaitement pures fourniraient exclusivement, savoir : la stéarine de l'acide margarique, et l'élaïne de l'acide oléique; d'autant plus que M. Chevreul annonce n'avoir pu les isoler entièrement par l'alcohol, intermède qu'il a employé à cet effet; cependant M. Chevreul lui-même ne pense pas qu'il en soit ainsi (*Annales de Chimie*, XCIV, 129).

M. Braconnot a également reconnu la nature complexe des corps gras, et a employé pour les analyser un moyen qui a généralement frappé par sa simplicité. Il consiste à soumettre le corps gras à une forte presse, enveloppé de plusieurs doubles de papier non collé, et sous une température déterminée et d'autant plus basse, que le corps gras contient plus de graisse fluide; celle-ci s'imbibe dans le papier, l'autre reste en masse solide : on la fond avec un peu d'essence de térébenthine bien rectifiée, et on l'exprime de nouveau; enfin, on la débarrasse de l'essence de térébenthine par la chaleur. La graisse fluide se retire du papier soit par l'expression avec un peu d'eau, soit par l'alcohol bouillant.

M. Braconnot a retiré par ce moyen de la graisse de porc :

Huile ou élaïne.	62
Suif ou stéarine.	38
	100

Du Suif de Mouton.
Sebum ovilli. — Off.

1195. Les animaux ruminans sont de tous les mammifères ceux qui donnent la graisse la plus ferme, ce qui paraît tenir à ce qu'ils se nourrissent exclusivement de végétaux; et de tous les ruminans, c'est le mouton qui fournit la plus solide; c'est à cette graisse que l'on a plus spécialement affecté le nom de *suif*. On doit choisir le suif très-récent, ayant le moins d'odeur et de saveur possible, blanc et solide. Il entre dans la composition de plusieurs onguens et emplâtres : son plus grand usage est pour la fabrication de la chandelle.

Le suif est très-peu soluble dans l'alcohol: 100 parties de

ce liquide froid n'en dissolvent que 0.69, d'après M. Boullay, et 1.39 lorsqu'il est bouillant ; 100 parties d'éther en dissolvent 10.

Je crois inutile de parler ici des autres graisses qui étaient autrefois usitées en médecine, et auxquelles on attribuait des propriétés plus ou moins supérieures à celles de la graisse de porc ; telles sont les graisses d'homme, d'ours, de blaireau, de cerf, etc., etc. ; elles sont aujourd'hui tombées en désuétude. Je ne prétends pas dire cependant qu'il ne faille pas les employer lorqu'on sera sûr de leur origine et de leur extraction récente ; mais hors de ces deux conditions, tout homme raisonnable pensera que la graisse de porc, qu'il est si facile de se procurer en bon état, est tout-à-fait préférable.

FIN DU TOME SECOND ET DERNIER.

ADDITIONS.

A l'article *Staphisaigre*, tome II, page 158.

MM. Lassaigne et Feneulle viennent de faire l'analyse de la semence de staphisaigre. Ils y ont trouvé un nouvel alcali qu'ils ont nommé *Delphine*, du nom du genre *Delphinium*, auquel appartient la staphisaigre. Voici le résumé de cette analyse :

1°. Principe amer brun, précipitable par l'acétate de plomb.

2°. Huile volatile.

3°. Huile grasse.

4°. Albumine.

5°. Matière animalisée.

6°. Muqueux.

7°. Mucoso-sucré.

8°. Malate acide de delphine.

9°. Principe amer jaune non précipitable par l'acétate de plomb.

10°. Sels minéraux comprenant du sous-carbonate de potasse, etc. (*Journal de Pharmacie*. VI. 366).

Article *Résine Tacamaque*, tome II, page 266.

J'ai omis de dire de quel végétal provient cette résine. On l'a attribuée pendant longtemps au *Populus balsamifera* L., de l'Amérique septentrionale. Il paraît effectivement que cet arbre produit une résine jaunâtre très-odorante, nommée par quelques-uns *baume focot*; mais ce n'est pas la tacamaque. Celle-ci paraît découler spontanément ou par incisions d'un arbre des îles de l'Amérique et du Mexique, nommé *Fagara octandra*, appartenant à la famille des térébinthacées et à la tétrandrie monogynie de Linné.

Les ouvrages de Droguerie font mention d'une autre matière résineuse verdâtre, liquide, nommée *Baume vert*, *Baume Marie*, *Tacamaque de l'île de Bourbon*, découlant, dans cette île et à Madagascar, du *Calophyllum Inophyllum* L., de la polyandrie monogynie et de la famille des guttifères.

TABLE GÉNÉRALE

DES MATIÈRES.

Nota. Les articles compris dans le premier tome portent l'indication I; ceux du second tome n'en ont aucune, excepté lorsqu'ils portent également l'indication du premier volume.

A.

Pages.

Abeille. 405
Abelmosch. 87
Abies alba. I. 401
— *Balsamea.* 270
— *Larix.* *id.*
— *Taxifolia.* I. 400; II. 271
Absinthe grande. 6
— maritime. 5
— moxa. 7
— petite. 6
— pontique. *id.*
Acacia (Suc d'). 189
— *nostras.* 190
— *vera.* 189
Acajou (Bois d'). I. 315
— (Gomme d'). 217
— (Noix d'). 87
Acalèphes (Zoophytes). 350
Acéphales (Mollusques). 342
Acetate de cuivre brut. I. 131
— — cristallisé. I. 132
— de plomb cristallisé. I. *id.*
Acetosa, Acetosella. I. 274
Acetum. 308

Pages.

Ache. I. 203
Acide arsénieux. I. 87
— arsenique. I. *id.*
— boracique ou borique. I. 121
— hydrochlorique. I. 122
— muriatique. I. *id.*
— nitrique. I. 123
— sulfurique. I. 126
Acier. I. 70
Aconits. 1
Aconitum Anthora. I. 208; II. *id.*
— *Cammarum.* *id.*
— *Lycoctonum.* *id.*
— *Napellus.* *id.*
Acore vrai. I. 205
Acorus Calamus. I. *id.*
Acotylédones. I. 199
Adeps suilli. 418
Adiantum Capillus Veneris. 13
— *pedatum.* *id.*
Adipocire. 415

Pages.
Æsculus Hippocastanum. I. 349
Ætite. I. 63
Ætusa Cynapium. 21
Agalloche (Bois d'). I. 316
Agaric blanc. 164
— de chêne. 165
Agaricus campestris. 166
Agathe. I. 5
Agathophyllum aromaticum. I. 341
Agnus castus. 89
Agrégation (États d'). I. 11
Agrégats. I. 9
Agrimonia Eupatoria. 2
Aigle (Bois d'). I. 316
— (Pierre d'). I. 63
Aigremoine. 2
Ail. I. 396
Airelle ponctuée. 11
Ajuga reptans. I. 232; II. 10
Albâtre calcaire. I. 136
— gypseux. I. 154
Album-græcum. 380
Albumine. 383
Alces. 377
Alcohol. 310
Alcornoque. I. 329
Alcyons. 352
Aliboufier. 280
Alkanna. I. 273
Alkékenge. 89
Alléluia. 3
Alliaire. 25
Allium sativum. I. 396
Aloë perfoliata, etc. 192
Aloès (Bois d'). I. 315
— (Suc d'). 19
Althæa officinalis. I. 248
Alumine. I. 36
Aluminium. I. 37
Alun. I. 150
Amandes douces et amères. 90
Ambarum cineritium. 385

Pages.
Ambre gris. 385
— jaune. I. 36
Ambrette (Graine d'). 87
Ambroisie du Mexique. 4
Améthyste. I. *id.*
Amidon. 175
Ammi. 92
Ammoniac (Sel). I. 144
Ammoniaque (Gomme-résine) 227
Amome en grappes. 92
Amomi. 145
Amomum Cardamomum. 101
— *grana Paradisi.* 102
— *racemosum.* 92
Amorphes (Corps). I. 22
Amygdalus communis. 90
Amylum. 175
Amyris elemifera. 253
— *Opobalsamum.* I. 318; II. 96, 268
Anacarde occidentale. 87
— orientale. 93
Anchusa officinalis. 10
— *rubra.* I. 272
Ancolie. 3
Andropogon Nardus. I. 268
— *Schœnanthus.* 56
Aneth. 93
Anethum Fœniculum. 114
— *graveolens.* 93
Angélique. I. 207
Angelica Archangelica. I. *id.*
— *silvestris.* I. 208
Angiospermie. I. 197
Angusture fausse. I. 331
— vraie. I. 330
Animaux articulés. 328, 343
— mollusques. 328, 340
— rayonnés. 329, 350
— vertébrés. 327, 330
Animé (Résine). 239
Anis. 95

Pages.
Anis étoilé. 95
Annelides. 343
Anolis. 360
Anserine fétide. 4
— vermifuge. *id.*
Anthère. I. 188
Anthore. I. 208
Anthracite. I. 7
Antimoine. I. 38
— cru. I. 102
— dissous. I. 40
Antipathes. 371
Antirrhinum Asarina. I. 217
Apatite. I. 90
Apis mellifica. 405
Apium graveolens. I. 205
— *Petroselinum.* I. 276
Aqua engyensis. I. 176
— *fontana.* I. 169
— *fluviatilis.* I. 170
— *marina.* I. *id.*
— *mineralis.* I. *id.*
— *pluvialis.* I. 169
— *putealis.* I. 170
Aquæ Balneoli. I. 177
— *baredginæ.* I. *id.*
— *Borboniæ.* I. 174
— *Convenarum.* I. 177
— *Forgiarum.* I. 175
— *Grani.* I. 176
— *helveticæ.* I. 177
— *paciacæ.* I. 175
— *Petrimontis.* I. *id.*
— *plumbariæ.* I. 174
— *provinæ.* I. 175
— *Saletiæ.* I. 172
— *Sancti Amandi.* I. 177
— *Sextiæ.* I. 173
— *spadanæ.* I. 175
— *Tarbellicæ.* I. 172
— *Valli.* I. 175
— *vicienses.* I. 176
Aquilegia vulgaris. 3
Arachis hypogæa. 147

Pages.
Arachnides. 345
Aragonite. I. 138
Araignée. 345
Arbutus Uva-Ursi. 10
Areca Cathecu. 196
Arcanson. 274
Arctium Lappa. I. 220
Argent. I. 40
— amalgamé. I. 42
— antimonié. I. 41
— antimonié sulfuré. I. 42
— corné. I. *id.*
— dissous. I. 48
— gris. I. 42
— muriaté. I. *id.*
— natif. I. 41
— sulfuré. I. *id.*
Argile. I. 165
— ochreuse pâle. I. 166
— ochreuse rouge. I. *id.*
Arguel. 58
Arille. I. 190
Aristoloche clématite. I. 210
— longue. I. *id.*
— petite. I. *id.*
— ronde. I. 209
— serpentaire. I. 210
Arménienne (Pierre). I. 53
Armoise. 5
Arnica. 69
Arrête-bœuf. I. 212
Arrow-root. 177
Arseniate de chaux. I. 88
Arsenic. I. 87
— blanc. I. *id.*
— rouge. I. 104
Artemisia Abrotanum. 6
— *Absinthium.* *id.*
— *campestris.* 83
— *chinensis.* 7
— *contra.* 7, 82
— *Dracunculus.* 5
— *judaica.* 7, 82
— *maritima.* 5

	Pages.		Pages.
— *pontica.*	6	*Asplenium Ceterach.*	14
— *procera.*	*id.*	— *Ruta-muraria.*	15
— *rupestris.*	*id.*	— *Scolopendrium.*	*id.*
— *vulgaris.*	5	— *Trichomanes.*	14
Arthanita.	I. 235	*Assa-fœtida.*	227
Arum.	I. 213	*Astacus fluviatilis.*	380
— Serpentaire.	I. 214	*Astragalus creticus*	217
Arundo Donax.	I. 225	*Athamanta cretensis.*	114
Asarine.	I. 216	*Atropa Belladona.*	8
Asarum.	I. 215	Aubier.	I. 184
Asbeste.	I. 6	Aunée.	I. 219
Asclépiade.	I. 217	*Aurantium* (*Citrus*).	45
Asclepias asthmatica.	I. 260	Aurone des champs.	83
Asphalte.	I. 31	— mâle.	6
Aspic de Cléopâtre.	369	Aveline.	135
— (Huile d').	37	Azur de cuivre.	I. 52
Asplenium Adiantum nigrum.	14		

B.

Badiane.	95	Béconquille.	I. 250
Baie.	I. 190	Behen.	I. 221
Balance hydrostatique.	I. 17	Bélier.	379
Balanites ægyptiaca.	133	Belladone.	8
Balauste.	75	*Bellis perennis.*	I. 232
Ballote.	38	Ben (Semences de).	96
Barbeau.	10	— (Huile de).	289
Barbotine.	82	Benjoin.	276
Bardane.	I. 220	Benoite.	I. 221
Basilic.	7	Berberis.	97
Baumes.	276	Bergamotte (Huile de).	297
Baume de Canada.	270	Béril.	I. 5
— de Copahu.	269	*Beta vulgaris.*	I. 222
— de Giléad.	268	Bétoine.	8
— des jardins.	42	Betterave.	I. 222
— de Judée.	268	Beurre.	404
— de la Mecque.	*id.*	— de Galaham.	292
— du Pérou.	279	— de Galé.	146
— de Tolu.	285	Bézoards.	389
Bdellium.	229	Bière.	302
Beccabunga.	68	Bile de bœuf.	399

	Pages.
Bimanes.	331
Biscuit de mer.	380
Bismuth.	I. 49
Bistorte.	I. 223
Bitume.	I. 30
Bixa Orellana.	186
Blanc de baleine.	414
— d'œuf.	383
— de fard	I. 50
— de Meudon.	I. 137
— de plomb.	I. 140
Blanquette (Soude).	323
Blé.	117
— de Turquie.	126
Blende.	I. 84
Bleu de montagne.	I. 53
— d'outremer.	I. 6
— de Prusse.	I. 117
Bluet.	10
Boa constrictor.	369
Bœuf.	378
Bois.	I. 184
— de Brésil.	I. 319
— de Chypre.	I. 325
— de couleuvre.	I. 233
— de Fernambouc.	I. 319
— d'Inde.	I. *id.*
— jaune.	I. 323
— de Sainte-Lucie.	I. *id.*
— de Surinam.	I. 283
Bol d'arménie.	I. 166
Boletus laricis.	164
— *pseudo-igniarius.*	165
— *ungulatus.*	*id.*
Bombix mori.	413
Bon-Henry.	4
Boracite.	I. 3
Borago officinalis.	9
Borate de soude (Sous-).	I. 134
Borax.	*id.*
Botrys.	4
Bouillon blanc.	44
Bourgeons.	I. 185
Bouton d'or.	51
Bouquetin.	412
Brachiopodes (Mollusques).	343
Brai gras.	275
— sec.	274
Brassica arvensis.	20
— *Eruca.*	21
— *Napus.*	20
— *oleracea.*	*id.*
— *Rapa.*	21
Brebis.	379
Bryone.	I. 223
Bugle.	10
Buglosse.	*id.*
Bugrane.	I. 212
Bunias Erucago.	21
Bursera gummifera.	250
Busserole.	10
Butua.	I. 274

C.

Cabaret.	I. 215
Cacao.	98
Cachalot.	386
Cachibou.	250
Cachou.	194
Cæsalpinia.	I. 319
Café.	99
Cahucu.	285
Cajeput (Huile de).	298
Calaguala.	I. 224
Calambac.	I. 315
Calament.	41
Calamine.	I. 185
Calamus aromaticus.	I. 206
— *Rotang.*	266
Calcitrapa stellata.	17
Calisaya.	357. 370
— de Santa-Fé.	375

	Pages.
Callebasse.	111
Callicocca Ipecacuanha.	I. 253
Calomélas.	I. 110
Calx.	I. 88
Calyce.	I. 187
Cambogia Gutta.	232
Camomille ordinaire.	39
— romaine.	71
Campèche (Bois de)	I. 319
Camphorosma.	12
Camphre.	300
Camphrée de Montpellier.	12
Canal médullaire.	I. 185
Cancer Astacus.	380
Caneficier.	102
Canella alba.	I. 342
Canis domesticus	382
Cannabis sativa.	105
Canne (Racine de).	I. 225
Cannelle blanche.	I. 342
— de Cayenne.	I. 339
— de Ceylan.	I. 338
— de Chine.	I. *id.*
— giroflée.	I. 341
— matte.	I. 338
— de Malabar.	I. 340
Cannelier (Fruit du).	100
Cantharide.	353
Caoutchouc.	285
Capillaire du Canada.	13
— commun.	14
— de Montpellier.	13
Capra Ægagrus.	391
— *Ibex.*	402
Capsule.	I. 189
Caractères des minéraux.	I. 11
— chimiques.	I. 24
— géométriques.	I. 22
— physiques.	I. 11
Caragne (Résine).	250
Carbo.	314
Carbonate de chaux (Sous-).	I. 88, 136
Carbonate de magnésie (Sous-).	I. 139
— de plomb (Sous-).	I. 140
— de soude (Sous-).	I. 142
Carcapuli.	232
Cardamomes.	101
Carduus marianus.	18
Carica.	116
Carnassiers.	333
Carpobalsamum.	96
Carthame.	72
Carum Carvi.	102
Caryophyllus aromaticus.	73
— (*Dianthus*).	76
Cascarille.	I. 343
Caséum.	402
Cassans (Corps).	I. 13
Cassave.	179
Casse.	102
Cassia caryophyllata.	I. 341
— *fistula.*	102
— *lignea.*	I. 340
— *Senna.*	57
Cassis.	120
Cassonade.	209
Cassumniar.	I. 314
Cassuvium occidentale.	88
Castor.	391
Castoréum.	*id.*
Cataire.	17
Cathecu.	194
Cédrat (Huile de).	297
Cèdre (Bois de).	I. 325
Céleri.	I. 205
Cellules.	I. 179
Cendres bleues.	I. 156
— gravelées.	I. 320
Centaurea Behen.	I. 221
— *benedicta.*	16
— *Calcitrapa.*	*id.*
— *Centaurium.*	*id.*
— *Jacea.*	*id.*
Centaurée grande.	*id.*
— petite.	17

Pages.

Cephælis Ipecacuanha. I. 253
Céphalopodes (mollusques). 340
Cera. 416
Cerasus avium. 126
— *vulgaris.* 103
Cerevisia. 302
Cerfeuil. 17
Cerise. 103
Cérium. I. 37
Cerneau. 136
Céruse. 141
Cervus Alces. 377
— *Elaphus.* 373
Cétacés. 334
Cétérach. 14
Cétine. 414
Cévadille. 104
Chacrille. I. 343
Chærophyllum sativum. 17
Chamædris. 29
Chamæmelum. 39
Chamæpitys. 28
Chamarras. 29
Chamomilla 39
Champignon comestible. 166
Charbon animal. 316
— de terre. I. 32
— végétal. 314
Chardon à cent têtes. I. 226
— bénit. 16
— étoilé. *id.*
— marie. 18
— roland ou roulant. I. 226
Chaume. I. 183
Chausse-trape. 16
Chaux. I. 88
— arseniatée. I. *id.*
— carbonatée. I. *id.*
— — compacte. I. 90
— dissoute. I. 92
— fluatée. I. 88
— nitratée. I. 89

Pages.

Chaux phosphatée. I. 89
— sulfatée anhydre. I. 155
Chélidoine grande. 18
— petite. 27
Chêne jaune. I. 344
— liège. I. *id.*
— rouvre. I. 343
Chénevis. 105
— (Huile de). 289
Chenopodium ambrosioides. 4
— *anthelminticum.* *id.*
— *Bonus Henricus.* *id.*
— *Botrys.* *id.*
— *Vulvaria.* *id.*
Chèvre. 390
Chibou (Résine). 250
Chicorée sauvage. 19
Chiendent. I. 227
Chinæ radix. I. 305
Chironia Centaurium. 17
Chlorure d'argent. 43
— de mercure (Deuto-). I. 109
— — (Proto-). I. 110
— de sodium. I. 111
Chloruretum hydrargyri (deuto-). I. 109
Choc du briquet. I. 12
Chou. 20
— rave. 21
Chrôme. I. 37
Chrysocolle. I. 134
Chrysolithe. I. 90
Cichorium Intibus. 19
Cicuta major. 21
— *virosa.* *id.*
Cicutaria aquatica. *id.*
Cidre. 304
Ciguë aquatique. 21
— (grande). *id.*
— (petite). *id.*
Cinchona acuminata. I. 360
— *acutifolia.* I. *id.*

Pages.

Cinchona angustifolia. I. 356, 361
— *brachycarpa.* I. *id.*
— *brasiliensis.* I. 360
— *caribœa.* I. *id.*
— *condaminea.* I. 355, 363
— *cordifolia.* I. 359, 377
— *coriacea.* I. 361
— *corymbifera.* I. *id.*
— *dissimiliflora.* I. 360
— *excelsa.* I. *id.*
— *floribunda.* I. 361
— *glandulifera.* I. 360
— *grandiflora.* I. 360
— *hirsuta.* I. 359
— *lanceolata.* I. 358
— *lancifolia.* I. 356, 377
— *lineata.* I. 361
— *longiflora.* 360
— *macrocarpa.* 359
— *magnifolia.* I. 359
— *micrantha.* I. 360
— *nitida.* I. 358
— *oblongifolia.* I. 359
— *ovalifolia* M. I. 359
— — H. B. I. 360
— *parviflora.* I. *id.*
— *philippica.* I. 361
— *purpurea.* I. 359
— *scrobiculata.* I. 356, 364
Cinnabre. I. 105
Cinnamomum. I. 337
Cire d'abeilles. 416
Cirrhopodes (mollusques). 343
Cistus creticus. 256
Citron. 105
— (Huile de) 297
Citronelle. 6
Citrouille. 111
Citrus medica. 105
Civette (ail). I. 396
— (parfum). 395
Clou de girofle. 73

Pages.

Cloporte. 355
Cnicus benedictus. 17
Cobalt. I. 37
Coccinella 7-punctata. 355
Coccinilla. 356
Coccus cacti. *id.*
— *ilicis.* 364
— *Lacca.* 258
Cocos butyracea, etc. 293
Cochenille. 356
Cochlearia officinalis. 22
— *Armoracia.* I. 284
Coing. 106
Colchique. I. 228
Colcothar. I. 93
Coffea arabica. 99
Coléoptères. 347
Colle de Flandre. 395
— forte. *id.*
— de peau d'âne. 396
— de poisson. 397
Collet des plantes. I. 183
Colocynthis. 106
Colophone. 273
Coloquinte. 106
Colsa. 20
— (Huile de). 289
Coluber Æsculapii, etc. 369
— *Berus.* 368
Colubrina radix. I. 233
Columbium. I. 37
Columbo. I. 230
Combustion. I. 26
Concombre. 107
— sauvage. 108
Cône. I. 189
Conium maculatum. 21
Consolida. I. 232
Consoude (grande). I. 231
Contrayerva. I. 232
Convolvulus Jalapa. I. 263
— *Scammonia.* 237
— *scoparius.* I. 325
Copahu. 269

Pages.
Copaifera officinalis. 269
Copal. 251
Coque du Levant. 108
Coquelicot. 72
Coquille d'œuf. 383
Corail blanc. 371
— des jardins. 151
— noir. 371
— rouge. 370
Coralline blanche. 372
— de Corse ou mousse de Corse. 171
Cordia Sebestena. 157
Coriandre. 109
Coriaria myrtifolia. 61
Corindon. I. 5
Cornaline. I. *id.*
Corne de cerf. 373
Cornichon. 108
Corolle. I. 188
Cortex caryophyllata. 341
— *caryophylloïdes.* 340
Corylus Avellana. 135
Cosmibuena obtusifolia. I. 360
Costus âcre. I. 395
— amer. 346
— arabique. I. 232
— *corticosus.* 342
— doux. *id.*
Cotonnier. 110
Cotylédons. I. 191
Coudrier. 135
Couleuvre. 369
— (Bois de). I. 233
Coumarouna odorata. 160
Coupellation. I. 43
Couperose d'Allemagne. I. 159
— de Beauvais. I. 158
— bleue. I. 155
— verte. I. 157
Courge. 111
Craie. I. 88, 136
— de Briançon. I. 7

Pages.
Crapaud. 363
Crayon rouge. I. 63. 165
Crème. 402
— de tartre. 313
Cresson de fontaine. 23
Cristal de roche. I. 4
— minéral. I. 149
Cristaux de Vénus. I. 132
Crocus metallorum. I. 107
— *sativus.* 80
Croton Cascarilla. I. 343
— *lacciferum.* 258
— *tinctorium.* 187
Crustacés. 344
Cryptogamie. 196
Cubèbe. 149
Cucumis Colocynthis. 106
— *Melo.* 108
— *Sativus.* 107
Cucurbita lagenaria. 111
— *Melopepo.* *id.*
— *Pepo.* *id.*
Cuivre. I. 50
— carbonaté. I. 52
— dissous. I. 56
— de rosette. I. 55
— gris. I. 43, 52
— jaune. I. 57
— muriaté. I. 52
— natif. I. 50
— oxidé. I. *id.*
— pyriteux. I. 51
— sulfaté. I. 53
— sulfuré. I. 51
Culilawan. I. 340
Cumin. 111
Cuprum. I. 50
Curcuma. I. 234
Cyanoferrate de fer. 117
Cyanus sejetum. 17
Cyclamen europeum. I. 235
Cydonium malum. 106
Cynanchum monspeliacum. 238

Pages.

Cynanchum Ipecacuanha. I. 260
Cynodon Dactylon. I. 227
Cynoglosse. I. 236
yperus longus. I. 304
— *rotundus.* I. *id.*

D.

Dactylus. 112
Daphne Gnidium. I. 348
— *Laureola.* I. *id*
— *Mezereum.* I. *id.*
Datte. 112
Datura Stramonium. 59
Daucus de Crête. 114
Daurade. *id.*
Décagynie. I. 196
Décandrie. I. 194
Delphinium staphisagria. 158
— *Consolida.* I. 232
Densité. I. 15
Départ. I. 76
Diadelphie. I. 195
Diamant. I. 7
Dianthus Caryophyllus. 76
Diclines. I. 195
Dicotylédones. I. 198
— apétales. I. 200
— monopétales. I. *id.*
— polypétales. I. 202
Dictame blanc. I. 237
— de Crête. 23
Didynamie. I. 194
Digynie. I. 196
Digitale. 24
Diœcie. I. 196
Diospyros Ebenum. I. 321
Diplolepis gallæ tinctoriæ. 174
Diptères. 348
Dodécagynie. I. 196
Dodécandrie. I. 194
Dompte-venin. I. 217
Donax (Arundo). I. 225
Doradille. 14
Dorstenia Contrayerva. I. 232
Douce-amère. 320
Douve. 50
Dracœna Draco. 266
Dracunculus (Arum). I. 214
— (*Artemisia*). 6
Drupe. I. 190
Drymis Winteri. I. 395
Dureté. I. 12
Ductilité. I. 14

E.

Eau. I. 168
— forte. I. 123
— de-vie. 310
Eaux acidules gazeuses. I. 171, 172
— d'Aix en Provence. I. 173
— d'Aix-la-Chapelle. I. 176
— d'Alfter. I. 172
Eaux d'Ax. I. 177
— de Bade. I. *id.*
— de Bagnères. I. 173
— de Bagnères de Luchon. I. 177
— de Bagnolles. I. *id.*
— de Bagnols. I. *id.*
— de Balaruc. I. 174

Pages.

Eaux de Barèges I. 177
— de Bonnes. I. *id.*
— de Bourbonne-les-Bains. I. 174
— de Bussang. I. *id.*
— de Cauterets. I. 177
— de Chateldon. I. 172
— de Contrexeville. I. 175
— de Dax. I. 172
— d'Enghien. I. 176
— d'Epsom. I. 173
— ferrugineuses. I. 171, 174
— de fontaine. I. 169
— de Forges. I. 175
— de la Motte. I 174
— de mer. I. 170
— minérales. I. *id.*
— de Mont-d'Or. I. 172
— de Néris. I. 173
— de Passy. I. 175
— de Plombières. I. 174
— de pluie. I. 169
— de Provins. I. 175
— de puits. I. 170
— de Pyrmont. I. 175
— de rivière. I. 170
— de Saint-Amand. I. 177
— de Saint-Sauveur. I. 178
— salines. I. 171, 173
— de Sedlitz. I. *id.*
— de Seidschutz. I. *id.*
— de Seltz. I. 172
— de source. I. 169
— de Spa. I. 175
— sulfureuses. I. 171, 176
— de Vals. I. 175
— de Vichy. I. 176
Ébène. I. 321
Écaille d'huître. 374
Écarlate. I. 160
Échalotte. I. 397
Échassiers (oiseaux). 336
Échinodermes (zoophytes). 350
Éclat des surfaces. I. 20

Pages.

Écorce. I. 184
— éleutérienne. I. 343
Écrevisse. 380
Édentés (mammifères). 332
Elæocarpus copallifera. 252
Élaïne. 288
Elais guineensis. 292
Élan (Ongle d'). 377
Élastiques (Corps). I. 13
Elaterium. 108
Électricité. I. 21
Élémi (Résine). 253
Éléphant. 376
Éllébore blanc. I. 238
— fétide. I. 240
— noir. I. 239
Emblica officinalis. 134
Embryon. I. 190
Émeraude. I. 5
Émeril. I. *id.*
Encens. 234
Ennéagynie. I. 196
Ennéandrie. 194
Epidendrum Vanilla. 161
Épiderme. I. 179, 184
Épigynie. I. 199
Épine-vinette. 97
Éponge. 375
Épurge 26
Ervum Lens. 125
Eryngium campestre. I. 226
Erysimum Alliaria. 25
— *officinale.* 24
Erythræa Centaurium. 17
Escargot. 360
Esprit de nitre. I. 123
— de sel. I. 122
— de soufre. I. 126
— de vin. 310
Estragon. 5
Ésule. 27
— ronde. 26
Étain. I. 57
— dissous. I. 60

Pages.
États d'agrégation. I. 11
Ethiops minéral. I. 106
— martial. I. 70
— *per se.* I. 73
Euphorbe (Gomme-résine). 229
— officinale. 25
— vireuse. 26
Euphorbia antiquorum. 25
— *Cyparissias.* 27
Euphorbia Esula. 27
— *helioscopia.* 26
— *heptagona.* *id.*
— *Ipecacuanha.* *id.*
— *Lathyris.* *id.*
— *officinarum.* 25
— *Peplis.* 26
— *Peplus.* *id.*
Excroissances. 178
Exostema floribunda. 361

F.

Faine (Huile de). 289
Farfara (Tussilago). 85
Fécule de pommes de terre. 178
Fel tauri. 398
Feld-spath. I. 6
Fenouil. 114
— tortu. 158
Fenugrec. 115
Fer. I. 61
— arsenié. I. 65
— carbonaté. I. 66
— carburé. I. 65
— dissous. I. 71
— hydraté. I. 63
— limoneux. I. *id.*
— natif. I. 61
— oligiste. I. 62
— — concrétionné. I. 92
— oxidé. I. 63
— oxidulé. I. 62
— phosphaté. I. 65
— spathique. I 66
— sulfaté. I. 65
— sulfuré. I. 63
Ferula Assa-fœtida. 227
Feuilles. I. 186
— composées. I. *id.*
— coloriées. I. *id.*
Feuilles panachées. I. 186
— pétiolées. I. *id.*
— sessiles. I. *id.*
— simples. I. *id.*
Fève de Saint-Ignace. 120
— Tonka. 160
Fibre végétale. I. 180
Ficaire. 27
Ficus Carica. 116
Fiel de bœuf. 398
Figue. 116
Filet d'étamine. I. 188
Filière. I. 14
Filipendule. I. 241
Filius ante patrem. 85
Filix mas (Aspidium). I. 241
Fleur. I. 187
— apétale. I. *id.*
— complète. I. *id.*
— incomplète. I. *id.*
Fleurs argentines d'antimoine. I. 39
— de soufre. I. 28
Fluate de chaux. I. 88
Foie d'antimoine. I. 107
Foliole. I. 186
Follicule. I. 189
Follicules de séné. 59

Pages.

Fœniculum (*Anethum*). 114
Fœnum græcum (*Trigonella*). 115
Fonte. I. 68
Formes des minéraux. I. 22
— des molécules intégrantes. I. 23
— primitives. I. *id.*
— secondaires. I. *id.*
Formica rufa. 361
Fougère mâle. I. 242
Fourmi. 361
Fragaria vesca. I. 243
Fragiles (Corps). I. 13
Fragon. I. 242
Fragmens précieux (les cinq). I. 5
Fraisier. I. 243
Framboise. 117
Fraxinelle. I. 237
Fraxinus Ornus. 213
Friables (Corps). I. 13
Fromage. 404
Froment. 117
Fruit. 188
Frumentum. 117
Fucus Helminthochorton. 171
Fumaria officinalis. 27
Fumeterre. *id.*
Fustet. I. 321

G.

Gagates. I. 34
Gaïac (Bois de). I. 322
— (Résine de). I. 254
Galla tinctoria. I. 173
Galle d'Alep. 174
— blanche. *id.*
— de chêne. 173
Galbanum. 231
Galanga. I. 243
Galipot. 272
Gallinacés. 336
Garance. I. 243
Garou. I. 348
Gastéropodes (mollusques). 341
Génépi blanc. I. 6
Genévrier (Bois de). I. 322
Genièvre. 118
— (Huile de). 299
Genista canariensis. I. 325
Gentiana Centaurium. 17
Gentiane. I. 246
Germandrée. 29
Germandrée d'eau. 29
Gérofle. 73
Geum urbanum. I. 221
Gingembre. I. 247
Ginseng. I. 270
Girofle. 73
— (Huile de). 298
Glaubérite. I. 162
Glecoma hederacea 38
Glycyrrhiza glabra. I. 287
Glouteron. I. 220
Glu. 287
Glucine. I. 36
Gnaphalium dioicum. 77
Gnidium (*Daphne*). I. 348
Gomme d'acajou. 217
— adraganthe. *id.*
— ammoniaque. 227
— arabique. 219
— de Bassora. 220
— de France. 221
— de Gambie. 197
— gedda. 219

Pages.

Gomme gutte. 232
— du Sénégal. 222
— séraphique. 237
— turique 219
Gossypium. 110
Goudron. 275
Gouet. I. 213
Gousse. I. 189
Graine. I. 190
— d'écarlate. 364
— des Moluques. 161
— de paradis. 102
Graisse de porc. 418
Gramen. I. 227
Granite. I. 9
Graphite. I. 7, 65

Pages.

Gratiole. 30
Grenat. I. 5
Grenouille. 362
Grès. I. 10
Grimpeurs (oiseaux). 336
Groseilles blan. et rouges. 119
— noires. 120
Grossularia. 119
Guajacum officinale. I. 322
Guède. 183
Guilandina Moringa. 96
Guttæfera vera. 233
Gui. 31
Gymnospermie. I. 197
Gynandrie. 195
Gypse. I. 154

H.

Hœmatoxylum campechianum. I. 319
Hampe. I. 183
Hedera Helix. 37
Helenium. I. 219
Helix pomantia. 360
Helleborus niger. I. 239
— *fœtidus.* I. 240
— *orientalis.* I. 240
— *viridis.* I. 239
Helminthochorton. 171
Hématine. I. 320
Hématite brune. I. 63
— (Pierre). I. 60, 92
Hémiptères. 347
Heptagynie. I. 196
Heptandrie. I. 194
Herbe aux chantres. 24
— aux chats. 28
— à pauvre homme. 30
— à la reine. 60
— aux teigneux. I. 220
Hermodacte. I. 248
Hevea guianensis. 285
Hexagynie. I. 196
Hexandrie. I. 194
Hibiscus Abelmoscus. 87
Hispidula. 78
Hippocolla. 396
Hirudo officinalis. 365
Homard. 382
Hordeum vulgare. 138
Houille. I. 32
Huile de vitriol. I. 126
Huître. 374
Hyacinthe de Compostelle. I. 4
— vraie. I. 5
Hydrochlorate d'ammoniaque. I. 144
Hymenæa Courbaril. 240
Hymenoptères. 347
Hyosciamus niger. 32
— *albus.* 33
Hypociste. 196
Hypericum perforatum. 43
Hysope. 32

I.

	Pages.
Ichthyocolla	397
Icosandrie.	I. 194
Ièble.	I. 393
Ignatia amara.	120
Iguane.	366
Illicium anisatum.	95
Immortelle.	78
Impératoire.	I. 249
Indicum.	181
Indigo.	*id.*
Indigofera argentea, etc.	*id.*
Infusoires (Zoophytes).	351
Inquartation.	I. 77
Insectes.	345
Insertion immédiate nécessaire.	I. 199
— — simple.	I. *id.*
— médiate.	I. *id.*
Intestinaux (Zoophytes).	350
Inula Helenium.	I. 219
Inuline.	I. 220
Ipécacuanha amylacé.	I. 258
— annelé.	I. 252
— blanc de Lemery.	I. 260
— gris.	I. 253
— gris-rouge.	I. 254
— noir.	I. 256
— officinal.	I. 252
— ondulé.	I. 257
— strié.	I. 256
Iridium.	I. 79
Iris commune.	I. 261
— faux acore.	I. 262
— de Florence.	I. 261
— des marais.	I. 262
Isatis tinctoria.	183
Isis nobilis.	370
Ivette.	28
— musquée.	*id.*
Ivoire.	376

J.

Jacée des prés.	16
Jalap.	I. 263
Jargon.	I. 5
Jatropha Curcas.	144
— *elastica.*	285
— *Manihot.*	179
Jaune d'œuf.	384
Jayet.	I. 34
Jean Lopez (Racine de).	I. 264
Joubarbe.	53
— (Petite).	67
Juniperus communis.	I. 322; II. 118
— *Oxicedrus.*	324
Jusquiame.	32

K.

Kaolin.	I. 6
Karabé.	I. 36
— (Faux).	251
Kermès animal.	360
Kino.	197
Kirschen-wasser.	104
Krameria triandra.	I. 286
— *Ixina.*	I. *id.*

L.

	Pages.
Labdanum.	255
Lac, ctis.	401
Lacerta agilis.	366
— *Scincus.*	*id.*
Lacmus.	188
Lactuca sativa.	34
— *scariola.*	*id.*
— *virosa.*	*id.*
Lacunes.	I. 180
Lait.	401
Laitier.	I. 67
Laine philosophique.	I. 85
Laiton.	I. 57
Laitue cultivée.	33
— pommée.	34
— romaine.	*id.*
— vireuse.	*id.*
Lama.	390
Laminoir.	I. 14
Lamium album.	77
Langue de cerf.	15
— de chien.	236
Lappa major.	I. 220
Laque (Résine).	258
Laurier.	34, 123
— -cerise.	35
— -rose.	36
Laurus Camphora.	300
— *Cassia.*	I. 340; II. 35
— *Cinnamomum.*	I. 337
— *Culilaban.*	I. 341
— *nobilis.*	34, 123
Lavande.	37
— (Huile de).	299
Lavandula Stœchas.	84
Laves.	I. 10
Lawsonia inermis.	I. 273
Lazulite.	I. 6
Légume.	I. 189
Lentille.	125
Leontodon Taraxacum.	49
Lepidoptères.	347
Lézard.	366
Liber.	I. 184
Lichen cocciferus.	170
— d'Islande.	169
— pixidé.	170
— *pulmonarius.*	*id.*
— *Roccella.*	185
— *saxatilis.*	170
Lierre commun.	37
— (Résine de).	260
— terrestre.	38
Lignite-jayet.	I. 34
Lilium candidum.	I. 397
Limaçon.	360
Limbe.	I. 186
Limette (Huile de).	297
Limon.	105
Lin.	124
— (Huile de).	289
Liquidambar (Baume).	278
— *styraciflua.*	*id.*
Liquiritia seu glycyrrhiza.	I. 287
Lithantrax.	I. 32
Litharge.	I. 97
Lithospermum tinctorium.	I. 273
Litta vesicatoria.	353
Lobelie syphilitique.	I. 265
Lombric.	367
Lupin.	125
Lycium.	196
Lycoperdon Tuber.	167
Lycopode.	172
Lys.	397

M.

	Pages.
Macis.	128
Madrepora oculata.	371
Magnésie.	I. 139
— noire.	I. 94
Magnésium.	I. 37
Magnétisme.	I. 21
Mahagoni.	I. 315
Mahaleb.	I. 323
Maïs.	125
Majorana (*Origanum*).	46
Malabathrum.	35
Malachite.	I. 53
Malléables (Corps).	I. 13
Malthe.	I. 31
Malva.	I. 39
Mammifères.	330
Mandragore.	I. 266
Maniguette.	102
Manihot.	179
Manganèse.	I. 37
Manne.	212
— d'alhagi.	215
— de Briançon.	*id.*
— capacy.	214
— géracy.	*id.*
— grasse.	213
— en larmes.	*id.*
— en sorte.	*id.*
Marais salans.	I. 113
Maranta indica.	177
— *lutea.*	259
Marbre.	I. 88, 136
Marjolaine.	46
Marronier d'Inde.	I. 349
Marrube blanc.	38
— noir.	*id.*
Marsupiaux.	332
Marum.	28
Massicot.	I. 84
Mastic (Résine).	263
Matricaire.	39
Matte.	I. 54
Maurelle.	187
Mauve.	30
Méchoacan.	I. 266
Méconium.	199
Mel.	405
Mélasse.	209
Mélèze.	270
Mélilot.	40
Melissa Calamintha.	41
— *officinalis.*	40
Mélisse.	*id.*
Meloë vesicatorius.	353
— *maialis.*	355
— *proscarabœus.*	*id.*
Melon.	108
Ménianthe.	41
Menispermum Cocculus.	108
Menthastrum.	42
Menthe aquatique.	*id.*
— baume.	*id.*
— crépue.	*id.*
— poivrée.	*id.*
— pouliot.	*id.*
— sauvage.	*id.*
Mercure.	I. 71
— argental.	I. 42, 72
— chloruré.	I. *id.*
— dissous.	I. 74
— doux.	I. 110
— natif.	I. 71
— sulfuré.	I. 72
Mercuriale.	43
Merise.	126
Métal des canons.	I. 57
— des cloches.	I. *id.*
Méum.	I. 267
Mica.	I. 6

Pages.
Millepertuis. 43
Mimosa Cathecu. 194
— *nilotica.* 189, 219
— *Senegal.* 222
Mine de plomb. 65
— de fer limoneuse. 165
Minium. 84, 98
Mispickel. 65
Mite. 345
Moelle. I. 184
Molécule intégrante. I. 23
Molène. 44
Mollesse. 13
Mollusques. 328, 340
Momie. 32
Momordica Elaterium. 108
Monadelphie. 195
Monandrie. 194
Monocotylédones. 200
Monœcie. 195
Monogynie. 196
Morelle. 44
Moringa zeilanica. 96
Morphine. 203
Morus nigra. 128
Moschus. 408
Moscouade. 209
Mousse de Corse. 170
Moutarde. 127

Pages.
Mouton. 405
Mûre. 128
Muriate d'ammoniaque. 144
— de mercure très-oxidé. 109
— — corrosif. *id.*
— — doux. 110
— de soude. 111
Musc. 408
Muscade. 128
— (Huile de). 290
Mylabre de la chicorée. 355
Myriapodes. 346
Myrica Gale. 146
Myristica moschata. 128
— *tomentosa.* 129
Myrobalan belliric. 132
— chébule. 131
— citrin. *id.*
— emblic. 133
— indien. 132
Myrospermum peruanum. I. 352
Myroxylon peruiferum. 279
Myrrhe. 234
Myrtus caryophyllata. I. 341; II. 154
— *pimenta.* 145

N.

Nacre. 377
Naphte. I. 31
Narcisse des prés. 76
Narcissus Pseudo-Narcissus. *id.*
Nard celtique. I. 310
— de Crête ou de montagne. I. *id.*
— indien. I. 268
— sauvage. I. 215

Nasturtium aquaticum. 23
Natrum ou *nitrum.* I. 142
Navet et Navette. 20
Navette (Huile de). 289
Nénuphar. I. 269
Nepeta Cataria. I. 17
Néphrétique (Bois). I. 323
Nerium Oleander. 36
Nerprun. 134
Névroptères. 347

	Pages.
Nickel.	I. 37
Nicotiane.	61
Nihil album.	I. 85
Ninsin.	I. 270
Nitrate d'argent.	I. 48
— de bismuth.	I. 49
— de potasse.	I. 146
Nitre (sel de).	I. *id.*
Noir de fumée.	276
— d'ivoire.	317
— d'os.	*id.*
Noisette.	135
— (Huile de).	290
Noix (péricarpe).	I. 190
— (fruit).	136
— (Huile de).	190
— des Barbades.	144
— de galle.	173
— de girofle.	154
— igasur.	120
— vomique.	163
Nux caryophyllata.	154
— *juglandis.*	136
— *vomica.*	163
Nymphæa alba et lutea.	I. 269

O.

Ocre brune.	I. 63
— jaune.	I. 63, 165
Octandrie.	I. 194
Octogynie.	I. 196
Ocymum Basilicum.	7
Odorans (Corps).	I. 19
Œillet rouge.	76
Œuf de poule.	383
Ognon.	397
Oiseaux.	335
Olampi (Résine).	245
Olea europæa.	137
Oliban.	234
Olive.	137
— (Huile d').	290
Oniscus Asellus.	355
Ongle d'élan.	377
Ononis spinosa.	I. 212
Onosma echioides.	I. 273
Opale.	I. 5
Opaques (Corps).	I. 20
Opium.	141, 199
Opobalsamum.	268
Opopanax.	236
Or.	I. 75
— dissous.	I. 78
Orange (Huile d').	297
Oranger.	45
Orangettes.	46
— (Huile d').	297
Orcanette.	I. 272
Orchis mascula.	I. 299
Oreille d'homme.	I. 215
Organes végétaux.	I. 180
Orge.	138
Origan.	46
Origanum Dictamnus.	23
Orobe.	140
Oriza sativa.	156
Orpiment ou Orpin.	I. 103
Orpin ou Reprise.	67
Orseille.	185
Orthoptères.	347
Orvale.	55
Os de bœuf et de mouton.	378
— de sèche.	379
Oseille.	I. 274
Osmium.	I. 79
Ostrea edulis.	374
Oursins (Zoophytes).	350
Ovaire.	I. 188
Oxide d'antimoine sulfuré demi-vitreux.	I. 107
— — — vitreux.	I. 108

Pages.
Oxide d'arsenic. I. 86
— de calcium. I. 88
— de fer hématite. I. 92
— — rouge artificiel. I. 93
— de manganèse. I. 94
— de mercure rouge. I. 95
— de plomb fondu. I. 97
— de plomb rouge. I. 98
— de zinc naturel. I. 100
Oxides d'antimoine. 39
— d'étain. 59
Oxides de mercure. 73
— de plomb. 83
Oxalate de potasse (Sur-). 312
Oxalis Acetosella. 3
— *corniculata.* *id.*
Oxicèdre. I. 324
Oxicyanure de fer hydraté. I. 117
Oxisulfure d'antimoine opaque. I. 107
— — vitreux. I. 108
Oxytriphyllum. 3

P.

Pachydermes. 335
Pæonia officinalis. I. 276
Pain de coucou. 3
— de pourceau. I. 235
Palladium. I. 79
Palme (Huile de). 292
Palmier-Dattier. 112
Palmipèdes. 337
Panax quinquefolium. I. 270
Panicum Dactylon. I. 227
Papaver Rhœas. 72
— *somniferum.* 140
Parasite (Plante). I. 181
Parasites (Insectes). 346
Pareira brava. I. 274
Parelle (Lichen). 186
— (Patience). I. 275
Parenchyme. I. 179
Pariétaire. 47
Parthenium (*Matricaria*). 39
Pas d'âne. 85
Passereaux. 335
Pastel. 183
Pastinaca Opopanax. 236
Patience. I. 275
Pavot. 140
— (Huile de). 290
Pêcher. 47
Péchurim (Semence). 142
Penæa Sarcocolla. 215
Pensée. 48
Pentagynie. I. 196
Pentandrie. I. 194
Péricarpes mous. I. 189
— secs. I. *id.*
Péridot. I. 4
Periploca Secamone. 238
Périsperme. I. 191
Perles. 377
Persica (*Amygdalus*). 47
Persil. I. 276
Pesanteur spécifique. I. 15
Pétale. I. 188
Petit grain (Huile de). 298
Petit houx. I. 242
Pétrole. I. 31
Petroselinum (*Apium*). I. 276
Pétunzé. I. 6
Peuplier. I. 399
Pied de chat. 77
— de griffon. I. 240

Pages.

Pied de veau. I. 213
Pierre à bâtir. I. 88, 136
— à chaux. I. 90, 136
— alumineuse de la Tolfa. I. 10
— à plâtre. I. 154
— d'aigle. I. 65
— d'Arménie. I. 53
— de Bologne. I. 153
— calaminaire. I. 85
— hématite. I. 92
— infernale. I. 48
— ponce. I. 167
Pierres d'écrevisse. 380
Pignon d'Inde. 144
— doux. *id.*
Pilosella. 78
Piment des Anglais. 145
— des jardins. 151
— Jamaïque. 145
— royal. 146
— Tabago. 145
Pimpinella Anisum. 95
Pinus Balsamea. 270
— *Larix.* *id.*
— *maritima.* 271
— *Picea.* I. 400; II. 271
— *Pinea.* 144
— *silvestris.* I. 400
Piper album. 148
— *Cubeba.* 149
— *longum.* 150
— *nigrum.* 147
Pissa. 275
Pissasphaltus. I. 31
Pisselæon. 275
Pissenlit. 49
Pistache. 146
— de terre. 147
Pistacia Lentiscus. 263
— *Terebinthus.* 270
— *vera.* 146
Pistil. I. 188

Pages.

Pistolochia (*Aristolochia*). I. 211
Pivoine. I. 276
Pix burgundica. 273
— *nigra.* 274
Pharmacolithe. I. 88
Phasianus Gallus. 383
Phellandrie aquatique. 143
Phœnix dactylifera. 112
Phosphate de chaux. I. 89
Phosphore de Bologne. I. 153
Phu. I. 310
Phyllantus Emblica. 134
Physalis Alkekengi. 89
Physeter macrocephalus. 386
Plantain. 48
Platine. I. 79
Plomb. I. 81
— arseniaté. I. 82
— carbonaté. I. 81
— chromaté. I. 82
— dissous. I. 84
— jaune de Carinthie. I. 82
— molybdaté. I. *id.*
— muriaté. I. 81
— natif. I. *id.*
— oxidé. I. *id.*
— phosphaté. I. 82
— rouge de Sibérie. I. *id.*
— sulfaté. I. *id.*
— sulfuré. I. 81
Plombagine. I. 65
Poissons. 339
Poivre à queue. 149
— blanc. 148
— de Guinée. 151
— d'Inde. *id.*
— de la Jamaïque. 145
— long. 150
— noir. 147
Poix batarde. 274
— blanche. 273

Pages.

Poix de Bourgogne. 273
— jaune. *id.*
— noire. 274
— résine. *id.*
Pollen. 188
Polyadelphie. 195
Polyandrie. 194
Polygala amer. 279
— de Virginie. 277
— vulgaire. 278
Polygamie. 196
Polygonatum. 303
Polygonum Bistorta. 223
Polygynie. 196
Polypes. 350
Polypode commun. 279
— de chêne. *id.*
Polyrrhizos. 211
Polytric. 14
Pomaceum. 304
Pomme (péricarpe). 190
— de terre. 280
— épineuse. 59
Pompholix. 85
Populus alba. 399
— *fastigiata.* 400
— *nigra.* 399
— *Tremula.* *id.*
Porphyre. 9
Porreau. 397
Portulaca oleracea. 49
Potasse du commerce. 317
Potasse d'Amérique. 319
— de Dantzick. 320
— factice. *id.*
— perlasse. *id.*
— de Toscane. *id.*
— de Trèves ou du Rhin. *id.*
Potassium. I. 37

Pages.

Potée d'étain. I. 59
Potentilla reptans. I. 283
Potiron. 111
Pouddings. I. 10
Poudre à canon. I. 150
Poule. 383
Pouliot des montagnes. 30
— (Menthe). 42
Poulpes. 340
Pouzzolanes. I. 10
Précipité blanc. I. 110
-- *per se.* I. 73
-- rouge. I. 73, 95
Présure. 404
Prime d'améthiste. I. 89
-- d'émeraude. I. *id.*
Propolis. 407
Proscarabée. 355
Prunus avium. 126
-- *Cerasus.* 105
-- *domestica.* 151
-- *Lauro-Cerasus.* 35
-- *Mahaleb.* I. 323
-- *spinosa.* 190
Psychotria emetica. I. 256
Psyllium (Plantago). 152
Pterocarpus Draco. 266
— *santalinus.* I. 328; II. 266
Ptéropodes (Mollusques). 341
Pulmonaire. 50
— de chêne. 170
Pumex. I. 167
Putamen ovi. 383
Pycrotoxine. 109
Pyrèthre. I. 281
Pyrite magnétique. I. 64
— martiale. I. 63
Pyrus Cydonia. 106

Q.

	Pages.
Quadrumanes.	331
Quartz ou quarz.	I. 4
Quassie amer.	I. 283
Quercus infectoria.	174
— *robur.*	I. 343
— *suber.*	I. 344
— *tinctoria.*	I. *id.*
Quinquefolium.	I. 283
Quinquina *amarilla.*	I. 353
— aromatique.	I. 343
— calisaya.	I. 370
— caraïbe.	I. 360
— *colorada.*	I. 353
— *delgada.*	I. *id.*
— gris en grosses écorces.	I. 365
— — fin de Lima.	I. 364
— — fin de Loxa.	I. 362
— gros lima.	I. 365
— huanuco.	I. 367
— jaune.	I. 373
— jaune royal.	I. 370
— *lagartijada.*	I. 353
Quinquina *tampigna.*	I. 353
— de la nouvelle Carthagène.	I. 375
— *nova.*	I. 384
— *peruviana.*	I. 353
— piton.	I. 386
— rouge orangé fin.	I. 378
— — — verruqueux.	I. 381
— — pâle.	I. 382
— — roulé fin.	I. 379
— — de Santa-Fé.	I. *id.*
— — verruqueux.	I. 380
— de Saint-Domingue.	I. 386
— de Sainte-Lucie.	I. *id.*
— d'Uritusinga.	I. 356
Quinquinas.	I. 350
— gris.	I. 362
— faux.	I. 383
— jaunes.	I. 370
— rouges.	I. 378
Quinte-feuille.	I. 283

R.

Racine.	I. 181
— giroflée.	I. 221
Racines annuelles.	I. 181
— articulées.	I. 182
— bisannuelles.	I. 181
— bistortes.	I. 182
— chevelues.	I. *id.*
— contournées.	I. *id.*
— fasciculées.	I. *id.*
— fusiformes.	I. *id.*
— grenues.	I. *id.*
— palmées.	I. *id.*
Racines rameuses.	I. 182
— simples.	I. *id.*
— tortueuses.	I. *id.*
— tuberculeuses.	I. *id.*
— tubéreuses.	I. *id.*
— vivaces.	I. 181
Rack.	310
Radicules.	I. 181
Radis.	I. 285
Raifort cultivé.	I. *id.*
— sauvage.	I. 284
Raisin.	152

Pages.
Raisin de caisse. 153
— de Corinthe. 154
— de Damas. *id.*
Rana Bufo. 363
— *esculenta.* 362
Ranunculus acris. 51
— *asiaticus.* *id.*
— *bulbosus.* *id.*
— *flammula.* 50
— *lingua.* *id.*
— *sceleratus.* *id.*
Rapaces. 335
Raphanus sativus. I. 285
— *silvestris.* I. 284
Rapontic. I. 289
Ratanhia. I. 286
Rave. I. 285
Ravensara. 154
Raze (Huile de). 274
Réalgal ou Réalgar. I. 104
Redoul. 61
Refringente (force). I. 20
Réglisse (Racine de). I. 287
— (Suc de). 204
Renoncule âcre. 51
— bulbeuse. *id.*
— flamme. 50
— des jardins. 51
— scélérate. 50
Reprise. 67
Reptiles. 337
Réservoirs de sucs propres. I. 180
Résine de M. Chaussier. 247
— jaune. 274
Réveille-matin. 26
Rhamnus catharticus. 134
— *Ziziphus.* 122
Rhapontic. I. 289
Rhaponticum Behen. I. 221
Rheum compactum. I. 292
— *palmatum.* I. *id.*
— *Rhabarbarum.* I. 291
— *Rhaponticum.* I. 289

Pages.
Rheum undulatum. I. 291
Rhipiptères (insectes). 348
Rhodes (Bois de). I. 325
— (Huile de bois de). 298
Rhubarbe. I. 291
— de Chine. I. 295
— des Indes. I. *id.*
— de Moscovie. I. 296
— de Turquie. I. 295
Rhus copallinum. 252
— *Coriaria.* 60
— *Cotinus.* I. 321
— *radicans.* 60
— *Toxicodendron.* *id.*
Ribes Grossularia. 120
— *nigrum.* *id.*
— *rubrum.* 119
— *Uva crispa.* 120
Richardia brasiliensis. I. 258
Ricin. 155
— (Huile de). 293
Riz. 156
Robe ou Arille. I. 190
Robur (*Quercus*). I. 343
Rocambolle. I. 397
Rocou. 186
Romarin. 51
— (Huile de). 299
Ronce. 51
Rongeurs. 332
Roquette cultivée. 21
— sauvage. *id.*
Rosa centifolia. 78
— *gallica.* 80
Rose (Bois de). I. 325
— (Huile de). 299
— pâle. 78
— rouge. 80
Roseau (Racine de). I. 225
Rosmarinus officinalis. 51
Rouge d'Andrinople. I. 60
— de Prusse. 93
Rubia tinctorium. I. 245

	Pages.		Pages.
Rubis balai.	I. 5	*Rumex Acetosa.*	I. 274
— oriental.	I. *id.*	— *Acetosella.*	I. *id.*
— spinelle.	I. *id.*	— *acutus.*	I. 275
Rubus fruticosus.	51	— *Patientia, etc.*	I. *id.*
— *idæus.*	117	Ruminans.	333
Rue.	52	*Ruscus aculeatus.*	I. 242
— des murailles.	15	*Ruta graveolens.*	52
Rum.	310		

S.

Sabadilla.	104	Saphir d'eau.	I. 4
Sabine.	52	— oriental.	I. 5
Sable vert du Pérou.	*id.*	Sapin.	I. 400
Saccharum officinarum.	20	Saponaire.	53
Safran.	80	Sappan (Bois de).	I. 319
— bâtard.	72	Sarcocolle.	215
— des Indes.	I. 234	*Sarsaparilla* (*Smilax*).	I. 300
— des métaux.	I. 107		
Safranum.	72	Sassafras (Écorce de).	I. 302
Sagapenum.	237	— (Huile de).	I. 301
Sagou.	178	— (Racine de).	298
Sagus farinaria.	*id.*	Sauge officinale.	54
Sain-bois.	I. 348	— des bois.	29
Salep.	I. 299	— Sclarée.	55
Salicor.	323	Sauve-vie.	15
Salicornia annua.	*id.*	Saveur des corps.	I. 18
Salpêtre.	I. 146	Savon des verriers.	I. 95
Salsepareille.	I. 300	Scabieuse.	55
Salsola Kali, etc.	323	Scammonée.	237
Salvia officinalis.	54	— d'Alep.	238
— *Sclarea.*	55	— de Montpellier.	*id.*
Sambucus Ebulus.	393	— de Smyrne.	*id.*
— *nigra.*	*id.*	*Scandix Cerefolium.*	17
Sandaraque.	264	Scarole, Scariole.	34
Sang-dragon.	265	Sceau de Notre-Dame.	I. 302
Sangsues.	365	— de Salomon.	I. 303
Sanicle.	53	Schéelin ou Tungstène.	I. 9, 37
Santal blanc.	I. 326	Schelot.	I. 114
— citrin.	I. *id.*	Schænanthe.	56
— rouge.	I. 328	Schistes.	I. 10

Pages.

Scille. I. 398
Scincque. 366
Scolopendre. 15
Scordium. 29
Scorodone. *id.*
Scorpion. 345
Sebeste. 157
Sebum ovilli. 420
Sèche. 379
Sedum acre. 67
— *album.* *id.*
— *Telephium.* 68
Sel admirable de Glauber. I. 162
— ammoniac. I. 144
— cathartique amer I. 160
— commun. I. 112
— d'Epsom. I. 160
— d'Epsom de Lorraine. I. 163
— gemme. I. 112
— marin. I. *id.*
— de nitre. I. 146
— d'oseille. 312
— de saturne. I. 132
— sédatif. I. 121
— de Sedlitz. I. 160
— de Seidschutz. I. *id.*
— de soude. I. 162
Sélénite. I. 154
Semecarpus Anacardium. 93
Semen contra. 82
Semences froides. 108
Semencine. 82
Sempervivum tectorum. 33
Séné. 57
— d'Italie. 58
— (Follicules de). 59
— moka. *id.*
— palte. 58
— tripoli. *id.*
Sénevé. 127
Sepia officinalis. 379

Pages.

Sericum. 413
Serpent d'Esculape. 369
— à sonnettes. *id.*
Serpentaire commune. 214
— de Virginie. 211
Serpolet. 67
Sérum. 402
Séséli de Marseille. 158
— *tortuosum.* *id.*
— *Turbith.* 308
Silice. I. 36
Silicule. I. 189
Silique. I. *id.*
Silybum marianum. 17
Simarouba. I. 303
Similor. I. 57
Sinapis nigra. 127
Siphonia Cahucu. 285
Sison Ammi. 92
Sisymbrium Nasturtium. 23
Sium Ninzi. I. 272
Smilax China. I. 305
— *Sarsaparilla.* I. 300
Sodium. I. 37
Soda aloniensis, etc. 323
Soie. 413
Solanum Dulcamara. I. 320
— *nigrum.* 44
— *tuberosum.* I. 280
Sonores (Corps). I. 19
Souche. I. 183
Souchet des Indes. I. 234
— long. I. 304
— rond. I. *id.*
Soude d'Alicante. 323
— muriatée. I. 111
Soufre. I. 27
— en canons. I. 28
— sublimé. I. *id.*
Spath calcaire. I. 88
— fluor. I. *id.*
— d'Islande. I. 136
— pesant. I. 152

	Pages.
— rhomboïdal.	I. 136
Sperma ceti.	414
Spic ou Lavande.	37
Spicanard.	I. 268
Spinelle.	I. 5
Spongia.	375
Squine.	I. 305
Sthæcas.	84
Stalactites.	I. 136
Stannum.	I. 57
Staphisaire.	158
Statice Limonium.	I. 221
Stéarine.	288
Stigmate.	I. 188
Stipe.	I. 183
Storax.	280
Stramonium (Datura).	59
Strontium.	I. 37
Structure des minéraux.	I. 24
Strychnine.	234
Strychnos Colubrina.	I. 233
— *Nux vomica.*	163
Style.	I. 188
Styrax Benzoin.	277
— *officinale.*	288
— liquide.	282
— solide.	280
Sublimé corrosif.	I. 109
Suc de réglisse.	204
Succin.	I. 35
Suceurs (insectes.)	346
Sucre de betterave.	211
— d'érable.	211
— de lait.	404
— terré.	210
Suif de mouton.	420
Sulfate d'alumine et de potasse (Sur-).	I. 150
— de baryte.	I. 152
— de chaux.	I. 154
— de cuivre.	I. 155
— de fer.	I. 175
— de magnésie.	I. 180
— de strontiane.	I. 153
— de zinc.	I. 163
Sulfure d'antimoine.	I. 102
— d'arsenic jaune.	I. 104
— — rouge.	I. *id.*
— de mercure rouge.	I. 105
Sulphur.	I. 28
Sumach.	60
— vénéneux.	*id.*
Sureau.	I. 393
Sus Scrofa.	418
Symphytum Consolida.	I. 231
Syngénésie.	195
— polygamie égale.	197
— — frustranée.	198
— — nécessaire.	*id.*
— — séparée.	*id.*
— — superflue.	*id.*

T.

Tabac.	61
Tacamahaca.	266
Tacamaque.	*id.*
Taffia.	310
Talc.	I. 6
— de Venise.	I. 7
Tamarin.	159
Tamarisc.	I. 394
Tamarrhendi.	I. 275
Tamus ou *Tamnus.*	I. 302
Tanacetum vulgare.	62
Tanaisie.	*id.*
Tannée.	I. 140
Tantale.	I. 9, 37

Pages.
Tapioka. 179
Taraxacum Dens Leonis. 49
Tarentule. 345
Tartre. 313
— (Crème de). *id.*
— (Sel de). 320
Taurocolla. 395
Taurus (*Bos*). 378
Tellure. I. 9, 37
Ténacité. I. 15
Tendreté. I. 13
Térébenthine de Bordeaux. 271
— de Canada. 270
— de Chio. *id.*
— du mélèze. *id.*
— du pin. 271
— du sapin. *id.*
— de Strasbourg. *id.*
— de Venise. 270
— (Huile de). 273
Terebinthina abietina. 270
— *balsamea.* *id.*
— *laricea.* *id.*
— *pinea.* 271
— *pistacina.* 270
Téréniabin. 215
Terra merita. I. 234
Terre de Lemnos. I. 166
— d'ombre. I. 63
— sigillée. I. 166

Pages.
Testudo europæa. 367
Tétradynamie. I. 195
— siliculeuse. I. 197
— siliqueuse. I. *id.*
Tétragynie. I. 196
Tétrandrie. I. 194
Teucrium Chamædris. 29
— *Chamæpitys.* 28
— *Iva.* *id.*
— *Marum.* *id.*
— *Polium.* 30
— *Scordium.* 29
— *Scorodonia.* *id.*
Thapsie. 307
Thé. 63
— bouy. 65
— du Mexique. 4
— heyswen. 63
— noir. 65
— pékao. *id.*
— perlé. 64
— poudre à canon. 65
— saot-chaon. *id.*
— shulang. 64
Theobroma Cacao. 98
Thora. I. 209
Thorine. I. 36
Thuya articulata. 264
Truffes. 167
Tussilage. 85
Tuthie. I. 100

U.

Urane. I. 9, 37
Urucu. 186
Usnée. 170
Uva ursi. 10

V.

Vaccinium Vitis idæa. 11
Vache. 378
Vaisseaux. 179
Valériane aquatique. 309

	Pages.
Valériane celtique.	310
— grande.	*id.*
— sauvage.	308
Valves.	189
Vanille.	161
Varec.	323
Variolaria Orcina.	186, 188
Vateria indica.	252
Veau.	378
Vélar.	24
Vénus ou Cuivre.	132
Ver de terre.	367
Vératrine.	230
Veratrum album.	238
— *Sabadilla.*	104
Verbascum Thapsus.	44
Verbena officinalis.	69
Verdet cristallisé.	I. 132
— gris.	I. 131
Verjus.	153
Vermiculaire brûlante.	67
Veronica Beccabunga.	68
Véronique.	*id.*
Verre d'antimoine.	I. 108
Vers ou Annelides.	343
Vert de gris (rouille de cuivre).	I. 56
— (sous-acétate).	I. 131
Vert de montagne.	I. 53
Vert de schéele.	I. 156
Vertébrés (Animaux).	327
Verveine.	69
Vesce.	163
Vesou.	208
Vicia sativa.	163
Vigogne.	390
Vin.	304
Vinaigre.	308
Vincetoxicum (*Asclepias*).	I. 217
Viola odorata.	86
— *tricolor.*	48
Violette.	86
Vipère.	368
Vipérine de Virginie.	I. 211
Viscum album.	I. 31
Vitellus ovi.	384
Vitex Agnus castus.	89
Vitis vinifera.	153
Vitriol blanc.	I. 163
— bleu.	I. 155
— natif.	I. 65
— vert.	I. 157
Viverra Civetta, etc.	395
Volcaniques (Produits).	I. 10
Vomique (Noix).	163
Vouède.	183
Vulvaire.	4

W.

Winter (Écorce de).	I. 395
Wintera aromatica.	I. 395

X.

Xilobalsamum.	I. 318

Y.

Yeux d'écrevisses.	381
Yttria.	I. 36

Z.

	Pages.
Zea Mais.	125
Zédoaire jaune.	I. 313
— longue.	I. 312
— ronde.	I. 311
Zérumbeth.	I. 314
Zibethum.	395
Zinc.	I. 84
— dissous.	I. 85
Zinc oxidé.	I. 85
— sulfaté.	I. 84
— sulfuré.	I. *id.*
Zingiber (*Amomum*).	247
Zircon.	I. 5
Zircone.	I. 36
Zizyphus vulgaris.	122
Zoophytes.	329

FIN DE LA TABLE.

ERRATA DU TOME SECOND.

Pages.	Lignes.		
18	*dernière*	ets	*Lisez :* est.
18	19 et 28	Chamœpitis	Chamæpitys.
29	16	Chamœdris	Chamædris.
31	6	à la base	à base.
55	18	authères	anthères.
100	22	un propriété	une propriété.
135	22	monœcie	monoécie.
179	27	une autre genre	un autre genre.
190	23	extrait	extraite.
id.	23-24	premier	prunier.
196	1	extrative	extractive.
203	23	le mot	mot.
268	6	*Giléad* Opobalsamum	*Giléad*, Opobalsamum.
338	1	des membres	des membres :
370	18	la corail	le corail.
397	18	Chondroptérigiens	Chondroptérygiens.
398	19	en définitive	en définitif.

www.ingramcontent.com/pod-product-compliance
Ingram Content Group UK Ltd.
Pitfield, Milton Keynes, MK11 3LW, UK
UKHW012003240726
13965UKWH00001B/126

9 782013 454537